国家能源集团
CHN ENERGY

火力发电厂绝缘技术监督
工作手册

米树华　主编

U0260819

中国电力出版社
CHINA ELECTRIC POWER PRESS

内 容 提 要

绝缘技术监督是保证电气设备安全、稳定、经济运行的重要手段之一，也是发电企业生产技术管理的一项重要基础工作。为适应集团公司发电企业发展的需要，进一步加强和规范绝缘技术监督工作，特编写此书。

本书分为绝缘监督基础知识、绝缘技术监督管理、电气设备高压试验三篇共二十五章，切合实际，应用性强，较全面地涵盖了绝缘监督工作的主要内容。

本书为发电厂绝缘专业技术监督工作人员的工具书，对提高发电厂绝缘技术监督水平具有积极作用。

图书在版编目（CIP）数据

火力发电厂绝缘技术监督工作手册 / 米树华主编. —北京：中国电力出版社，2019.6
ISBN 978-7-5198-3071-7

Ⅰ. ①火… Ⅱ. ①米… Ⅲ. ①火电厂–绝缘技术–技术监督–手册 Ⅳ. ①TM621-62

中国版本图书馆 CIP 数据核字（2019）第 071663 号

出版发行：中国电力出版社
地　　址：北京市东城区北京站西街 19 号（邮政编码 100005）
网　　址：http://www.cepp.sgcc.com.cn
责任编辑：娄雪芳
责任校对：黄　蓓　朱丽芳
装帧设计：赵姗姗
责任印制：蔺义舟

印　　刷：北京瑞禾彩色印刷有限公司印刷
版　　次：2019 年 6 月第一版
印　　次：2019 年 6 月北京第一次印刷
开　　本：787 毫米×1092 毫米　16 开本
印　　张：20.5
字　　数：496 千字
印　　数：0001—7000 册
定　　价：118.00 元

编 委 会

前　言

　　绝缘技术监督是保证电气设备安全、稳定、经济运行的重要手段之一，也是发电企业生产技术管理的一项重要基础工作。绝缘技术监督实行从设计选型、审查、监造、出厂验收、安装、投产验收、运行、检修到技术改造的全过程、全方位技术监督，认真贯彻执行国家、行业及国家能源投资集团有限责任公司（简称"集团公司"）有关规程标准与反事故措施，掌握电气设备的绝缘变化规律，及时发现和消除绝缘缺陷，分析绝缘事故，制定反事故措施，不断提高电气设备运行的安全可靠性。

　　2017 年，集团公司技术监督平台统计数据显示各企业绝缘专业指标完成情况较好，基本完成了年度制定的绝缘监督计划，发电企业 6kV 及以上高压设备计划预防性试验 22 008 件，实际完成 22 005 件，预防性试验完成率为 99.9%；缺陷发现 231 件，消除缺陷数 228 件，缺陷消除率 98.28%。但是，绝缘事故无小事，近年来，集团发生多起变压器烧毁和发电机定子接地事故，造成了巨大的经济损失和严重的社会影响。为适应集团公司发电企业发展的需要，进一步加强和规范绝缘技术监督工作，根据国家、行业有关规程标准，特制定《火力发电厂绝缘技术监督工作手册》。

　　本书分为绝缘监督基础知识、绝缘技术监督管理、电气设备高压试验三篇，其中电气设备高压试验讲解了发电机试验、变压器试验、互感器试验、断路器试验、GIS 试验、套管试验、电容器试验、避雷器试验、电力电缆试验、绝缘油试验、绝缘子试验、接地阻抗试验 12 种高压试验的具体内容。切合实际，应用性强，较全面地涵盖了绝缘监督工作的主要内容。

　　本书是编者第一次将发电厂绝缘专业技术监督工作编制成册，其中难免出现疏漏之处，如有任何意见和问题，欢迎读者批评指正，以便在日后的版本修订中加以完善。

　　最后，希望本书能成为发电厂绝缘专业技术监督工作人员的工具书，对发电厂绝缘专业技术监督工作有所助益，为提高发电厂绝缘技术监督水平发挥积极的作用。

朱起华

2019 年 3 月 15 日

目 录

前言

第一篇 绝缘监督基础知识

第二篇　绝缘技术监督管理

第三篇　电气设备高压试验

第一篇 绝缘监督基础知识

第一章 电 介 质

电介质是电阻率超过 $10\Omega \cdot cm$ 的物质，电介质（或称绝缘介质）在电场作用下的物理现象主要有极化、电导、损耗和击穿。

第一节 电 介 质 的 极 化

一、极化的含义

电介质的分子结构可分为中性、弱极性和极性，但从宏观来看都是不呈现极性。当把电介质放在电场中时，电介质就会发生极化，其极化形式大体可分为两种类型：第一种类型的极化为瞬态过程，是完全弹性方式，无能量损耗，也即无热损耗产生；第二种类型的极化为非瞬态过程，极化的建立及消失都以热能的形式在介质中消耗而缓慢进行，这种方式称为松弛极化。

电子和离子极化属于第一种，为完全弹性方式，其余的属于松弛极化型。

（一）电子极化

电子极化存在于一切气体、液体和固体介质中，形成极化所需的时间极短，约为 $10^{-5}s$。它与频率无关，受温度影响小，具有弹性，这种极化无能量损耗。

（二）原子或离子的位移极化

当无电场作用时，中性分子的正、负电荷作用中心重合，将它放在电场中时，其正、负电荷作用中心就分离，形成带有正、负极性的偶极子，见图 1-1（a）。图 1-1（a）是一个氢原子的电子极化示意图，图中 d 表示原子在极化前后，其正、负电荷作用中心的距离。

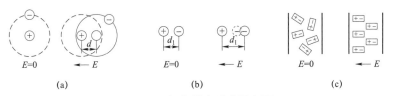

图 1-1 极化基本形式示意图

（a）电子位移极化；（b）离子位移极化；（c）偶极松弛极化

1

离子式结构的电介质（如玻璃、云母等），在电场作用下，其正、负离子被拉开，从而使正、负电荷作用中心分离，使分子呈现极性，形成偶极子，见图 1–1（b），d_1 表示正、负电荷之间的距离。

原子中的电子和原子核之间或正离子和负离子之间，彼此都是紧密联系的。因此，在电场作用下，电子或离子所产生的位移是有限的，且随电场强度增强而增大，电场一消失，它们立即就像弹簧一样很快复原，通称弹性极化。其特点是无能量损耗，极化时间约为 10^{-13}s。

（三）偶极子转向极化

电介质含有固有的极性分子，它们本来就是带有极性的偶极子，它的正、负电荷作用中心不重合。当无电场作用时，它们的分布是混乱的，宏观地看，电介质不呈现极性。在电场作用下，这些偶极子顺电场方向扭转（分子间联系较紧密的）或顺电场排列（分子间联系较松散的）。整个电介质也形成了带正电和带负电的两极。这类极化受分子热运动的影响也很大。

偶极松弛极化的形式如图 1–1（c）所示。这种极性电介质有胶木、橡胶、纤维素等，极化为非弹性的，极化时间为 $10^{-10} \sim 10^{-2}$s。

（四）空间电荷极化

介质内的正、负自由离子在电场作用下，改变其分布状况，在电极附近形成空间电荷，称为空间电荷极化，其极化过程缓慢。

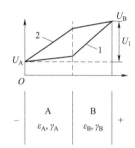

图 1–2　夹层电介质极化的电压分布图

U_1—夹层介质上所加的总电压；
U_A—A 层上分布的电压；
U_B—B 层上分布的电压

（五）夹层介质界面极化

由两层或多层不同材料组成的不均匀电介质称为夹层电介质。由于各层的介电常数和电导率不同，在电场作用下，各层中的电压，最初按介电常数分布（即按电容分布），以后逐渐过渡到按电导率分布（即按电阻分布）。此时，在各层电介质的交界面上的电荷必然移动，以适应电压的重新分布，最后在交界面上积累起电荷。这种电荷移动和积累就是一个极化过程，如图 1–2 所示。图 1–2 中，由电介质 A 和 B 组成双层电介质，设 A 层中的介电常数大于 B 层中的介电常数，即 $\varepsilon_A > \varepsilon_B$；A 层中的电导率小于 B 层中的电导率，即 $\gamma_A < \gamma_B$。当加上电压的瞬时，两层中的电压分布见曲线 1，稳定时见曲线 2。为了最终保持两层中的电导电流相等，必须使交界面上积累正电荷，以加强 A 层中的电场强度而削弱 B 层中的电场强度，从而缓慢地形成极化。

上述电介质的五种极化形式，从施加电场开始，到极化完成为止，都需要一定的时间，这个时间有长有短。属于弹性极化的，极化建立所需的时间都很短，不超过 10^{-12}s；属于松弛极化的，极化时间都较长，为 $10^{-10} \sim 10^{-2}$s。夹层极化则时间更长，在 10^{-1}s 以上，甚至以小时计。弹性极化在极化过程中不消耗能量，因此不产生损耗。而松弛极化则要消耗能量，并产生损耗。

二、电介质极化在工程实践中的意义

（一）增大电容器的电容量

当电极间为真空时，在电场作用下，极板上的电荷量为 Q_0，极板间的电容由式（1–1）

表示，即

$$C_0 = \frac{Q_0}{U} = \frac{\varepsilon_0 S}{d} \qquad (1-1)$$

式中　C_0——真空中的电容，F；

$\quad\quad Q_0$——真空中的极板上电荷量，C；

$\quad\quad U$——极板间电压，V；

$\quad\quad \varepsilon_0$——真空中介电常数，$\varepsilon_0 = 8.86 \times 10^{-14} \text{F/cm}$；

$\quad\quad S$——极板面积，cm^2；

$\quad\quad d$——极板距离，cm。

当电极间放入电介质后，在靠近电极的电介质表面形成束缚电荷 Q'，它将从电源吸引一部分额外电荷来"中和"，使极板上储存的电荷增加，因此，极板间的电容为

$$C = \frac{Q_0 + Q'}{U} = \frac{\varepsilon S}{d} \qquad (1-2)$$

式中　ε——电介质介电常数，F/m。

用式（1-2）除以式（1-1），有 $\dfrac{C}{C_0} = \dfrac{\varepsilon}{\varepsilon_0} = \varepsilon_\gamma$，$\varepsilon_\gamma$ 称为介质相对介电常数，通常用来表征介质的介电特性。

在保持电极间电压不变的情况下，相对介电常数还代表将介质引入极板间后使电极上储存的电荷量增加的倍数，也即极板间电容量比真空时增加的倍数。

因此，在一定的几何尺寸下，为了获得更大的电容量，就要选用相对介电常数（ε_γ）大的电介质。例如，在电力电容器的制造中，以合成液体（ε_γ 为 3～5）代替由石油制成的电容器油（$\varepsilon_\gamma = 2.2$），这样就可增大电容量或减小电容器的体积和质量。

（二）绝缘的吸收现象

当在电介质上加直流电压时，初始瞬间电流很大，以后在一定时间内逐渐衰减，最后稳定下来。电流变化的这 3 个阶段表现了不同的物理现象。初始瞬间电流是由电介质的弹性极化所决定的，弹性极化建立的时间很快，电荷移动迅速，所呈现的电流就很大，持续的时间也很短，这一电流称为电容电流（i_c）。接着随时间缓慢衰减的电流，是由电介质的夹层极化和松弛极化所引起的，它们建立的时间越长，则这一电流衰减也越慢，直至松弛极化完成，这一过程称为吸收现象，这个电流称为吸收电流（i_a）。最后不随时间变化的稳定电流，是由电介质的电导所决定的，称为电导电流（I_g），它是电介质直流试验时的泄漏电流的同义语。图 1-3 示出了电介质的吸收电流曲线。吸收现象在夹层极化中表现得特别明显。如发电机和油纸电缆都是多层绝缘，属于夹层极化，吸收电流衰减的时间均很长。中小型变压器的吸收现象要弱些。因为绝缘子是单一的绝缘结构，松弛极化很弱，所以基本上不呈现吸收现象。

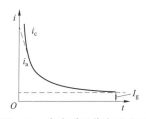

图 1-3　电介质吸收电流曲线

由于夹层绝缘的吸收电流随时间变化非常明显，所以在实际测试工作中利用这一特性来判断绝缘的状态。吸收电流 i_a 随时间变化的规律，一般用下式表示，即

$$i_a = U C_x D t^{-n} \qquad (1-3)$$

式中　　U——施加电压，V；

　　　　C_x——被试品电容，F；

　　　　t——时间，s；

D、n——均为常数。

式（1-3）在 t 等于零及 t 趋近于零时都不适用，但在工程上应用还是可以的。式（1-3）吸收电流 i_a 是随时间按幂函数衰减的，如将此式两端取对数，则得

$$\lg i_a = \lg U C_x D - n \lg t \qquad (1-4)$$

即吸收电流的对数与时间的对数呈下降直线关系，n 为该直线的斜率，如图1-4所示。

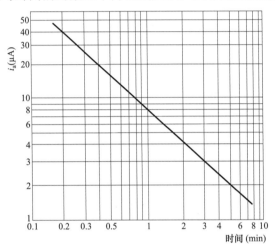

图1-4　吸收电流 i_a 与时间的关系

由于吸收电流随时间变化，所以在测试绝缘电阻和泄漏电流时都要规定时间。例如在电气设备交接和预防性试验的有关标准中，利用60s及15s时的绝缘电阻比值（即 R_{60}/R_{15}）、1min或10min的泄漏电流等，作为判断绝缘受潮程度或脏污状况的一个指标。绝缘受潮或脏污后，泄漏电流增加，吸收现象就不明显了。

（三）电介质的电容电流和介质损耗

前面所述的是电介质在直流电场中的情况。如把电介质放在交变电场中，电介质也要极化，而且随着电场方向的改变，极化也跟着不断改变它的方向。

对于50Hz的工频交变电场来说，弹性极化完全能够跟上交变电场的变化，如图1-5（a）所示。

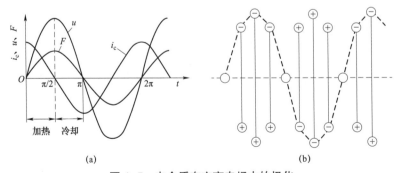

图1-5　电介质在交变电场中的极化

（a）电矩 F 的极化变化规律；（b）偶极子随电场的变化示意图

当电场从零按正弦规律变到最大值时［图 1-5（a）中曲线 u］，极化（即电矩 F）也从零按正弦规律变到最大，经过半周期后又同样沿负的方向变化，图 1-5（b）所示为极化形成的偶极子随电场的变化示意图。既然电矩是按正弦规律变化的，则电流 i_c（因 $i_c = \mathrm{d}I/\mathrm{d}t$）一定按余弦规律变化，如图 1-5（a）中的 i_c 曲线。由图 1-5（a）可见，在 $0 \sim \pi/2$ 期间，电流 I 是增加的，$\mathrm{d}I/\mathrm{d}t$ 为正，即电流 i_c 为正；在 $\pi/2$ 时 i_c 为零；在 $\pi/2 \sim \pi$ 期间 i_c 为负。因此，电流 i_c 超前外施电压 u 90°，这就是电介质中的电容电流。

从图 1-5 中还可以看出，在 $0 \sim \pi/2$ 期间，电荷移动的方向与电场的方向相同，即电场对移动中的电荷做功，或者说电荷获得动能，相当于"加热"。在 $\pi/2 \sim \pi$ 期间，电场的方向未变，但电荷移动的方向与电场相反，这时电荷因损失动能而冷却。在 $0 \sim \pi$ 半周内，"加热"和"冷却"正好相等，因此，电介质中无损耗。这就是说，在交变电场中，弹性极化只引起纯电容电流，而不产生损耗。松弛极化则要产生损耗，这将在电介质损耗一节中讨论。

第二节　电介质的电导与性能

一、电介质的电导

从电导机理来看，电介质的电导可分为离子电导和电子电导。离子电导是以离子为载流体，而电子电导是以自由电子为载流体。理想的电介质是不含带电质点的，更没有自由电子。但实际工程上所用的电介质或多或少总含有一些带电质点（主要是杂质离子），这些离子与电介质分子联系非常弱，甚至成自由状态；有些电介质在电场或外界因素影响下（如紫外线辐射），本身就会离解成正、负离子。它们在电场作用下，沿电场方向移动，形成了电导电流，这就是离子电导。电介质中的自由电子，则主要是在高电场作用下，离子与电介质分子碰撞、游离激发出来的，这些电子在电场作用下移动，形成电子电导电流。当电介质中出现电子电导电流时，就表明电介质已经被击穿，因而不能再作绝缘体使用。因此，一般说电介质的电导都是指离子性电导。

二、电介质的性能

（一）电介质的电导率和电阻率

电介质的性能常用电导率 γ 或电阻率 ρ 来表示，电导率为电阻率的倒数，即 $\gamma = \dfrac{1}{\rho}$。固体电介质除了通过电介质内部的电导电流 I_V 外，还有沿介质表面流过的电导电流 I_g。由电介质内部电导电流所决定的电阻称为体积电阻 R_V，其电阻率为 ρ_V。由表面电导电流 I_g 决定的电阻称为表面电阻 R_g，其电阻率为 ρ_g。气体和液体电介质只有体积电阻。

（二）电介质的电导与温度的关系

电介质的电导与温度有关，它和松弛极化中的热粒子极化类似，都是由附着在电介质分子上的带电质点，在电场作用下沿电场方向位移形成的。不同的是热离子极化中带电质点与电介质分子联系较紧，当受电场作用时，它们只在有限范围内有规则地移动一点，仍然是束缚电荷的性质。而离子电导中的带电质点与电介质分子联系较弱，在电场作用下，则顺电场方向移动成为电流。上述两种情况，在没有外加电场时，带电质点在电介质分子周围某平衡位置附近并随分子作不规则的混乱的热运动，温度越高，带电质点热运动的动能越大，就更易跳越原来的平衡位置，在电场作用下就更易顺电场方向移动。因此，温度越高，不论是热离子极化随时间衰减的吸收电流，还是离子电导的恒定电导电流，都要相应地增加，或者电介质的绝缘电阻相应地减小。

1. 泄漏电流或绝缘电阻与温度的关系式

泄漏电流（包括吸收电流和电导电流）$i_{\sigma t}$ 或绝缘电阻 R_{lt} 与温度 t 的关系，可用下式表达，即

$$i_{\sigma t} = i_0 10^{Mt} \qquad (1-5)$$

$$R_{lt} = R_0 10^{-Mt} \qquad (1-6)$$

式中 $i_{\sigma t}$、R_{lt} ——温度为 t ℃时的泄漏电流和绝缘电阻，A、Ω；

     i_0、R_0 ——温度为 0℃时的泄漏电流和绝缘电阻，A、Ω；

     M ——系数。

将式（1-5）两端取对数，得

$$\lg i_{\sigma t} = \lg i_0 + Mt = A + Mt \qquad (1-7)$$

式中 A——常数。

即 $\lg i_{\sigma t}$ 与 t 成直线关系，M 为直线的斜率。

图 1-6 所示为一台油浸变压器的泄漏电流和绝缘电阻与温度的关系曲线。因取直流泄漏电流或绝缘电阻为对数，取温度为等分刻度，在这样的半对数坐标中，泄漏电流为上升直线 1，绝缘电阻为下降直线 2。

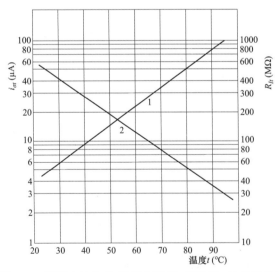

图 1-6 泄漏电流 $i_{\sigma t}$ 和绝缘电阻 R_{lt} 与温度 t 的关系曲线

2. 温度差的换算系数

由于泄漏电流和绝缘电阻与温度有关，所以在不同温度下测得的泄漏电流或绝缘电阻，必须换算到同一温度下进行比较，这是试验中经常遇到的。按有关标准的规定，油浸变压器绝缘电阻的温度换算系数如表 1-1 所示。例如，将温度为 70℃时测得的绝缘电阻 80MΩ，

换算到较低温度30℃时，可由表1－1查得与其温度差70－30=40（℃）值对应的系数为5.1，则30℃的绝缘电阻值为80×5.1=408（MΩ）。

表1－1　　　　　　　　　　　　　温度差与温度系数换算表

温度差（℃）	5	10	15	20	25	30	35	40	45	50	55	60
换算系数	1.2	1.5	1.8	2.3	2.8	3.4	4.1	5.1	6.2	7.5	9.2	11.2

温度的换算也可按下式推导，即

$$R_2 = R_1 \times 1.5^{(t_1-t_2)/10} \qquad (1-8)$$

式中　　R_1、R_2——温度为t_1、t_2时绝缘电阻值，Ω。

三、气体电介质中的电导

正常情况下，气体为极好的电介质，电导非常小。如给气体加以不同的电压，则其电流密度与外施电场强度的关系如图1－7所示，即在外施场强低于E_2时，气体电介质中的电流仍极小。在极小场强时（阶段Ⅰ），气体中的电流密度j大致与外施场强成正比，基本上符合欧姆定律，如

$$j = \gamma E \qquad (1-9)$$

式中　　γ——电导率，S/m；

　　　　E——电场强度，V/m。

但场强稍为增大（阶段Ⅱ）时，电流达到饱和状态，不再随外施场强而上升。这是因为在此阶段电流全取决于外界游离因子（如辐射等）引起的气体电介质电离而出现的带电粒子。只有当外施场强显著提高，电介质进入电子碰撞游离阶段，如大于E_2时，则由于碰撞电离，才使带电粒子急剧增多，这就是阶段Ⅲ，即气体电介质已接近击穿了。

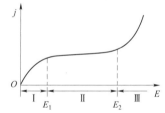

图1－7　气体电介质的电流密度j与电场强度E的关系曲线

由图1－7可见，E_1～E_2间的饱和段比较宽，气体电介质在工程应用上总是处于饱和条件下。因此，对气体电介质，不能以电导率来作为其电气绝缘特性。原因是在饱和电流条件下，电流密度不随电场强度变化，电导率就没有意义。又由于气体的电导很小，故只要气体的工作场强低于游离场强，就不必考虑气体的电导。

四、液体电介质中的电导

液体电介质中形成电导电流的带电质点主要有两种，一种是电介质分子或杂质分子离解而成的离子；另一种是较大的胶体（如绝缘油中的悬浮物）带电质点。前者形成的电导叫做离子电导，后者形成的电导叫做电泳电导。两种电导只是带电质点大小上有差别，其导电性质是一样的。中性和弱极性的液体电介质，其分子的离解度小，电导率就小。介电常数大的极性和强极性液体电介质的离解作用是很强的，液体中的离子数多，电导率就大。因此，极性和强极性（如水、醇类等）的液体，在一般情况下，不能用作绝缘材料。工程上常用的液

体电介质，如变压器油、漆和树脂以及它们的溶剂（如四氯化碳、苯等）都属于中性和弱极性的液体。这些电介质在很纯净的情况下，其导电率是很小的。但工程上通常用的液体电介质难免含有杂质，这样就会增大其电导率。

五、固体电介质的电导

固体电介质的电导分为离子电导和电子电导两部分。离子电导在很大程度上取决于电介质中所含的杂质离子，特别对于中性及弱极性电介质，杂质离子起主要作用。离子电导的电流密度，在电场强度较低时，它与电场强度成正比，符合欧姆定律；当电场强度较高时，离子电导电流密度与电场强度成指数关系。只有当电场更高时，由于碰撞游离和阴极发射，才大量产生自由电子，电子电导急增，电子电导电流密度与电场强度也是成指数关系。

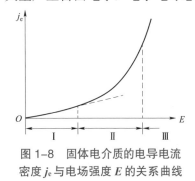

图 1-8 固体电介质的电导电流密度 j_e 与电场强度 E 的关系曲线

由于电子电导电流急增，电介质总的电导电流的增长比指数曲线更陡。图 1-8 所示为固体电介质的电导电流密度与电场强度的关系曲线。

图 1-8 中曲线分三部分：Ⅰ 部分为欧姆定律阶段；Ⅱ 部分为电场强度高时，电子电流密度成指数曲线上升；Ⅲ 部分为电子电流急增阶段，曲线更陡，开始出现电子电导电流急增的电压，在固体电介质击穿电压的 80% 左右，这就预示绝缘接近击穿的程度，因而固体绝缘电气设备在运行情况下，固体电介质的电导是以离子电导为主的。

固体电介质的表面电导主要决定于它表面吸附导电杂质（如水分和污染物）的能力及其分布状态。只要电介质表面出现很薄的吸附杂质膜，表面电导就比体积电导大得多。极性电介质的表面与水分子之间的附着力远大于水分子的内聚力（因为水也是极性的），很容易吸附水分，而且吸附的水分湿润整个表面，形成连续水膜，叫做亲水性的电介质。这种电介质表面电导大，如云母、玻璃、纤维材料等。不含极性分子的电介质表面与水分子之间的附着力小于水分子的内聚力，不容易吸附水分，只在表面形成分散孤立的水珠，不构成连续的水膜，叫做憎水性电介质。其表面电导小，如石蜡、聚苯乙烯等。还有一些材料能部分溶于水或胀大，其表面电导也很大。表面粗糙或多孔的电介质也更容易吸附水分和污染物。在实际测试工作中，因为有时表面电导远大于体积电导，所以在测量绝缘泄漏电流或绝缘电阻时，要注意屏蔽和具体分析测试结果。

第三节　电介质的损耗及等值电路

在交流或直流电场中，电介质都要消耗电能，通称电介质的损耗。现将电介质损耗的原因及其等值电路分析叙述如下。

一、电介质的损耗

（一）电导损耗

电介质在电场作用下有电导电流流过，这个电流使电介质发热产生损耗，一般情况下，电介质的电导损耗是很小的。

（二）游离损耗

电介质中局部电场集中（如固体电介质中的气泡、油隙，气体电介质中电极的尖端等）处，当电场强度高于某一值时，就产生游离放电，又称局部放电。局部放电伴随着很大的能量损耗，这些损耗是因游离和电子注轰击而产生的。游离损耗只在外加电压超过一定值时才会出现，且随电压升高而急剧增加，这在交流和直流电场中都是存在的，但严重程度不同。

（三）极化损耗

上面曾提到松弛极化要产生损耗，由于松弛极化建立得比较缓慢，所以跟不上50Hz交变电场的变化。这样，极化的发展，总要滞后电压一个角度，导致在一个周期内，"冷却"只发生在较短时间Δt内，在其余较长时间内都是"加热"。显然，"加热"大于"冷却"，一部分电场能不可逆地变成热能，产生了电介质的损耗，这就是因松弛极化产生的极化损耗，这种损耗只有在交变电场下才会出现。对于偶极子的电介质，在交变电场中，偶极子要随电场的变化而来回扭动，在电介质内部发生摩擦损耗，这也是极化损耗的一种形式。

一般所谓的介质损耗，是指在一定电压作用下所产生的各种形式的损耗。至于哪一种是由电导所引起的，哪一种是由极化所引起的，在工程实际测试中，目前不能明确区分。为表征某种绝缘材料或结构的介质损耗，一般不用W或J等单位来表示，而是用电介质中流过的电流的有功分量和无功分量的比值来表示，即$\tan\delta$。这是一个无因次的量，它的好处是只与绝缘材料的性质有关，而与它的结构、形状、几何尺寸等无关，这样更便于比较判断。

二、电介质损耗的等值电路

如果电介质中没有损耗（即没有电导，没有游离，也没有松弛极化），则在交变电场作用下，完全是由弹性极化所引起的纯电容电流i_c，且i_c超前电压90°。在有损耗的电介质中流过的电流，由于含有有功损耗分量，所以它超前电压一个角度φ，φ小于90°。图1-9所示为电介质损耗的并联等值电路。图1-9中，δ是φ的余角，称为介质损耗角。δ的大小决定于电介质中有功电流与无功电流之比，如将电介质看成由一个电阻R与一个理想的无损耗电容C并联而成的等值电路，则由图1-9（b）可得

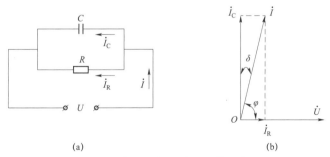

图1-9　电介质损耗的并联等值电路
（a）等值电路；（b）相量图

$$\tan\delta = \frac{U/R}{U\omega R} = \frac{1}{2\pi f\varepsilon\rho} \tag{1-10}$$

$$P = U\frac{U}{R} = U^2\omega C\tan\delta \tag{1-11}$$

$$I = U\omega C \frac{1}{\cos\delta} \approx U\omega C \qquad (1-12)$$

式中　　U——施加的电压，V；

　　　　ω——角频率，rad/s；

　　　　f——频率；

　　　　q——介电常数；

　　　　ρ——绝缘介质的电阻率，Ω/m；

　　　　P——介质损耗的功率，W；

　　　　I——介质中的总电流，A。

　　由式（1-10）～（1-12）可知，电介质的介质损耗除与施加电源的频率有关外，还与介质的介电常数及电阻率有关，而与电极的尺寸（极板面积 S、极板间距离 d）无关。因此，测量介质损耗正切值 $\tan\delta$ 是一种衡量绝缘介质优劣的较好方法。

　　此外，也可用电阻 r 与一个理想的无损耗电容 C' 串联而成的等值电路来分析（见图1-10）。

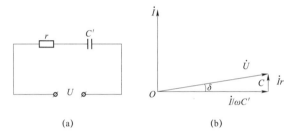

图1-10　电介质损耗的串联等值电路

(a) 等值电路；(b) 相量图

　　由上面两种等值电路通过分析计算可知，介质损耗功率 P 与外加电压的平方和电源频率成正比。如外加电压和频率不变，则介质损耗功率与 $\tan\delta$ 也成正比。对于固定形状和结构的被试品来说，如果其电容 C 与介电常数 ε 成正比，则介质损耗 $P \propto \varepsilon\tan\delta$。但对同类型电介质构造的被试品来说，其 ε 是定值，故对同类被试品绝缘的优劣，可直接以 $\tan\delta$ 的大小来判断。

第四节　电介质的击穿

　　当施加于电介质上的电压超过某临界值时，则使通过电介质的电流剧增，电介质发生破坏或分解，直至电介质丧失固有的绝缘性能，这种现象叫做电介质击穿。电介质发生击穿时的临界电压值称为击穿电压 U_b，击穿时的电场强度称为击穿场强 E_b。在均匀电场中 E_b 和 U_b 的关系为

$$E_b = \frac{U_b}{\delta} \qquad (1-13)$$

式中　　δ——击穿处电介质的厚度，m。

一、气体电介质的击穿

　　加在电介质上的电压超过气体的饱和电流阶段之后，即进入电子碰撞游离阶段，带电质点（主要是电子）在电场中获得巨大能量，从而将气体分子碰裂游离成正离子和电子。新形

成的电子又在电场中积累能量去碰撞其他分子，使其游离，如此联锁反应，便形成了电子崩。电子崩向阳极发展，最后形成一个具有高电导的通道，导致气体击穿。

气体电介质击穿电压与气压、温度、电极形状及气隙距离等有关，因此，在实际工作中要考虑这些影响因素并进行校正。几种典型电极在不同距离的空气间隙击穿电压见图1－11。

从图1－11中可以看到，在短间隔距离内，各种间隙的击穿电压相差较小，在2m以上时差别就逐渐增大，所以对于长间隙的试验研究就更为重要。因此，在设计高压工程时（特别是超、特高电压输配电工程），除了考虑自然条件的影响外，对实际存在的各种复杂的电极形式要进行模拟试验，才能得到正确的数据。

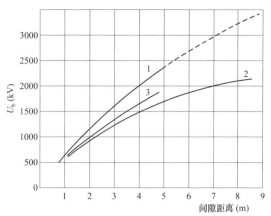

图1－11 几种典型电极在不同
距离的空气间隙击穿电压 U_b
1—环对环，棒对棒；2—环对垂直平面，球对平面；
3—导线对杆塔

在不均匀电场中，如棒－板电极，由于受到空间电荷的影响，当尖端为正极性时，电压的最大梯度移向负极，故而形成负极性尖端放电电压高，正极性放电电压低。当气体成分和电极材料一定时，击穿电压 U_b 是气体压力 p 与极间距离 d 乘积的函数，即巴申定律，则

$$U_b = f(pd) \qquad (1-14)$$

巴申曲线如图1－12所示，图1－12中曲线都有一个最低电压值，当电极距离 d 一定时，如改变压力，由于带电粒子的平均自由行程与气体压力 p 成反比，则压力低时，自由行程大，电子与气体分子碰撞机会减少，只有增加电子的能量才能产生足够的碰撞游离（否则只碰撞而不产生游离）以使气体击穿，因此击穿电压提高。当压力大时，自由行程小，电子在电场方向（电子前进方向）积聚能量不够，即使有碰撞也不产生游离，因而击穿电压也提高。当压力 p 不变，而 d 很小时，由于极间碰撞次数太少，不易产生游离，需提高电压，因而在 p、d 变化过程中会出现最小值。

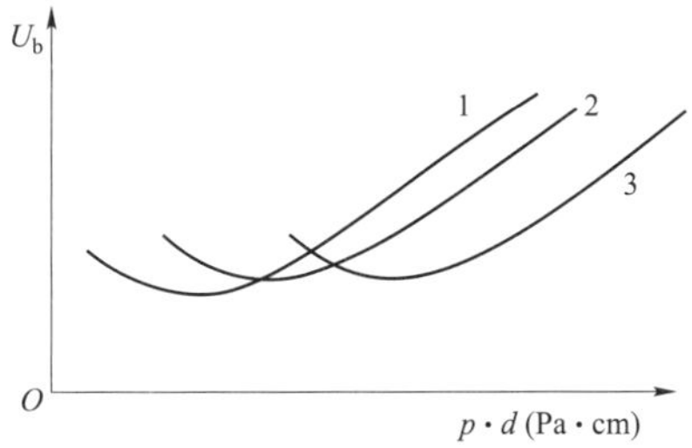

图1－12 巴申曲线
1—空气；2—氢气；3—氮气

巴申定律指出提高气体击穿电压的方法是提高气压或提高真空度，这两者在工程上都有实用意义。这就是当变压器在真空滤油，直接测量绝缘电阻时，绝缘强度可能很低的原因，要测试绝缘电阻就必须破坏真空。

二、液体电介质的击穿

在纯净的液体电介质中，其击穿也是由于游离所引起的，但工程上用的液体电介质或多或少总会有杂质，如工程用的变压器油，其击穿则完全是由杂质所造成的。在电场作用下，变压器中的杂质，如水泡、纤维等聚集到两电极之间，由于它们的介电常数比油大得

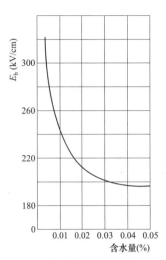

图 1-13 变压器油的击穿场强 E_b 和
其含水量的关系

多（纤维素为 7，水为 80，油为 2.3），将被吸向电场较集中的区域，可能顺着电力线排列起来，即顺电场方向构成"小桥"。"小桥"的电导和介电常数都比油大，因而使"小桥"及其周围的电场更为集中，降低了油的击穿电压。若杂质较多，还可构成贯穿整个电极间隙的"小桥"。有时，由于较大的电导电流使"小桥"发热，形成油或水分局部气化，生成的气泡也沿着电力线排列形成击穿。变压器油中最常见的杂质有水分、纤维、灰尘、油泥和溶解的气体等。水分对变压器油击穿强度的影响更大，由图 1-13 可以看出，含有 0.03%水分的变压器油的击穿强度仅为干燥时的一半。纤维容易吸收水分，纤维含量多，水分也就多，而且纤维更易顺电场方向构成桥路。油中溶解的气体一遇温度变化或搅动就容易释出并形成气泡，这些气泡在较低电压下就可能游离，游离气泡的温度升高就会蒸发，因而气泡沿电场方向也易构成"小桥"，导致变压器油击穿。

因此，变压器油中应尽可能除去杂质，一般采取真空加热过滤的方法，使其达到安全运行的标准要求。为了阻挡杂质在电极间构成桥路，特别是在不均匀电场中，应在靠近强电场电极附近加装屏障，这样可以大大提高电介质的击穿电压。例如高压变压器绕组外的绝缘围屏就起这个作用。

三、固体电介质的击穿

固体电介质的击穿大致可分电击穿、热击穿、电化学击穿 3 种形式，不同击穿形式与电压作用时间和场强的关系见图 1-14。

（一）电击穿

在强电场的作用下，当电介质的带电质点剧烈运动，发生碰撞游离的联锁反应时，就产生电子崩。当电场强度足够高时，就会发生电击穿，此种电击穿是属于电子游离性质的击穿。一般情况下，电击穿的击穿电压随着电介质的厚度成线性地增加，而与加压时的温度无关。电击穿作用时间很短，一般以微秒计，其击穿电压较高，而击穿场强与电场均匀程度关系很大。

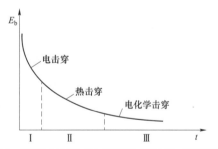

图 1-14 不同击穿形式与电压作用时间 t 和场强 E_b 的
关系

I 段—以微秒－毫秒计；II 段—以秒－分钟计；
III 段—以小时－年计

（二）热击穿

在强电场作用下，由于电介质内部介质损耗而产生的热量，如果来不及散发出去，将使电介质内部温度升高，而电介质的绝缘电阻或介质损耗具有负的温度系数。当温度上升时，其电阻变小，又会使电流进一步增大，损耗发热也增大，导致温度不断上升，进一步引起介质分解、炭化等。因此，导致分子结构破坏而击穿，称为热击穿。热击穿电压是随温度增加而下降的。电介质厚度增加，散热条件变差，击穿强度也随之下降。高压电器设备（如电缆、套管、发电机等）由于结构原因，在运行中经常出现温度过高，引起绝缘劣化、损耗增大而发生热击穿故障。热击穿除与温度和时间有关外，还与频率和电化学击穿有关。因为电化学过程也引起绝缘劣化和介损增加，从而导致发热增加。所以可以认为电化学击穿是某些热击穿的前奏。

（三）电化学击穿

在强电场作用下，电介质内部包含的气泡首先发生碰撞游离而放电，杂质（如水分）也因受电场加热而汽化并产生气泡，于是使气泡放电进一步发展，导致整个电介质击穿。如变压器油、电缆、套管、高压电动机定子线棒等，也往往因含气泡发生局部放电，如果逐步发展会使整个电极之间导通击穿。而在有机介质内部（如油浸纸、橡胶等），气泡内持续的局部放电会产生游离生成物，如臭氧及碳水等化合物，从而引起介质逐渐变质和劣化。电化学击穿与介质的电压作用时间、温度、电场均匀程度、累积效应、受潮、机械负荷等多种因素有关。实际上，固体电介质击穿往往是上述 3 种击穿形式同时存在的。一般地说，$\tan\delta$ 大、耐热性差的电介质，处于工作温度高、散热又不好的条件下，热击穿的概率就大些。至于单纯的电击穿，只有在成分单一和均匀的电介质中才有可能或在电压非常高而作用的时间又非常短时才有可能发生。如在雷电和操作冲击电压下发生的击穿，基本属于电击穿。固体电介质的电击穿强度要比热击穿高，而放电击穿强度则决定于电介质中的气泡和杂质，因此，固体电介质由电化学引起击穿时，击穿强度不但低，而且分散性较大。

第二章 绝 缘 电 阻

测量电气设备的绝缘电阻，是检查其绝缘状态最简便的辅助方法，在现场普遍用绝缘电阻表测量绝缘电阻。由于测绝缘电阻有助于发现电气设备中影响绝缘的异物、绝缘受潮和脏污、绝缘油严重劣化、绝缘击穿和严重热老化等缺陷，因此，测量绝缘电阻是电气检修、运行和试验人员都应掌握的基本方法。

第一节 绝缘电阻、吸收比和极化指数

一、绝缘电阻

绝缘电阻是指在绝缘体的临界电压以下，施加直流电压 U_{DC} 时，测量其所含的离子沿电场方向移动形成的电导电流 I_g，应用欧姆定律所确定的比值，即

$$R_i = U_{DC}/I_g \qquad (2-1)$$

式中　R_i——绝缘电阻，Ω；

　　　U_{DC}——直流电压，V；

　　　I_g——电导电流，A。

如果施加的直流电压超过临界值，就会导致产生电子电导电流，使绝缘电阻急剧下降。这样，在过高电压作用下绝缘会遭到损伤，甚至可能击穿。因此，一般绝缘电阻表的额定电压不太高，使用时应根据不同电压等级的绝缘选用。

对于单一的绝缘体（如瓷质或玻璃绝缘子、塑料、酚醛绝缘板材料及棒材等），在直流电压作用下，其电导电流瞬间即可达稳定值，因此，测量这类绝缘体的绝缘电阻时，也很快就达到了稳定值。

在高压工程上用的设备内绝缘，大部分是夹层绝缘（如变压器、电缆、电动机等）。夹层绝缘在直流电压作用下，会产生多种极化，并从极化开始到完成，需要相当长时间。通常用夹层绝缘的绝缘电阻随时间变化的关系，来作为判断绝缘状态的依据。

当在夹层绝缘体上施加直流电压后，其中便有 3 种电流产生，即电导电流、电容电流和吸收电流。在直流电压作用下，夹层绝缘体的等值电路如图 2-1 所示。

R_1 支路中的电流代表电导电流 I_g，C_1 支路中的电流代表电容电流 i_c，R、C 支路中的电流代表吸收电流 i_a。这 3 种电流值的变化能反映出绝缘电阻值的大小，即随着加压时间的增长，这 3 种电流的总和下降，而绝缘电阻值相应地增大。对于具有夹层绝缘的大容量设备，这种吸收现象就更明显。因为总电流随时间衰减，经过一定时间后，才趋于电导电流

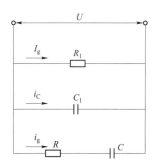

图 2-1　夹层绝缘电阻的等值电路

的数值，所以通常要求在加压 1min（或 10min）后，读取绝缘电阻表指示的值，才能代表比较真实的绝缘电阻值。

二、吸收比和极化指数

不同的绝缘设备，在相同电压下，其总电流随时间下降的曲线不同。即使对同一设备，当绝缘受潮或有缺陷时，其总电流曲线也要发生变化。当绝缘受潮或有缺陷时，电流的吸收现象不明显，总电流随时间下降较缓慢。如图 2-2 所示，在相同时间内电流的比值就不一样，由图 2-2（a）中的 i_{15}/i_{60} 大于图 2-2（b）的 i_{15}/i_{60} 即可说明。因此，对同一绝缘设备，根据 i_{15}/i_{60} 的变化就可以初步判断绝缘的状况。通常以绝缘电阻的比值表示，即

$$K_1 = \frac{R_{60}}{R_{15}} = \frac{\dfrac{U}{i_{60}}}{\dfrac{U}{i_{15}}} = \frac{i_{15}}{i_{60}} \qquad (2-2)$$

式中　K_1——吸收比；

　　i_{15}、R_{15}——加压 15s 时的电流和相应的绝缘电阻，A、Ω；

　　i_{60}、R_{60}——加压 60s 时的电流和相应的绝缘电阻，A、Ω；

　　　　U——所加电压，V。

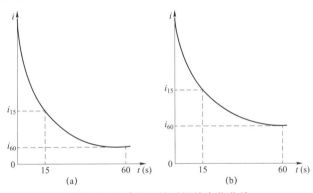

图 2-2　总电流 i 随时间的变化曲线

（a）绝缘良好；（b）绝缘受潮

一般将 60s 和 15s 时绝缘电阻的比值 R_{60}/R_{15} 称为吸收比。测量这一比值的试验叫做吸收比试验。绝缘受潮时 K_1 下降，K_1 的最小值为 1。变压器绝缘要求 K_1 值大于 1.30。吸收比试验与温度及湿度有关，必要时可进行温度换算。

对于吸收过程较长的大容量设备，如变压器、发电机、电缆等，有时用 R_{60}/R_{15} 吸收比值尚不足以反映绝缘介质的电流吸收全过程。为了更好地判断绝缘是否受潮，可采用较长时间的绝缘电阻比值进行衡量，称为绝缘的极化指数，表示为

$$K_2 = \frac{R_{10min}}{R_{1min}} \qquad (2-3)$$

式中　K_2——极化指数；

　　R_{10min}——加压 10min 时测的绝缘电阻，Ω；

　　R_{1min}——加压 1min 时测的绝缘电阻，Ω。

极化指数测量加压时间较长，测定的电介质吸收比率与温度无关，变压器极化指数 K_2 一般应大于1.5，绝缘较好时其值可达到3～4。

第二节　绝缘电阻的测量原理、方法及注意事项

一、常用绝缘电阻表的工作原理

常用的绝缘电阻表有手摇式、电动式和数字式几种。

手摇式绝缘电阻表的原理如图2－3所示。图2－3中 R_A、R_V 分别为与流比计的电流线圈 L_A 和电压线圈 L_V 相串联的固定电阻。

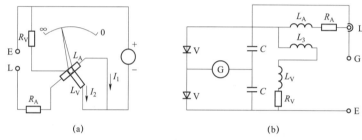

(a)　　　　　　　　　　　　(b)

图2-3　手摇绝缘电阻表原理

（a）手摇绝缘电阻表的原理；（b）手摇绝缘电阻表的原理接线图

图2－3中，驱动发电机的转轴发出的电压经整流后加至两个并联电路（电流回路和电压回路）上。由于流比计处于不均匀磁场中，所以两个线圈所受的力与线圈在磁场中所处的位置有关。两个线圈绕制的方向不同，使流经两线圈中的电流在同一磁场中会产生不同方向的转动力矩。受力矩差的作用，使可动部分旋转，两个线圈所受的力也随着改变，一直旋转到转动力矩与反力矩平衡时为止。指针的偏转角与并联电路中电流的比值有关，因为并联支路电流的分配与其电阻值成反比，所以，偏转角的大小就反映了被测绝缘电阻值的大小。

当"L"（火线）"E"（地线）两端头间开路时，流比计的电流线圈 L_A 中没有电流，只有电压线圈 L_V 中有电流流过，仅产生单方向转动的力矩，使指针沿逆时针方向偏转到最大位置，指向"∞"，即"L""E"两端开路就相当于被试品的绝缘电阻 R_i 为无穷大。

当两端头间短路时，并联电路两支路中都有电流，但流过电流线圈 L_A 中的电流最大，其转动力矩大大超过流过电压线圈 L_V 的电流产生的反力矩，使指针沿顺时针转到最大位置，指向"0"，即被测绝缘电阻 R_i 为零。

当外接被测绝缘电阻 R_i 在"0"与"∞"之间的任一数值时，指针停留的位置由通过这两个线圈中的电流的比值来决定。绝缘电阻表在额定电压下，电压线圈流过的电流为一定值，但被测绝缘电阻 R_i 与电流线圈 L_A 相串联，L_A 中电流的大小随 R_i 的数值而改变，于是 R_i 的大小就决定了指针偏转角的位置，因而在校准的电阻刻度盘上便可读取绝缘电阻表测出的被试品的绝缘电阻。

在端头"L"的外圈设有一个金属圆环，称为屏蔽环（或称保护环），有些绝缘电阻表设有专门的屏蔽端头。它们均直接与电源的负极相连，起着屏蔽表面漏电的作用。因为在"L"

和"E"之间会有高达几百伏至几千伏的直流电压，在这种高压下，"L"和"E"之间的表面泄漏是不可忽略的，而且在测量被试品时，还会有表面的漏电。屏蔽环（或屏蔽端头）的作用，是使漏电流直接从屏蔽"G"流回电源，而不经过测量机构，防止给测量结果造成误差。

绝缘电阻表的负载特性，即所测绝缘电阻值和端电压的关系曲线如图 2-4 所示。目前，国内生产的不同类型的绝缘电阻表的负载特性不同。从某种绝缘电阻表的负载特性看出，当被测绝缘电阻小于 100MΩ 时，端电压剧烈下降。例如，流比计型的测量机构，其偏转角的大小与电流比有关，而被试品的吸收比和绝缘电阻值直接影响绝缘电阻表的端电压，因此，当绝缘电阻表的容量较小，而被试品的吸收电流大、绝缘电阻值又低时，就会引起绝缘电阻表的端电压急剧下降。此时，测得的吸收比和绝缘电阻不能反映真实的绝缘状况，所以用小容量的绝缘电阻表测量大容量设备的吸收比、极化指数和绝缘电阻时，准确度较低。由此可见，不同类型的绝缘电阻表，其负载特性不同。因此，对于同一被试品，不同型号的绝缘电阻表，测出的结果就有一定差异。在测量极化指数和绝缘电阻时，应选择最大输出电流在 2mA 以上，并且在测量绝缘电阻范围内负载特性平稳的数字绝缘电阻表，才能得到正确的结果。

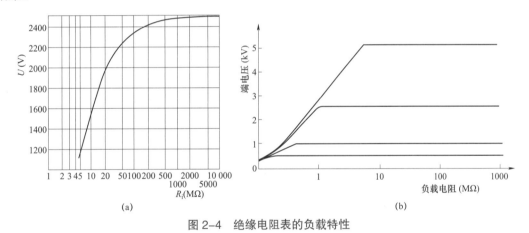

图 2-4 绝缘电阻表的负载特性
（a）手摇式绝缘电阻表的负载特性；（b）数字式绝缘电阻表的负载特性（5mA）

数字式绝缘电阻表的负载特性如图 2-4（b）所示。数字式绝缘电阻表是将直流电源变频产生直流高压，通过程序控制使各种绝缘测试可由菜单选择自动进行或设定方式进行。其测试电压从 500～5000V 可设定选择；试验电流为 2、5mA 等；测量范围比手动绝缘电阻表大，最大量程可读到 $5×10^6$MΩ，显示直观准确。较好的数字绝缘电阻表有由一个 3 位数字显示和一条模拟弧形刻度显示指针构成的双显示系统。由于目前变压器等大容量设备需作极化指数试验，用手摇式绝缘电阻表测量就比较困难，所以数字式绝缘电阻表正在逐步取代手摇式绝缘电阻表。

二、测量方法及注意事项

（1）断开被试品的电源，拆除或断开对外的一切连线，并将其接地放电。对电容量较大的被试品（如发电机、电缆、大中型变压器和电容器等）更应充分放电。此项操作应利用绝缘工具（如绝缘棒、绝缘钳等）进行，不得用手直接接触放电导线。

（2）用干燥清洁柔软的布擦去被试品表面的污垢，必要时可先用汽油或其他适当的去垢剂洗净套管表面的积污。

（3）将绝缘电阻表放置平稳，驱动绝缘电阻表达额定转速，此时绝缘电阻表的指针应指"∞"，再用导线短接绝缘电阻表的"火线"与"地线"端头，其指针应指零（瞬间低速旋转以免损坏绝缘电阻表）。然后，将被试品的接地端接于绝缘电阻表的接地端头"E"上，测量端接于绝缘电阻表的火线端头"L"上。如遇被试品表面的泄漏电流较大时，或对重要的被试品，如发电机、变压器等，为避免表面泄漏的影响，必须加以屏蔽。屏蔽线应接在绝缘电阻表的屏蔽端头"G"上。接好线后，火线暂时不接被试品，驱动绝缘电阻表至额定转速，其指针应指"∞"，然后使绝缘电阻表停止转动，将火线接至被试品。

（4）驱动绝缘电阻表到额定转速，待指针稳定后，读取绝缘电阻的数值。

（5）测量吸收比或极化指数时，先驱动绝缘电阻表到额定转速，待指针指"∞"时，用绝缘工具将火线立即接至被试品上，同时记录时间，分别读取 15s 和 60s 或 10min 时的绝缘电阻值。

（6）读取绝缘电阻值后，先断开接至被试品的火线，然后再将绝缘电阻表停止运转，以免被试品的电容在测量时所充的电荷经绝缘电阻表放电而损坏绝缘电阻表，这一点在测试大容量设备时更要注意。此外，也可在火线端至被试品之间串入一只二极管，其正端与绝缘电阻表的火线相接，这样就不必先断开火线，也能有效地保护绝缘电阻表。

（7）在湿度较大的条件下进行测量时，可在被试品表面加等电压屏蔽。此时在接线上要注意，被试品上的屏蔽环应接近加压的火线而远离接地部分，减少屏蔽对地的表面泄漏，以免造成绝缘电阻表过载。屏蔽环可用熔丝或软铜线紧缠几圈而成。

（8）若测得的绝缘电阻值过低或三相不平衡时，应进行解体试验，查明绝缘不良部分。

第三节　影响绝缘电阻的因素及分析判断

一、温度的影响

温度对绝缘电阻的影响很大，一般绝缘电阻是随温度上升而减小的。当温度升高时，绝缘介质中的极化加剧，电导增加，致使绝缘电阻值降低，并与温度变化的程度与绝缘材料的性质和结构等有关，可根据 $R_2 = R_1 \times 1.5^{(t_1-t_2)/10}$ 进行温度换算。因此，测量时必须记录温度，以便将其换算到同一温度进行比较。

二、湿度的影响

湿度对表面泄漏电流的影响较大，绝缘表面吸附潮气，瓷套表面形成水膜，常使绝缘电阻显著降低。此外，由于某些绝缘材料有毛细管作用，当空气中的相对湿度较大时，会吸收较多的水分，增加了电导，也使绝缘电阻值降低。

三、放电时间的影响

每测完一次绝缘电阻后，应将被试品充分放电，放电时间应大于充电时间，以利将剩余电荷放尽。否则，在重复测量时，受剩余电荷的影响，其充电电流和吸收电流将比第一次测量时小，因而造成吸收比减小，绝缘电阻值增大的虚假现象。

四、分析判断

（1）所测的绝缘电阻应等于或大于一般允许的数值（见有关规定）。

（2）将所测的绝缘电阻，换算至同一温度，并与出厂、交接、历年、大修前后和耐压前后的数值进行比较；与同型设备、同一设备相间比较。比较结果均不应有明显的降低或较大的差异，否则，应引起注意，对重要的设备必须查明原因。

（3）对电容量比较大的高压电气设备，如电缆、变压器、发电机、电容器等的绝缘状况，主要以吸收比值和极化指数的大小为判断的依据。如果吸收比和极化指数有明显下降，说明绝缘受潮或油质严重劣化。

第三章　直流泄漏及直流耐压

直流耐压试验能灵敏地反映瓷质绝缘的裂纹、夹层绝缘的内部受潮及局部松散断裂、绝缘油劣化、绝缘的沿面炭化等。直流耐压试验对于分析设备绝缘某些局部缺陷具有特殊意义，目前在高压电动机、变压器、电容器等的预防性试验中被广泛采用。直流耐压试验具有试验设备轻、能同时测试泄漏电流、对绝缘损伤较小的特点。与交流耐压试验相比，直流耐压试验对绝缘的考验不如交流电压下接近实际。对于交联聚乙烯电缆不应采用直流耐压试验。

第一节　试验方法及注意事项

直流耐压试验电源可采用半波整流、全波整流或倍压整流。目前，现场一般采用成套的中频电源直流发生器，采用脉冲宽度调制（PMW）方式调节直流电压，具有节能、电压调节线性度好、调节方便稳定、输出直流电压纹波小等优点，由于采用了高频率开关脉冲宽度调制，可选用较小数值的电感、电容进行滤波，滤波回路时间常数较小，有利于自动调节回路的品质和输出波形的改善以及减小体积。

一、试验接线

本节以半波整流试验接线为例，说明直流耐压试验原理。半波整流试验回路一般由自耦调压器、试验变压器、高压二极管和测量表计组成半波整流试验接线，根据微安表在试验回路中所处的位置不同，可分为两种基本接线方式。

（一）微安表接在高压端

微安表接在高压侧的试验原理接线如图 3-1 所示。

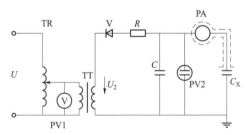

图 3-1　微安表接在高压侧的试验原理接线

PV1—低压电压表；PV2—高压静电电压表或分压器；R—保护电阻；TR—自耦调压器；
PA—微安表；TT—试验变压器；U_2—高压试验变压器二次输出电压；C—稳压电容；C_X—被试品电容

试验变压器 TT 的高压端接至高压二极管 V（硅堆）的负极，由于空气中负极性电压下击穿场强较高，为防止外绝缘闪络，所以直流试验常用负极性输出。由于二极管的单向导通性，所以如图 3-1 所示接线可产生负极性的直流高压输出。选择硅堆的反峰电压时应有 20% 的裕度；如用多个硅堆串联时，应并联均压电阻，在被试品 C_X 上并联滤波电容器 C，电容

值一般不小于 $0.1\mu F$。对于电容量较大的被试品，如发电机、电缆等可以不加稳压电容。

当回路不接负载时，直流输出电压即为变压器二次输出电压的峰值。因此，现场试验选择试验变压器的电压时，应考虑到负载压降，并给高压试验变压器输出电压留一定裕度。

这种接线的特点是微安表处于高压端，不受高压对地杂散电流的影响，测量的泄漏电流比较准确。但微安表及从微安表至被试品的引线应加屏蔽。由于微安表处于高压，故给读数及切换量程带来不便。

（二）微安表接在低压侧

微安表接在低压侧的接线图如图 3-2 所示。这种接线微安表处于低电压，具有读数安全、切换量程方便的优点。

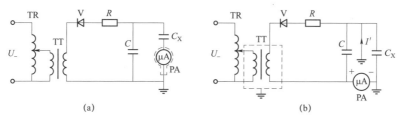

图 3-2 微安表接在低压侧的试验原理接线

（a）被试品对地绝缘；（b）被试品直接接地

当被试品的接地端与地分开时，宜采用图 3-2（a）的接线。若不能分开，则采用图 3-2（b）的接线，由于这种接线的高压引线对地的杂散电流 I' 将流经微安表，从而使测量结果偏大，其误差随周围环境、气候和试验变压器的绝缘状况而异。因此，一般情况下，尽可能采用 3-2（a）的接线。

二、直流电压和泄漏电流的测量

（一）直流电压的测量

1. 用高电阻串联微安表测量

用高电阻串联微安表测量直流高压原理如图 3-3 所示，这种测量方法应用很广，能测量数千伏至数万伏的电压。

被测直流电压加在高值电阻 R 上，则 R 中便有电流产生，与 R 串联的微安表的指示即为该电压下流过 R 的平均值电流。因此，可根据微安表指示的电流值来表示被测直流电压的数值。这种测量电压的方法，是微安表的电流刻度直接换成相应的电压刻度；或事先校验出直流电压与微安表的关系曲线，使用时根据微安表的数值在这条曲线上查出相应的电压值，也可以用另一电阻构成低压臂，用低压直流电压表来测量。

高压电阻 R 可根据被测电压大小和电流决定。电流可取 $100\sim500\mu A$。一般 R 取 $10M\Omega$，微安表选 $0\sim100\mu A$ 或 $0\sim500\mu A$，每个电阻的容量不小于 $1W$，常将该电阻装在绝缘筒内，并充油密封，以提高稳定性和减少电阻本体及电阻支持架表面的泄漏电流。为防止电晕，电阻上端需装防晕罩，连接微安表的导线应用屏蔽线。

2. 用电阻分压器和低压电压表测量

电阻分压器和低压电压表组成的测量系统的原理接线如图 3-4 所示。

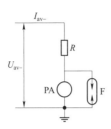
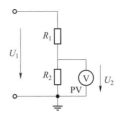

图 3-3　用高电阻串联微安表　　图 3-4　电阻分压器和低压电压表组成的
测量直流高压原理图　　　　　测量系统的原理接线图

电压表可以是低压静电电压表，也可以是数字式电压表。由低压电压表 PV 的指示值 U_2 得到被测电压。R_1 和 R_2 分别是电阻分压器的高压臂电阻和低压臂电阻，此低压臂电阻 R_2 中包含低压电压表的输入电阻。如果低压电压表是静电电压表或者高输入电阻的数字式电压表，则其输入电阻的影响可以忽略。

3. 在试验变压器低压侧测量

当试验电源电压为正弦波时，可根据试验变压器的变比，将低压侧电压的有效值折算到高压侧的有效值，然后乘以 $\sqrt{2}$，即为被测的直流高压值。

这种计算方法只有当被试品的泄漏电流很小，在保护电阻上产生的压降可以忽略不计时，才可以认为被试品上所加的电压 U_x 就是试验变压器高压侧输出电压的峰值 $U_{\max}$。

（二）泄漏电流的测量

用直流微安表测量被试品的泄漏电流时，要使测量安全、可靠，除需要对微安表进行保护外，还应消除杂散电流的影响。

1. 微安表的保护

严格说来试验电压总是脉动的，脉动成分加在被试品上，就有交流成分通过微安表，因而使微安表指针摆动，难于读数，甚至使微安表过热烧坏（因它只反映直流数值，实际上交流数值也流经线圈）。试验过程中，被试品放电或击穿都有不允许的脉冲电流流经微安表，因此需对微安表加以保护，常用的保护电路如图 3-5 所示。

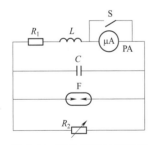

图 3-5　微安表保护接线图

图 3-5 中，电容 C 用以滤除旁路交流分量，特别是高频冲击电流；S 是短路微安表的开关，读数时断开；放电管 F 用以保证在回路中出现不允许的大电流时，迅速放电而保护微安表，当大电流流经与微安表串联的增压电阻 R_1 时，其压降足以使放电管动作。

限流电感线圈 L 的作用是当被试品击穿时，限制冲击电流并加速放电管的动作，通常取 L 值为几十毫亨至 1H。

滤波电容 C 可用油浸纸电容，其电容量为 $0.5\sim5\mu F$。R_2 用以扩大量程，可用碳膜或金属膜电阻。微安表在高压测时，短路开关也可用尼龙拉线开关。

2. 消除杂散电流对测量的影响

在试验中除被试品的体积泄漏电流之外，还有其他电流流过微安表而造成测量误差，这些电流统称为杂散电流。消除杂散电流是提高试验准确度的关键。

根据被试品的情况，应尽量选择能反映被试品本身泄漏电流的试验接线。最好采用图 3-1 的接线，这种接线由于对处于高压的微安表及引线加了屏蔽，基本上能消除杂散电流的影响。当采用图 3-2 的接线时，试验回路中其他设备的接地线应接至设备变压器的低压端，使这些设备的泄漏电流不经过微安表，从而提高了测量的准确度。

（三）注意事项

（1）高压回路限流电阻的选择原则。应将短路电流限制在二极管短时允许电流的范围内，又不致造成过大的压降，并能保证过流继电器可靠动作。当被试品击穿时，过流继电器应在 0.02s 内切断电源。一般可按每 100kV 选 0.5～1MΩ 电阻。

（2）二极管工作电压的选择。在上述半波整流线路中，最高试验电压不得超过其额定值的一半。

（3）微安表接于高压侧时，绝缘支柱应牢固、可靠，防止摇摆倾倒。

（4）试验设备的布置要紧凑、连接线要短，宜用屏蔽导线，既要安全又便于操作；对地要有足够的距离，接地线应牢固、可靠。

（5）应将被试品表面擦拭干净，并加屏蔽，以消除被试品表面脏污带来的测量误差。

（6）能分相试验的被试品应分相试验，非被试相应短路接地。

（7）试验电容量小的被试品应加稳压电容。

（8）试验结束后，应对被试品进行充分放电。

对电力电缆、电容器、发电机、变压器等大电容量被试品，必须先经适当的放电电阻对试品进行放电，如果直接对地放电，可能产生频率极高的振荡过电压，对试品的绝缘有危害。放电电阻视试验电压高低和试品的电容而定，必须有足够的电阻值和热容量。电阻值大致上可选用 200～500Ω/100kV。放电电阻器两极间的有效长度可参照高压保护电阻器的长度 L 选用，一般要求每 1000kV 对应的 L 不小于 300mm。放电棒的绝缘部分（自握手护环到放电电阻器下端接地线连接端）的长度 L' 应符合安全规程的规定，并不小于放电电阻器的有效长度。

第二节　异常情况分析

一、从微安表反映出来的情况

（1）指针来回摆动，可能有交流成分通过微安表，宜取其平均值；若无法读数，则应检查微安表保护回路，加大滤波电容，必要时可改变滤波方式。

（2）指针周期性摆动。可能是被试品绝缘不良，从而产生周期性放电，这时应查明原因，并加以消除。

（3）指针突然摆动。如向减小方向，可能是电源回路引起；若逐渐上升，可能是被试品绝缘老化引起。

二、从泄漏电流数值上反映出来的情况

（1）泄漏电流过大。应先检查试验回路各设备状况和屏蔽是否良好，在排除外因之后，才能对被试品作出正确的结论。

（2）泄漏电流过小。应检查接线是否正确，微安表保护部分有无分流与断线。

第三节　影响因素及试验结果分析

一、高压连接导线对地泄漏电流的影响

由于与被试品连接的导线通常暴露在空气中（不加屏蔽时），被试品的加压端也暴露在外，所以周围空气有可能发生游离，产生对地的泄漏电流，尤其在海拔高、空气稀薄的地方更容易发生游离，这种对地的泄漏电流将影响测量的准确度。用增加导线直径、减小尖端或加防晕罩、缩短导线、增加对地距离等措施，可减少对测量结果的影响。

二、空气湿度对表面泄漏电流的影响

当空气湿度大时，表面泄漏电流远大于体积泄漏电流，被试品表面脏污容易吸潮，使表面泄漏电流增加，因此，必须擦净表面，并应用屏蔽电极。

三、温度的影响

温度对高压直流试验结果的影响是极为显著的，因此，对所测得的泄漏电流值均需换算至相同温度，才能进行分析比较。

最好在被试品温度为 30～80℃时作试验，因为在此温度范围内泄漏电流变化较明显，而更低温度下则会变化较小。如电动机刚停运后，在热状态下试验，还可在冷却过程中对几种不同温度下的数值进行比较。

四、残余电流的影响

被试品绝缘中的残余电荷是否放尽，直接影响泄漏电流的数值，因此，试前对被试品必须进行充分放电。

五、测量结果的判断

将测量的泄漏电流值换算到同一温度下与历次试验进行比较，并与同一设备的相间比较、同类设备的相同位置测试结果比较。

对于重要设备（如主变压器、发电机等），可作出泄漏电流随时间变化的关系曲线 $I = f(t)$ 和泄漏电流随电压变化的关系曲线 $I = f(U)$ 进行分析。相关现行标准中对泄漏电流有规定的设备，应按是否符合规定值来判断。对标准中无明确规定的设备，可以进行同一设备各相互相比较、与历年试验结果比较、同型号的设备互相比较，视其变化来分析判断。

第四章　介质损耗角正切值（tanδ）

第一节　tanδ测量方法的意义及原理

一、介质损耗的一般概念

在研究绝缘物质在电场作用下所发生的物理现象时，把绝缘物质称为电介质。在工程上把绝缘物质称为绝缘材料。

理想的电介质是不存在的，电介质在外电场作用下，总会流过一定电流，这说明有部分电能已转化为热能耗散掉。电介质在电场作用下，产生的一切损耗称为介质损耗，简称介损。

介质损耗是应用于交流电场中电介质的重要品质指标之一。介质损耗不但消耗了电能，而且使元件发热影响其正常工作。如果介电损耗较大，会引起介质的过热，促使材料发生老化（发脆、分解等）甚至会把电介质熔化、烧焦而导致绝缘破坏，因此，从这种意义上讲，介质损耗越小越好。

二、介质损耗的基本形式

各种不同形式的损耗是综合起作用的。由于介质损耗的原因是多方面的，所以介质损耗的形式也是多种多样的。介电损耗主要有以下形式：

1. 漏导损耗

实际使用中的绝缘材料都不是完善的理想的电介质，在外电场的作用下，总有一些带电粒子会发生移动而引起微弱的电流，这种微小电流称为漏导电流，漏导电流流经介质时使介质发热而损耗了电能。这种因电导而引起的介质损耗称为"漏导损耗"。由于实际的电介质总存在一些缺陷，或多或少存在一些带电粒子或空位，所以介质不论在直流电场或交变电场作用下都会发生漏导损耗。

在一般情况下，它相对下面介绍的损耗而言是很小的。

2. 极化损耗

极化损耗是指在介质发生缓慢极化时（松弛极化、空间电荷极化等），带电粒子在电场力的影响下因克服热运动而引起的能量损耗。

在直流电压作用下，带电质点（主要是离子）沿直流电场方向作一次有限位移，没有周期性的极化，消耗能量是很小的。因此，其损耗只是由电导引起的。但在交流电压作用下，由于存在周期性的极化过程，电介质中带电质点要沿交变电场的方向作往复的有限位移和重新排列，而质点来回移动需要克服质点间的相互作用力，即分子间的内摩擦力，这样就造成很大的能量损耗（相对于漏导损耗而言）。因此，极化损耗只在交流电压下才呈现出来，而且随着电源频率的增加，质点运动更频繁，极化损耗就越大。不均匀介质夹层极化所引起的电荷重新分配过程（吸收电流），在交流电压下也反复进行，从而也消耗能量。

3. 电离损耗（局部放电损耗）

电离损耗（又称游离损耗、局部放电损耗）是由气体引起的。

常用的固体绝缘中往往不可避免地会有些气隙或油隙，由于在交流电压下，各层的电场分布与该材料的介电常数成反比，而气体的介电常数比固体绝缘材料的要低得多，所以分担到的电场强度就大；但气体的耐电强度又远低于固体绝缘材料，因此，当外施电场强度超过气孔气体电离所需要的电场强度时，因气体的电离吸收能量而造成损耗，这种损耗称为电离损耗。

三、介质损耗的测量原理

图 4-1 所示为交流电压作用下绝缘介质的并联等值电路和相量图。由图 4-1 可见，总电流与电压之间的夹角为 φ，φ 角的余角为 δ，称 δ 为介质损耗角，而称 δ 的正切为介质损耗因数，记为 $\tan\delta$，并用它来反映电介质损耗的大小。

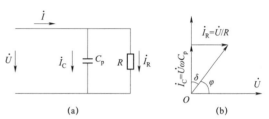

图 4-1　交流电压下绝缘介质的
并联等值电路和相量图
（a）并联等值电路；（b）相量图

由图 4-1 可知，流过介质的电流由两部分组成，即通过 C_p 的电容电流分量 I_C，通过 R 的有功电流分量 I_R。可得

$$\tan\delta = \frac{I_R}{I_C} \frac{\dfrac{U}{R}}{U\omega C_p} = \frac{1}{\omega C_p R} \qquad (4-1)$$

$$P = \frac{U^2}{R} = U^2 \omega C_p \tan\delta \qquad (4-2)$$

式中　δ ——介质损耗角，rad；

$\quad I_R$ ——介质中的有功电流分量，A；

$\quad I_C$ ——介质中的电容电流分量，A；

$\quad U$ ——施加的电压，V；

$\quad R$ ——介质的电阻，Ω；

$\quad \omega$ ——角频率，rad/s；

$\quad C_p$ ——介质的电容，F；

$\quad P$ ——介质损耗的功率，W。

由此可见，当电介质一定、外加电压及其频率一定时，介质损耗 P 与 $\tan\delta$ 成正比。换言之，可以用 $\tan\delta$ 来表征介质损耗的大小。由于 $\tan\delta$ 是一项表示绝缘内功率损耗大小的参数，对于均匀介质，它实际上反映着单位体积介质内的介质损耗，与绝缘的体积大小没有关系。对此可以理解如下：在一定的绝缘的工作场强下，可以近似地认为绝缘厚度正比于 U。当绝缘厚度一定时，绝缘面积越大，其电容量越大，I_C 也越大，故 I_C 正比于绝缘面积。因此，近似地认为绝缘体积正比于 UI_C。

通常，$I_C \gg I_R$，介质损耗角 δ 和 $\tan\delta$ 值较小，可以认为 $\tan\delta \approx \sin\delta \approx \delta$，因此，介质损耗因数测量又称为介质损耗角测量。

通过测量 $\tan\delta$，可以反映出绝缘的一系列缺陷，如绝缘受潮，油或浸渍物脏污、劣化变质，绝缘中有气隙发生放电等。这时，流过绝缘的电流中有功电流分量 I_R 增大了，$\tan\delta$ 也加大。需要指出的是绝缘中存在气隙缺陷，最好通过作 $\tan\delta$ 与外加电压的关系曲线 $\tan\delta=f(U)$ 来发现。例如，对于发电机线棒，如果绝缘老化、气隙较多，则 $\tan\delta=f(U)$ 将呈明显的转折。

如果绝缘内的缺陷不是分布性而是集中性的，则 $\tan\delta$ 有时反映就不灵敏。被试绝缘的体积越大或集中性缺陷所占的体积越小，集中性缺陷处的介质损耗占被试绝缘全部介质损耗中的比重就越小，而 I_c 一般几乎是不变的，由式（4-1）、（4-2）可知，$\tan\delta$ 增加得也越少，$\tan\delta$ 法就不灵敏。对于像电动机、电缆这类电气设备，由于运行中故障多为集中性缺陷发展所致，而且被试绝缘的体积较大，$\tan\delta$ 法效果就差了。因此，对运行中的电动机、电缆等设备进行预防性试验时，通常不做介质损耗角测量试验。相反，对于套管或互感器绝缘，介质损耗角测量就是一项必不可少而且比较有效的试验。因为套管的体积小，$\tan\delta$ 法不仅可以反映套管绝缘的全面情况，而且有时可以检查出其中的集中性缺陷。

通过 $\tan\delta$ 值判断绝缘状况时，同样必须着重于与该设备历年的 $\tan\delta$ 值相比较以及与处于同样运行条件下的同类型设备相比较。即使 $\tan\delta$ 值未超过标准，但与过去比以及与同样运行条件的其他设备比，$\tan\delta$ 突然明显增大时，就必须进行处理，不然常常会在运行中发生事故。

第二节 防 干 扰 措 施

在现场试验时，往往由于电场、磁场及被试品表面电导等干扰作用，不能测得真实的 $\tan\delta$，这给判断绝缘状况带来很大困难。因此，消除干扰，测出真实的 $\tan\delta$，是不可忽视的一件事。

一、电场干扰及消除

（一）外电场干扰

电场干扰是常遇到的问题。这是由于被试品与周围带电部分（包括试验用高压电源和试验现场高压带电体）之间总是存在着杂散电容，它的大小与两者间的距离、形状有关。随着距离的减小和外界电压的提高，外电源通过电容耦合所产生的影响就显著了。电桥本身当然有同样问题，但因屏蔽良好，故影响较小。图 4-2 所示为电场干扰示意图。干扰电流 I_g 通过耦合电容流过被试设备电容 C_x，于是在电桥平衡时所测得的被试品支路的电流 I_x，因加上 I_g 而变成了 I'_x。在干扰电流 I_g 大小不变而干扰源的相位连续变化时，I_g 的轨迹是以被试品电流 I_x 的末端为圆心、以 I_g 为半径的一个圆，如图 4-2 所示，在某些情况下，当干扰结果使 I_g 的相量端点落在阴影部分的圆弧上时，$\tan\delta$ 值将变为负值，这时电桥在正常接线下已无法达到平衡。

（二）消除外电场干扰的措施

为了消除干扰，可通过操作切除产生干扰的电源或让被试品远离干扰电源；此外，还可直接取用干扰电源作为试验电源或提高试验电压使干扰程度相应减小。但这些都不易做到，通常采取以下方法。

1. 屏蔽法

在被试品上加装屏蔽罩（金属网或薄片），使干扰电流只经屏蔽，不经测量元件。此法适于体积较小的设备，如套管、互感器等。

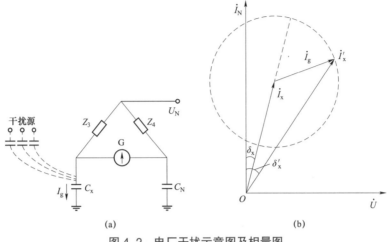

图 4-2　电厂干扰示意图及相量图

（a）示意图；（b）相量图

2. 移相法

移相法是现场常用的消除干扰的有效方法。其基本原理是利用移相器改变试验电源的相位，使被试品中的电流 I_x 与 I_g 同相或反相，此时 $\delta_x = \delta_x'$，因此，测出的是真实的 $\tan\delta$ 值，通常在试验电源和干扰电流同相和反相两种情况下分别测两次，然后取其平均值。而正、反相两次所测得的电流分别为 I_{OA} 和 I_{OB}，因此，被试品电容的实际值应为正、反相两次测得的平均值。

3. 倒相法

倒相法是移相法中的特例，比较简便。测量时将电源正接和反接各测一次，得到两组测量结果 C_1、$\tan\delta_1$ 和 C_2、$\tan\delta_2$，根据这两组数据计算出电容 C_x 和 $\tan\delta$。为分析方便，可假定电源的相位不变，而干扰的相位改变 180°，这样得到的结果与干扰相位不变、电源相位改变 180° 是完全一致的。

被试品的 $\tan\delta$ 为

$$\tan\delta \approx \frac{\tan\delta_1 + \tan\delta_2}{2} \tag{4-3}$$

测量误差为

$$\Delta\tan\delta \approx \frac{(C_1 - C_2)(\tan\delta_1 - \tan\delta_2)}{2(C_1 + C_2)} \tag{4-4}$$

二、磁场干扰及消除

干扰磁场大多由大电流母线、电抗器、阻波器、通信滤波器和其他漏磁较大的设备产生。在干扰磁场的作用下，组成电桥试验回路的各个环路都可感应产生电动势，这种外磁场还会直接作用于检流计线圈上和振动的永久磁铁上。

虽然在测试时，电桥电路中最大的环路是被试品 C_x、标准电容器 C_N 和检流计回路所包围的面积，但两者阻抗都很大，因此，能通过的电流很小，磁场的影响不大。主要的干扰是由于强磁场作用于检流计线圈产生感应电动势或直接作用于永久磁铁上而引起误差。为了检查是否存在磁场干扰，可将检流计转换开关放在中间断开位置，观察光带扩展的宽度。宽度较大表明有磁场干扰存在。通常是在测量后变换一下检流计极性再测，如数值发生变化，说明有磁场干扰存在。

为消除磁场对检流计的影响，可移动电桥到干扰源之外或将桥体就地转动改变角度，找到干扰最小的方位，再改变检流计极性开关进行两次测量，用两次测量的平均值作为测量结果。

三、被试品表面泄漏电流影响及消除

被试品表面泄漏可能影响反映被试品内部绝缘状况的 $\tan\delta$ 值。在被试品的 C_x 小时需特别注意。为了消除或减小这种影响，测试前应将被试品表面擦干净，必要时可加屏蔽。

四、其他因素影响及消除

除上述几种影响 $\tan\delta$ 准确测量的因素外，还应注意到其他一些因素的影响。如被试品周围较近的距离内有大面积接地物体（墙壁、构架、栅栏等），通过电容耦合，就会改变测量的真实结果。又如，对电压互感器（TV）、变压器等大电感设备，应将其线圈首尾短路再加压，若只从一端加压，则由于电动感与电容的串联"容升"作用，改变了电压与电流的相角差，因而使测量结果与实际值差别较大。

有时在现场还会遇到与试验电源不同频率的电场干扰，使电桥很难平衡，这时的唯一办法就是远离或切除干扰源。如果试验电源的电压波形不好，含有较大的三次谐波分量，电桥也不能平衡。因此，电源的电压波形应合乎要求。

第三节 影响 $\tan\delta$ 的因素和结果分析

在排除外界干扰，正确地测出 $\tan\delta$ 值后，还需对 $\tan\delta$ 的数值进行正确分析判断。因此，就要了解 $\tan\delta$ 与哪些因素影响有关。根据 $\tan\delta$ 测量的特点，除不考虑频率的影响（因施加电压频率基本不变）外，还应注意以下几个方面的问题。

一、温度的影响

温度对 $\tan\delta$ 有直接影响，影响的程度随材料、结构的不同而异。一般情况下，$\tan\delta$ 是随温度上升而增加的。进行现场试验时，设备温度是变化的，为便于比较，应将不同温度下测得的 $\tan\delta$ 值换算至 20℃。

应当指出，由于被试品真实的平均温度是很难准确测定的，换算系数也不是十分符合实际，故换算后往往有很大误差。因此，应尽可能在 10～30℃ 的温度下进行测量。

二、试验电压的影响

良好绝缘的 $\tan\delta$ 不随电压的升高而明显增加。当绝缘内部有缺陷时，则其 $\tan\delta$ 将随试验电压的升高而明显增加。图 4-3 表示了几种典型的情况：

曲线 1 是绝缘良好的情况，其 $\tan\delta$ 几乎不随电压的升高而增加，仅在电压很高时才略有

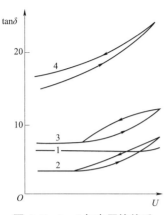

图 4-3　$\tan\delta$ 与电压的关系

增加。

曲线 2 为绝缘老化时的示例。在气隙起始游离之前，$\tan\delta$ 比绝缘良好时低，过了起始游离点后则迅速升高，而且起始游离电压也比绝缘良好时低。

曲线 3 为绝缘中存在气隙的示例。在试验电压未达到气体起始游离之前，$\tan\delta$ 稳定，但电压增高气隙游离后，$\tan\delta$ 急剧增大，当逐步降压后测量时，曲线出现转折，由于气体放电可能已随时间和电压的增加而增强，故 $\tan\delta$ 高于升压时相同电压下的值，直至气体放电终止，曲线才又重合，因而形成闭口环路状。

曲线 4 是绝缘受潮的情况。在较低电压下，$\tan\delta$ 已较大，随电压的升高 $\tan\delta$ 继续增大，在逐步降压时，由于介质损耗的增大已使介质发热温度升高，因此，$\tan\delta$ 不能与原数值相重合，而以高于升压时的数值下降，形成开口环状曲线。

三、试品电容的影响

对电容量较小的设备（套管、互感器、耦合电容器等），测 $\tan\delta$ 能有效地发现局部集中性和整体分布性的缺陷，但对电容量较大的设备（如大、中型变压器，电力电缆，电力电容器，发电机等），测 $\tan\delta$ 只能发现绝缘的整体分布性缺陷。因为局部集中性的缺陷所引起的损耗增加只占总损耗的极小部分，影响 $\tan\delta$ 极小。这样用测量 $\tan\delta$ 的方法来判断设备的绝缘状态就很不灵敏了。对于可以分解为几个彼此绝缘的部分的被试品，应分别测量其各个部分的 $\tan\delta$ 值，这样能更有效地发现缺陷。

四、测试仪器和方法的影响

测量被试品时，还需注意测试仪器和测试方法对结果产生的影响，需要严格防止使用非有效仪器进行测量；在测量时，试验接线和试验方法也会对结果产生影响。

五、分析判断

根据 $\tan\delta$ 测量结果对绝缘状况进行分析判断时，应综合电介质的温度、湿度、内部有无气泡、缺陷部分体积大小等因素，除与试验规程规定值比较外，还应与以往的测试结果及处于同样运行条件下的同类设备相比较，观察其发展趋势。除 $\tan\delta$ 值外，还应注意电容值的变化情况。如果测试值低于规程规定值或发生明显变化，可配合其他试验方法，如绝缘油的分析、直流泄漏试验等进行综合判断，防止可能发生的绝缘事故。

第五章 工 频 交 流 耐 压

一、范围

本章提出了高电压电气设备交流耐压试验所涉及的试验接线、试验设备、试验方法和结果分析及注意事项等一些技术细则。

本章适用于在发电厂、变电站现场和修理车间、试验室等条件下对高电压电气设备进行交流耐压试验。

二、工频交流耐压试验原理接线

（一）试验电压和频率要求

试验电压一般应是频率为 45～65Hz 的交流电压，通常称为工频试验电压。按有关设备标准的规定，有些特殊试验可能要求频率远低于或高于这一范围。例如，对交联聚乙烯电缆可采用 0.1Hz 的交流耐压或 10～300Hz 的交流耐压，对 GIS 可采用 10～300Hz 的交流耐压。

（二）试验电压允许偏差

允许偏差为规定值和实测值的差。它与测量误差不同，测量误差是指测量值与真实值之差。

如果有关设备标准无其他规定，在整个试验过程中试验电压的测量值应保持在规定电压值的±1%以内；当试验持续时间超过 60s 时，在整个试验过程中试验电压测量值可保持在规定电压值的±3%以内。

（三）试验电压产生方式

工频高电压通常采用高压试验变压器来产生；对电容量较大的被试品，可以采用串联谐振回路产生高电压；对于电力变压器、电压互感器等具有绕组的被试品，可以采用 100～300Hz 的中频电源对其低压侧绕组励磁在高压绕组感应产生高电压。

（四）变压器试验回路

交流耐压试验的接线应按被试品的电压、容量和现场实际试验设备条件来决定。试验原理图见图 5－1。在进行变压器、电容器等电容量较大的被试品的交流耐压试验时，试验变压器的容量常常难以满足试验要求，现场常采用电抗器并联补偿。当参数选择适当，使两条并联支路的容抗与感抗相等时，回路处于并联谐振状态，此时试验变压器的负载最小。采用并联谐振回路应特别注意，试验变压器应加装过流速断保护装置，原因是当被试品击穿时，谐振消失，试验变压器有过电流的危险。

（五）串联谐振耐压电路

对 GIS、发电机和变压器、交联电缆、高压断路器等电容量较大、试验电压高的被试品进行交流耐压试验，需要大容量的试验设备，可采用串联谐振试验装置，它能够以较小的电源容量对较大电容和较高试验电压的被试品进行耐压试验，回路由被试品负载电容和与之串联的电抗器和电源组成，如图 5－2 所示。

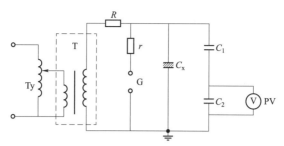

图 5-1　工频交流耐压试验原理接线图

Ty—调压器；T—试验变压器；R—限流电阻；r—球隙保护电阻；G—球间隙；

C_x—被试品电容；C_1、C_2—电容分压器高、低压臂；PV—电压表

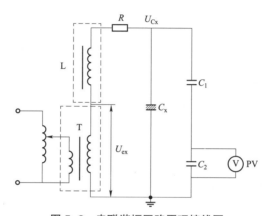

图 5-2　串联谐振回路原理接线图

T—励磁变压器；U_{ex}—励磁电压；L—电感；R—限流电阻；U_{Cx}—被试品上的电压；

C_x—被试品电容；C_1、C_2—电容分压器高、低压臂；PV—电压表

当电源频率 f、电感 L 及被试品电容 C_x 满足式（5-1）时回路处于串联谐振状态，此时

$$f = \frac{1}{2\pi\sqrt{LC_x}} \tag{5-1}$$

回路中的电流为

$$I = 2\pi f C_x U_{Cx} \tag{5-2}$$

式中　L——电感，H；

　　　C_x——被试品电容量，F；

　　　f——电源频率，Hz；

　　U_{Cx}——被试品上的输出电压，V。

输出电压 U_{Cx} 与励磁电压 U_{ex} 之比为试验回路的品质因数 Q_s，即

$$Q_s = \frac{U_{Cx}}{U_{ex}} = \frac{\omega L}{R} \tag{5-3}$$

式中　ω——角频率 $2\pi f$，rad/s；

　　　R——回路电阻，Ω。

由于试验回路中的 R 很小，故试验回路的品质因数很大。在大多数正常情况下 Q_s 可达 50 左右，即输出电压是励磁电压的 50 倍，因此，用这种方法能用电压较低的试验变压器得

到较高的试验电压。由于试验时回路处于谐振状态，回路本身具有良好的滤波作用，电源波形中的谐波成分在被试品两端大为减少，所以通常输出良好的正弦波形电压。

当被试品击穿时，电路失去谐振条件，电源输出电流自动减小，被试品两端的电压骤然下降，从而限制了对被试品的损坏程度。

根据调节方式的不同，串联谐振装置分为工频串联谐振装置（带可调电抗器或带固定电抗器和调谐用电容器组，工作频率为 50Hz）和变频串联谐振装置（带固定电抗器，工作频率一般为 10～300Hz）两大类。

工频串联谐振装置所用电抗器的电感量能够连续可调，当试验电压较高时，可以做成几个电抗器串联使用。

变频串联谐振装置依靠大功率变频电源调节电源频率，使回路达到谐振，所用电抗器的电感量是固定的（不可调）。试验频率随被试品电容量不同而改变。

由于变频串联谐振装置的试验频率随不同电容量的被试品而变化，所以其使用范围受到一定限制。

串联谐振装置在实际使用时，试验回路调谐必须在很低的励磁电压下进行，调节电抗器电感或改变电源频率，使被试品端的电压达到最大，此时，回路达到谐振状态，再按规定的升压速度升高励磁电压，使高压侧达到试验电压。耐压完毕，均匀、快速降压后，切断电源。

（六）中频电源装置

变压器的感应耐压试验和局部放电试验需要中频电源。现场获取中频电源的途径主要有中频电源机组成套装置、三倍频电源装置、中频同步发电机组和电子式变频装置。对大型变压器试验，现场使用较多的是中频电源机组成套装置。

1. 二倍频电源机组

利用线绕式转子的异步电动机，在转子（或定子）中通入三相交流电，由另一台异步电动机拖动，使机械转速与旋转磁场同相相加，在定子（或转子）上感应出频率提高的正弦交流电。交流磁场用二相调压器调整。

2. 三倍频电源装置

三倍频电源装置由 3 台单相变压器组成，其一次绕组接成星形，二次绕组连接成开口三角形，而产生三倍频的电压。

3. 中频同步发电机组

中频发电机组是用一台电动机拖动一台中频同步发电机，通过改变发电机励磁回路中励磁变阻器的阻值，使励磁机改变对发电机转子的励磁，从而使发电机的定子输出平滑、可调的电压。采用无刷励磁发电机可以完全避免电刷火花的干扰，对局部放电测量很有利。

4. 电子式变频装置

电子式变频装置是一种应用大功率电子技术产生交流正弦波或方波电压的电子装置。实际应用时应保证被试品上施加的电压符合正弦波的要求。

三、工频交流耐压试验方法及试验分析

（一）试验要求

对有绕组的被试品进行外施交流耐压试验时，应将被试绕组自身的两个端子短接，非被试绕组也应短接并与外壳连接后接地。

进行交流耐压试验时加至试验标准电压后的持续时间，凡无特殊说明者，均为 60s。升压必须从零（或接近于零）开始，切不可冲击合闸。升压速度在 75% 试验电压以前，可以是任意的，自 75% 电压开始应均匀升压，均为每秒 2% 试验电压的速率升压。耐压试验后，迅速均匀降压到零（或接近于零），然后切断电源。

（二）试验方法

任何被试品在交流耐压试验前，应先进行其他绝缘试验，合格后再进行耐压试验。充油设备若经滤油或运输，耐压试验前还应将试品静置规定的时间，以排除内部可能残存的空气。通常在耐压试验前后应测量绝缘和电阻。

接上被试品，接通电源，开始升压进行试验。升压过程中应密切监视高压回路，监听被试品有何异响。升至试验电压，开始计时并读取试验电压。时间到后，降压然后断开电源。试验中如无破坏性放电发生，则认为通过耐压试验。

在升压和耐压过程中，如发现电压表指针摆动很大，电流表指示急剧增加，调压器往上升方向调节，电流上升、电压基本不变甚至有下降趋势，被试品冒烟、出气、焦臭、闪络、燃烧或发出击穿响声（或断续放电声），应立即停止升压，马上降压、停电后查明原因。这些现象如查明是绝缘部分出现的，则认为被试品交流耐压试验不合格。如确定被试品的表面闪络是由于空气湿度或表面脏污等所致，应将被试品清洁干燥处理后，再进行试验。

被试品为有机绝缘材料时，试验后应立即触摸表面，如出现普遍或局部发热，则认为绝缘不良，应立即处理后，再做耐压试验。

有时耐压试验进行了数十秒钟，中途因故失去电源，使试验中断，在查明原因，恢复电源后，应重新进行全时间的持续耐压试验，不可仅进行"补足时间"的试验。

（三）试验分析

一般情况下，在交流耐压试验过程中，被试品不发生击穿即认为合格，否则认为不合格，具体通过以下几种情况进行判断。

（1）通过表计指示的变化判断：接在试验回路中的电流表指示突然大幅度增大，一般表明有击穿或局部放电现象，另外，高压侧电压表指示突然明显下降，也视为被试品击穿。

（2）通过试验变压器低压侧的控制回路电磁开关的动作情况判断：如果试验变压器低压侧的控制回路上过流继电器整定适当，那么当被试品被击穿时，因电流过大，继电器动作，电磁开关跳开，所以通过电磁开关的跳闸可以判断被试品的击穿。但应注意区分，是否因整定值过小，而使被试品在升压过程中电容电流过大造成跳闸；或因整定值较大，即使被试品放电或局部小电流击穿，开关也不一定跳开等。因此，对电磁开关的动作情况应进行具体分析。

（3）通过耐压试验过程中发生的其他异常情况进行判断：如果升压或在规定耐压时间内发生冒烟、出气、焦臭、闪络、燃烧或发出击穿响声（或断续放电声）等，都表明绝缘有缺陷。

（4）通过耐压前后绝缘电阻值判断：绝缘良好的设备耐压前后绝缘电阻不应发生明显下降，否则应查明原因。

（5）通过被试品耐压后的发热情况来判断：绝缘良好的设备耐压后不应发热，否则应查明原因。应注意由于被试品表面受潮、脏污等引起的沿面闪络。为了避免这种情况发生，应在试验前对试品外绝缘进行清扫擦拭，以免发生误判断。

四、交流耐压试验的注意事项

（一）容升效应和电压谐振

试验变压器所接被试品大多是电容性，在交流耐压试验时，容性电流在绕组上产生漏抗压降，造成实际作用到被试品上的电压值超过按变比计算的高压侧所应输出的电压值，产生容升效应。被试品电容及试验变压器漏抗越大，则容升效应越明显。

在进行较大电容量被试品的交流耐压试验时，要求直接在被试品端部进行电压测量，以免被试品受到过高的电压作用。被试品线端电压升高的数值，略去回路电阻的影响，可按式（5-4）计算，即

$$\varLambda_U = \omega U C_x X_k \tag{5-4}$$

式中　$\varLambda_U$——被试品线端电压升高值；

　　　ω——角频率，rad/s；

　　　U——施加于被试品线端的电压，V；

　　　C_x——被试品电容量，F；

　　　X_k——调压器、试验变压器漏抗之和（归算为高压侧），Ω。

此外，由于被试品电容与试验变压器、调压器的漏抗形成串联回路，一旦被试品容抗与试验变压器、调压器漏抗之和相等或接近时，发生串联电压谐振，造成被试品端电压显著升高，危及试验变压器和被试品的绝缘。在试验大电容量被试品时应注意预防发生电压谐振，因此，除在高压侧直接测量试验电压外，还应与被试品并接球隙进行保护。必要时可在调压器输出端串接适当的电阻，以减弱（阻尼）电压谐振的程度。

（二）电压波形

受电源波形或试验变压器铁芯饱和及调压器的影响，试验电压波形会发生畸变，当电压不是正弦波时，峰值与有效值之比不等于$\sqrt{2}$，其中的高次谐波（主要是三次谐波）与基波相重叠，使峰值增大。

由于过去现场较多用电压表测有效值，所以被试品上可能受到过高的峰值电压作用，应改用交流峰值电压表测量。为避免试验电压波形畸变，可采用以下措施：

（1）避免采用移圈式调压器。

（2）电源电压应采用线电压。

（3）试验变压器一般应在规定的额定电压范围内使用，避免使用在铁芯的饱和部分。

（4）可在试验变压器低压侧加滤波装置。

（三）低压回路保护

为保护测量仪表，可在测量仪器输入端上并联适当电压的放电管或氧化锌压敏电阻器、浪涌吸收器等。控制电源和仪器用电源可由隔离变压器供给，或者在所用电源线上分别对地并联$0.047\mu F \sim 1.0 pF$的油浸纸电容器，防止被试品闪络或击穿时，在接地线上产生较高的暂态地电压，升高过电压，将仪器或控制回路元件反击损坏。

（四）过电压保护装置的规定

进行耐压试验时试验回路中应具备过电压、过电流保护。可在升压控制柜中配置过电压、过电流保护的测量、速断保护装置。对重要的被试品（如发电机、变压器等）进行交流耐压

试验时，宜在高压侧设置保护球间隙，该球间隙的放电距离对发电机一般可整定在 1～1.15 倍额定电压所对应的放电距离；对变压器整定 1.15～1.2 倍额定电压所对应的放电距离。对发电机进行试验时，保护球间隙应在现场施加已知电压进行整定。

（五）更换高压接线安全问题

交流耐压试验结束，降压和切断电源后，被试品中残留的电荷，自动反向经试验变压器高压绕组对地放电，因此，被试品对地放电问题不像直流电压试验那样重要。但对于需要更换高压接线，有较多人工换线操作的工作，为了防止电源侧隔离开关或接触器不慎突然来电等意外情况，在更换接线时应在被试品上悬挂接地放电棒，以保证人身安全，并采取措施；在再次升压前，先取下放电棒，防止带接地放电棒升压。

（六）防止合闸过电压

当使用移圈调压器进行交流耐压试验，电源突然合闸时（此时调压器已在零位），有时会在被试品上产生较高电压的合闸过电压，使被试品闪络或击穿。为防止此情况的发生，应在移圈调压器输出到试验变压器一次绕组之间，加装一组隔离开关。先将调压器电源合闸后，再合上此隔离开关。

第六章 局 部 放 电

一、局部放电的特性及原理

局部放电是指设备绝缘系统中有部分绝缘被击穿的电气放电现象，这种放电可以发生在导体（电极）附近，也可以发生在其他位置。变压器的绝缘结构较复杂，如果设计不当，可能造成局部区域场强过高；工艺上存在某些缺点可能会使绝缘中含有气泡；在运行中油质劣化可分解出气泡；机械振动和热胀冷缩造成局部开裂也会出现气泡。在这些情况下都会导致在较低外施电压下发生局部放电。

二、测试方法

在电力系统中，局部放电的测量方式有两种：一是停电测量；二是在线监测。

对停电测量而言，根据局部放电产生的各种物理、化学现象，人们提出了很多测量局部放电的方法，归纳起来分为两大类，一类是电测法，另一类是非电测法。

（一）电测法

根据局部放电产生的各种电的信息来测量的方法，目前主要有：

（1）脉冲电流法：由于局部放电时产生的电荷交换，使试品两端出现脉动电压，在试品回路中出现脉冲电流，所以在回路中的检测阻抗上就可取得代表局部放电的脉冲信号，从而进行测量。

（2）无线电干扰法：由于局部放电会产生频谱很宽的脉冲信号，所以可以用无线电干扰仪测量局部放电的脉冲信号。

（3）放电能量法：由于局部放电伴随着能量损耗，所以可用电桥来测量一个周期的放电能量，也可以用微处理机直接测量放电功率。

（二）非电测法

利用局部放电产生的各种非电信息来测定局部放电的方法，目前主要有：

（1）超声波法：利用超声波检测技术来测定局部放电产生的超声波，从而分析放电的位置和放电的程度。

（2）测光法：利用光电倍增技术来测定局部放电产生的光，借此来确定放电的位置、放电的起始及其发展过程。

（3）测分解（或生成）物法：在局部放电作用下，可能有各种分解物或生成物出现，可以用各种色谱及光谱分析来确定各种分解物或生成物，从而推断局部放电的程度。如测定变压器油中含气的成分及数量来推断变压器中局部放电的程度等。

在上述方法中，目前普遍采用的是脉冲电流法。

三、局部放电的波形分析及图谱识别

局部放电电气检测的基本原理是在一定的电压下测定试品绝缘结构中局部放电所产生

的高频电流脉冲。在实际试验时，应区分并剔除由外界干扰引起的高频脉冲信号；否则，这种假信号将导致检测灵敏度下降和最小可测水平的增加，甚至造成误判断的严重后果。

在某一既定的试验环境下，如何区别干扰信号，采取若干必要的措施，以保证测试的正确性，成为一个较重要的问题。正确掌握试品放电的特征、与施加电压及时间的规律。经验表明：判断正确与否在很大程度上取决于测试者的经验。掌握的波形图谱越多，则识别和解决的方法也越快越正确。

1. 局部放电的干扰类型和途径

干扰将会降低局部放电试验的检测灵敏度，试验时，应使干扰被抑制到最低水平。干扰类型通常有电源干扰、接地系统干扰、电磁辐射干扰、试验设备各元件的放电干扰及各类接触干扰。这些干扰及其进入试验回路的途径见图 6-1。

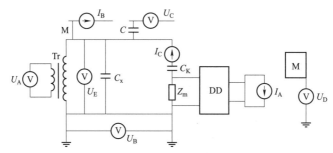

图 6-1 干扰及其进入试验回路的途径

Tr—试验变压器；C_x—被试品；C_K—耦合电容器；Z_m—测量阻抗；DD—检测仪；M—邻近试验回路的金属物件；
U_A—电源干扰；U_B—接地干扰；U_C—经试验回路杂散电容 C 耦合产生的干扰；U_D—悬浮电压放电产生的干扰；
U_E—高压各端部电晕放电的干扰；I_A—试验变压器的放电干扰；I_B—经试验回路杂散电感 M 耦合产生的
辐射干扰；I_C—耦合电容器放电的干扰

（1）电源干扰。检测仪及试验变压器所用的电源是与低压配电网相连的，配电网内的各种高频信号均能直接产生干扰。因此，通常采用屏蔽式电源隔离变压器及低通滤波器抑制，效果甚好。

（2）接地干扰。试验回路接地方式不当，例如两点及以上接地的接地网系统中，各种高频信号会经接地线耦合到试验回路产生干扰。这种干扰一般与试验电压高低无关。试验回路采用一点接地，可降低这种干扰。

（3）电磁辐射干扰。邻近高压带电设备或高压输电线路、无线电发射器及其他诸如可控硅、电刷等试验回路以外的高频信号，均会以电磁感应、电磁辐射的形式经杂散电容或杂散电感耦合到试验回路，它的波形往往与试品内部放电不易区分，对现场测量影响较大。其特点是与试验电压无关。消除这种干扰的根本对策是将试品置于屏蔽良好的试验室。采用平衡法、对称法和模拟天线法的测试回路，也能抑制辐射干扰。

（4）悬浮电压放电干扰。邻近试验回路的不接地金属物产生的感应悬浮电压放电，也是常见的一种干扰。其特点是随试验电压升高而增大，但其波形一般较易识别。消除的对策一是搬离，二是接地。

（5）电晕放电和各连接处接触放电的干扰。电晕放电产生于试验回路处于高电压的导电部分，例如试品的法兰、金属盖帽、试验变压器、耦合电容器端部及高压引线等尖端部分。

试验回路中由于各连接处接触不良也会产生接触放电干扰。这两种干扰的特性是随试验电压的升高而增大。消除这种干扰是在高压端部采用防晕措施（如防晕环等），高压引线采用无晕的导电圆管，以及保证各连接部位的良好接触等。

（6）试验变压器和耦合电容器内部放电干扰。这种放电容易与试品内部放电相混淆。因此，使用的试验变压器和耦合电容器的局部放电水平应控制在一定的允许量以下。

2. 识别干扰的基本依据

局部放电试验的干扰是随机而杂乱无章的，因此难以建立全面的识别方法，但是掌握各类放电的时间、位置、扫描方向以及电压与时间关系曲线等特性，有助于提高识别能力。

（1）掌握局部放电的电压效应和时间效应。局部放电脉冲波形与各种干扰信号随电压高低、加压时间的变化具有某种固有特性。有些放电源随电压高低或时间的延长突变、变缓，而有些放电源确实不变，观察和分析这类固有特性是识别干扰的主要依据。

（2）掌握试验电压的零位。试品内部局部放电的典型波形通常对称地位于正弦波的正向上段，对称地叠加与椭圆基线上，而有些干扰信号处于正弦波的峰值，认定椭圆基线上试验电压的零位，也有助于波形识别。注意：试验电压的零位指施加于试品两端电压的零位，而不是指低压励磁侧的零位。

（3）根据椭圆极限扫描方向。放电脉冲与各种干扰信号均在时基上占有相应的位置。试品内部放电脉冲总是叠加于正向的上升段，根据椭圆基线扫描方向，可确定放电的脉冲和干扰信号的位置。方法是注入一脉冲（可用机内方波），观察椭圆基线上显示的脉冲振荡方向即为椭圆扫描的方向，从而就能确定椭圆基线的相应角度，椭圆基线扫描方向识别如图6-2所示。

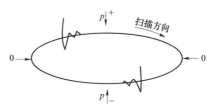

图6-2 椭圆基线扫描方向识别

（4）整个椭圆波形识别。局部放电，特别是现场测试，将各种干扰抑制到很低有时候很难，检验表明，即使有各种干扰信号，只要不影响识别预判断不必将干扰信号全部抑制。

3. 局部放电的基本图谱

局部放电的基本图谱说明见表6-1。

表6-1　　　　　　　　　局部放电基本图谱说明

类型	放电模型	典型放电波形	放电量与试验电压的关系
1	（绝缘结构图：金属或碳—介质—气隙—金属或碳）	（椭圆波形图）	（放电量pC与试验电压kV曲线图：熄灭、起始、最小可测水平）
	绝缘结构中仅有一个与电场方向垂直的气隙	放电脉冲叠加于正及负峰之前的位置，对称的两边脉冲幅值及频率基本相等，但有时上、下幅值的不对称度3:1仍属正常	起始放电后，放电量增至某一水平时，随试验电压上升放电量保持不变。熄灭电压基本相等或略低于起始电压

类型	放电模型	典型放电波形	放电量与试验电压的关系
2	金属或碳 / 介质 / 气隙 / 金属或碳		
2	绝缘结构中仅有一个与电场方向垂直的气隙	放电脉冲叠加于正及负峰之前的位置，对称的两边脉冲幅值及频率基本相等，但有时上下幅值的不对称度 3:1 仍属正常	起始放电后，放电量增至某一水平时，随试验电压上升放电量保持不变。熄灭电压基本相等或略低于起始电压，若试验电压上升至某一值并维持较长时间（如 30min），熄灭电压将会高于起始电压，且放电量将会下降；若试验电压维持达 1h，熄灭电压会更大于起始电压，并且高于第一次（30min 时）的值，放电量也进一步下降
3	金属或碳 / 介质 / 放电 / 放电 / 金属或碳 / 介质 / 金属或碳		
3	（1）两绝缘体之间的气隙放电。 （2）表面放电	放电脉冲叠加于正及负峰之前的位置，对称的两边脉冲幅值及频率基本相等，但有时上、下幅值的不对称度 3:1 仍属正常。放电刚开始时，放电脉冲尚能分辨，随后电压上升，某些放电脉冲向试验电压的零位方向移动，同时会出现幅值较大的脉冲，脉冲分辨率逐渐下降，直至不能分辨	起始放电后，放电量随电压上升而稳定增长；熄灭电压基本相等或低于起始电压
4	金属或碳 / 气隙 / 介质 / 金属或碳		
4	绝缘结构内含有各种不同尺寸的气隙（多属浇注绝缘结构）	放电脉冲叠加于正及负峰之前的位置，对称的两边脉冲幅值及频率基本相等，但有时上、下幅值的不对称度 3:1 仍属正常。放电刚开始时，放电脉冲尚能分辨，随后电压上升，某些放电脉冲向试验电压的零位方向移动，同时会出现幅值较大的脉冲，脉冲分辨率逐渐下降，直至不能分辨	若试验电压上升或下降速率较快，起始放电后，放电量随试验电压上升而稳定增长，熄灭电压基本相等或略低于起始电压。如在某高电压下维持一定时间（如 15min），放电量会逐渐下降，熄灭电压会略高于起始电压（因浇注绝缘局部放电会导致气隙内壁四周产生导电物质）

续表

类型	放电模型	典型放电波形	放电量与试验电压的关系
5	绝缘结构内仅含有一个扁平的气隙（多属机电绝缘）	放电脉冲叠加于正及负峰之前的位置，对称的两边脉冲幅值及频率基本相等，但有时上、下幅值的不对称度3:1仍属正常。放电刚开始时，放电脉冲尚能分辨，随后电压上升，某些放电脉冲向试验电压的零位方向移动，同时会出现幅值较大的脉冲，脉冲分辨率逐渐下降，直至不能分辨	起始放电后，放电量随试验电压上升稳定增长。如电压上升及下降速率较快，熄灭电压等于或略低于起始电压；如在某一高电压下持续一段时间（如10min），熄灭电压和起始电压的幅值会降低，幅值略有上升
6	绝缘结构为液体与含有潮气的纸板复合绝缘。电场下，纸板会产生气泡，导致放电，进一步使气泡增多	放电脉冲叠加于正及负峰之前的位置，对称的两边脉冲幅值及频率基本相等，但有时上、下幅值的不对称度3:1仍属正常。放电刚开始时，放电脉冲尚能分辨，随后电压上升，某些放电脉冲向试验电压的零位方向移动，同时会出现幅值较大的脉冲，脉冲分辨率逐渐下降，直至不能分辨	如在某一高电压下持续1min，放电量迅速增长，若立即降压，则熄灭电压等于或略低于起始电压；若电压维持1min以上再降压，放电量会随电压逐渐下降。如放电熄灭后立刻升压则起始放电电压幅值将大大低于原始的起始及熄灭电压。若将绝缘静止一天以上，则其起始、熄灭电压将会复原
7	绝缘结构中仅含有一个气隙，位于电极的表面与介质内部气隙的放电响应不同	放电脉冲叠加于电压的正及负峰值之前，两边的幅值不尽对称，幅值大的频率低，幅值小的频率高。两幅值之比通常大于3:1，有时达10:1。总的放电响应能分辨出	放电一旦起始，放电量基本不变，与电压上升无关。熄灭电压等于或略低于起始电压

类型	放电模型	典型放电波形	放电量与试验电压的关系
8	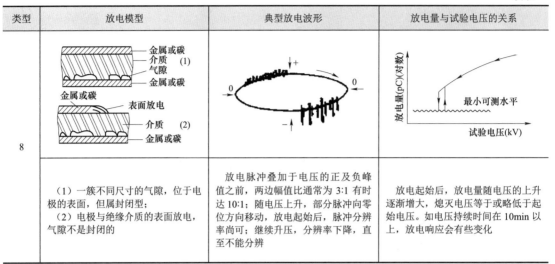		
	（1）一簇不同尺寸的气隙，位于电极的表面，但属封闭型； （2）电极与绝缘介质的表面放电，气隙不是封闭的	放电脉冲叠加于电压的正及负峰值之前，两边幅值比通常为 3:1 有时达 10:1；随电压上升，部分脉冲向零位方向移动，放电起始后，脉冲分辨率尚可；继续升压，分辨率下降，直至不能分辨	放电起始后，放电量随电压的上升逐渐增大，熄灭电压等于或略低于起始电压。如电压持续时间在 10min 以上，放电响应会有些变化

第七章　接　地　装　置

第一节　接地的基本概念

（1）接地：将电力系统或建筑物电气装置、设施、过电压保护装置用接地线与接地极连接。

（2）接地极：埋入地中直接与大地接触的具有接地功能的金属导体，一般分为水平接地极和垂直接地极。

（3）自然接地极：可利用作为接地用的直接与大地接触的各种金属构件、金属井管、钢筋混凝土建筑的基础、金属管道和设备等。

（4）（接）地网：由垂直和水平接地极组成的，供发电厂、变电站使用的，兼有泄流和均压作用的水平网状接地装置。

（5）接地（引下）线：电力设备应接地的部位与地下接地极之间的金属导体。

（6）接地装置：接地极与接地线的总和。

（7）大型接地装置：110kV 及以上电压等级变电站的接地装置，装机容量在 200MW 以上的火力发电厂和水电厂的接地装置，或者等效面积在 5000m² 以上的接地装置。

（8）集中接地装置：为加强对雷电流的散流作用、降低对地电压而敷设的附加接地装置。一般敷设 3～5 根垂直接地极，在土壤电阻率较高的地区，则敷设 3～5 根放射形水平接地极。

（9）等电压接地网：由水平导体纵横连接构成的各节点处于等电压的接地网，其最终与土壤中接地网相连接。

（10）接地装置的电气完整性：接地装置中应该接地的各种电气设备之间，以及接地装置的各部分之间的电气连接性，也称为电气导通性。是任意两个电气设备（接地装置）之间的直流电阻值。

（11）接地阻抗：接地装置对远方电压零点的阻抗。数值上为接地装置与远方电压零点间的电位差，与通过该接地装置流入地中的电流的比值。接地阻抗 Z 值是一个复数，接地电阻 R 是其实部，接地电抗 X 是其虚部。传统说法中的接地电阻值实际上是接地阻抗的模值。通常所说的接地阻抗，是指按工频电流求得的工频接地阻抗。

（12）分流和地网分流系数：接地装置内发生接地短路故障时，通过架空避雷线和电缆两端接地的金属屏蔽向地网外流出的部分故障电流称为分流，它导致经接地网实际散流的故障电流减少。经接地网散流的故障电流与总的接地短路故障电流之间的比值称为地网分流系数。

（13）场区地表电压梯度分布：当接地短路故障电流流过接地装置时，被试接地装置所在的场区地表面形成的电压梯度分布。地面上水平距离为 1.0m 的两点间的电压梯度称为单位场区地表电压梯度。

（14）跨步电位差（跨步电压）：当接地短路故障电流流过接地装置时，地面上水平距离为 1.0m 的两点间的电位差。

（15）接触电位差（接触电压）：当接地短路故障电流流过接地装置时，在地面上距设备水平距离 1.0m 处与沿设备外壳、架构或墙壁离地面的垂直距离 2.0m 处两点间电位差。

（16）接地装置的特性参数：接地装置的电气完整性、接地阻抗、分流及地网分流系数、场区地表电压梯度分布、接触电压、跨步电压等参数或指标。除了电气完整性，其他参数为工频特性参数。

（17）电流极：为形成测试接地装置的接地阻抗、场区地表电压梯度分布等特性参数的电流回路，在远方布置的接地极。

（18）电位极：在测试接地装置的特性参数时，为测试所选的参考电位而布置的接地极。

（19）工作接地：在电力系统电气装置中，为运行需要所设的接地（如中性点直接接地或经其他装置接地等）。

（20）保护接地：电气装置的金属外壳、配电装置的构架和线路杆塔等，由于绝缘损坏有可能带电，为防止其危及人身和设备的安全而设的接地。

（21）雷电保护接地：为雷电保护装置（避雷针、避雷线和避雷器等）向大地泄放雷电流而设的接地。

（22）防静电接地：为防止静电对易燃油、天然气储罐和管道等的危险作用而设的接地。

第二节 接地装置的形式

接地装置由接地（网）极与接地（引下）线组成，见图 7-1。直接与土壤接触，将水平或垂直布置的金属导体连接为一个网状整体称为接地极。电气设备需接地点与接地极连接的金属导体称为接地线。接地极可分为自然接地极和人工接地极两类。

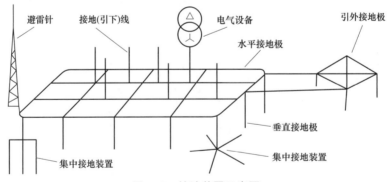

图 7-1 接地装置示意图

布设接地装置的目的是使接地装置地表面的电压分布尽量均匀，以降低接触电压和跨步电压，保障人身与设备的安全。

一、一般要求

1. 掌握必要参数

掌握安装地点的地形地貌、土壤的种类和分层状况，并应实测或搜集站址土壤及江、河、湖泊等的水的电阻率、地质电测部门提供的地层土壤电阻率分布资料和关于土壤腐蚀性能的数据，应充分了解站址处较大范围土壤的不均匀程度。

2. 系统短路电流值的确定

应根据最大运行方式下一次系统电气接线、母线连接的送电线路状况、故障时系统的电抗与电阻比值等，确定设计水平年的最大接地故障不对称电流有效值；或经过计算确定当前投运系统中流过设备外壳接地导体（线）和经接地网入地的最大接地故障不对称电流有效值。

3. 确定接地极布设方式

应根据有关建筑物的布置、结构、钢筋配置情况，充分利用自然接地体，节约投资。如果实地测量的自然接地极电阻已满足接地阻抗值的要求而且又满足热稳定条件时，不必再装设人工接地装置，否则应装设人工接地装置作为补充。发电厂和变电站接地网除应利用自然接地极外，还应敷设人工接地极。

二、自然接地极的利用

可以作为自然接地极的有：

（1）埋在地下的自来水管及其他金属管道（液体燃料和易燃、易爆气体的管道除外）。

（2）金属井管。

（3）建筑物和构筑物与大地接触的或水下的金属结构。

（4）建筑物的钢筋混凝土基础等。

利用自然接地极时，一定要保证电气连接良好。

三、人工接地极、接地线的要求

人工接地极有垂直埋设和水平埋设两种基本结构形式。

水平接地极的截面不应小于连接至该接地装置接地线截面的 75%，且钢接地极和接地线的最小规格不应小于表 7-1 所列规格，铜及铜覆钢接地极的最小规格不应小于表 7-2 所列规格，电力线路杆塔的接地极引出线的截面积不应小于 $50mm^2$。

表 7-1　　　　　　　　钢接地极和接地线的最小规格

种类、规格及单位		地上	地下
圆钢直径（mm）		8	8/10[①]
扁钢	截面积（mm²）	48	48
	厚度（mm）	4	4
角钢厚度（mm）		2.5	4
钢管管壁厚度（mm）		2.5	3.5/2.5[②]

① 地下部分圆钢的直径，其分子、分母数据分别对应于架空线路和发电厂、变电站的接地网。

② 地下部分钢管的壁厚，其分子、分母数据分别对应于埋于土壤和埋于室内混凝土地坪中。

表 7-2 铜及铜覆钢接地极的最小规格

种类、规格及单位	地上	地下
铜棒直径（mm）	8	水平接地极 8
		垂直接地极 15
铜排截面积（mm²）/厚度（mm）	50/2	50/2
铜管管壁厚度（mm）	2	3
铜绞线截面积（mm²）	50	50
铜覆圆钢直径（mm）	8	10
铜覆钢绞线直径（mm）	8	10
铜覆扁钢截面积（mm²）/厚度（mm）	48/4	48/4

注 1. 裸铜绞线不宜作为小型接地装置的接地极用，当作为接地网的接地极时，截面积应满足设计要求。

2. 铜绞线单股直径不应小于 1.7mm。

3. 铜覆钢规格为钢材的尺寸，其铜层厚度不应小于 0.25mm。

常用的水平接地极为直径 10mm 的圆钢或 12mm×4mm 扁钢，垂直接地极为直径 50mm、管壁厚 3.5mm、长 2.5m 的钢管或 L50mm×50mm×5mm 的角钢（具体尺寸应按照设计规范计算选用）。

为了防止圆钢、扁钢、钢管表面的腐蚀，应采用热镀锌表面处理，镀锌层应有一定的厚度。对于敷设在腐蚀性较强的场所的接地装置，应根据腐蚀的性质，采用铜或铜覆钢（铜层厚度不小于 0.8mm）材料或适当加大截面。

接地导体（线）和接地极相应的截面，应满足使用年限内土壤对其的腐蚀，以及热稳定校验要求。

四、接地网的布设

（1）接地网应尽量使地面的电压分布均匀，以减小接触电压和跨步电压。

（2）水平接地极一般呈网状平面布置，交叉点应以焊接方式连接，同时与垂直接地极也应以焊接方式连接。每一个焊接的搭接面应符合设计规范要求，焊接后表面应做防腐蚀处理。

（3）接地网外缘应闭合，外缘各角应作成圆弧形，圆弧的半径不宜小于均压带间距的 1/2。接地网内应敷设水平均压带，均压带可采用等间距或不等间距布置。

（4）为了减少外界温度变化对流散电阻的影响，同时不易遭受外力破坏，埋入地下接地极的上端距地面不应小于 0.8m，水平接地极的间距不宜小于 5m，垂直接地极的间距不宜小于其长度的 2 倍。

（5）35kV 及以上变电站接地网边缘经常有人出入的通道，应铺设沥青路面或在地下装设两条与接地网相连的均压带；在现场有操作需要的设备处，应铺设沥青、绝缘水泥或鹅卵石；为了减小建筑物的接触电压，接地极与建筑物的基础间应保持不小于 1.5m 的水平距离，一般取 2～3m。

五、降阻措施

（1）当发电厂和变电站附近有较低电阻率的土壤时，在此地敷设引外接地极。

（2）当地下较深处的土壤电阻率较低时，可采用井式、深钻式接地极或采用爆破式接地技术。

（3）在接地网区域内填充电阻率较低的物质或降阻剂，但应确保填充材料不会加速接地极的腐蚀和其自身的热稳定。

（4）敷设水下接地网，水力发电厂可在水库、上游围堰、施工导流隧洞、尾水渠、下游河道或附近的水源中的最低水位以下区域敷设人工接地极。

（5）在冻土层或季节性高电阻率土层上，可将接地网敷设在溶化地带或溶化地带的水池或水坑中，也可敷设深钻式接地极，或充分利用井管或其他深埋在地下的金属构件作接地极，还应敷设深垂直接地极，其深度应保证深入冻土层下面的土壤至少 5m。

六、接地（引下）线的要求

（1）发电厂和变电站电气装置中，下列部位应采用专门敷设的接地导体（线）接地：

1）旋转电动机机座或外壳，出线柜、中性点柜的金属底座和外壳，封闭母线的外壳。

2）配电装置的金属外壳。

3）110kV 及以上钢筋混凝土构件支座上电气装置的金属外壳。

4）直接接地的变压器中性点。

5）变压器、发电机和高压并联电抗器中性点所接自动跟踪补偿消弧装置提供感性电流的部分、接地电抗器、电阻器或变压器的接地端子。

6）气体绝缘金属封闭开关设备的接地母线、接地端子。

7）避雷器、避雷针、避雷线的接地端子。

（2）当不要求采用专门敷设的接地导体（线）接地时，应符合下列要求：

1）电气装置的接地导体（线）宜利用金属构件、普通钢筋混凝土构件的钢筋、穿线的钢管和电缆的铅、铝外皮等，但不得使用蛇皮管、保温管的金属网或外皮，以及低压照明网络的导线铅皮作接地导体（线）。

2）操作、测量和信号用低压电气装置的接地导体（线）可利用永久性金属管道，但可燃液体、可燃或爆炸性气体的金属管道除外。

3）用上述第 1）和 2）所列材料作接地导体（线）时，应保证其全长为完好的电气通路，当利用串联的金属构件作为接地导体（线）时，金属构件之间应以截面不小于 $100mm^2$ 的钢材焊接。

（3）接地导体（线）应便于检查，但暗敷的穿线钢管和地下的金属构件除外。潮湿的或有腐蚀性蒸汽的房间内，接地导体（线）离墙不应小于 10mm。

（4）接地导体（线）应采取防止发生机械损伤和化学腐蚀的措施。

（5）在接地导体（线）引进建筑物的入口处应设置标志。明敷的接地导体（线）表面应涂 15～100mm 宽度相等的绿色和黄色相间的条纹。

（6）发电厂和变电站电气装置中接地线的连接，应符合下列要求：

1）钢接地导体（线）使用搭接焊接方式时，其中扁钢搭接长度应为其宽度的 2 倍且不得少于 3 个棱边焊接，圆钢搭接长度应为其直径的 6 倍；采用铜或铜覆钢材的接地导体（线）之间和接地导体与接地极之间的连接，应采用放热焊接方式连接；接地导体（线）与电气装置的连接，可采用螺栓连接或焊接，螺栓连接时的允许温度为 250℃，连接处接地导体（线）

应适当加大截面，且应设置防松螺帽或防松垫片。

2）当利用钢管作接地导体（线）时，钢管连接处应保证有可靠的电气连接。当利用穿线的钢管作接地导体（线）时，引向电气装置的钢管与电气装置之间，应有可靠的电气连接。

3）接地导体（线）与管道等伸长接地极的连接处宜焊接。连接地点应选在近处，在管道因检修而可能断开时，接地装置的接地阻抗应符合相关规范的要求。管道上表计和阀门等处均应装设跨接线。

4）电气装置每个接地部分应以单独的接地导体（线）与接地母线相连接，严禁在一个接地导体（线）中串接几个需要接地的部分。

5）接地导体（线）与接地极的连接，接地导体（线）与接地极均为铜（包含铜覆钢材）或其中一个为铜时，应采用放热焊接工艺，被连接的导体应完全包在接头里，连接部位的金属应完全熔化，并应连接牢固。放热焊接接头的表面应平滑，应无贯穿性的气孔。

6）接地导体（线）与接地极或接地极之间的焊接面应完全覆盖防腐涂料。

第三节　接地阻抗的计算

当发电厂、变电站某一部位发生接地短路故障时，流经接地短路点短路电流的大小是由系统容量和阻抗值（正序、负序、零序）决定的。随着系统的不断扩容，短路电流也在不断增大，为了确保接地装置的安全性、可靠性，应当定期核算系统短路电流值。

在厂（站）内工作的人员及设备需要处在一个相对安全的电位差环境中。根据接触电压、跨步电压、设备的绝缘等级设定一个厂（站）内的安全电压值，即在有效接地系统和低电阻接地系统中最大值不超过 2000V，在不接地、谐振接地、谐振—低电阻接地和高电阻接地系统最大值不超过 120V。当短路电流值一定时，通过欧姆定律得出，只有调整接地装置的接地阻抗值，使之减小到一定程度，才能满足上述安全电压的要求。

（1）在有效接地系统和低电阻接地系统，应符合下列要求：

1）接地网的接地电阻宜符合下式的要求，且保护接地接至变电站接地网的站用变压器的低压应采用 TN 系统（电源系统在电源处应有一点直接接地，装置的外露可导电部分应经专用接电线接到接地点），低压电气装置应采用（含建筑物钢筋的）保护总等电压联结系统，则

$$R \leqslant 2000/I_g \qquad (7-1)$$

式中　R ——考虑季节变化的最大接地电阻，Ω；

I_g ——计算用经接地网入地的最大接地故障不对称电流有效值，A。

I_g 应采用设计水平年系统最大运行方式下在接地网内、外发生接地故障时，经接地网流入地中，并计及直流分量的最大接地故障电流有效值。对其进行计算时，还应计算系统中各接地中性点间的故障电流分配，以及避雷线中分走的接地故障电流。

2）当接地网的接地电阻不符合式（7-1）的要求时，可通过技术经济比较适当增大接地电阻。必要时，经专门计算，且采取的措施可确保人身和设备安全可靠时，接地网地电压升高可进一步提高。

（2）不接地、谐振接地、谐振－低电阻接地和高电阻接地系统，应符合下列要求：

1）接地网的接地电阻应符合下式的要求，但不应大于 4Ω，且保护接地接至变电站接地网的站用变压器的低压侧电气装置，应采用（含建筑物钢筋的）保护总等电压联结系统，则

$$R \leqslant 120/I_g \tag{7-2}$$

式中　R——采用季节变化的最大接地电阻，Ω；

　　　I_g——计算用的接地网入地对称电流，A。

2）谐振接地和谐振－低电阻接地系统中，计算发电厂和变电站接地网的入地对称电流时，对于装有自动跟踪补偿消弧装置（含非自动调节的消弧线圈）的发电厂和变电站电气装置的接地网，计算电流等于接在同一接地网中同一系统各自动跟踪补偿消弧装置额定电流总和的 1.25 倍；对于不装自动跟踪补偿消弧装置的发电厂和变电站电气装置的接地网，计算电流等于系统中断开最大一套自动跟踪补偿消弧装置或系统中最长线路被切除时的最大可能残余电流值。

第四节　系统接地的形式

一、系统接地形式的表示方式

（1）第一个字母表示电源端与地的关系：

1）T——电源端有一点直接接地。

2）I——电源端所有带电部分不接地或有一点通过阻抗接地。

（2）第二个字母表示电气装置的外露可导电部分与地的关系：

1）T——电气装置的外露可导电部分直接接地，此接地点在电气上独立于电源端的接地点。

2）N——电气装置的外露可导电部分与电源端接地点有直接电气连接。

（3）短横线（－）后的字母用来表示中性导体与保护导体的组合情况：

1）S——中性导体和保护导体是分开的。

2）C——中性导体和保护导体是合一的。

二、系统接地形式

（1）TN－S 系统：整个系统的中性导体和保护导体是分开的，见图 7－2（a）。

（2）TN－C 系统：整个系统的中性导体和保护导体是合一的，见图 7－2（b）。

（3）TN－C－S 系统：系统中一部分线路的中性导体和保护导体是合一的，见图 7－2（c）。

（4）TT 系统：电源端有一点直接接地，电气装置的外露可导电部分直接接地，此接地点在电气上独立于电源端的接地点，见图 7－2（d）。

（5）IT 系统：电源端的带电部分不接地或有一点通过阻抗接地，电气装置的外露可导电部分直接接地，见图 7－2（e）。

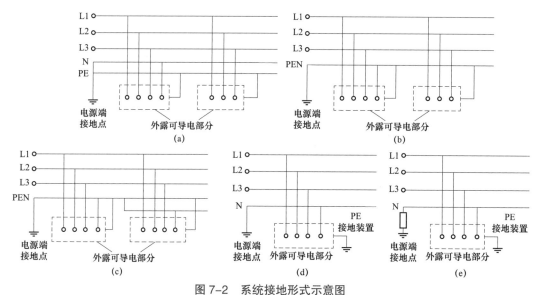

图 7-2 系统接地形式示意图

（a）TN-S 系统；（b）TN-C 系统；（c）TN-C-S 系统；（d）TT 系统；（e）IT 系统

第五节 雷电保护接地和防静电接地

一、发电厂和变电站雷电保护的接地，应符合的要求

（1）发电厂和变电站配电装置构架上避雷针（含悬挂避雷线的架构）的接地引下线应与接地网连接，并应在连接处加装集中接地装置。引下线与接地网的连接点至变压器接地导体（线）与接地网连接点之间沿接地极的长度不应小于 15m。

（2）主厂房装设直击雷保护装置或为保护其他设备而在主厂房上装设避雷针时，应采取加强分流、设备的接地点远离避雷针接地引下线的入地点、避雷针接地引下线远离电气装置等防止反击的措施。避雷针的接地引下线应与主接地网连接，并应在连接处加装集中接地装置。

主控制室、配电装置室和 35kV 及以下变电站的屋顶上装设直击雷保护装置，且为金属屋顶或屋顶上有金属结构时，则应将金属部分接地；屋顶为钢筋混凝土结构时，则应将其焊接成网接地；结构为非导电的屋顶时，则应采用避雷带保护，该避雷带的网格应为 8～10m，并应每隔 10～20m 设接地引下线。该接地引下线应与主接地网连接，并应在连接处加装集中接地装置。

（3）发电厂和变电站有爆炸危险且爆炸后可能波及发电厂和变电站内主设备或严重影响发供电的建构筑物，应采用独立避雷针保护，并应采取防止雷电感应的措施。露天贮罐周围应设置闭合环形接地装置，接地电阻不应超过 30Ω，无独立避雷针保护的露天贮罐不应超过 10Ω，接地点不应小于两处，接地点间距不应大于 30m。架空管道每隔 20～25m 应接地一次，接地电阻不应超过 30Ω。易燃油贮罐的呼吸阀、易燃油和天然气贮罐的热工测量装置，应用金属导体与相应贮罐的接地装置连接。不能保持良好电气接触的阀门、法兰、弯头等管道连接处应跨接。

（4）发电厂和变电站避雷器的接地导体（线）应与接地网连接，且应在连接处设置集中接地装置。

二、发电厂易燃油、可燃油、天然气和氢气等贮罐、装卸油台、铁路轨道、管道、鹤管、套筒及油槽车等防静电接地的接地位置，接地导体（线）、接地极布置方式等应符合的要求

（1）铁路轨道、管道及金属桥台，应在其始端、末端、分支处，以及每隔 50m 处设防静电接地，鹤管应在两端接地。

（2）厂区内的铁路轨道应在两处用绝缘装置与外部轨道隔离。两处绝缘装置间的距离应大于一列火车的长度。

（3）净距小于 100mm 的平行或交叉管道，应每隔 20m 用金属线跨接。

（4）不能保持良好电气接触的阀门、法兰、弯头等管道连接处，也应跨接。跨接线可采用直径不小于 8mm 的圆钢。

（5）油槽车应设置防静电临时接地卡。

（6）易燃油、可燃油和天然气浮动式贮罐顶，应用可挠的跨接线与罐体相连，且不应少于两处。跨接线可用截面不小于 25mm^2 的钢绞线、扁铜、铜绞线或覆铜扁钢、覆铜钢绞线。

（7）浮动式电气测量的铠装电缆应埋入地中，长度不宜小于 50m。

（8）金属罐罐体钢板的接缝、罐顶与罐体之间，以及所有管、阀与罐体之间，应保证可靠的电气连接。

第八章　电气设备防污闪

近年来，环境污染问题日益严重，雾霾天气在全国各地频发，对绝缘子串防污闪能力提出了更加苛刻的要求，伴随着电网规模的不断扩大及电压等级的提高，绝缘子污闪问题的防治变得更加迫切。

第一节　污闪形成的原因及防污闪技术

一、污闪过程

运行的绝缘子，在大气环境中，受到工业排放物以及自然扬尘等环境因素的影响，表面逐渐沉积了一层污秽物。当遇有雾、露、毛毛雨以及融冰、融雪等潮湿天气时，在绝缘子表面会形成水膜，污层中的可溶盐类会溶于水中，从而形成导电的水膜，这样就有泄漏电流沿绝子的表面流过，泄漏电流的大小主要取决于脏污程度和受潮程度。

受绝缘子的形状、结构尺寸等因素的影响，绝缘子表面各部位的电流密度不同，结果在电流密度比较大的部位首先形成干燥带，干燥带的形成使得绝缘子表面电压分布更加不均匀，干燥带承担较高的电压。当电场强度足够大时，将产生跨越干区的沿面放电，依脏污和受潮程度的不同，放电的类型可能是辉光放电、火花放电或产生局部电弧。局部电弧是一个间歇的放电过程，当达到和超过临界状态时，电弧会贯穿两极，完成闪络。污闪放电是一个涉及电、热和化学现象的错综复杂的变化过程。宏观上可将污闪过程分为以下 4 个阶段：

（一）绝缘子表面的积污

绝缘子表面沉积的污秽物来源于该地域大气环境的污染（包括远方传送来的），还与绝缘子本身的结构形状、表面光洁度等因素有密切的关系。长期的运行经验表明，在城市工业区及大气污染较严重的地区绝缘子表面的积污也较多。一般来说，距工业污染源越远，影响越弱，绝缘子表面积污程度的表征量——等值附盐密度也逐渐减少。

大气污染比较严重地区的浓雾，对绝缘子表面的污染也是明显的。如果雨、雪中含有较高的电导率物质，则对绝缘子有增加污染的作用。

（二）绝缘子表面的湿润

大多数的污秽物在干燥状态下是不导电的。只有当这些污秽物吸水受潮，在绝缘子表面形成一层导电水膜，其中的电解质电离，在水溶液中以离子形态存在时，绝缘子闪络电压才明显降低。

长期的运行经验表明，雾、露、毛毛雨最容易引起绝缘子的污秽放电，其中雾的威胁性最大。大雾和毛毛雨气象条件之所以容易发生污闪，是因为它们能够使污层充分湿润，使污层中的电解质成分溶解，但又不使污层被冲洗掉。在这种条件下污层的电导率最大，污闪电压最低。

雾多在夜间发生，其含水量的高峰值在凌晨 5:00—7:00，这也是输变电设备的雾闪多发生在凌晨的原因。

露和雾一样，也能使绝缘子的上下表面都湿润，是造成容易污闪的气象条件，污闪事故多发生于凌晨，这也与该时刻容易凝露有关。

毛毛雨一般仅能湿润绝缘子的上表面，在相同的条件下，一般污闪电压比浓雾条件高20%～30%。

（三）局部放电的产生

潮湿的气象条件下污秽绝缘子受潮湿润后，污物中的不溶物质可起吸附水分的作用，形成水膜，构成了沿绝缘子表面导电的通路，从而有泄漏电流沿绝缘子表面流过。泄漏电流的大小不仅取决于绝缘子脏污的程度及污秽物的成分，而且与污物的湿润程度有关。

表 8-1 以 XWP-7 型绝缘子为例说明了绝缘子典型放电现象与泄漏电流 I_C 之间的对应关系。

表 8-1   XWP-7 型绝缘子放电现象与泄漏电流 I_C 的对应关系

I_C（mA）	放电现象描述	特　征
小于 2	无明显放电现象	
10	铁帽边紫色和黄色小火星，伞腰及钢脚处淡紫色细丝状放电，轻微电晕声	紫丝状放电，微声
30～40	伞腰处密集紫色丝状放电，钢脚处紫色刷状放电，帽缘、伞腰和钢脚均有黄色短电弧出现，声响增大	紫色刷状放电，黄色短电弧
50～70	黄色短电弧增长（伞腰处达 5～8cm），并变成橘黄色，下伞面密布黄色短电弧，脉冲出现密集，放电持续发生，声响很大	密集、持续橘黄色短电弧，声响大
80～120	脉冲频率降低；脉冲出现时帽缘和钢脚均有数条主电弧，瓷件表面出现橘黄色短电弧，伞腰处则是沿圆周密布的短电弧，下伞面的电弧达伞面泄漏距离 1/3 以上	主电弧，伞腰密布黄色短电弧，电弧短路 1/3 泄漏距离
200～400	脉冲间隔进一步加长，间隔期内无明显现象，I_C 值小于 10mA。脉冲到来时，主电弧橘黄偏红，弧道粗且明亮	明亮橘红色主电弧，间隔期平静
400～900	明亮橘红色主电弧长度几乎达到伞边沿；铁帽及伞腰整个圆周密布短小的橘黄色电弧，放电声很大，而且沉闷	主电弧几乎达伞边沿
900～1500	红色电弧几乎贯通整个泄漏距离，试品随时可能发生闪络	强烈放电，几乎贯通泄漏距离

（四）局部电弧发展，完成闪络

如果绝缘子的脏污比较严重，绝缘子表面又充分受潮，再加上绝缘子的泄漏距离较小，这些因素决定了绝缘子的湿污层的电阻较小，在这种条件下会出现较强烈的放电现象。与这种放电形式相对应的泄漏电流脉冲值较大，可达数十或数百 mA，局部放电的小电弧越强烈，相应的泄漏电流值就越大。这种间歇脉冲状的放电现象的发生和发展也是随机的、不稳定的，在一定的条件下，局部电弧会逐步沿面伸展并最终完成闪络。

二、污秽程度的检测方法

（一）测量污秽程度的目的和意义

（1）掌握绝缘子的污秽程度，以确定绝缘子能否耐受住最严酷气象条件而不发生污闪事故，如果污秽程度达到或超过了临界水平，就需要考虑采取相应措施以保证电力系统的安全运行。

（2）测量某地区的污秽程度，可以对该地区的污秽对绝缘子强度降低的影响作出判断和估计。习惯上对污秽划分等级，以检验现有绝缘水平是否适当，也可为设计新建输变电设备所需的绝缘水平提供依据。

（3）对曾发生过闪络的绝缘设备进行污秽度测量，可对深入研究绝缘子的特性和评价绝缘配置提供依据。

（4）对不同形式与结构的绝缘子进行污秽度测量，可以鉴别这些绝缘子的积污性能及耐污闪能力，为选择绝缘子提供依据。

（二）表征污秽度的参数

在长期的绝缘子积污特性和污秽试验研究中，为了定量地评价污秽水平，提出过很多种表征污秽度的参数，常用有以下几种：

1. 等值盐密度（ESDD）

等值盐密度是用一定量的蒸馏水清洗试验绝缘子表面的污秽，然后测量该清洗液的电导，并以在相同水量中产生相同电导的氯化钠数量的多少作为该绝缘子的等值盐量，最后除以被清洗的表面面积即为等值附盐密度，简称等值盐密，一般用 mg/cm^2 表示。它只与绝缘子的污秽量、成分和性质有关，虽然只反映污秽的静态参数，不能反映绝缘子的运行状态，但测量等值盐密比较直观、简单，不受电压、试验设备容量和试验场地的限制，也能较好地表征绝缘子表面的污染程度，且测量时不需要高压电源，因此被广泛采用。

2. 表面污层电导率

表面污层电导率是污秽绝缘子表面每平方厘米的电导（μS），该参数是由污秽绝缘子受潮和施加低于运行电压条件下测得的电导再乘以绝缘子形状系数得出的，它能较为客观地反映绝缘子的污染程度，但由于测试电压低，并不能反映表面污层在高电压下的真实变化情况，属于半动态参数，测量分散性较大，受污秽分布不均匀的影响也较大，且现场测量时受许多客观条件的限制，绝缘子形状系数也是近似计算的。因此，以表面污层电导率作为特征量在实际应用中很难推广，一般在污闪机理和特性研究中作为特征参数。

3. 局部电导率

先在绝缘子表面上测得许多小单位面积上的电导和电导率，再按并联或串联求得整个表面上的平均电导率，用平均电导率替代盐密和表面污层电导率。局部表面电导率和污秽闪络电压具有较好的相关性，可表征污秽分布、可连续测定积污规律，并可根据局部表面电导率推算出绝缘子的闪络电压。局部电导率法操作比较简单，可实现连续监测绝缘子积污过程。但现场测试时测量电路易受现场信号的干扰，测量精度易受影响。

4. 泄漏电流

由于流过绝缘子的泄漏电流脉冲最大幅值表征了该绝缘子接近闪络的程度，所以可将绝缘子泄漏电流波形的最高峰值作为表征污秽绝缘子运行状态的特征量。利用该方法可反映污闪的全过程，能用于在线监测，可作为警报装置。但最大泄漏电流的现场测量时间比较长，所用设备的要求较高，要能记录脉冲值，必须有相当大的储存容量和处理分析能力，这样的装置只能在几个固定点上使用。

泄漏电流法受地区限制很大，使用于经常湿润的地区，可以显示积污过程，无法适用于季节性干旱的地区。

5. 污液电导率

用绝缘子表面的污秽在蒸馏水中的电导率来反映污秽的导电性能，显然必须规定污液的浓度才有比较意义。污液电导率法的优点是测量简便，但某一电导率的污液在绝缘子上可以产生不同程度的污秽，因此，难以直接说明绝缘子污染的严重程度。

6. 污闪电压梯度

绝缘子的污闪电压梯度是污闪电压除以绝缘子的串长可以直接以最大污闪电压梯度来表征当地的污秽度，其结果能在真实情况下测定绝缘子串的耐污性能和它们之间的优劣顺序，直接用于污秽绝缘的选择。但测量绝缘子的污闪电压梯度费钱费时，由于自然污秽和积污水平达到临界状态与引起污闪的气象条件的产生不一定同时存在，往往是污秽已经达到临界水平但没有出现充分的潮湿条件而测量不到临界污闪电压，要得出一个结论可能需要数年时间。同时，污闪电压及污闪梯度测量要求试验设备容量大，试验不方便，对运行维护也不方便。

三、现有污秽种类、环境和表征方法

（一）污秽的种类

（1）A类污秽：普遍存在于内陆、沙漠或工业污染区，沿海地区绝缘子表面形成的盐污层也属此类。

（2）B类污秽：沿海地区海风携带盐雾、化工企业排放的化学薄雾以及大气严重污染带来的湿沉降直接沉积在绝缘子表面。

纯B类污秽是很少存在的，多是A类和B类污秽物的混合物。

（二）污秽环境

《污秽条件下使用的高压绝缘子的选择和尺寸确定　第1部分：定义、信息和一般原则》（GB/T 26218.1）将污染环境分为5类，实际上污秽环境往往是多种污秽环境的组合。

1. 沙漠型环境

广阔的沙土和长期干旱的地区，污秽层通常含有大量低溶解度的无机盐，不溶物含量高。我国西北地区的沙漠、戈壁以及大片荒芜的盐碱地带是此类污秽环境的典型。

2. 沿海型环境

沿海岸波浪激起飞沫、海雾以及台风带来的海水微粒最具代表性，其中台风影响可远至海岸数十公里。此类污秽层多由高溶解度可溶盐组成，相对不溶物含量偏低。

3. 工业型环境

受到工业烟尘、废气、粉尘排放污染，绝缘子表面污秽层或含有较多的导电微粒（冶金）、含有高溶解度的无机盐（化工、火电厂）或含有低溶解度的无机盐（建材）。由于我国工业能耗以燃煤为主，冶金、化工、建材和火力发电厂等高耗能企业的烟囱高度多在数十米、百米甚至以上，因此，烟尘排放距离远，影响范围可达数十公里。因此，视野不及的区域内仍然可能受到工业污染的影响。

4. 农业型环境

远离城市与工业污染的农业耕作区，污秽源以土壤扬尘及农用喷洒物为主。绝缘子表面污秽层可能含有高溶解度的盐，也可能含有低溶解度的盐如化肥、农药、鸟粪、土壤中的盐分与可溶性有机物，通常此类污秽中不溶物含量较多。

5. 内陆型环境

内陆型环境地区污秽水平很低，没有明显可确认的污秽源。

（三）现场污秽等级划分

从标准化考虑，现场污秽度从非常轻到非常重分为 5 个等级：

（1）非常轻。

（2）轻。

（3）中等。

（4）重。

（5）非常重。

图 8−1 给出了普通盘形悬式绝缘子与现场污秽度等级相对应的等值盐密灰密值的范围，各污秽等级所取值是趋于饱和的连续 3~5 年积污的测量结果，根据现有运行经验和污耐受试验确定的。典型环境污湿特征与相应现场污秽度评估实例见表 8−2。

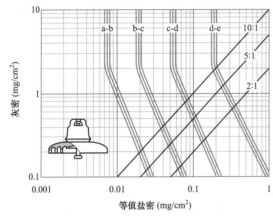

图 8−1 普通盘形绝缘子现场污秽度与等值盐密/灰密的关系

表 8−2 典型环境污湿特征与相应现场污秽度评估实例

污秽等级		典型环境描述	污秽度分级	类型
E1	很少人类活动，植被覆盖好，且	距海、沙漠或开阔干地>50km[①]	a 非常轻[②]	A
		距上述污染源更短距离内，但污染源不在积污期主导风向上		A
		位于山地的国家级自然保护区和风景区（除中东部外）		A
E2	人口密度 500~1000 人/km² 的农业耕作区，且	距海、沙漠或开阔干地>10~50km	b 轻	A
		距大中城市 15~50km		A
		重要交通干线沿线 1km 内		A
		距上述污染源更短距离内，但污染源不在积污期主导风向上		A
		工业废气排放强度小于 10^7 m³/km²		A
		积污期干旱、少雾、少凝露的内陆盐碱（含盐量小于 0.30%）地区		A
		中东部位于山地的国家级自然保护区和风景区		A

续表

污秽等级	典型环境描述		污秽度分级	类型
E3	人口密度1000~10000 人/km² 的农业耕作区，且	距海、沙漠或开阔干地>3~10km③	c 中	A
		距大中城市 15~20km		A
		重要交通干线沿线 0.5km 及一般交通线 0.1km 内		A
		距上述污染源更短距离内，但污染源不在积污期主导风上		A
		包括地方工业在内废气排放强度不大于 10⁷~3×10⁷ m³/km²		A
		沿海轻盐碱和内陆中等盐碱（含盐量小于 0.30%~0.60%）地区		A
E4	距上述 E3 污染源远（距离在"b 级污区"的范围内），但	在长时间（几星期或几月）干旱无雨后，常常发雾或毛毛雨	c 中	A/B
		积污期后期可能出现持续大雾或融冰雪的 E3 类地区		B
		灰密在 5~10 倍的等值盐密以上的地区		A
E5	人口密度大于 10 000 人/km² 的居民区和交通枢纽	距海、沙漠或开阔干地 3km 内	d 重	A
		距独立化工及燃煤工业源 0.5~2km 内		A/B
		地方工业密集区及重要交通干线 0.2km		A/B
		重盐碱（含盐量 0.6%~1.0%）地区		A/B
		采用水冷的燃煤火力发电厂		A
E6	距比 E5 上述污染源更远（与"c 级污区"区对应的距离），但	在长时间（几星期或几月）干旱无雨后，常常发生雾或毛毛雨	d 重	A/B
		积污期后期可能出现持续大雾或融冰雪的 E5 类地区		B
		灰密在 5~10 倍的等值盐密以上的地区		A
E7	距污染源的距离等同于"d"区，且	沿海 1km 和含盐量大于 1.0%的盐土、沙漠地区	e 非常重	A/B
		在化工、燃煤工业源区内及距此类独立工业源 0.5km		A/B
		直接受到海水喷溅或浓盐雾		B
		同时受到工业排放物如高电导废气、水泥等污染和水汽湿润		A/B

① 大风和台风影响可能 50km 以外的更远距离处测得很高的等值盐密值。

② 在当前大气环境条件下、除草原、山地国家级自然保护区和风景区以及植被覆盖好的山区外的中东部地区区电网不宜设 a 级污秽区。

③ 取决于沿海的地形和风力。

　　根据绝缘子现场污秽度确定输电线路所在的污秽等级后，可据此选择输电线路所需要的爬电比距。各污秽等级下爬电比距值如表 8-3、表 8-4、表 8-5 所示。

表 8-3　　　　　　　　各污秽等级下的爬电比距分级数值（供参考）

污秽等级	等值盐密（mg/cm²）	统一爬电比距（mm/kV）	
		支柱绝缘子	套管
a	0.025	22	
b	0.025~0.05	28	31
c	0.05~0.1	35	39
d	0.1~0.25	44	49
e	>0.25	55	61

表 8-4　　　　　不同电压下线路绝缘子悬垂串（单 1 串）片数的选择（供参考）

污秽等级	等值盐密（mg/cm²）	片数（片）					
		110kV	220kV	330kV	500kV	750kV	1000kV
a	0.025	7	13	17	25	32	44
b	0.025～0.05	8	16	21	31	39	48
c	0.05～0.1	10	18	23	34	44	54
d	0.1～0.25	复合绝缘子见表 8-5					
e	>0.25	复合绝缘子见表 8-5					

表 8-5　　　　　不同电压下线路绝缘子悬垂串（单 1 串）串长的选择（供参考）

污秽等级	等值盐密（mg/cm²）	片数（片）					
		110kV	220kV	330kV	500kV	750kV	1000kV
a	0.025	干弧距离满足 50%雷电和冲击耐受电压的要求					
b	0.025～0.05						
c	0.05～0.1						
d	0.1～0.25	1.1-1.3	2.4（1.9）	3.2（2.7）	4.6（4.1）	6.5（5.9）	8.7（8.2）
e	>0.25	1.1-1.3	2.6（2.0）	3.5（2.9）	5.0（4.4）	7.0（6.4）	9.4（8.9）

注　计算时取系统最高工作电压，（）内数字为按额定电压计算值。

第二节　防污闪措施

　　绝缘子表面受到污染和绝缘子表面的污染物被湿润，是使绝缘子发生污闪的两个必备条件，缺少其中的任何一个条件，都可使污闪事故不发生。因此，针对任何一个因素采取对策，都可以达到防止污闪的目的。

一、开展现场污秽度测试工作

　　合理布设现场污秽度测试点，按照规定的时间开展现场污秽度测试和所在地区的污染源调查工作。

　　（1）对多年未清扫线路开展抽样调查。

　　（2）在不同污秽地区开展绝缘子年自清洗率的测试。

　　（3）在实际运行线路进行长期饱和盐密的监测及典型污染源的影响范围调查。对于已有或待建的变电站、输电线路，根据所在地区污秽等级的不同，污染源调查的范围应在以变电站为圆心、表 8-6 所示距离为半径的范围内。

表 8-6　　　　　　　　　　污秽等级与调查距离的关系

污秽等级	b 级	c 级	d 级
调查距离（m）	500	1000	1500

现场污秽度可以由测量从现有的装置或现场试验站装置取下的参照绝缘子的等值盐密（ESDD）和不溶沉积物密度（NSDD）来确定。此外，如果可能，还可以在选取的原样绝缘子上测量 ESDD 和 NSDD，可为确定对该绝缘子所需爬距提供直接信息。同样，对于污秽物进行化学成分分析有时也是有用的。

在现场污秽度测量中，通过使用由 7 个参照盘形悬式绝缘子组成的串（最好是 9 个盘的串，以避免端部影响）或一个最少有 14 个伞的参照长棒形绝缘子来使测量标准化（见图 8-2）。不带电绝缘子中的安装高度应尽可能接近于线路或母线绝缘子的安装高度。绝缘子串的各个盘或区域应在确定的适当的时间间隔内进行监测，例如每月（盘2/区域1）、每 3 个月（盘 3/区域2）、每 6 个月（盘 4/区域3）、每年（盘 5/区域4）、2 年后（盘 6/区域 5）、3～5 年后（盘 7、盘 8/区域6、区域7），在预期降雨、凝露等以前进行取样测试。

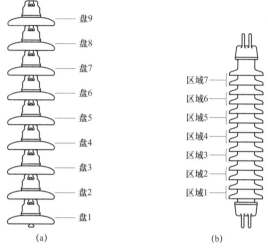

图 8-2　测量 ESDD 和 NSDD 用绝缘子串
（a）盘形悬式绝缘子；（b）长棒形绝缘子

二、调爬

调爬是指线路瓷瓶上边的沟回数决定了雾水从下到上爬升的速度，某地区出现大雾雨雪天气，瓷瓶上的水向下流，积存在沟回里没有滴下则会向上积存，积存满了就发生"雾闪"，发生后，根据情况，更换沟回数多的瓷瓶，减慢雾水凝结向上爬的速度。

新建和扩建输变电设备的外绝缘配置应以当地最新污区分布图为基础，综合考虑环境污染变化趋势、运行经验、设备的重要性等因素，合理选取绝缘子的种类、伞型及爬距，做到"一次配置到位，并留有裕度"。

已投入运行的线路及变电设备，如爬距不能满足安全运行的要求时，适当增加绝缘子片数或更换为防污型绝缘子。

对已运行的输变电设备，依据当地最新的污区图重新确定其污秽等级，判断其外绝缘配置是否满足所在污秽区的要求。当设备的外绝缘配置不能满足要求时，应根据不同条件，采取相应的措施。

（1）输电线路。对处于 d 级及以下污秽区的输电线路，有调爬裕度时，可采取增加绝缘子片数或采用自洁性能良好的大爬距绝缘子，做调爬处理。

在运行条件满足要求时，当无调爬裕度或经核算复合绝缘子不能使用时，应对电瓷或玻璃绝缘子做涂敷室温硫化型硅橡胶（RTV）涂料处理。

（2）变电设备。当支柱瓷瓶或瓷套有调爬裕度时，可结合设备改造，采用伞形合理的大爬距产品进行调爬处理。

变电设备电瓷外绝缘不能进行调爬处理时，根据运行环境，应选择采取涂敷 RTV 涂料或加装防污辅助伞裙的方式进行处理。

（3）运行条件满足要求时，即使电瓷外绝缘配置符合要求，对处于 c 级污秽区难以停运的变电设备及处于 d 级污秽区的一般变电设备，宜做涂敷 RTV 涂料处理。处于 d 级污秽区难以停运的变电设备及处于 e 级污秽区的所有户外变电设备外绝缘，则需做涂敷 RTV 涂料处理。

三、清扫

（一）停电清扫

对于外绝缘配置未达到污区分布图要求的输变电设备，若调爬后仍不能达到要求，则应按照每年清扫以及"逢停必扫，扫必扫好"的原则进行。

1. 输电线路的清扫原则

满足当前污区绝缘配置的线路，结合盐灰密测试的结果对未喷涂的瓷质、玻璃绝缘子进行清扫；不满足当前污区绝缘配置的线路，每逢停电，必须对未喷涂的瓷质、玻璃绝缘子进行清扫，并根据线路的实际积污状况确定增加清扫次数。

2. 清扫时机选择的重要性

每年的最佳清扫时期为每年 11 月中旬—12 月中旬。因此，对于重要线路必须合理安排停电时机以达到最佳清扫效果。

（二）带电清扫

人工带电清扫工作中必须严格遵守相关规程及其他各项安全规章制度。

机械带电清扫是指采用专业工具设备，利用电动式压缩空气作动力，转动毛刷，通过绝缘杆将毛刷伸到绝缘子表面进行清扫。带电机械干清扫不存在污秽闪络的充分必要条件潮湿，因此，不会发生污秽闪络事故。这种方法清扫效率高，可清扫黏结不牢固的浮尘，操作简便，技术要求低，不需要停电；但缺点是清洗效果不彻底、浮尘搬家，容易造成二次污染。

（三）人工带电水冲洗

人工带电水冲洗需要高压水泵、储水罐等相关工具，此外还需要提高水的电阻。

四、喷涂涂料

（一）特点与适用范围

目前，RTV 防污闪涂料分为 RTV－Ⅰ型和 RTV－Ⅱ型。

RTV 防污闪涂料均由以硅橡胶为基体的高分子聚合物制成，其防污性能表现在两个方面：憎水性及其憎水性的自恢复性；憎水性的迁移性。在绝缘子表面施涂 RTV 防污闪涂料后，所形成的涂层包覆了整个绝缘子表面，隔绝了瓷瓶和污秽物质的接触。当污秽物质降落到绝缘子表面时，首先接触到的是 RTV 防污闪涂料的涂层。涂层的性能就变成了绝缘子的表面性能。当 RTV 防污闪涂料表面积累污秽后，RTV 防污闪涂料内游离态憎水物质逐渐向污秽表面扩展，从而使污秽层也具有憎水性，而不被雨水或潮雾中的水分所润湿。因此，污秽物质不被离子化，从而能有效地抑制泄漏电流，极大地提高绝缘子的防污闪能力。

1. RTV 防污闪涂料具有的优点

（1）长效高可靠性。

（2）良好的适应性。

（3）长期少维护和免维护。

（4）施涂工艺要求简单。

（5）投入产出效益高。

2．RTV 防污闪涂料存在的问题

虽然 RTV 防污闪涂料的应用对于减少电网污闪事故的发生起到了积极作用，但是由于目前 RTV 防污闪涂料在国内电网中运行时间有限，且生产厂家较多，又缺乏有效监管，因此也存在一些问题：

（1）目前我国生产 RTV 防污闪涂料产品质量良莠不齐，且缺乏严格的施涂工艺规范，容易出现质量问题。

（2）由于长期在风吹日晒的环境中，RTV 防污闪涂料会发生龟裂、附着力下降和防污闪性能下降等缺点。

（3）某些产品出现寿命短、附着力不好、龟裂、剥落的现象，运行中存在憎水性消退、生物污染、清除复涂困难且费用高昂等问题。

3．运行监测

RTV 防污闪涂料使用时应根据其运行环境进行维护，在以下 3 类污源涂覆后应加强涂料的运行监测：

（1）严重化工污染源。

（2）铁锈粉末等金属粉尘污染源。

（3）水泥厂或炼钢厂等矿石粉污染源。

（二）应用经验及建议

加强防污闪涂料施涂管理，确保施涂单位及人员具有相应的工作资质。在施涂中加强施工、验收、现场抽检各个环节的监督管理，应在基建工程投产前完成防污闪涂料的施涂及验收。

1．选用 RTV 防污闪涂料

新建和扩建架空输电线路瓷（玻璃）绝缘子应依据最新版污区分布图进行外绝缘配置，中重污区的瓷（玻璃）绝缘子配置宜采用表面喷涂 RTV 防污闪涂料方式。

2．加强 RTV 防污闪涂料现场施工过程管理

RTV 防污闪涂料只有经过现场施工环节才能成为完整的防污闪产品。在条件许可的前提下，优先考虑设备出厂前在绝缘子上涂覆 RTV 防污闪涂料的生产方式或采用类似于工厂环境下涂覆 RTV 防污闪涂料的生产方式。

RTV 防污闪涂料现场施工保证厚度的有效办法：涂层厚度的保证，可用不同的施工要求来实现。一般喷涂一遍厚度平均在 0.2mm 左右。三遍喷涂厚度可以保证 0.5mm 左右。因此，可以要求喷涂大于两遍；抽样测厚以绝缘子上表面为检测点，这样既保证颜色的美观，又保证了胶膜的厚度。

可采用色差较大的涂料分层喷涂的施工工艺保证 RTV 涂层的厚度，防止漏涂现象的发生，提高施工质量，确保不因涂层厚度的原因而影响涂层使用寿命的现象发生。

因此，在基建和时间宽松的设备检修过程中，建议采用双色交叉喷涂，可选用白色和红棕色涂料交叉喷涂，要求喷涂大于两遍，每遍喷涂后必须彻底固化（固化时间以该种涂料型式试验报告的固化时间为准）才允许喷涂第二种颜色的涂料，每遍喷涂后测量涂料厚度，可以取典型设备 3~5 个抽样测量。

3. 保证 RTV 防污闪涂料施涂质量验收管理

RTV 防污闪涂料现场施涂质量的验收是评价 RTV 防污闪涂料整体施涂质量的重要环节，关系到 RTV 防污闪涂料安全运行的流程，现场验收方法主要有以下几个方面：

（1）外观检测。

1）外观检查应上、下表面施涂均匀，并完全遮盖原绝缘子表面底色。

2）涂层表面应平滑整齐，不应有堆积、流淌、气泡、拉丝、缺损、漏涂等现象。

3）涂层应与绝缘表面附着良好，不应有起皮现象。

（2）施涂厚度应满足技术要求，涂料完全固化后按照《绝缘子用常温固化硅橡胶防污闪涂料现场施工技术规范》（DL/T 5727）中的有关规定进行涂层厚度测量，厚度须满足 0.4～0.5mm。施涂厚度测量方法如下：

涂层试样应在绝缘子上、下表面随机选取，但取样部位不含绝缘子的边缘和棱角部位。采用裁纸刀或其他合适工具切取涂层试样，取样后被取样部位应完全露出绝缘子的瓷釉或玻璃表面，涂层试样尺寸为 10mm×10mm。裁取的试样表面应无凸起、凹坑、气泡等缺陷。测量前应将试样表面的污染物清除干净。测量涂层试样的厚度，测试仪的测量精度应不小于 0.01mm。

（3）验收测试点的选择。

1）外观检测：全部施涂设备均应进行外观检测。

2）施涂厚度检测要求。

a.耐张塔每基均应取样。

b.直线塔取样可采取抽检，直线塔取样比例须大于 30%，并要求取样间隔不得大于 5 基。

五、加装伞裙

防污闪辅助伞裙（即通常的硅橡胶增爬裙）指采用硅橡胶绝缘材料通过模压或剪裁做成硅橡胶伞裙，覆盖在电瓷外绝缘的瓷伞裙上表面或套在瓷伞裙边，同时通过黏合剂将它与瓷伞裙黏合在一起，构成复合绝缘。

1. 防污闪辅助伞裙主要优点

（1）增加原有绝缘子串的爬电距离，提高线路绝缘水平。

（2）有效阻断沿绝缘子表面建立冰桥的通道，防止发生覆冰和覆雪闪络。但是采用防污闪辅助伞裙的同时应注意合理布置防污闪辅助伞裙的分布间距。

硅橡胶伞裙套表面应平整、光滑，无裂纹、缺胶、杂质、凸起，伞套边缘无软挂、塌边等现象，合缝应平整，安装成型后的伞裙套上表面要求具有 18° 左右的下倾角。

投入运行后，要注意巡视。如发现搭口脱胶、在粘接区有放电现象或硅橡胶伞裙憎水性消失，应及时更换。

2. 硅橡胶伞裙的电气试验项目

（1）干湿状态下每片硅橡胶伞裙的绝缘电阻（>50MΩ）。

（2）单片耐受电压大于设计给定值。

六、更换绝缘子

将线路原有的瓷质绝缘子或玻璃绝缘子更换为复合绝缘子是防污闪重要的技术措施之

一。在同样的爬距及污秽条件下，复合绝缘子防污闪能力明显高于瓷绝缘子和玻璃绝缘子，其原因如下。

（1）硅橡胶伞裙表面为低能面，憎水性良好，且可迁移，使污秽层也具有憎水性，污层表面的水分以小水珠的形式出现，难以形成连续的水膜。

（2）复合绝缘子杆径小，同污秽条件下表面电阻比瓷、玻璃绝缘子要大，污闪电压也相应要高。

（3）瓷质和玻璃绝缘子下表面伞棱式结构不同，复合绝缘子伞裙的结构和形状也不利于污秽的吸附及积累，不需要清扫积污，有利于线路的运行维护。

七、降压运行

降低运行电压的方法在直流线路上有应用。当直流线路所经过区域有发生污闪可能的气象条件时，为防止直流线路发生污闪故障，通常对该直流线路采取降压运行的方式，可有效预防该类污闪故障的发生。在交流线路上，一般很少采取此种方法。但在极端情况下，会利用调节变压器调压开关的方法降低交流线路电压，但防污闪效果有限。

第九章 红外热成像

第一节 红外成像技术简介

一、红外成像技术特点

由辐射理论可知，一切温度高于绝对零度（−273.15℃）的物体，每时每刻都会向外辐射人眼看不见的红外线，也同时发射辐射能量。物体温度越高，发射的能量也越大。

红外热成像技术就是利用红外探测器、光学成像物镜接收被测目标的红外辐射信号，经过光谱滤波、空间滤波使聚焦的红外辐射能量分布图形反映到红外探测器的光敏源上，对被测物的红外热像进行扫描并聚焦在单元或分光探测器上，由探测器将红外辐射能转换成电信号，经放大处理转换成标准视频信号，通过电视屏或监视器显示红外热像图，并推断被测目标表面温度的一种技术。

红外热成像技术具有以下特点：

（1）不接触、不停电、不取样、不解体，并可保证操作安全。

（2）采用被动式检测，简单方便。由于红外监测装置探测设备相关部位自身发射的红外辐射能量，不需要辅助信号源和各类检测装置，因此诊断手段单一，操作方便。

（3）可实现大面积快速扫描成像，状态显示快捷、灵敏、形象、直观，监测效率高，劳动强度低。

（4）红外诊断使用面广，效益、投资比高，能够适用于发电厂和变电站、输电、配电等所有高压电气设备中各种故障的检测。

（5）红外检测与故障诊断有利于实现电力设备的状态管理和状态检修，可以对管辖的所有设备运行状态实施温度管理，并根据每台设备的状态演变情况进行有目的的维修，而且通过红外诊断还可以评价设备的维修质量。

二、检测电力设备的热故障理论

由电流的热效应可知，当电气设备正常运行时，电流通过设备时便会产生热量；电气设备进行能量传输和能量变换时，由于电阻效应，也会产生电阻损耗，同样伴随着发热；高压设备中存在大量的线圈以及电磁铁，在电磁交换时必然存在涡流效应，造成涡流损耗，产生大量的热量。以上设备的发热现象主要是由电流作用引起的，可称为电流致热型设备。

因内部缺陷（如介质损耗增大、泄漏电流增大、局部放电等）或外部缺陷（如瓷介质表面污秽、裂纹等）导致电压分布异常和泄漏电流增大而产生故障的电气设备，如电压互感器、避雷器、绝缘子、耦合电容器等的致热效应主要是由电压作用引起的，与负荷电流无关，称其为电压致热型设备。

当电气设备正常运行时，设备会有相应的热场分布和热特征，其热信息相对稳定或具有一定的规律。其他条件正常时，如果设备的温升在一定的范围内，可以判断设备的状态为正常。

当带电设备出现导体连接不良、材质欠佳、接触面不足、绝缘受潮劣化、过负荷运行、虚假油位、漏磁场涡流等热故障现象时，其特点即为过热点为最高温度，形成一个特定的热场，并向外辐射能量。通过红外成像仪的光扫描系统，可以把这一热场直观地反映在荧光屏上。根据热成像图，很容易找出热场中的最高温度点，最高温度点就是热故障点。另外，红外热像仪配有现场计算机，设定某些特定的参数后可在现场直接测量热场内任意一点的温度值。因此，将红外热成像技术应用于电力系统后，能及时、准确地检出大量过热点（尤其是户外接头），并进行消除。

三、红外成像技术的适用范围

在电力系统中，只要表面发出的红外辐射不受阻挡，都属于红外成像技术的有效监测诊断设备。例如：

（1）高压电气设备运行状态检测与内、外中心故障诊断。

（2）各类导电接头、线夹、接线桩头氧化腐蚀以及连接不良缺陷。

（3）各类高压开关内中心触头接触不良缺陷。

（4）隔离开关刀口与触片以及转动帽与球头结合不良缺陷。

（5）各类电流互感器（TA）一次内中心及外中心连接不良缺陷、本体及油绝缘不良缺陷以及内中心铁芯、绕组异常不良过热缺陷。

（6）各类电压互感器（TV）绝缘不良缺陷、缺油以及内中心铁芯、绕组异常不良过热缺陷。

（7）各类电容器过热、耦合电容器油绝缘不良和缺油（低油位）缺陷。

（8）各类避雷器内中心受潮缺陷、内中心元件老化或非线性特性异变缺陷。

（9）各类绝缘瓷瓶表面污秽缺陷，零值绝缘子检测，劣化瓷瓶检测。

（10）发电机运行状态检测、电刷与集电环接触状态检测、内中心过热检测。

（11）电力变压器箱体异常过热，涡流过热，高、低压套管上、下两端连接不良以及充油套管缺油（低油位）缺陷。

（12）各类电动机轴瓦接触不良以及本体内、外中心异常过热。

第二节　红外成像技术在电力系统中的具体应用

一、基本要求

红外成像检测诊断的基本要求如表9-1。

表9-1　　　　　　　　　　　红外成像检测诊断的基本要求

工作方式	地　面　作　业	工作方式	地　面　作　业
大气	无严格限制，但要稳定，无剧变	设备运行状态	（1）导流热故障，最好满负荷运行，负荷至少不低于30%。 （2）绝缘热故障，应在额定电压下进行，电流越小越好

工作方式	地 面 作 业	工作方式	地 面 作 业
时间	黎明、傍晚、夜间或阴天的白天	通电时间	在稳定后，一般需 4h
相对湿度	近距离检测无要求，但不宜大于85%	检测距离	在保证人身和设备安全的前提下，尽量靠近被测设备
风力	不大于 3 级，最好无风	设备表面发射率	互比表面发射率均一、稳定

二、操作方法

首先用红外热像仪对所有应测部位进行全面扫描，找出热态异常部位，然后对异常部位和重点检测设备进行准确测温。

三、注意事项

（1）针对不同的检测对象应选择不同的环境温度参照体。

（2）测量设备发热点，正常相的对应点及环境温度参照体的温度值时，应使用同一仪器相继测量。

（3）正确选择被测物体的发射率。

（4）作同类比较时，要注意保持仪器与各对应测点的距离一致，方向一致。

（5）正确引入大气温度、相对湿度、测量距离等补偿参数，并选择适当的测温范围。

（6）应从不同方位进行检测，求出最热点的温度值。

（7）记录异常设备的实际负荷电流和发热相，正常相及环境温度参照体的温度值。

四、设备缺陷诊断判据

（一）电流致热型设备缺陷诊断判据

电流致热型设备缺陷诊断判断见表 9-2。

表 9-2 电流致热型设备缺陷诊断判据

设备类别和部位		热像特征	故障特征	缺陷性质			处理建议
				一般缺陷	严重缺陷	危急缺陷	
电器设备与金属部件的连接	接头和线夹	以线夹和接头为中心的热像，热点明显	接触不良	$\delta \geq 35\%$但热点温度未达到严重缺陷温度值	热点温度为 80～110℃ 或 $\delta \geq 80\%$，但热点温度未达紧急缺陷温度值	热点温度>110℃ 或 $\delta \geq 95\%$，且热点温度>80℃	
金属部件与金属部件的连接	接头和线夹	以线夹和接头为中心的热像，热点明显	接触不良	$\delta \geq 35\%$，但热点温度未达到严重缺陷温度值	热点温度为 90～130℃ 或 $\delta \geq 80\%$，但热点温度未达紧急缺陷温度值	热点温度>130℃ 或 $\delta \geq 95\%$，且热点温度>90℃	
金属导线		以导线为中心的热像，热点明显	松股、断股、老化或截面积不够	$\delta \geq 35\%$，但热点温度未达到严重缺陷温度值	热点温度为 80～110℃ 或 $\delta \geq 80\%$，但热点温度未达紧急缺陷温度值	热点温度>110℃ 或 $\delta \geq 95\%$，且热点温度>80℃	

续表

设备类别和部位		热像特征	故障特征	缺陷性质			处理建议
				一般缺陷	严重缺陷	危急缺陷	
输电导线的连接器（耐张线夹、接续管、修补管、并沟线夹、跳线线夹、T形线夹、设备线夹等）		以线夹和接头为中心的热像，热点明显	接触不良	$\delta \geqslant 35\%$，但热点温度未达到严重缺陷温度值	热点温度为90～130℃或$\delta \geqslant 80\%$，但热点温度未达紧急缺陷温度值	热点温度>130℃或$\delta \geqslant 95\%$，且热点温度>90℃	
隔离开关	转头	以转头为中心的热情	转动球头接触不良或断股	$\delta \geqslant 35\%$，但热点温度未达到严重缺陷温度值	热点温度为90～130℃或$\delta \geqslant 80\%$，但热点温度未达紧急缺陷温度值	热点温度>130℃或$\delta \geqslant 95\%$，且热点温度>90℃	
	刀口	以刀口压接弹簧为中心的热像	弹簧压接不良	$\delta \geqslant 35\%$，但热点温度未达到严重缺陷温度值	热点温度为90～130℃或$\delta \geqslant 80\%$，但热点温度未达紧急缺陷温度值	热点温度>130℃或$\delta \geqslant 95\%$，且热点温度>90℃	测量接触电阻
断路器	动静触头	以顶帽和下法兰为中心的热像，顶帽温度大于下法兰温度	压指压接不良	$\delta \geqslant 35\%$，但热点温度未达到严重缺陷温度值	热点温度为55～80℃或$\delta \geqslant 80\%$，但热点温度未达紧急缺陷温度值	热点温度>80℃或$\delta \geqslant 95\%$，且热点温度>55℃	测量接触电阻
	中间触头	以下法兰和顶帽为中心的热像，下法兰温度大于顶帽温度	压指压接不良	$\delta \geqslant 35\%$，但热点温度未达到严重缺陷温度值	热点温度为55～80℃或$\delta \geqslant 80\%$，但热点温度未达紧急缺陷温度值	热点温度>80℃或$\delta \geqslant 95\%$，且热点温度>55℃	测量接触电阻
电流互感器	内联结	以串并联出线头或大螺杆出线夹的热像或以顶部铁帽发热为特征	螺杆接触不良	$\delta \geqslant 35\%$，但热点温度未达到严重缺陷温度值	热点温度为55～80℃或$\delta \geqslant 80\%$，但热点温度未达紧急缺陷温度值	热点温度>80℃或$\delta \geqslant 95\%$，且热点温度>55℃	测量一次回路电阻
套管	柱头	以套管顶部柱头为最热的热像	柱头内部并线压接不良	$\delta \geqslant 35\%$，但热点温度未达到严重缺陷温度值	热点温度为55～80℃或$\delta \geqslant 80\%$，但热点温度未达紧急缺陷温度值	热点温度>80℃或$\delta \geqslant 95\%$，且热点温度>55℃	
电容器	熔丝	以熔丝中部靠电容侧为最热的热像	熔丝容量不够	$\delta \geqslant 35\%$，但热点温度未达到严重缺陷温度值	热点温度为55～80℃或$\delta \geqslant 80\%$，但热点温度未达紧急缺陷温度值	热点温度>80℃或$\delta \geqslant 95\%$，且热点温度>55℃	检查熔丝
电容器	熔丝座	以熔丝座为最热的热像	熔丝与熔丝座之间接触不良	$\delta \geqslant 35\%$，但热点温度未达到严重缺陷温度值	热点温度为55～80℃或$\delta \geqslant 80\%$，但热点温度未达紧急缺陷温度值	热点温度>80℃或$\delta \geqslant 95\%$，且热点温度>55℃	检查熔丝座
直流换流阀	电抗器	以铁芯表面过热为特征	铁芯损耗异常	温差>5K，热点温度未达严重缺陷温度值	温差>10K，热点温度为60～70℃	热点温度>70℃（设计允许限值）	

续表

设备类别和部位		热像特征	故障特征	缺陷性质			处理建议
				一般缺陷	严重缺陷	危急缺陷	
变压器	箱体	以箱体局部表面过热为特征	漏磁环（涡）流现象	$\delta \geqslant 35\%$，但热点温度未达到严重缺陷温度值	热点温度为 85～105℃	热点温度>105℃	检查油色谱和轻瓦斯动作情况
干式变压器、接地变压器、串联电抗器、并联电抗器	铁芯	以铁芯局部表面过热为特征	铁芯局部短路	$\delta \geqslant 35\%$，但热点温度未达到严重缺陷温度值	F 级绝缘热点温度为 130～155℃，H级绝缘热点温度为 140～180℃	F 级绝缘热点温度>155℃，H 级绝缘热点温度>180℃	
干式变压器、接地变压器、串联电抗器、并联电抗器	绕组	以绕组表面有局部过热或出线端子处过热为特征	绕组匝间短路或接头接触不良	$\delta \geqslant 35\%$，但热点温度未达到严重缺陷温度值	F 级绝缘热点温度为 130～155℃，H级绝缘热点温度为 140～180℃，相间温差>10℃	F 级绝缘热点温度>155℃，H 级绝缘热点温度>180℃，相间温差>20℃	

注　$\delta=(\tau_1-\tau_2)/\tau_1 \times 100\%=(T_1-T_2)/(T_1-T_0) \times 100\%$

式中　τ_1 和 T_1——发热点的温升和温度，K、℃；

τ_2 和 T_2——正常相对应点的温升和温度，K、℃；

T_0——被测设备区域的环境温度（气温），℃。

（二）电压致热型设备缺陷诊断判据

电压致热型设备缺陷诊断判断见表9-3。

表 9-3　　　　　　　　　　　　电压致热型设备缺陷诊断判据

设备类别和部位		热像特征	故障特征	温差（K）	处理建议
电流互感器	10kV 浇注式	以本体为中心整体发热	铁芯短路或局部放电增大	4	进行伏安特性或局部放电试验
	油浸式	以瓷套整体温升增大且瓷套上部温度偏高	介损偏大	2～3	进行介质损耗、油色谱、油中含水量检测
电压互感器（含电容式电压互感器的互感器部分）	10kV 浇注式	以本体为中心整体发热	铁芯短路或局部放电增大	4	进行特性或局部放电试验
	油浸式	以整体温升偏高，且中上部温度高	介损偏大、匝间短路或铁芯损耗增大	2～3	进行介质损耗、空载、油色谱及油中含水量测量
耦合电容器	油浸式	以整体温升偏高或局部过热，且发热符合自上而下逐步的递减的规律	介损偏大，电容量变化、老化或局部放电	2～3	进行介质损耗测量
移相电容器		热像一般以本体上部为中心的热像图，正常热像最高温度一般在宽度垂直平分线的 2/3 高度左右，其表面温升略高，整体发热或局部发热	介损偏大，电容量变化、老化或局部放电	2～3	进行介质损耗测量
高压套管		热像特征呈现以套管整体发热热像	介损偏大	2～3	进行介质损耗测量
		热像为对应部位呈现局部发热区故障	局部放电故障，油路或气路的堵塞	2～3	

续表

设备类别和部位		热像特征	故障特征	温差/K	处理建议
充油套管	绝缘子柱	热像特征是以油面处为最高温度的热像，油面有一明显的水平分界线	缺油		
氧化锌避雷器		正常为整体轻微发热，分布均匀，较热点一般在靠近上部，多节组合从上到下各节温度递减，引起整体（或单节）发热或局部发热为异常	阀片受潮或老化	0.5～1	进行直流和交流试验
绝缘子	瓷绝缘子	正常绝缘子串的温度分布同电压分布规律，即呈现不对称的马鞍型，相邻绝缘子温差很小，以铁帽为发热中心的热像图，其比正常绝缘子温度高	低值绝缘子发热（绝缘电阻在 10～300MΩ）	1	进行精确检测或其他电气方法零、低阻值的检测确认，视缺陷绝缘子片数作相应的缺陷处理
		发热温度比正常绝缘子要低，热像特征与绝缘子相比，呈暗色调	零值绝缘子发热（<10MΩ）	1	
		其热像特征是以瓷盘（或玻璃盘）为发热区的热像	表面污秽引起绝缘子泄漏电流增大	0.5	
	复合绝缘子	在绝缘良好和绝缘劣化的结合处出线局部过热，随着时间的延长，过热部位会移动	伞裙破损或芯棒受潮	0.5～1	
		球头部位过热	球头部位松脱、进水		
电缆终端		橡塑绝缘电缆半导电断口过热	内部可能有局部放电	5～10	
		以整个电缆头为中心的热像	电缆头受潮、劣化或气隙	0.5～1	
		以护层接地连接为中心的发热	接地不良	5～10	
		伞裙局部区域过热	内部可能有局部放电	0.5～1	
		根部有整体性过热	内部介质受潮或性能异常	0.5～1	

五、电力设备外部热故障红外检测和诊断标准

（一）各种裸露接头热故障检测方法和标准

当电力设备各种夹紧件、裸露接头及隔离断路器刀口等接触不良时，运行时流过的大电流会导致发热加剧，引起温度和温升大为升高，甚至最后烧断；另外，如果是弹簧夹紧件，高温使弹簧的弹性退化，失去弹力同样会造成接头接触不良，久而久之被烧断。这两种热故障开始时不严重，但会使金属表面加速氧化，接触电阻成倍增加，发热更严重，接触电阻更大，温度更高，形成恶性循环，最后导致烧断的事故发生。

外部热故障检测标准见表 9-4。

表 9-4　　　　　　　　　外部热故障检测标准（热点与最低温度点误差）　　　　　　　　　℃

热点位置	设备存在疑点	设备存在热隐患	设备存在热故障	设备存在严重热故障	设备存在恶性热故障
各种外部裸露接头、将军帽	10～15	15～25	25～40	40～60	60 以上
隔离开关关节、套管膨胀器	10～15	15～20	20～35	35～55	55 以上
隔离开关	10～15	15～20	20～35	35～55	55 以上
建议处理意见	查明原因后处理	安排处理	必须安排处理	马上停电处理	一定停电及时处理

（二）电力变压器外部热故障检测及标准

大型变压器采用强油循环。由于强油循环使其内部一些热故障（绕组和铁芯）在外壳产生的原始热场被破坏，所以对这类热故障的诊断目前尚有难度。但变压器外表暴露的热故障，还是可以用红外成像仪检测的，可以将获得的热像图作为诊断依据。对于正常变压器，其外壳热像图是一个水平线温度均匀分布的温度场，高、中、低套管的温度三相基本平衡，潜油泵不应该有特殊的过热点，箱体螺栓的温差也不应该过大。其热像图诊断标准是：箱体同一水平线的最高和最低温度不应该大于 10℃；各螺栓中最高的温度点与平均温度之差不应大于 15℃；平均温度与环境温度之差不应大于 55℃；潜油泵温度与本台变压器其他运行的潜油泵平均温度之差不应大于 30℃；变压器套管将军帽温度对环境温度的温升不应大于 70℃，且三相平衡；对于散热器，如果某一台温度比其他的低很多，可能存在闸门未打开等问题。另外，油枕假油位、潜油泵反转等故障和异常状况也可以予以判断。图 9-1 所示为 220kV 变压器漏磁引起的螺栓发热红外热像图。

图 9-1　220kV 变压器漏磁引起的螺栓发热红外热像图

（三）绝缘子串红外成像热故障检测和诊断

绝缘子串红外成像热故障检测和诊断是根据整个绝缘子串的温度场图像判断劣质和零值绝缘子，而不是根据每个绝缘子的温度高低进行判断。劣质或零值绝缘子串发热量很小，又距地面测量较远，检测温度不超过 35℃。
正常的绝缘子串电压分布受对地、对导线杂散
电容的影响，呈不对称马鞍型，通过多次检测
证明，良好绝缘子串瓷瓶钢帽上的温度分布与
其电压分布相对应，也呈不对称马鞍型。这样
即可从整个绝缘子串热像图上看到，哪一片绝
缘子钢帽上的温度破坏了整串绝缘子热场分
布，则该片绝缘子即为劣质或零值绝缘子，温
度高者为劣质绝缘子，温度低者为零值绝缘
子。但位于绝缘子串中间的绝缘子，由于电压
分布和热场分布都是低谷，所示难以准确判断
劣质或零值绝缘子。图 9-2 所示为 220kV 瓷
劣质绝缘子发热的红外热像图。

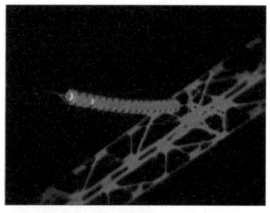

图 9-2 220kV 瓷劣质绝缘子发热的红外热像图

（四）电动机和其他电力设备红外成像检测和诊断标准

由于电动机的滑环和电刷处于高速运转中，其热故障的诊断难以采用其他接触式方法，
但如果用红外成像仪检测则非常方便。滑环温度超过允许值，其原因是通风不良或电刷摩擦
力太大所导致的。可以通过检测滑环温度是否超过允许值来判断其是否发生了热故障；另外，
还可以比对在同样条件下获得的历次热像图。如果电刷的最高温度比平均温度高 10℃以上，
说明弹簧压力过大；如果某一个电刷温度明显比其他电刷温度低得多，与室温一样，则说明
该电刷已与滑环脱离接触，无电流通过所致。

电容式 TV 兼耦合电容器所装阻尼电阻器处，如果所测温度低，说明阻尼器的阻尼电阻
已断。

电力电缆终端接头外绝缘出现故障，热像图会反常，见图 9-3。

图 9-3 电力电缆终端接头外绝缘出现裂纹故障的红外热像图

六、电力设备内部热故障红外成像检测和诊断标准

内部热故障的发热状况不能直接反映到热成像仪上，但内部发热点所发出的热量使外壳
形成一个相对稳定的热场分布，利用这个热场分布，再考虑其他影响因素，通过对比，可间

接判断内部热故障。

（一）开关内部热故障检测和判断标准

油开关外壳热场分布，由设备的电阻和铁磁损耗所决定。但任何损耗的增加，都会在内部形成热故障点，形成异常状况。定期获得外壳热场分布图，一方面与以前的正常图进行比较；另一方面与同型号的进行比对或三相互比，根据比对结果的差异来判断热故障点。如对10kV 油开关，把三相一组同时摄入一个热像图中，直接进行比较，最高和最低温度之差在5℃以上，可认为内部有热故障点；在2～3℃以上，应注意进行跟踪检测；10℃以上，就必须停电处理。图9-4 所示为220kV 断路器内部动静触头接触不良导致发热的红外热像图。

图9-4　220kV 断路器内部动静触头接触不良导致发热的红外热像图

（二）电流互感器内部热故障检测和判断标准

电流互感器损耗由铜耗、铁耗和接头电阻损耗组成，这些损耗都由顶部的顶帽以热量的形式散去。因此，现场检测顶帽的热像图后，三相互比判断。顶帽温度三相互差在 70℃以上，温度高者内部有严重热故障，应立即处理；温差在 15℃以上，应停电试验检查；相差10℃以上，应加强监测，跟踪检测。同时，对环境的温升也不能大于 70℃。图9-5 所示为35kV 电流互感器内部接线发热红外热像图。

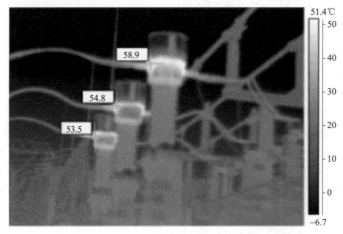

图9-5　35kV 电流互感器内部接线发热红外热像图

（三）电机定子绕组接头红外检测和诊断标准

用红外成像检测定子绕组接头接触好坏，可以在运行中检测；也可以在大负荷停机后或短路试验停机后；还可以在定子绕组通 60%～70%的额定电流时进行。由于热成像仪检测较快，而且可同时测量多个接头绝缘表面温度，所以可以利用互比判断接头好坏。对包绝缘的接头，如果接头表面温度高于平均值 15℃以上，认为不合格；20℃以上，必须重新处理；未包绝缘者，如果接头温度超过平均值 7℃以上，则应重新焊接处理，而且最高温度和最低温度也不能相差太大。图 9-6 所示为发电机定子绕组局部过热故障的红外热像图。

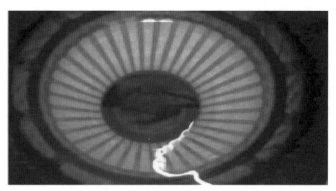

图 9-6　发电机定子绕组局部过热故障的红外热像图

（四）阀型避雷器红外成像检测和判断标准

对于单节避雷器，若热像图显示温度比以前高，是并联电阻受潮或老化；温度低则是并联电阻断开。对两节避雷器的热像图，温度高的一节并联电阻受潮或老化；温度低时，并联电阻断开。另外，还可以三相互比。

多节避雷器应符合电压分布和热场分布一一对应关系，若不符合则表明有热故障点。另外，还可以进行相间比较，三相比较接近，属于正常；若差别较大，则有异常，再停电试验。图 9-7 所示为避雷器内部故障的红外热像图。

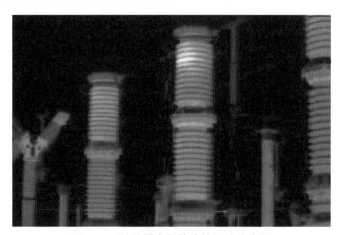

图 9-7　避雷器内部故障的红外热像图

七、判断方法

（一）表面温度判断法

表面温度判断法主要适用于电流致热型和电磁效应致热型设备。根据测得的设备表面温度值，对照《带电设备红外诊断应用规范》（DL/T 664—2016）附录 G，结合检测时环境气候条件和设备的实际电流（负荷）、正常运行中可能出现的最大电流（负荷）以及设备额定电流（负荷）等进行判断。

（二）相对温差判断法

相对温差判断法主要适用于电流致热型设备，特别是对于检测时电流（负荷）较小，且按照表面温度判断法未能确定设备缺陷类型的电流致热型设备，在不与《带电设备红外诊断应用规范》（DL/T 664—2016）附录 G 规定向冲突的前提下，采用相对温差判断法，可提高对设备缺陷类型判断的准确性，降低对运行电流（负荷）较小时设备缺陷的漏判率。

（三）图像特征判断法

图像特征判断法主要适用于电压致热型设备。根据同类设备的正常状态和异常状态的热像图，判断设备是否正常。注意应尽量排除各种干扰因素对图像的影响，必要时结合电气试验或化学分析的结果，进行综合判断。

（四）同类比较判断法

同类比较判断法根据同类设备之间对应部位的表面温差进行比较分析判断。对于电压致热型设备，应结合图像特征判断法进行判断；对于电流致热型设备，应按照表面温度判断法进行判断；如未能确定设备的缺陷类型时，再按照相对温差判断法进行判断，最后按照同类比较判断法进行判断。档案（或历史）热像图也多用作同类比较判断。

（五）综合分析判断法

综合分析判断法主要适用于综合致热型设备。对于油浸式套管、电流互感器等综合致热型设备，当缺陷由两种或两种以上因素引起时，应根据运行电流、发热部位和性质，结合表面温度判断法、相对温差判断法、图像特征判断法以及同类比较判断法，进行综合分析判断。对于因磁场和漏磁引起的过热，可依据电流致热型设备的判据进行判断。

（六）实时分析判断法

在一段时间内让红外热像仪连续检测/监测一被测设备，观察、记录设备温度岁负载、时间等因素的变化，并进行实时分析判断。

第十章　电气设备在线监测

电气设备在长期运行中必然存在电的、热的、化学的及异常工况条件下形成的绝缘劣化，导致电气绝缘强度降低，甚至发生故障。长期以来，运用绝缘预防性试验来诊断设备的绝缘状况起到了很好的效果，但由于预防性试验周期的时间间隔可能较长，以及预防性试验施加的电压有的较低，试验条件与运行状态相差较大，因此就不易诊断出被测设备在运行情况下的绝缘状况，也难以发现在两次预防性试验时间间隔之间发展的缺陷，这些都容易造成绝缘不良事故。

以局部放电为例，由于干扰的影响，现场设备进行局部放电测量较为困难且费用较高，停电进行每台设备的局部放电试验进行预防性试验是不现实的。如果用一种价廉的在线或带电监测装置，能简便地测出局部放电等各种电气绝缘参数，判断设备的绝缘状况，从而减少预试内容或增长试验时间间隔，并逐步代替设备的定期停电预防性试验，实施状态监测及检修。这对于保证电力设备的可靠运行及降低设备的运行费用都是很有意义的。

在线监测装置正是通过在线监测设备各状态监测量，反映被评估设备运行状态或健康状态，从而进一步保证电力设备的可靠运行及降低设备的运行费。

安装在线监测装置，一方面为运行人员提供直观信息以监视和判断发电机是否正常运行是否存在需要消除的缺陷，是否应采取维持负荷、降低负荷、跳机等保证发电机本体安全的正确措施；另一方面也为设备维护人员提供判断发电机和变压器各主要部件状态的信息，以评估设备状态和寿命，进而安排检修和维护的周期和内容。

随着故障诊断技术和信息技术的发展，从 20 世纪 80 年代开始，在线监测装置已由原先单一的温度监测发展成为包括发热、化学、机械和电气各种原理的、监测各部件状态的监测量丰富、监测原理多样化的复杂系统。同时，发电设备长期以来基于时间的计划性维修策略越加不能满足高可靠性安全运行的需求。目前，我国发电企业的辅机设备已越来越多地采用状态检修策略，包括发电机在内的主机设备实施状态检修正逐渐成为发展趋势，而准确、可靠的设备状态监测和诊断是实施状态维修的重要基础。

在线监测装置通常可分为两种：

（1）直读型在线监测装置。获得的数据或趋势曲线可以直接读到，无需相关专业人员诠释，即可以从数值得知某参数的状况，并判断是否正常或异常的程度的在线监测装置。

（2）解读型在线监测装置。获得的数据或趋势曲线需由有关专业人员解读的在线监测装置。通常需要结合其他在线监测数据、发电机历史运行数据、离线试验数据等综合判断，才能依据解读型在线监测装置的监测数据判断发电机是否正常或异常的程度。

根据对我国发电企业在线监测装置应用情况的调研，目前，在线监测技术的应用发展迅猛，其中直读型装置的选用、维护和运行已越来越规范，但解读型装置的选用、维护和运行则相当混乱。一方面，解读型装置工作原理复杂，提供的信息需相关专业人员进一步试验分析，并结合其他多方面信息才可作出判断；另一方面，有的监测装置不成熟、不可靠，不能准确反映设备真实情况，难于让电厂的运行维护技术人员正确解读，最终导致该型解读装置无人问津甚至退出运行。

第一节 发电机在线监测

一、汽轮发电机在线监测

汽轮发电机的状态监测量主要包括各部件的温度、冷却介质工况的物理指标（如湿度、纯度、电导率、流量、压力等参数）、冷却介质工况的化学指标（如内冷水的 pH 值、铜离子含量）、反映发电机腔内部件过热情况的特征分解物等化学监测量、反映发电机工况的电气量（电压、电流、频率、有功功率、无功功率等）、反映定子绕组状态的局部放电监测量、反映转子绕组状态的磁通波形等电气监测量等。它们与故障部位及特征的对应关系见见表 10-1。

表 10-1   汽轮发电机的故障部位及特征

故障部位	征兆或参数变化																	
	电压	电流	温度	功率	局部放电	扭振	振动	噪声	电阻	压力	压差	湿度	纯度	电导率	泄漏量	流量	声光	磨损松动
定子绕组	○	○	○	○	○		○	○	○									○
转子绕组			○														○	
定子铁芯			○				○											○
定子机座							○	○										
转子						○	○	○										
轴承			○				○	○										
氢气系统			○							○	○	○	○		○			
内冷水系统			○							○				○	○	○	○	
密封油系统			○							○								
励磁系统	○	○							○									

注 "○"表示如出现故障，可能出现的征兆或参数变化。

因此，应配置相应的在线监测装置，对以上参数进行监测。在线监测装置应根据发电机冷却方式和容量等级进行配置，基本配置原则应符合表 10-2 的规定，详细配置原则应依照《汽轮发电机状态在线监测系统应用导则》（GB/Z 29626）和《隐极发电机在线监测装置配置导则》（DL/T 1163）的相关规定。

表 10-2   汽轮发电机在线监测装置基本配置原则

在线监测类别	空气	水氢氢	双水内冷	全氢气
线棒层间温度	☆	☆	☆	☆
定子铁芯温度	☆	☆	☆	☆

续表

在线监测类别	空气	水氢氢	双水内冷	全氢气
内冷水系统进出水总参数（流量、压力、湿度等）	N/A	☆	☆	N/A
内冷水分之路出水温度	N/A	☆	☆	N/A
内冷水水质参数	N/A	☆	☆	N/A
绝缘部件过热烟气	○	△	○	△
气体冷却器的运行参数（进出风温度等）	☆	☆	☆	☆
氢气品质参数（纯度、湿度、压力等）	N/A	☆	N/A	☆
定子内冷水系统漏氢	N/A	☆	N/A	N/A
出线箱与封母连接处端盖等处漏氢	N/A	△	N/A	△
转子绕组匝间短路探头	☆	☆	☆	☆
转子绕组匝间短路装置	△	△	△	△
定子绕组局部放电	☆[①]	△或☆[②]	△或☆[①]	△
定子绕组端部振动[③]	○或☆	○或☆	○或☆	○或☆
轴电压	○	○	○	○
定子铁芯振动	○	○	○	○
转子大轴的轴振、瓦振	☆	☆	☆	☆
冷却器漏水检测	△	△	☆	△

注 ☆-应配置；△-宜配置；○-可配置；N/A-不适用。
① 额定电压等级 15.75kV 及以上的空冷或双水内冷发电机应配置。
② 额定电压等级 24kV 及以上的水氢氢冷却发电机应配置。
③ 定子绕组端部存在倍频附近椭圆振型且检修中发现存在松动、磨损现象时应配置。

除此之外，根据机组实际运行情况，还应注意以下问题：

（1）根据可能产生故障类型推荐的在线监测装置进行配置。

（2）对变频启动的燃气轮发电机，应安装轴电压监测装置，并设置报警值。

（3）对频繁启停的发电机，应安装转子绕组匝间短路在线监测装置。

（4）对转子绕组有匝间短路迹象的发电机，应安装匝间短路在线监测装置。

（5）对定子绕组端部结构局部有松动可能性的发电机，可根据需要在预计振动异常位置安装光纤式振动传感器进行检测。

（6）对机壳振动异常的发电机，可在振幅较大的位置安装振动在线监测装置。

（7）对需要频繁进相的隐极发电机，应安装功角仪。

（8）对存在次同步谐振风险的发电机组，应安装扭振在线监测及保护跳机装置，避免轴系扭振累积裂纹。

（9）对电压等级在 15.75kV 及以上的空冷发电机，应配备局部放电监测装置。

（10）对运行超过 20 年、额定电压在 18kV 及以上的老旧发电机，宜配备局部放电监测装置。

二、水轮发电机

水轮发电机组状态在线监测系统应根据水轮发电机组的结构特点、电站机组台数及电站运行方式等条件合理选择监测项目和系统规模。

水轮发电机组状态在线监测系统除应对机组的振动、摆度、压力脉动等运行状态进行实时监测外,还应对机组的轴向位移、空气间隙、磁通密度、局部放电、定子线棒端部振动等运行状态进行实时监测,以实现对水轮发电机组运行状态的分析和辅助诊断,提出故障或事故征兆的预报。其典型结构示意图见图 10-1。

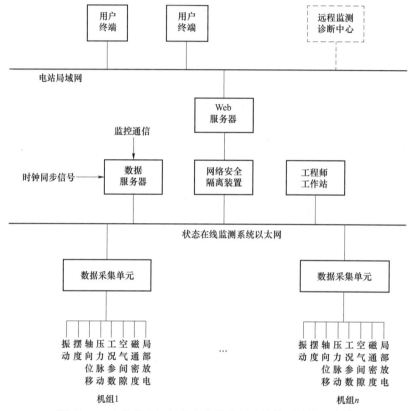

图 10-1 水轮发电机组状态在线监测系统典型结构示意图

1. 功能

水轮发电机组状态在线监测系统主要包括两部分功能:

(1)数据采集与实时监测:应对水轮发电机组的状态监测量以及相应的工况参数和过程量参数进行实时采集和监测。

(2)机组状态数据分析:应具备数据分析的能力,应提供各种专业的数据分析工具,根据状态监测量及工况参数和过程量参数的变化预测机组状态的发展趋势,以分析报告等形式提供趋势预报功能;应提供数据导入/导出和离线分析功能。

2. 被监测量

(1)振动、摆度:应自动对机组的稳态运行、暂态过程(包括瞬态)的振动、摆度进行分析。机组振动、摆度异常时，应越限报警并提供异常报警原因。

（2）轴向位移：应自动对大轴轴向位置的变化进行分析。

（3）压力脉动：应自动对各过流部位的稳态运行、暂态过程（包括瞬态）的压力脉动进行分析。

（4）空气间隙：应自动对发电机定转子之间的空气间隙进行监测分析，自动计算定转子不圆度、定转子中心相对偏移量和偏移方位、定转子间气隙（最大值、最小值和平均值）及气隙最大值和最小值对应的磁极号等特征参数，分析机组静态与动态下气隙参数的相对关系和气隙的变化趋势。

（5）磁通密度：应对发电机定转子之间的磁通密度进行监测分析，计算各磁极的磁通密度等特征参数，提供磁通密度与工况参数的关系和相同工况下磁通密度的长期变化趋势，辅助分析转子磁极匝间短路和磁极松动等引起电磁回路故障的可能性。

（6）局部放电：应连续并自动检测水轮发电机在运行状态下定子绕组的局部放电脉冲信号，给出局部放电脉冲的各相局部放电值（局部放电脉冲数量为每秒 10 个时对应的局部放电脉冲幅值）和局部放电量［单位时间（规定时间段为 1s）内局部放电脉冲活动的总数量］提供长期趋势分析，分析判断出局部放电的大致发生部位。

详细配置要求应按照《水轮发电机组状态在线监测系统技术导则》（GB/T 28570）和《水轮发电机组状态在线监测系统技术条件》（DL/T 1197）规定执行。

三、发电机智能故障诊断

发电机在线监测装置目前还存在设备不够完善、信息不能共享、解读型数据分析不足等问题，在一定程度上制约了发电机故障的早期预测和及时、准确的诊断分析，增加了不必要的专门试验费用和停机损失。

因此，近年来人们提出了发电机智能故障诊断，即在状态监测的基础上，将数据进行汇总、预处理和特征提取，结合故障诊断理论对发电机进行故障诊断，并根据诊断结果进行设备的状态检修，对提高机组的可靠性和可用率，降低维修费用具有重要意义。

随着科学技术的发展，故障诊断理论也得到了较快的发展。到目前为止，故障诊断理论与技术发展中比较成熟并得到应用的诊断方法比较多，主要有时域分析、频谱分析、时频分析、模糊诊断、模糊聚类、故障树、灰色理论、专家系统、神经网络、支持向量机、可靠性理论、免疫理论、粗糙集诊断理论、模拟退火与演化算法、多源信息融合技术等。当然，诊断理论是应以数据采集和特征提取作为分析依据的，因此，还应结合新的在线监测装置的开发与合理配置，才能更进一步提高状态检修水平。

第二节　变压器在线监测

电力变压器局部放电的在线监测有两种方式：一种是间接法或称非电量法，即色谱法；另一种是直接法或称电气法，若把这两种方式结合起来，将能收集到有关局部放电电气信号和化学变化的信息，并进行综合评判，是较为理想的变压器故障监测系统。

当出现放电或过热故障且气室相对氢气浓度或局部放电量过高时在线监测系统应报警。必要时利用电声法或超声法对故障进行几何定位。采用声电联合及氢气浓度测量的综合判断方法可排除多种外界干扰，有利于提高整套监测系统的灵敏度和可靠性。

关于化学信息即油色谱在线监测将在下一节单独介绍，这里主要介绍有关局部放电电气信号的在线监测。

对于变压器绝缘在线检测最有效的方法之一是监测局部放电脉冲参量。变压器正常运行中局部放电量较小，近年生产的110kV以上变压器局部放电量都控制在500pC以下；但在实际运行中，即使出现有500pC左右的放电也照常运行，其绝缘缺陷发展过程可能延续几周甚至几年。但当发展到绝缘击穿故障前期，它的放电量会大大超过正常达到1×10^5pC，因此，有可能利用价廉而简化的在线监测设备进行绝缘故障监测报警。如发现有报警后，再结合其他试验进行综合故障分析，就能有效地起到应有的监测作用和得到推广。

根据变压器的结构特点，对其进行局部放电在线监测的方法主要包括特高频监测法和高频电流监测法。

一、特高频监测法

特高频信号是指频率在300～3000MHz的范围内的电磁波信号。

在局部放电产生过程中，每一次局部放电的产生都会发生正负电荷的中和，伴随有一个陡的电流脉冲，其上升时间为ns级或亚ns级，并激发特高频频段的电磁波。当放电间隙比较小、绝缘强度比较高时，放电过程的时间比较短，电流脉冲的陡度比较大，辐射高频电磁波的能力比较强。通常变压器绝缘结构中发生的局部放电信号可以看成是由一个点源所发出的，当电介质某处发生局部放电时，由放电产生的电磁扰动随时间变化，将会产生电磁波，它们遵循麦克斯韦的电磁场基本方程。

局部放电特高频（UHF）检测法基本原理是通过特高频传感器对电力设备中发生局部放电时产生的特高频电磁波信号进行检测，从而获得局部放电的相关信息，实现局部放电检测。通常可将特高频传感器外置于变压器电磁波介质窗口处或者预置在变压器油箱壁内侧，以及通过放油阀伸入变压器油箱实现特高频电磁波信号接收，如图10-2所示。

图10-2中，a、b、c 3种方式分别对应介质窗口外置、预置内置、放油阀伸入内置3种特高频传感器安装放置方式。

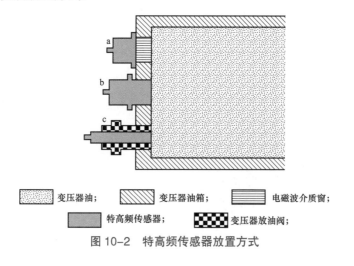

图10-2　特高频传感器放置方式

特高频局部放电检测装置的工作方式一般分为宽带检波、窄带选频、窄带检波 3 种方式，其信号调理流程如图 10-3、图 10-4 所示。

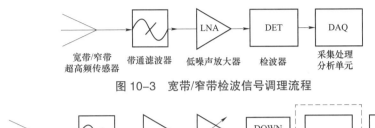

图 10-3 宽带/窄带检波信号调理流程

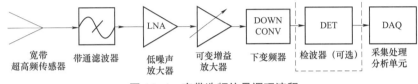

图 10-4 窄带选频信号调理流程

宽带检波工作方式具有耦合信号频率范围宽、能量高的优点，但是易受检测频段范围内窄带广播通信信号的干扰，使用时需根据干扰信号的频率特征采用特定中心频率的带通滤波器或组合使用特定频率的高通和低通滤波器来避免窄带干扰。

窄带选频工作方式可在工作频段中选取指定中心频率的固定带宽信号进行局部放电特高频检测，工作时可选取信噪比较高的频段作为检测频段，具有检测频段可变、抗干扰能力强的优点。但是由于其特高频传感器耦合信号频率范围窄、能量低，需要预先设计特高频传感器工作于常见电磁波干扰频段范围之外，因此，应用受到一定的限制，故不推荐采用。

二、高频电流监测法

在线测量时，由于受现场干扰信号的影响，直接测量局部放电高频参量较为困难，且对运行设备在进行在线监测采集所需信号时应尽量不改变原设备的运行接线状态。因此，将信号取样点选择在变压器铁芯接地引出线和中性点引出线以及高压套管末屏引出线处，是非常有效及合理的。在任何情况下它不会影响变压器的正常运行。但传感器选在铁芯接地点时，对传感器和放大器的灵敏度要求比选在套管末屏取样要求更高。从传感器检测的信号用平衡放大器抑制共模干扰，如用 1 根 75Ω 的高频同轴电缆送到监控室，经计算机控制幅值，脉冲鉴别仪器分析工频和高频信号，并根据设定的阈值进行记录，当故障信号超过设定幅值和脉冲频率时，即自动发出声和光的报警。其测量原理如图 10-5 所示。图 10-5 中检测阻抗是用罗氏线圈耦合，串入变压器铁芯接地引出线和中性点引出线检测电信号。采用这种方式结构简单，不影响设备的正常运行及接线

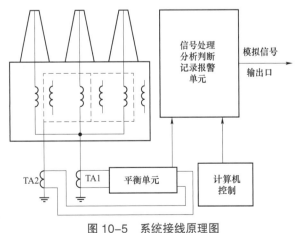

图 10-5 系统接线原理图

方式。为了同时能在检测阻抗上获得 50Hz 工频信号及局部放电高频信号（20～200kHz），应采用高低频兼容的传感器，并应用波形分析仪及智能化软件排除干扰及分析记录各相放电水平。

由于电信号是通过罗氏线圈耦合取得的，所以罗氏线圈只需在设备接地末端串入即可，它不影响设备的正常运行及保护。为了同时能在检测阻抗上得到工频信号及局部放电高频信号，设计检测阻抗时应同时选用高频和低频响应度高的两种材料，使其能保证频率特性。

在变压器铁芯引出端串入罗氏线圈获得局部放电脉冲信号有较多的优点，首先，铁芯对高、低压绕组有较大的电容，因此，不管局部放电信号是产生于高压或低压绕组，在铁芯取样点都有较好的响应。另外，还有利于抑制干扰。因为它与变压器箱壳接地线和高压绕组中性点引线上获得的信号波形很相近，采用平衡抑制干扰有较好效果。在实际应用中，由于变压器箱体通过铁轨等多处接地，从一个接地点获得的信号较弱，所以一般可采用中性点作为平衡匹配信号。

当变压器铁芯绝缘出现故障时，往往初期为局部放电信号，最后导致两点接地，形成工频短路电流信号，在信号处理单元宜将工频和高频信号分离。当工频电流信号的幅值及时间达到设定阈值时，测试仪器自动记录该数值，并发出工频报警信号。同样，当高频信号的幅值和周期脉冲个数达到设定的阈值及脉冲波形满足脉宽和频度条件时，仪器自动发出高频报警信号。

在线测量时，抑制干扰是关键问题之一，在实际测量中，电晕及载波调幅干扰会达到 $1×10^4$pC 以上，由于各种干扰的影响，会使测量灵敏度大为降低。

局部放电信号的频谱范围在 20～300kHz，载波调幅干扰在 200～300kHz 的范围，在线测量若采用 40～120kHz 测量频带时。可有效地抑制无线电调幅波干扰。采用平衡鉴别测量方式也能有效地抑制电晕等外界干扰。

通过平衡鉴别，虽然可对一些固定类型的干扰起一定作用，对变压器运行中出现的许多随机性干扰，会使相位、幅值不稳定，可采用对脉冲波形的时间、频率、上升沿等特征参数进行鉴别和判断，即可将随机干扰脉冲与变压器内部故障放电脉冲区别开。

在故障性放电产生初期，放电并不是稳定地连续发生，并且在在线测量时，系统内部的开关合闸、雷电等干扰也会串入测量系统。

利用波形特征参数判断和鉴别脉冲幅值、连续性，可很好地判别和消除随机脉冲及可控硅产生的干扰脉冲等干扰。鉴别报警系统还应设置防干扰判断及自动复位装置，当系统偶然出现干扰，且这种干扰刚好与内部放电的特征相似时，鉴别系统就自动复位等待；如果这种信号再次出现，满足幅频特性时，就发出声、光报警信号，并自动记录报警参数；如果是偶然干扰，就不满足频率特性，从而可排除，不予报警。

第三节　油中溶解气体在线监测

变压器油中溶解气体分析的传统色谱分析法环节较多，操作比较复杂，要求分析人员有熟练的操作技术，因此，只有专门实验室和专业操作人员才能进行分析；并且一般取样路程较远，除设备运行初期之外，一般分析周期较长，不能连续监测，很难捕捉到突发性故障的前驱迹象。

为了改变这种现状，国内外一直在研究直接装在变压器上的油中气体自动分析装置，即变压器油中溶解气体在线监测装置。在线监测技术是实验室油中溶解气体分析技术的补充和发展，因此一直是国内外研究和探索的课题。

一、变压器油中氢气在线监测装置

到目前为止，人们一直试图研制能分析尽可能多的气体组分来判断内部故障的类型和发展程度的油中溶解气体自动分析装置。但是，在变压器内部不管存在哪种故障，大多 H_2 会产生并增长，正是考虑到这一点，人们研制了用简化装置仅定期分析氢气，以检测变压器内部有无故障的自动分析装置。其中之一是利用直接与变压器绝缘油相接触的聚四氟乙烯薄膜透过和脱出油中氢气，使氢气经燃料电池传感器进行定量检测的装置。在该装置中，从聚四氟乙烯薄膜透过的氢气通过带铂触媒的多孔性电极，溶解于50%的硫酸电解质中，与来自空气极一侧的氧气进行电化学反应变成电信号输出。氢气浓度与电流值成正比例的线性关系，从电流值可以测定氢气的浓度。与此同时氢气测量装置还有用聚酰胺薄膜从油中透过而脱出氢气，用半导体气体传感元件测定的连续监视装置。

目前，国内油中溶解气体在线监测技术日臻成熟，已有不少商品化的仪器在现场应用。例如，中国电科院研制的氢气在线监测装置，采用主要成分为聚芳杂环的高分子特制薄膜分离油气，以载体催化敏感元件构成检测器，以一套智能化的测量系统完成自动控制测试程序和数据采集，并对测试数据进行处理、判断和保存。载体催化敏感元件是在铂丝表面上涂上由铂、钯烧制而成的催化剂构成的可燃气敏感元件，并和补偿元件组成一对。载体催化敏感元件的敏感机理是在一定温度下，通过铂、钯等催化剂的催化作用，氢气在载体表面发生无烟燃烧，放出热量 Q，并加热元件的铂丝线圈，使其温度升高 Δt，于是铂丝的电阻值 R_0 升高 Δt。当把元件连接在桥路中时，便使原来平衡的电桥产生了一个电压变化 ΔU，ΔU 正比于敏感元件的温度变化量 Δt，而 Δt 又正比于被燃烧的热氢气量，故桥路的输出变化量 ΔU 正比于被燃烧的氢气量。

因此，可以用桥路的输出量 ΔV 来衡量所燃烧的氢气浓度。我国研制的氢气在线监测装置的气室结构如图 10-6 所示，其流程方框图如图 10-7 所示。现场应用表明，该装置运行稳定，测试准确，安装方便，操作简单，维护工作量少，是值得推广应用的。

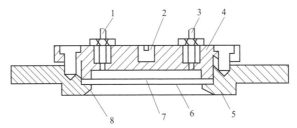

图 10-6　氢气在线监测装置气室结构

1、3—空气进、出口；2—外标用进样口；4—气室上盖；5—气室底座；
6—高分子透氢膜；7—补强板；8—形圈

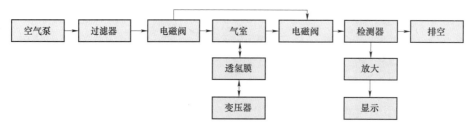

图 10-7　氢气在线监测装置流程方框图

油中氢气在线监测装置,特别是 H201 系列产品在国内外应用较广。但是,这类装置检测气体组分有限,人们仅仅把它看作是比气体继电器更为灵敏的一种保护装置,而不是真正意义上的油中溶解气体在线监测仪。因此,自 20 世纪 80 年代以后,国内外在变压器油中溶解气体多组分在线监测装置方面进行了大量的研究、开发,并取得了明显的成果。

二、变压器油中溶解气体在线监测装置

早在 20 世纪 80 年代初,日本已研制出变压器油中气体自动分析装置。20 世纪 90 年代初,我国也研制出大型变压器色谱在线监测装置。多年来,国内外一直没有停止对这项技术的研究和实践。迄今为止,在油中气体分离、气体组分分离、定性定量检测、数据处理及诊断等技术自动化方面,已达到了比较成熟的实用化阶段,各国商品化的变压器油中气体在线监测装置亦不断推向市场。国内外典型的油中溶解气体在线分析仪如下:

(1)日本某公司的变压器油中气体自动分析装置。该装置采用机械活塞泵自动脱出油中溶解气体,并自动进行在线气相色谱分析 H_2、CO、CH_4、C_2H_6、C_2H_4、C_2H_2 6 组分气体。这实质上是将一套全自动的油中溶解气体色谱分析系统直接装在变压器上使用,其价格较为昂贵。

(2)加拿大某公司在线色谱监测仪。该公司推出的在线色谱仪可以检测 H_2、CO、CH_4、C_2H_6、C_2H_4、C_2H_2 等故障特征气体。该仪器采用高分子渗透膜技术对油气进行分离,气体分离采用复合色谱柱,以气敏传感器予以检测,对 H_2 和 C_2H_2 的灵敏度分别为 $1\mu L/L$ 和 $0.5\mu L/L$。

(3)法国某公司在线监测仪。该在线监测仪可以监测 H_2、C_2H_2、C_2H_4、CO 等气体,该仪器采用极小的半导体传感器装入一坚固的探棒内,可直接插入变压器油中。

(4)美国某公司在线气体分析仪。该气体分析仪,可监测 H_2、CO、CO_2、O_2、CH_4、C_2H_6、C_2H_4 和 C_2H_2 8 组分气体。该仪器采用气体萃取器连续萃取油中溶解气体,经 4h 达到平衡后,以超纯氮载气送入色谱柱予以分离,然后由热导池鉴定器进行定性、定量分析。该分析仪对 C_2H_2 的精确度为 $\pm1\mu L/L$,对其他组分的精确度为 $\pm5\%$。其采样周期为 24h。

(5)北京某高校在线监测仪。该仪器可以检测油中 H_2、CO、C_2H_2、C_2H_4 等组分,且一台监测仪可以同时监视 10 台变压器。

(6)河南某公司色谱在线监测系统。该系统可以监测油中 H_2、CO、CO_2、CH_4、C_2H_6、C_2H_4、和 C_2H_2 7 组分。该监测装置采用吹扫-捕集脱气技术进行油气分离,油中气体组分经反复萃取,15min 即可完成自动进油、脱气,并将样品迅速吹扫到色谱柱中进行色谱分析的全过程。

(7)上海某公司在线监测系统。该监测系统是在加拿大一传统色谱分析技术基础上研制

的。系统采用纳米材料渗透膜进行油气分离，采用单一色谱柱分离 H_2、CO、CH_4、C_2H_6、C_2H_4 和 C_2H_2 等组分，以气敏传感器进行检测，其 C_2H_2 的灵敏度可达 0.3μL/L。

（8）上海某高校研制的色谱在线监测系统。该系统采用具微孔的聚四氟乙烯薄膜进行油气分离，以双柱分别分离 H_2、CO、CH_4、C_2H_6、C_2H_4 和 C_2H_2 等组分，其检测元件采用热线型传感器，载气系采用干燥并脱氧的空气。经某变电站 500kV 变压器在线运行证明，其监测数据与实验室 DGA 检测结果误差不大于 5%。

（9）重庆某高校在线色谱监测仪。该系统采用特制高分子渗透膜实现油气自动分离，渗透平衡时间为 2～3 天检测单元为高分辨率的多传感气敏元件，可检测油中 H_2、CO、CH_4、C_2H_6、C_2H_4 和 C_2H_2 6 组分。C_2H_2 的最小检知浓度为 1μL/L，其他组分的最小检知浓度为 10μL/L。

（10）我国某电科院大型变压器色谱在线监测装置。该装置是国内开发和应用最早的色谱在线监测装置可以任意选择检测周期，并自动检测 CH_4、C_2H_6、C_2H_4、C_2H_2 等故障特征气体，各组分最小检知浓度为 1μL/L，检测数据的变异系数小于 5%。自 1994 年以后，该装置已有十多台投入现场广泛应用。其中 3 型装置可同时监测两台变压器。

对于油中气体在线监测装置的推广应用，人们存在着一些不同看法。第一种看法是 H_2 在线监测只检测 H_2，虽然有的装置还可同时检测 CO，但不能测定特征气体全组分，不是真正意义上的 DGA 技术，不能替代实验室的色谱分析。因为后者已在国内广泛应用，即使收到了 H_2 在线监测的报警，最终还只有依靠实验室的 DGA 检测结果，才能得出可以指导设备维护管理采取相应措施的诊断结论。第二种看法则认为，H_2 在线监测连续检出 H_2 或 CO 异常，反映着设备内部油或固体绝缘中可能出现故障的先兆，可以超前报警，以便减少事故损失。第三种看法认为，因为实验室 DGA 技术不能连续监测，而仅测 H_2 和 CO 的在线监测装置在诊断故障方面又有局限性；因此，开发应用多组分甚至全组分在线监测装置才是最适用的。

但是，这里有两点是值得注意的：

（1）我国实验室 DGA 技术已很普及，但是运行的变压器数量巨大，因此，只有在重要变压器上安装在线监测装置，才是最经济的。

（2）色谱在线监测装置即使检出气体组分较多，对故障诊断有利，但是这种装置的成本和是否满足可靠、简单、寿命长、免维护等要求也是必须考虑的。

因此，在开发油中气体在线监测装置的同时，研制开发便携式油中气体检测装置，实现短周期的巡回检测才是符合我国实际情况的。国外已有不少这类仪器。

三、基于 DGA 技术的变压器故障诊断

基于 DGA 技术的变压器故障诊断方法，目前研究较多的有如下几种：

（1）三比值法广泛应用于电力部门，但经过长时间的实践，发现其编码与变压器故障之间并非一一对应，有些故障类型并没有相应的编码，出现缺码现象。针对这种情况，研究人员应用模糊数学、神经网络、粗糙集等现代数学手段对三比值法进行改进，提高变压器故障识别能力和诊断的准确率。

（2）模糊聚类法（ISODATA）是一种较好的模糊系统辨识方法，利用模糊关系矩阵解决不完全对应问题，用模糊综合评判的方法诊断电气设备故障。其基本思想是先选择若干样本

作为聚类中心，再按某种聚类准则（例如最小距离准则等）使其余样本向各中心聚类，从而得到初始分类；然后判断初始分类是否合理，若不合理则修改分类，反复迭代，直到获得合理的分类。

（3）特征空间矢量法把变压器故障看成分布于实线性空间中的特征矢量，通过比较征兆矢量与特征矢量之间夹角的大小实现故障诊断。该方法首先将变压器故障划分为不同类型，并组成故障集合；用特征空间矢量表示故障类型；分析检测数据，获得反映变压器故障状态的诊断参数和信息组成的故障征兆矢量；计算故障征兆矢量与特征矢量之间夹角，由夹角的大小确定故障征兆矢量所反映的故障类型和故障原因。

（4）气体谱图法提出利用基于特征气体谱图形状参数识别变压器故障。以 C_2H_2、H_2、CH_4、C_2H_6 和 C_2H_4 的相对含量构建故障特征气体谱图，提取气体谱图的均值、偏斜度、突出度作为特征量，评估变压器的运行这种方法用于识别氢主导型故障十分有效，识别率达到90%以上，明显优于三比值法，但对过热型和放电型故障的识别率却没有明显提高。

以上这些探索都是对原有 DGA 技术进行优化改进，提高了故障的识别率，解决了传统三比值法的 DGA 方法。变压器油中气体在线监测数据比离线监测获得的数据更能表征变压器真实运行状态。因此，在用现代数学方法改进原有 DGA 技术的同时，还要根据在线监测数据探索对 DGA 技术的新解释。

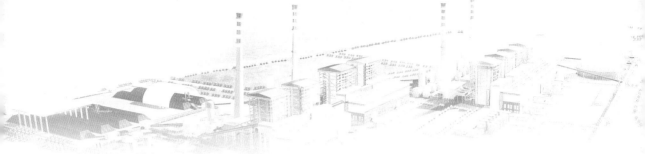

第二篇 绝缘技术监督管理

第十一章 总 体 要 求

绝缘技术监督是保证电气设备安全、稳定、经济运行的重要手段之一，也是发电企业生产技术管理的一项重要基础工作。

一、绝缘技术监督实施

绝缘技术监督要按照统一标准和分级管理的原则，实行从设计、制造、监造、施工、调试、试运、运行、检修、技改、停备的全过程、全方位技术监督。

绝缘技术监督要依靠科技进步，采用和推广成熟、行之有效的新技术、新方法、新设备、新材料，不断提高绝缘技术监督的专业水平。

二、绝缘技术监督范围

绝缘技术监督的电气设备主要包括：

（1）100MW 及以上容量同步发电机。

（2）额定电压 6kV 及以上电压等级的变压器、电抗器、开关设备、互感器、避雷器、电动机、电力电缆、电容器、消弧线圈、穿墙套管。

（3）封闭母线。

（4）接地装置。

（5）其他电压等级及容量的电气设备可参照执行。

三、绝缘技术监督目标

（1）全年电气设备预试完成率不小于 96%。

（2）全年绝缘缺陷消除率达 100%。

第十二章 电气设备监督内容

第一节 发电机的技术监督

一、发电机的选型、订货

（1）发电机的技术条件应符合《旋转电机 定额和性能》（GB 755）、《隐极同步发电机技术要求》（GB/T 7064）和相关反事故措施的要求。尤其应注意考虑发电机与原动机容量配合、机组的进相运行能力、调峰及短时失磁异步运行能力等问题。

（2）发电机的非正常运行和特殊运行能力及相关设备配置应满足《大型汽轮发电机非正常和特殊运行及维护导则》（DL/T 970）规定的要求。

（3）发电机的氢气冷却系统、定子内冷水系统、密封油系统应符合相关规程及反事故措施的要求。

（4）发电机应配置相应的在线监测仪表、装置。如氢气纯度、压力、湿度仪表，发电机线圈温度测点，发电机绝缘过热监测装置、局部放电监测仪、转子匝间短路监测器等。

二、发电机的监造和出厂验收

（1）200MW 及以上容量的发电机应进行监造和出厂验收。监造工作应符合《电力设备监造技术导则》（DL/T 586）要求，并全面落实订货技术要求和联络设计文件要求，发现问题及时消除。

（2）监造工作结束后，应提交监造报告，监造报告内容应翔实，需包括产品制造过程中出现的问题及处理的方法和结果等。

（3）出厂验收试验应符合订货技术要求和联络设计文件要求。

三、发电机的运输、安装及交接试验

（1）发电机定、转子及部件运输时，应根据国家、行业标准中有关规定应妥善包装，良好固定，采取防雨雪、防潮、防锈、防腐蚀、防震、防冲击等措施，以防止在运输过程中发生滑移和碰坏。运输发电机水冷部件时，应排净和吹干内部水系统中的水，并采取防冻措施。

（2）安装前的保管应满足防尘、防冻、防潮、防爆和防机械损伤等要求。最低保管温度为5℃。应避免转子存放导致大轴弯曲。严禁定、转子内部落入异物。

（3）安装前由订货方、制造厂、安装单位共同进行清洁度检查，以确认机内无异物存在。

（4）发电机安装应严格按照《电气装置安装工程 旋转电机施工及验收规范》（GB 50170）及相关要求执行，确保发电机安装质量。

（5）安装结束后，发电机交接试验应按照《电气装置安装工程 电气设备交接试验标准》（GB 50150）、订货技术要求、调试大纲及其他相关规程和反事故措施的要求进行交接验收试验。至少应包括：

1）绕组、埋置电阻检温计、轴承对地绝缘的绝缘电阻的测定；

2）绕组和电阻检温计在实际冷态下直流电阻的测定；

3）空载特性和稳态短路特性的测定；

4）耐压试验；

5）发电机冷却系统试验；

6）测量轴电压；

7）机械检查、测定轴承油温、轴和轴承的振动；

8）转子绕组的交流阻抗；

9）定子绕组端部手包绝缘施加直流电压的测量；

10）氢内冷转子通风孔检查记录；

11）发电机系统整体气密性检查记录；

12）定子绕组端部模态及固有振动频率测定（含引线，适用于 200MW 及以上汽轮机，200MW 以下参照执行）；

13）定子内部水系统流通性检查（含引线）。

其中，重点监督项目：200MW 及以上发电机定子绕组端部模态及固有振动频率测定、定子内部水系统流通性检查，由具备相当技术力量的单位实施。

（6）投产验收时应进行现场实地查看，并对发电机订货相关文件、设计联络文件、监造报告、出厂试验报告、设计图纸资料、开箱验收记录、安装记录、缺陷处理报告、监理报告、交接试验报告、调试报告等全部技术资料进行详细检查，审查其完整性、正确性和适用性。

（7）投产验收中发现安装施工及调试不规范、交接试验方法不正确、项目不全或结果不合格、设备达不到相关技术要求、基础资料不全等不符合技术监督要求的问题时，要立即整改，直至验收合格。

四、发电机运行监督

（1）应根据《汽轮发电机运行导则》（DL/T 1164）等相关规定结合本单位机组特点制定发电机运行规程并严格执行。

（2）应定期对发电机各部件温度进行分析，尤其注意与历史数据的对比分析，发现异常，应查找原因，制定处理措施。在额定负荷及正常的冷却条件下运行时，发电机各部分的温度限值和温升限值，应满足制造厂家的规定或《汽轮发电机运行导则》（DL/T 1164）、《防止电力生产事故的二十五项重点要求》（国能安全〔2014〕161 号）中的规定。

（3）氢气冷却系统正常运行时，发电机内氢压应达额定值，氢气纯度应在 96% 以上，不宜降氢压运行；低于额定氢压允许值时，发电机允许的负荷值按制造厂家规定或专门的温升试验结果确定；当机内氢纯度低于 95% 或含氧量超过 0.5% 时，应立即进行排污，然后补充新鲜氢气，使氢气纯度恢复到正常值。

（4）严格控制氢冷发电机氢气的湿度在规程允许的范围内，保证氢气干燥器连续运行，发现缺陷，及时处理。

（5）发电机漏氢量应每月定期测试一次，检查发电机的气密性。

（6）监测氢冷发电机油系统、主油箱内、定冷水箱内、封闭母线内的氢气体积含量，超过《防止电力生产事故的二十五项重点要求》（国能安全〔2014〕161 号）规定的要求，应及时相应处理。内冷水箱中含氢（体积含量）超过 2%时，应报警，加强对发电机的监视，超过 10%应立即停机消缺；当封闭母线内氢气含量达到或超过 1%时，应停机查漏消缺。

（7）发电机在运行过程中，应在线连续测量内冷却水的电导率和 pH 值，内冷却水水质应符合《大型发电机内冷却水质及系统技术要求》（DL/T 801）的要求。运行中定子内冷水电导率突然增大时，应检查该系统的冷却器是否漏水；离子交换器是否失效。如属前者，应切换备用冷却器。如属后者，应将离子交换器加以隔离，进行处理。

（8）机内氢压应高于定子内冷水水压，定子内冷水进水温度应高于氢气冷风温度。

（9）运行中，若发现氢压降低和内冷水压升高的现象同时发生，应立即检查内冷水箱顶部是否出现氢气或箱内充气压力有无变化，同时降低负荷。一旦判定机内漏水，应安排停机处理。

（10）运行中发电机定子在相同流量下，进出水压力差的变化比原始数据大 10%时，应作相应检查、综合分析，并作相应处理。

（11）发电机正常运行的反冲洗及其周期，按制造厂说明书的规定执行；或者在累计运行时间达两个月遇有停机或解列机会时，对定、转子内冷却水系统进行反冲洗，冲洗的流量、流速应大于正常运行中的流量、流速（或按制造厂的规定），冲洗直到排水清澈、无可见杂质，进、出水的 pH 值、电导率基本一致且达到要求时为水冲洗完成，终止冲洗。

（12）水氢氢发电机在运行中发现机壳内有液体时，应立即检查并确定发电机内冷水是否存在泄漏；如确系漏水，应立即安排停机处理。

（13）运行中应坚持红外成像检测滑环及电刷温度，及时调整，保证电刷接触良好；电刷打火应采取措施消除，不能消除的要停机处理，一旦形成环火必须立即停机。

五、发电机的检修监督

（1）发电机的检修周期及项目应按机组检修相关管理制度执行，并参照《燃煤火力发电企业设备检修导则》（DL/T 838）规定及制造厂技术要求。

（2）发电机本体的检修重点：

1）检查发电机定子绕组端部紧固件（如压板紧固的螺栓和螺母、支架固定螺母和螺栓、引线夹板螺栓、汇流管所用卡板和螺栓、绑绳等）紧固情况和磨损的情况。

2）严格检查定子端部绕组中的异物，必要时使用内窥镜逐一检查。

3）检查大型发电机环形接线、过渡引线、鼻部手包绝缘、引水管水接头等处绝缘的情况。

4）测量定子绕组波纹板的间隙。

5）引水管外表应无伤痕，严禁引水管交叉接触，引水管之间、引水管与端罩之间应保持足够的绝缘距离。

6）检查定子铁芯边缘硅钢片有无断裂是否松动。

7）转子检修后，应对氢内冷转子进行通风试验。

8）防止发电机内遗留金属异物，建立严格的现场管理制度，防止锯条、螺钉、螺母、工具等金属杂物遗留在定子内部，特别应对端部线圈的夹缝、上下渐伸线之间位置作详细检查。

9）校验定子各部分测温元件，保证测温元件的准确性。

10）冲洗外水路系统、连续排污，直至水路系统内可能存在的污物和杂物除尽为止。水质合格后，方允许与发电机内水路接通。制造厂有特殊规定者应遵守制造厂的规定。

11）大修后气密试验不合格的氢冷发电机严禁投入运行。整体气密性试验每昼夜最大允许漏气量满足厂家规定。

（3）与发电机相关的在线仪表（如温度测点、氢气纯度、氢气湿度、漏氢检测等）进行检查校验。

（4）大修中检查集电环椭圆度，椭圆度超标时应处理；检查电刷磨损情况。

（5）机组检修期间要对交直流励磁母线箱内进行清擦，对连接设备进行检查，机组投运前励磁系统设备绝缘应无异常变化。

六、发电机的试验

（1）发电机预防性试验的试验周期、项目和要求按《电力设备预防性试验规程》（DL/T 596）及《旋转电机预防性试验规程》（DL/T 1768）的规定及制造厂技术要求执行。

（2）发电机试验项目包括定子、转子绕组直流电阻，定子、转子绕组绝缘电阻，定子绕组泄漏电流和直流耐压试验，定子绕组交流耐压试验，发电机组和励磁机轴承的绝缘电阻，转子绕组的交流阻抗和功率损耗，定子绕组端部手包绝缘施加直流电压测量，轴电压，空载、短路特性曲线，定子绕组端部振型模态，水流量，转子通风试验。必要时，进行定子铁芯试验、定子绕组绝缘老化鉴定、发电机定子开路时的灭磁时间常数、温升试验。

第二节 电力变压器的技术监督

一、变压器的选型、验收

（1）应选择具有良好运行业绩和成熟制造经验生产厂家的产品。订货所选变压器厂必须通过同类型产品的突发短路试验，并向制造厂索取做过突发短路试验变压器的试验报告和抗短路能力动态计算报告；在设计联络会前，应取得所订购变压器的抗短路能力计算报告。

（2）变压器套管外绝缘不仅要提出与所在地区污秽等级相适应的爬电比距要求，也应对伞裙形状提出要求。重污区可选用大小伞结构瓷套。不得订购有机黏结接缝过多的瓷套管和密集形伞裙的瓷套管，防止瓷套出现裂纹断裂和外绝缘污闪、雨闪故障。

（3）变压器要求有可靠的密封措施，确保防止变压器进水或受潮。

（4）220kV 及以上电压等级的变压器应赴厂监造和验收，监造验收工作结束后，赴厂人员应提交监造报告，并作为设备原始资料存档。重点的监造项目：

1）原材料（硅钢片、电磁线、绝缘油等）的原材料质量保证书、性能试验报告。

2）组件（套管、分接开关、气体继电器等）的质量保证书、出厂或型式试验报告，压力释放阀、气体继电器、套管流变等还应有工厂校验报告。

3）局部放电试验。

4）感应耐压试验。

5）转动油泵时的局部放电测量（500kV 变压器）。

（5）工厂试验时应将供货的套管安装在变压器上进行试验；所有附件在出厂时均应按实

际使用方式经过整体预装。出厂试验的局部放电达到合格标准。出厂局部放电试验的要求：

1）110kV 及以上变压器，测量电压为 $1.5U_m/\sqrt{3}$（U_m 为设备最高电压）时，自耦变中压端不大于 200pC；其他不大于 100pC。

2）500kV 变压器应分别在油泵全部停止和全部开启时（除备用油泵）进行局部放电试验。

二、变压器的运输、安装和交接试验

（1）变压器、电抗器在装卸和运输过程中，不应有严重的冲击和振动。电压在 220kV 及以上且容量在 150MVA 及以上的变压器和电压在 330kV 及以上的电抗器均应按照相应规范安装具有时标且有合适量程的三维冲击记录仪，冲击允许值应符合制造厂及合同的规定。到达目的地后，制造厂、运输部门、用户三方人员应共同验收，记录纸和押运记录应提供用户留存。

（2）变压器在运输和现场保管时必须保持密封。对于充气运输的变压器，运输中油箱内的气压应保持在 0.01～0.03MPa，干燥气体的露点必须低于－40℃，变压器、电抗器内始终保持正压力，并设压力表进行监视。现场存放时，负责保管单位应每天记录一次密封气体压力。安装前，应测定密封气体的压力及露点（压力≥0.01MPa，露点为－40℃），以判断固体绝缘是否受潮。当发现受潮时，必须进行干燥处理，合格后方可投入运行。干式变压器在运输途中，应采取防雨和防潮措施。

（3）安装施工单位应严格按制造厂"电力变压器安装使用说明书"的要求和《电气装置安装工程　电力变压器、油浸电抗器、互感器施工及验收规范》（GB 50148）规定进行现场安装，确保设备安装质量。

（4）安装在供货变压器上的套管必须是进行出厂试验时该变压器所用的套管。油纸电容套管安装就位后，110～220kV 套管应静放 24h，330～500kV 套管应静放 36h 后方可带电。

（5）安装结束后，应按《电气装置安装工程　电气设备交接试验标准》（GB 50150）、订货技术要求、调试大纲及《防止电力生产事故的二十五项重点要求》（国能安全〔2014〕161号）的规定进行交接验收试验。交接验收试验重点监督项目如下：

1）局部放电试验。

2）交流耐压试验。

3）频响法和低电压短路阻抗法绕组变形试验。

4）绝缘油试验。

（6）新投运的变压器油中气体含量的要求：在注油静置后与耐压和局部放电试验 24h 后，两次测得的氢、乙炔和总烃含量应无明显区别；气体含量应符合《变压器油中溶解气体分析和判断导则》（DL/T 722）的要求。

（7）新油在注入设备前，应首先对其进行脱气、脱水处理。新油注入设备后，为了对设备本身进行干燥、脱气，一般需进行热油循环处理。

（8）在变压器投用前应对其油品作一次全分析，并进行气相色谱分析，作为交接试验数据。

三、变压器的运行监督

（1）应根据《变压器运行规程》（DL/T 572）等相关规定结合本单位机组特点制定现场变压器运行规程并严格执行。

（2）变压器的例行巡视检查：变压器的日常巡视，每天至少一次，每周进行一次夜间巡视。变压器的巡视检查一般包括变压器本体及套管油位、温度、各部位渗漏油情况，吸湿器中干燥剂的颜色，变压器的噪声等情况。

（3）强油循环冷却的变压器应定期进行冷却装置的自动切换试验。

（4）定期测量铁芯和夹件的接地电流。

（5）检查变压器气体继电器内应无气体，压力释放器及安全气道应完好无损。

（6）有载分接开关的分接位置及电源指示应正常。

（7）变压器在下列情况下应对变压器进行特殊巡视检查，增加巡视检查次数：

1）新设备或经过检修、改造的变压器在投运 72h 内。

2）有严重缺陷时。

3）气象突变（如大风、大雾、大雪、冰雹、寒潮等）时。

4）雷雨季节特别是雷雨后。

5）高温季节、高峰负载期间。

（8）变压器运行中其他注意事项。

1）冷却器应根据运行温度的规定，及时启停，将变压器的温升控制在比较稳定的水平。

2）运行中油流继电器指示异常时，应及时处理，并检查油流继电器挡板是否损坏脱落。

3）变压器在运行中滤油、补油、换潜油泵或更换净油器的吸附剂或当油位计的油面异常升高或呼吸系统有异常现象，需要打开放气或放油阀门时，应将其重瓦斯改接信号，此时其他保护装置仍应接跳闸。

4）对于油中含水量超标或本体绝缘性能不良的变压器，如在寒冬季节停运一段时间，则投运前要用真空加热滤油机进行热油循环，按《电力设备预防性试验规程》（DL/T 596）试验合格后再带电运行。

5）加强潜油泵、储油柜的密封监测，如发现密封不良应及时处理，应特别注意变压器冷却器潜油泵负压区出现的渗漏油。

6）变压器内部故障跳闸后，应切除油泵，避免故障产生的游离碳、金属微粒等异物进入变压器的非故障部位。

7）为保证冷却效果，变压器冷却器每 1~2 年应进行一次冲洗，变压器的风冷却器每 1~2 年用压缩空气或水进行一次外部冲洗，宜安排在大负荷来临前进行。

8）运行在中性点有效接地系统中的中性点不接地变压器，在投运、停运以及事故跳闸过程中，为防止出现中性点位移过电压，必须装设可靠的过电压保护。在投切空载变压器时，中性点必须可靠接地。

9）当运行中铁芯、夹件环流异常增长变化时，应尽快查明原因，严重时应检查处理并采取措施，例如铁芯多点接地而接地电流较大，又无法消除时，可在接地回路中串入限流电阻作为临时性措施，将电流限制在 300mA 左右，并加强监视。

10）对于装有金属波纹管贮油柜的变压器，如发现波纹管焊缝渗漏，应及时更换处理。

要防止异物卡涩导轨，保证呼吸顺畅。

11）当怀疑变压器有载分接开关油室因密封缺陷而渗漏，致使油室油位异常升高、降低或变压器本体绝缘油的色谱气体含量超标时，应暂停分接变换操作，调整油位，进行追踪分析。

四、变压器的检修监督

（1）变压器检修的项目、周期、工艺及其试验项目按《电力变压器检修导则》（DL/T 573）的有关规定和制造厂的要求执行。

（2）定期对套管进行清扫，防止污秽闪络和大雨时闪络。在严重污秽地区运行的变压器，可在瓷套上涂防污闪涂料等措施。

（3）气体继电器应定期校验，消除因接点短接等造成的误动因素。

（4）大修后的变压器应严格按照有关标准或厂家规定真空注油和热油循环，真空度、抽真空时间、注油速度及热油循环时间、温度均应达到要求。对有载分接开关的油箱应同时按照相同要求抽真空。

（5）变压器在吊检和内部检查时应防止绝缘受伤。安装变压器穿缆式套管应防止引线扭结，不得过分用力吊拉引线。如引线过长或过短应查明原因予以处理。检修时严禁蹬踩引线和绝缘支架。

（6）检修中需要更换绝缘件时，应采用符合制造厂要求，检验合格的材料和部件，并经干燥处理。

（7）在检修时应测试铁芯绝缘，如有多点接地应查明原因，消除故障。

（8）在大修时，应注意检查引线、均压环（球）、木支架、胶木螺钉等是否有变形、损坏或松脱。注意去除裸露引线上的毛刺及尖角，发现引线绝缘有损伤的应予修复。对线端调压的变压器要特别注意检查分接引线的绝缘状况。对高压引出线结构及套管下部的绝缘筒应在制造厂代表指导下安装，并检查各绝缘结构件的位置，校核其绝缘距离及等电压连接线的正确性。

（9）大修时应检查无励磁分接开关的弹簧状况、触头表面镀层及接触情况、分接引线是否断裂及紧固件是否松动。为防止拨叉产生悬浮电压放电，应采取等电压连接措施。

（10）变压器安装和检修后，投入运行前必须多次排除套管升高座、油管道中的死区、冷却器顶部等处的残存气体。强油循环变压器在投运前，要启动全部冷却设备使油循环，停泵排除残留气体后方可带电运行。更换或检修各类冷却器后，不得在变压器带电情况下将新装和检修过的冷却器直接投入，防止安装和检修过程中在冷却器或油管路中残留的空气进入变压器。

（11）在安装、大修吊罩或进入检查时，除应尽量缩短器身暴露于空气的时间外，还要防止工具、材料等异物遗留在变压器内。进行真空油处理时，要防止真空滤油机轴承磨损或滤网损坏造成金属粉末或异物进入变压器。为防止真空泵停用或发生故障时，真空泵润滑油被吸入变压器本体，真空系统应装设逆止阀或缓冲罐。

（12）大修、事故检修或换油后的变压器，在施加电压前静止时间不应少于以下规定：

1）110kV 及以下 24h。

2）220kV 及以下 48h。

3）500kV 及以下 72h。

（13）除制造厂有特殊规定外，在安装变压器时应进入油箱检查清扫，必要时应吊罩检查、清除箱底异物。导向冷却的变压器要注意清除进油管道和联箱中的异物。

（14）变压器安装或更换冷却器时，必须用合格绝缘油反复冲洗油管道、冷却器和潜油泵内部，直至冲洗后的油试验合格并无异物为止。如发现异物较多，应进一步检查处理。

（15）变压器潜油泵的轴承应采取 E 级或 D 级，禁止使用无铭牌、无级别的轴承。对已运行的变压器，其高转速潜油泵（转速大于 1500r/min）宜进行更换。

五、变压器的试验监督

（1）变压器预防性试验的项目、周期、要求应符合《电力设备预防性试验规程》（DL/T 596）的规定及制造厂的要求。

（2）变压器红外检测的方法、周期、要求应符合《带电设备红外诊断应用规范》（DL/T 664）的规定。

1）新建、改建或大修后的变压器，应在投运带负荷后不超过 1 个月内（但至少在 24h 后）进行一次检测。

2）220kV 及以上变压器每年不少于两次检测，其中一次可在大负荷前，另一次可在停电检修及预试前。110kV 及以下变压器每年检测一次。

3）宜每年进行一次精确检测，做好记录，将测试数据及图像存入红外数据库。

（3）变压器现场局部放电试验。

1）运行中变压器油色谱异常，怀疑设备存在放电性故障，必要时可进行现场局部放电试验。

2）220kV 及以上电压等级变压器在大修后，必须进行现场局部放电试验。

3）更换绝缘部件或部分线圈并经干燥处理后的变压器，必须进行现场局部放电试验。

（4）变压器绕组变形试验。变压器在遭受出口短路、近区多次短路后，应做低电压短路阻抗测试及用频响法测试绕组变形，并与原始记录进行比较，同时应结合短路事故冲击后的其他电气试验项目进行综合分析。

（5）对运行年久（10 年及以上）、500kV 变压器和电抗器及 150MVA 以上升压变压器投运 3～5 年后，可进行油中糠醛含量测定，以确定绝缘老化的程度；必要时可取纸样做聚合度测量，进行绝缘老化鉴定。

（6）事故抢修所装上的套管，投运后的首次计划停运时，应进行套管介损测量，必要时可取油样做色谱分析。

（7）停运时间超过 6 个月的变压器在重新投入运行前，应按预试规程要求进行有关试验。

（8）改造后的变压器应进行温升试验，以确定其负荷能力。

（9）变压器油试验。

1）新变压器和电抗器在投运和变压器大修后按下列规定进行色谱分析：66kV 及以上的变压器和电抗器至少应在投运后 1 天、4 天、10 天、30 天各做一次检测。

2）在运行中按检测周期进行油色谱分析。

a. 330kV 及以上变压器和电抗器，或容量 240MVA 及以上的发电厂升压变压器为 3 个月。

b. 220kV 或容量 120MVA 及以上的变压器和电抗器为 6 个月。

c. 66kV 及以上或容量 8MVA 及以上的变压器和电抗器为 1 年。

d. 8MVA 以下的其他油浸式变压器自行规定。

3）变压器和电抗器油简化分析的重点项目。

a. 330kV 和 500kV 变压器、电抗器油每年进行一次微水测试和油中含气量（体积分数）。

b. 66kV 及以上的变压器、电抗器和 1000kVA 及以上所、厂用变压器油，每年进行一次油击穿电压试验。

c. 35kV 及以下变压器油试验周期为 3 年进行一次油击穿电压试验。

（10）有载分接开关的试验。分接开关新投运 1～2 年或分接变换 5000 次，切换开关或选择开关应吊罩检查一次。运行中分接开关油室内绝缘油，每 6 个月～1 年或分接变换 2000～4000 次，至少采样 1 次进行微水及击穿电压试验。分接开关检修超周期或累计分接变换次数达到所规定的限值时，应安排检修，并对开关的切换时间进行测试。

第三节 互感器的技术监督

一、互感器的运输、安装和交接试验

（1）互感器的包装应保证产品及其组件、零件的整个运输和储存期间不致损坏及松动。干式互感器的包装还应保证互感器在整个运输和储存期间不得受到雨淋。

（2）互感器在运输过程中应无严重震动、颠簸和冲击现象。

（3）互感器交接验收时应按照《电气装置安装工程　电气设备交接试验标准》（GB 50150）进行试验并满足其相关要求，试验项目包括：

1）测量绕组的绝缘电阻。

2）测量 35kV 及以上电压等互感器的介质损耗角正切值 $\tan\delta$。

3）局部放电试验。

4）交流耐压试验。

5）绝缘介质性能试验。

6）测量绕组的直流电阻。

7）检查接线组别和极性。

8）误差及变比测量。

9）测量电流互感器的励磁特性曲线。

10）测量电磁式电压互感器的励磁特性。

11）电容式电压互感器的检测。

12）密封性能检查。

13）测量铁芯加紧螺栓的绝缘电阻。

二、互感器的运行监督

（1）日常巡视：互感器应定期巡视，每值不少于一次；夜间闭灯巡视：每周不少于一次；如巡视发现设备异常应及时汇报，并做好记录。

（2）互感器绝缘油监督。

1）绝缘油按《运行变压器油维护管理导则》（GB/T 14542）管理，应符合《运行中变压器油质量》（GB/T 7595）和《电力设备预防性试验规程》（DL/T 596）的规定。

2）当油中溶解气体色谱分析异常，含水量、含气量、击穿强度等项目试验不合格时，应分析原因并及时处理。

3）互感器油位不足应及时补充，应补充试验合格的同油源同品牌绝缘油。如需混油时，必须按规定进行有关试验，合格后方可进行。

（3）互感器 SF_6 气体监督。

1）SF_6 气体按《六氟化硫电气设备中气体管理和检测导则》（GB/T 8905）管理，应符合《工业六氟化硫》（GB/T 12022）和《电力设备预防性试验规程》（DL/T 596）的规定。

2）运行中应巡视检查气体密度表，产品年漏气率应小于 1%。

3）补充的气体应按有关规定进行试验，合格后方可补气。

4）若压力表偏出绿色正常压力区时，应引起注意，并及时按制造厂要求停电补充合格的 SF_6 新气，控制补气速度约为 0.1MPa/h，一般应停电补气。

5）应监测 SF_6 气体含水量不超过 300μL/L（体积比），若超标时应尽快退出，并通知厂家处理。运行中 SF_6 气体含水量不超过 500μL/L（换算至 20℃），若超标时应快处理。

（4）互感器应立即停用的几种情况，当发生下列情况之一时，应立即将互感器停用（注意保护的投切）：

1）电压互感器高压熔断器连续熔断 2～3 次。

2）高压套管严重裂纹、破损，互感器有严重放电，已威胁安全运行时。

3）互感器内部有严重异音、异味、冒烟或着火。

4）油浸式互感器严重漏油，看不到油位；SF_6 气体绝缘互感器严重漏气、压力表指示为零；电容式电压互感器分压电容器出现漏油。

5）互感器本体或引线端子有严重过热。

6）膨胀器永久性变形或漏油。

7）压力释放装置（防爆片）已冲破。

8）电流互感器末屏开路，二次开路；电压互感器接地端子 N（X）开路、二次短路，不能消除。

9）树脂浇注互感器出现表面严重裂纹、放电。

（5）其他注意事项。

1）硅橡胶套管应经常检查硅橡胶表面有无放电现象，如果有放电现象应及时处理。

2）运行人员正常巡视应检查记录互感器油位情况。对运行中渗漏油的互感器，应根据情况限期处理，必要时进行油样分析，对于含水量异常的互感器要加强监视或进行油处理。油浸式互感器严重漏油及电容式电压互感器电容单元渗漏油的应立即停止运行。

3）在运行方式安排和倒闸操作中应尽量避免用带断口电容的断路器投切带有电磁式电压互感器的空母线；当运行方式不能满足要求时，应进行事故预想，及早制定预防措施，必要时可装设专门消除此类谐振的装置。

三、互感器的检修监督

（1）互感器检修随机组检修计划安排；临时性检修针对运行中发现的严重缺陷及时进行。

（2）220kV及以上电压等级的油浸式互感器不应进行现场解体检修。

（3）根据电网发展情况，应注意验算电流互感器动热稳定电流是否满足要求。若互感器所在变电站短路电流超过互感器铭牌规定的动热稳定电流值时，应及时改变变比或安排更换。

四、互感器的试验

（1）高压互感器检修时的试验和预防性试验应按照《互感器运行检修导则》（DL/T 727）、《电力设备预防性试验规程》（DL/T 596）规定及制造厂要求进行，并满足其相关要求。

（2）每年至少进行一次红外成像测温工作，以及时发现运行中互感器的缺陷。

（3）当采用电磁单元为电源测量电容式电压互感器的电容分压器 C_1 和 C_2 的电容量和介损时，必须严格按照制造厂说明书规定进行。

第四节 气体绝缘金属封闭开关设备（GIS）的技术监督

一、运输、安装、交接试验

（1）GIS 应在密封和充低压力的干燥气体（如 SF_6 或 N_2）的情况下包装、运输和贮存，以免潮气侵入。

（2）GIS 应包装规范，并应能保证各组成元件在运输过程中不致遭到破坏、变形、丢失及受潮。对于外露的密封面，应有预防腐蚀和损坏的措施。各运输单元应适合于运输及装卸的要求，并有标志，以便用户组装。包装箱上应有运输、贮存过程中必须注意事项的明显标志和符号。出厂产品应附有产品合格证书（包括出厂试验数据）和装箱单。

（3）GIS 每个运输单元应安装冲击记录仪，以检查 GIS 在运输过程中有否受到冲击等情况。

（4）安装施工单位应严格按制造厂"安装说明书"、《电气装置安装工程 高压电器施工及验收规范》（GB 50147）和基建移交生产达标要求进行现场安装工作。

（5）GIS 在现场安装后、投入运行前的交接试验项目和要求，应符合《电气装置安装工程 电气设备交接试验标准》（GB 50150）及《气体绝缘金属封闭开关设备现场交接试验规程》（DL/T 618）以及制造厂技术要求等有关规定执行。220kV 及以上设备重点监督项目包括交流耐压试验、SF_6 气体含水量测试。

二、GIS 的运行监督

（1）巡视：每天至少 1 次。对运行中的 GIS 设备进行外观检查，主要检查设备有无异常情况，并做好记录。如有异常情况应按规定上报并处理。

（2）SF_6 气体泄漏监测：根据 SF_6 气体压力、温度曲线、监视气体压力变化，发现异常，应查明原因。

（3）断路器、隔离开关、接地开关及快速接地开关的位置指示正确，并与当时实际运行工况相符。

（4）气室压力表的指示是否在正常范围内，当发现压力表在同一温度下，相邻两次读数的差值达 0.01～0.03MPa 时，应进行气体泄漏检查；对低于额定值的气室，应补充 SF_6 气体，并做好记录。

（5）避雷器在线监测仪指示正确，并记录泄漏电流值和动作次数。

（6）SF_6 密度继电器与开关设备本体之间的连接方式应满足不拆卸校验密度继电器的要求。

（7）对于新安装的 GIS，为便于试验和检修，GIS 的母线避雷器和电压互感器、电缆进线间隔的避雷器、线路电压互感器应设置独立的隔离开关或隔离断口；架空进线的 GIS 线路间隔的避雷器和线路电压互感器宜采用外置结构。

（8）检查外壳、支架等有无锈蚀、损坏，瓷套有无开裂、破损或污秽情况。外壳漆膜是否有局部颜色加深或烧焦、起皮现象。

（9）GIS 室内的照明、通风和防火系统及各种监测装置是否正常、完好。GIS 室氧量仪指示不低于 18%，SF_6 气体含量不超过 1000μL/L，无异常声音或异味。

（10）各种指示灯、信号灯和带电监测装置的指示是否正常，控制开关的位置是否正确，控制柜内加热器的工作状态是否按规定投入或切除。

（11）外部接线端子有无过热情况，汇控柜内有无异常现象；接地端子有无发热现象，接触应完好。金属外壳的温度是否超过规定值。

（12）各类管道及阀门有无损伤、锈蚀，阀门的开闭位置是否正确，管道的绝缘法兰与绝缘支架是否良好。

三、GIS 的检修监督

（1）定期检查：GIS 处于全部或部分停电状态下，专门组织的维修检查。宜每 4 年进行 1 次，或按实际情况而定。内容主要有：

1）对操动机构进行维修检查，处理漏油、漏气或缺陷，更换损坏零部件。

2）维修检查辅助开关。

3）检查或校验压力表、压力开关、密度继电器或密度压力表和动作压力值。

4）检查传动部位及齿轮等的磨损情况，对转动部件添加润滑剂。

5）断路器的机械特性及动作电压试验。

6）检查各种外露连杆的紧固情况。

7）检查接地装置。

8）必要时进行绝缘电阻、回路电阻测量。

9）油漆或补漆。

10）清扫 GIS 外壳，对压缩空气系统排污。

（2）GIS 的分解检查。

1）断路器达到规定的开断次数或累计开断电流值；GIS 某部位发生异常现象、某气室发生内部故障；达到规定的分解检修周期时，应对断路器或其他设备进行分解检修，其内容与范围应根据运行中所发生的问题而定，这类分解检修宜由制造厂承包进行。GIS 解体检修后，应按《气体绝缘金属封闭开关设备运行维护规程》（DL/T 603）的规定进行试验及验收。

2）断路器分解检修时，应有制造厂技术人员在场指导下进行。检修时将主回路元件解体进行检查，根据需要更换不能继续使用的零部件。

3）检修内容与周期。每 15 年或按制造厂规定应对主回路元件进行 1 次大修，主要内容包括电气回路、操动机构、气体处理、绝缘件检查、相关试验。

（3）SF_6 新气的质量管理。

1）SF_6 新气到货后，应检查是否有制造厂的质量证明书，其内容包括制造厂名称、产品名称、气瓶编号、净重、生产日期和检验报告单。

2）SF_6 新气到货的一个月内，以不少于每批一瓶抽样检验，按《工业六氟化硫》（GB/T 12022）、《气体绝缘金属封闭开关设备运行维护规程》（DL/T 603）的要求进行复核。

3）对于国外进口的新气，应进行抽样检验，可按《工业六氟化硫》（GB/T 12022）验收。

4）充气前，每瓶 SF_6 气体都应复核湿度。

四、GIS 的试验

（1）GIS 预防性试验的项目、周期、要求应符合《电力设备预防性试验规程》（DL/T 596）的规定。

（2）GIS 解体检修后的试验应按《气体绝缘金属封闭开关设备运行维护规程》（DL/T 603）的规定进行，其试验项目如下：

1）绝缘电阻测量。

2）主回路耐压试验。

3）元件试验。

4）主回路电阻测量。

5）密封试验。

6）联锁试验。

7）湿度测量。

8）局部放电试验（必要时）。

（3）运行中 SF_6 气体的试验项目、周期和要求应符合《电力设备预防性试验规程》（DL/T 596）的规定。

1）气体泄漏标准：每个气室年漏气率小于 1%，交接时每个气室年漏气率小于 0.5%。

2）SF_6 气体湿度：新设备投入运行后 1 年监测 1 次；运行 1 年后若无异常情况，可间隔 1~3 年检测 1 次。

（4）SF_6 密度继电器及压力表应按规定定期校验。

第五节　高压断路器的技术监督

一、高压断路器选型、订货技术要求

（1）高压开关的设计选型应符合《高压交流断路器》（DL/T 402）、《高压交流隔离开关和接地开关》（DL/T 486）、《高压交流断路器参数选用导则》（DL/T 615）等标准和有关反事

故措施的规定。高压开关设备有关参数选择应考虑电网发展需要，留有适当裕度，特别是开断电流、外绝缘配置等技术指标。

（2）断路器应选用无油化产品，其中真空断路器应选用本体和机构一体化设计制造的产品。

（3）高压开关柜应选用"五防"功能完备的加强绝缘型产品，其外绝缘应满足以下条件：

1）空气绝缘净距离：≥125mm（对 12kV）、≥360mm（对 40.5kV）。

2）爬电比距：≥18mm/kV（对瓷质绝缘）、≥20mm/kV（对有机绝缘）。

（4）开关柜中的绝缘件（如绝缘子、套管、隔板和触头罩等）严禁采用酚醛树脂、聚氯乙烯及聚碳酸酯等有机绝缘材料，应采用阻燃性绝缘材料（如环氧或 SMC 材料）。

（5）在开关柜的配电室中配置通风防潮设备，在梅雨、多雨季节时启动，防止凝露导致绝缘事故。

（6）为防止开关柜火灾蔓延，在开关柜的柜间、母线室之间及与本柜其他功能气室之间应采取有效的封堵隔离措施。另外，应加强柜内二次线的防护，二次线宜由阻燃型软管或金属软管包裹，防止二次线损伤。

（7）220kV 主变压器、启动备用变压器高压侧断路器选用三相机械联动的断路器。

（8）断路器必须符合当地防污等级要求。

二、高压断路器的运输、安装和交接试验

（1）断路器及其操动机构应能保证断路器各零部件在运输过程中不致遭到脏污、损坏、变形、丢失及受潮。对于其中的绝缘部分及由有机绝缘材料制成的绝缘件应特别加以保护，以免损坏和受潮；对于外露的接触表面，应有预防腐蚀的措施。六氟化硫断路器在运输和装卸过程中，不得倒置、碰撞或受到剧烈的振动。

（2）SF_6 断路器在运输过程中，应充以符合标准的六氟化硫气体或氮气。

（3）SF_6 断路器的安装，应在无风沙、无雨雪的天气下进行；灭弧室检查组装时，空气相对湿度应小于 80%，并应采取防潮、防尘措施。

（4）SF_6 断路器的安装应在制造厂家技术人员的指导下进行，安装应符合产品技术文件要求；断路器调整后的各项动作参数，应符合产品的技术规定。

（5）设备载流部分检查以及引下线连接应符合规定：设备载流部分的可挠连接不得有折损、表面凹陷及锈蚀；设备接线端子的接触表面应平整、清洁、无氧化膜，镀银部分不得挫磨；设备接线端子连接面应涂以薄层电力复合脂。

（6）新装的断路器必须严格按照《电气装置安装工程　电气设备交接试验标准》（GB 50150），进行交接试验。220kV 及以上设备重点监督项目包括交流耐压试验、SF_6 气体含水量测试。

三、高压断路器的运行监督

（1）断路器巡视：日常巡视，升压站每天当班巡视不少于一次；夜间闭灯巡视，升压站每周一次。

（2）油断路器绝缘油位在正常范围内，油色透明无碳黑悬浮物；六氟化硫断路器 SF_6 气体压力表或密度表在正常范围内，记录压力值。

（3）断路器的分、合位置指示正确，与当时实际运行工况相符。

（4）油断路器油位降低至下限以下时，应及时补充同一牌号的绝缘油；六氟化硫断路器运行中 SF_6 气体微量水分或漏气率不合格时，应及时处理。

（5）断路器运行中，由于某种原因造成油断路器严重缺油，SF_6 断路器气体压力异常、液压（气动）操动机构压力异常导致断路器分合闸闭锁时，严禁对断路器进行操作。严禁油断路器在严重缺油情况下运行。油断路器开断故障电流后，应检查其喷油及油位变化情况，当发现喷油时，应查明原因并及时处理。

（6）每台断路器的年动作次数应作出统计，正常操作次数和短路故障开断次数应分别统计。

（7）长期处于备用状态的断路器应定期进行分、合操作检查。在低温地区还应采取防寒措施和进行低温下的操作试验。

（8）手车柜内应有安全可靠的闭锁装置，杜绝断路器在合闸位置推入手车。

（9）套管、绝缘子、真空断路器灭弧室无断裂、无裂纹、无损伤、无放电。

（10）软连接及各导流压接点压接良好、无过热变色、无断股。

（11）各连杆、传动机构无弯曲、无变形、无锈蚀、轴销齐全。

（12）检查分、合闸线圈及合闸接触器线圈无冒烟异味。加热器正常完好。

（13）液压机构高压油的油压在允许范围内，油箱油位正常、无渗漏油。断路器在运行状态，弹簧机构储能电动机的电源闸刀或熔丝应在闭合位置；断路器在分闸备用状态时，分闸连杆应复归，分闸锁扣到位，合闸弹簧应储能。

（14）断路器液压机构发生失压故障时必须及时停电处理。为防止重新打压造成慢分，必须采取防止开关慢分的措施。

（15）定期用红外热像仪检查断路器的接头部，特别在高峰负荷或高温天气，要加强对运行设备温升的监视，发现异常应及时处理。

（16）根据可能出现的系统最大负荷运行方式，每年应核算开关设备安装地点的断流容量，并采取措施防止由于断流容量不足而造成开关设备烧损或爆炸。

四、高压断路器的检修监督

（1）断路器应按规定的检修周期和实际累计短路开断次数及状态进行检修，尤其要加强对绝缘拉杆、机构的检修，防止断路器绝缘拉杆拉断、拒分、拒合和误动，以及灭弧室的烧损或爆炸，预防液压机构的漏油和慢分。

（2）检修时应对断路器的各连接拐臂、联板、轴、销进行检查，如发现弯曲、变形或断裂，应找出原因，更换零件并采取预防措施。

（3）当断路器大修时，应检查液压（气动）机构分、合闸阀的阀针是否松动或变形，防止由于阀针松动或变形造成断路器拒动；检查分、合闸铁芯应动作灵活，无卡涩现象，以防拒分或拒合。

（4）调整断路器时应用慢分、慢合检查有无卡涩，各种弹簧和缓冲装置应调整和使用在其允许的拉伸或压缩限度内，并定期检查有无变形或损坏。

（5）各种断路器的油缓冲器应调整适当。在调试时，应特别注意检查油缓冲器的缓冲行程和触头弹跳情况，以验证缓冲器性能是否良好，防止由于缓冲器失效造成拐臂和传动机构损坏。禁止在缓冲器无油状态下进行快速操作。低温地区使用的油缓冲器应采用适合低温环境条件的缓冲油。

（6）断路器操动机构检修后，应检查操动机构脱扣器的动作电压是否符合 30%和 65%额定操作电压的要求。合闸机构在 80%（或 85%）额定操作电压下，可靠动作。

（7）加强操动机构的维护，保证机构箱密封良好，防雨、防尘、通风、防潮及防小动物进入等性能良好，并保持内部干燥清洁。机构箱应有通风和防潮措施，以防线圈、端子排等受潮、凝露、生锈；液压机构箱应有隔热防寒措施。液压机构应定期检查回路有无渗漏油现象，应注意液压油油质的变化，必要时应及时滤油或换油，防止液压油中的水分使控制阀体生锈，造成拒动。做好油泵累计启动时间记录。

（8）室内安装运行的 SF_6 开关设备，应设置一定数量的氧量仪和 SF_6 浓度报警仪。

（9）积极开展真空断路器真空度测试，预防由于真空度下降引发的事故。

五、高压断路器的试验

（1）检修期间，断路器应按《电力设备预防性试验规程》（DL/T 596）进行预防性试验。

（2）新装或大修后的 SF_6 断路器投运前必须复测断路器本体内部气体的含水量和泄漏，灭弧室气室的含水量应小于 150μL/L（体积比），其他气室应小于 250μL/L（体积比），断路器年漏气率小于 1%；投运后一年内复测一次，如湿度符合要求，则正常运行中 1～3 年 1 次。

（3）SF_6 密度继电器及压力表应按规定定期校验。

（4）断路器大修后或机构检修后，需进行开关动作特性测试，断路器的分、合闸同期性应满足制造厂家的要求。

（5）定期用红外成像测温设备，检查隔离开关设备的接头、导电部分，特别是在重负荷或高温期间，加强对运行设备温升的监视，发现问题应及时采取措施。

（6）真空开关交流耐压试验应在开关投运一年内进行一次。以后按正常预防性试验周期进行。

第六节　外绝缘防污闪的技术监督

一、外绝缘的配置、订货、验收、安装和交接试验监督

（1）防污设计应遵循《（110－500）kV 架空送电线路设计技术规程》（DL/T 5092）、《交流电气装置的过电压保护和绝缘配合》（DL/T 620）的有关要求。外绝缘的配置，应满足相应污秽等级对爬电比距的要求，并宜取该等级爬电比距的上限。

（2）新建和扩建电气设备的电瓷外绝缘爬距配置应依据经审定的污秽区分布图为基础，并综合考虑环境污染变化因素，在留有裕度的前提下选取绝缘子的种类、伞型和爬距。

（3）室内设备外绝缘爬距应符合《户内绝缘子运行条件　电气部分》（DL/T 729）的规定，并应达到相应于所在区域污秽等级的配置要求，严重潮湿的地区要提高爬距。

（4）绝缘子的订货应按照设计审查后确定的要求，在电瓷质量检测单位近期检测合格的产品中择优选定，其中复合绝缘子的订货必须在认证合格的企业中进行。

（5）绝缘子包装件运至施工现场，必须认真检查运输和装卸过程中包装件是否完好。绝缘子现场开箱检验时，必须按照标准和合同规定的有关外观检查标准，对绝缘子（包括金属

附件及其热镀锌层）逐个进行外观检查。

（6）复合绝缘子存放期间及安装过程中，严禁任何可能损坏绝缘子的行为；在安装复合绝缘子时，严禁反装均压环。

（7）绝缘子安装时，应按《电气装置安装工程　电气设备交接试验标准》（GB 50150）有关规定进行绝缘电阻测量和交流耐压试验。其中对盘形悬式瓷绝缘子的绝缘电阻测量应逐只进行。

二、外绝缘的运行监督

（1）外绝缘清扫应以现场污秽度监测为指导，并结合运行经验，合理安排清扫周期，提高清扫效果。110～500kV 电压等级每年清扫一次，宜安排在污闪频发季节前 1～2 个月内进行。

（2）定期进行盐密及灰密测量，掌握所在地区的年度现场污秽度和自清洗性能和积污规律，以现场污秽度指导全厂外绝缘配合工作。厂内每个电压等级选择 1、2 个测量点。不带电的绝缘子串的安装高度应尽可能接近于线路或母线绝缘子的安装高度；明显污秽成分复杂地段应适当增加测量点。

（3）当外绝缘环境发生明显变化及新的污源出现时，应核对设备外绝缘爬距，不满足污秽等级要求的应予以调整；如受条件限制不能调整的，应采取必要的防污闪补救措施。

（4）运行中的 RTV 涂层出现起皮、脱落、龟裂等现象，应视为失效，采取复涂等措施；对涂覆 RTV 的设备定期进行憎水性检测。

（5）按照《电力设备预防性试验规程》（DL/T 596）的要求，做好绝缘子低、零值检测工作，并及时更换低、零值绝缘子。运行时间达 10 年的复合绝缘子要按照《标称电压高于1000V 架空线路用绝缘子使用导则　第 3 部分：交流系统用棒形悬式复合绝缘子》（DL/T 1000.3）要求进行一次抽样检测，并结合积污特性和运行状态做好记录分析，第一次抽检 6 年后应进行第二次抽检。

（6）绝缘子投运后应在 2 年内普测一次，再根据所测劣化率和运行经验，可延长检测周期，但最长不能超过 10 年。

（7）绝缘子的运行维护应按照《架空输电线路运行规程》（DL/T 741）、《标称电压高于1000V 架空线路用绝缘子使用导则　第 3 部分：交流系统用棒形悬式复合绝缘子》（DL/T 1000.3）和《电力设备预防性试验规程》（DL/T 596）执行，日常巡视时，应注意玻璃绝缘子自爆、复合绝缘子伞裙破损、均压环倾斜等异常情况。定期统计绝缘子劣化率，并对绝缘子运行情况做出评估分析。

三、外绝缘的试验

（1）支柱绝缘子、悬式绝缘子和复合绝缘子的试验项目、周期和要求应符合《电力设备预防性试验规程》（DL/T 596）的规定。

（2）复合绝缘子的运行性能检验项目按《标称电压高于 1000V 架空线路用绝缘子使用导则　第 3 部分：交流系统用棒形悬式复合绝缘子》（DL/T 1000.3）执行。

（3）按照《带电设备红外诊断应用规范》（DL/T 664）的周期、方法、要求进行设备外绝缘红外检测。

第七节　接地装置的技术监督

一、接地装置的设计、施工和验收监督

（1）接地装置必须按《交流电气装置的接地设计规范》（GB/T 50065）以及《电气装置安装工程　接地装置施工及验收规范》（GB 50169）等有关规定进行设计、施工、验收。

（2）在工程设计时，应认真吸取接地网事故的教训，并按照相关规程规定的要求，改进和完善接地网设计。审查地表电压梯度分布、跨步电动势、接触电动势、接地阻抗等指标的安全性和合理性，以及防腐、防盗措施的有效性。

（3）新建工程设计，应结合长期规划考虑接地装置（包括设备接地引下线）的热稳定容量，并提出接地装置的热稳定容量计算报告。

（4）在扩建工程设计中，除应满足新建工程接地装置的热稳定容量要求以外，还应对前期已投运的接地装置进行热稳定容量校核，不满足要求的必须在本期的基建工程中一并进行改造。

（5）接地装置腐蚀比较严重的电厂宜采用铜质材料的接地网，不应使用降阻剂。

（6）变压器中性点应有两根与主接地网不同地点（不同干线）连接的接地引下线，且每根引下线均应符合热稳定的要求。重要设备及设备架构等宜有两根与主接地网不同地点连接的接地引下线，且每根接地引下线均应符合热稳定要求。连接引线应便于定期进行检查测试。

（7）当输电线路的避雷线和电厂的接地装置相连时，应采取措施使避雷线和接地装置有便于分开的连接点。

（8）施工单位应严格按照设计要求进行施工。预留的设备、设施的接地引下线必须确认合格，隐蔽工程必须经监理单位和建设单位验收合格后，方可回填土；并应分别对两个最近的接地引下线之间测量其回路电阻，确保接地网连接完好。

（9）接地装置的焊接质量与检查应符合《电气装置安装工程　接地装置施工及验收规范》（GB 50169）及其他有关规定，各种设备与主接地网的连接必须可靠；扩建接地网与原接地网间应为多点连接。

（10）对高土壤电阻率地区的接地网，在接地阻抗难以满足要求时，应由设计确定采用相应措施后，方可投入运行。

（11）接地装置验收测试应在土建完工后尽快进行；接地装置交接试验时，必须确保接地装置隔离，排除与接地装置连接的接地中性点、架空地线和电缆外皮的分流，对测试结果及评价的影响。

（12）接地装置交接验收时的重点监督项目包括电气完整性、地表电压梯度分布、跨步电动势、接触电动势、接地阻抗测量。

二、接地装置的运行监督

（1）对于已投运的接地装置，应根据地区短路容量的变化，校核接地装置（包括设备接地引下线）的热稳定容量，并结合短路容量变化情况和接地装置的腐蚀程度有针对性地对接地装置进行改造。对不接地、经消弧线圈接地、经低阻或高阻接地系统，必须按异点两相接地校核接地装置的热稳定容量。

（2）接地引下线的导通检测工作应每年进行一次，其检测范围、方法、评定应符合《接地装置特性参数测量导则》（DL/T 475）的要求，并根据历次测量结果进行分析比较，以决定是否需要进行开挖、处理。

（3）定期（时间间隔应不大于 5 年）通过开挖抽查等手段确定接地网的腐蚀情况，铜质材料接地体的接地网不必定期开挖检查。若接地网接地阻抗或接触电压和跨步电压测量不符合设计要求，怀疑接地网被严重腐蚀时，应进行开挖检查。如发现接地网腐蚀较为严重，应及时进行处理。

（4）高土壤电阻率的地区，接地网接地阻抗超过规定值，可敷设外引接地极。

三、接地装置的试验

接地装置试验的项目、周期、要求应符合《电力设备预防性试验规程》（DL/T 596）及《接地装置特性参数测量导则》（DL/T 475）的规定：大型接地装置的交接试验应进行各项特性参数的测试，接地导通测试宜每年进行一次；接地阻抗、场区地表电位梯度分布、跨步电位差、接触电位差等参数，正常情况下宜 5～6 年测试一次；遇有接地装置改造或其他必要时，应进行针对性测试。对于土壤腐蚀性较强的区域，应缩短测试周期。独立接地体接地电阻测试每年进行一次测试。

第八节　金属氧化物避雷器的技术监督

一、金属氧化物避雷器的订购、验收、安装和交接试验监督

（1）金属氧化物避雷器的选型、验收应符合《交流电力系统金属氧化物避雷器使用导则》（DL/T 804）、《电气装置安装工程　高压电器施工及验收规范》（GB 50147）的规定。

（2）用于保护干式变压器、发电机灭磁回路、GIS 等的特殊金属氧化物避雷器的特性参数由用户根据设备的特点与厂家协商确定。

（3）安装前应取下运输时用以保护金属氧化物避雷器防爆片的上下盖子，防爆片应完整无损。

（4）避雷器的排气通道应通畅；排出的气体不致引起相间或对地闪络，并不得喷向其他电气设备。

（5）避雷器引线的连接不应使端子受到超过允许的承受应力。

（6）避雷器交接验收项目，应包括下列内容［无间隙金属氧化物避雷器可按 1）、2）、3）和 4）款规定进行试验，不带均压电容器的无间隙金属氧化物避雷器，第 2）款和第 3）款可选做一款试验，带均压电容器的元间隙金属氧化物避雷器，应做第 2）款试验；有间隙金属氧化物避雷器可按第 1）款和第 5）款的规定进行试验］。

1）测量金属氧化物避雷器及基座绝缘电阻。

2）测量金属氧化物避雷器的工频参考电压和持续电流。

3）测量金属氧化物避雷器直流参考电压和 0.75 倍直流参考电压下的泄漏电流。

4）检查放电计数器动作情况及监视电流表指示。

5）工频放电电压试验。

二、金属氧化物避雷器的运行监督

（1）每天至少巡视检查一次，每半月记录一次避雷器在线电导电流，并加强数据分析。

（2）检查是否有影响设备安全运行的障碍物、附着物，绝缘外套是否有破损、裂纹和电蚀痕迹。

（3）应在运行中按规程要求带电测量泄漏电流，当发现异常情况时，应及时查明原因。

（4）定期用红外热像仪扫描避雷器本体、电气连接部位等，检查是否存在异常温升。

三、金属氧化物避雷器的试验

（1）金属氧化物避雷器试验按《电力设备预防性试验规程》（DL/T 596）和《交流电力系统金属氧化物避雷器使用导则》（DL/T 804）有关的试验项目。

（2）红外检测的周期、方法、要求应符合《带电设备红外诊断应用规范》（DL/T 664）的要求。

第九节　电力电缆的技术监督

一、电力电缆的设计、敷设与验收监督

（1）电力电缆线路的设计选型应根据《电力工程电缆设计规范》（GB 50217）进行审查电缆的绝缘、截面、金属护套、外护套、敷设方式等以及电缆附件的选择是否安全、经济、合理；审查电缆敷设路径设计是否合理，包括运行条件是否良好，运行维护是否方便，防水、防盗、防外力破坏、防虫害的措施是否有效等。

（2）新、扩建工程中的电缆选择与敷设应按《电气装置安装工程电缆线路施工及验收规范》（GB 50168）及《火力发电厂与变电站设计防火规范》（GB 50229）有关规定。

（3）电缆交接时应按《电气装置安装工程　电气设备交接试验标准》（GB 50150）的规定进行试验。

（4）新、扩建工程中，各项电缆防火工程应与主体工程同时投产，应重点注意的防火措施包括：

1）主厂房内的热力管道与架空电缆应保持足够的间距，其中与控制电缆的距离不小于0.5m，与动力电缆的距离不小于 1m。靠近高温管道、阀门等热体的电缆应采取隔热、防火措施。

2）在密集敷设电缆的主控制室下电缆夹层和电缆沟内，不得布置热力管道、油气管以及其他可能引起着火的管道和设备。

3）对于新建、扩建主厂房、输煤、燃油及其他易燃易爆场所，宜选用阻燃电缆。

4）严格按正确的设计图册施工，做到布线整齐，各类电缆按规定分层布置，电缆的弯曲半径应符合要求，避免任意交叉，并留出足够的人行通道。

5）控制室、开关室、计算机室等通往电缆夹层、隧道、穿越楼板、墙壁、柜、盘等处的所有电缆孔洞和盘面之间的缝隙（含电缆穿墙套管与电缆之间缝隙）必须采用合格的不燃

或阻燃材料封堵，靠近带油设备的电缆沟盖板应密封，扩建工程和检修中损伤的阻火墙应及时恢复封堵。

6）扩建工程敷设电缆时，应加强与运行单位密切配合，对贯穿在役机组产生的电缆孔洞和损伤的阻火墙，应及时恢复封堵。

7）电缆竖井和电缆沟应分段做防火隔离，对敷设在隧道和厂房内构架上的电缆要采取分段阻燃措施；并排安装的多个电缆头之间应加装隔板或填充阻燃材料。

8）应尽量减少电缆中间接头的数量。如需要，应按工艺要求制作安装电缆头，经质量验收合格后，再用耐火防爆槽盒将其封闭。

9）对于 400V 重要动力电缆应选用阻燃型电缆。已采用非阻燃型塑料电缆的，应复查电缆在敷设中是否已采用分层阻燃措施，否则应尽快采取补救措施或及时更换电缆，以防电缆过热着火时引发全厂停电事故。

10）在电缆交叉、密集及中间接头等部位应设置自动灭火装置。重要的电缆隧道、夹层应安装温度火焰、烟气监视报警器，并保证可靠运行。

11）直流系统的电缆应采用阻燃电缆；两组电池的电缆应尽可能单独铺设。

（5）电力电缆不应浸泡在水中（海底电缆等除外），单芯电缆不应有外护套破损，油纸绝缘电缆不应有漏油、压力箱失压现象。

二、电力电缆的运行监督

（1）运行中的电缆应定期巡查，并做好记录。

1）敷设在土中、隧道中以及沿桥梁架设的电缆，每 3 个月至少 1 次。

2）电缆竖井内的电缆，每半年至少 1 次。

3）电缆沟、隧道、电缆井、电缆架及电缆线段等的巡查，至少每 3 个月 1 次。

（2）对电缆中间接头定期测温。多根并列电缆要检查电流分配和电缆外皮的温度情况。

（3）锅炉、燃煤储运车间内桥电缆架上的粉尘应定期清扫。

（4）检查隧道内的电缆接头有无变形漏油、温度是否异常、构件是否脱落及通风、排水、照明等设施是否完整。特别要注意防火设施是否完善。

（5）检查电缆夹层、竖井、电缆隧道和电缆沟等部位是否保持清洁、不积粉尘、不积水，安全电压的照明是否充足，是否堆放杂物。

（6）如发现电缆线路有重要缺陷，应做好记录，填写重要缺陷通知单，并及时采取措施，消除缺陷。

三、电力电缆的试验

电力电缆的试验按照《电力设备预防性试验规程》（DL/T 596）有关规定进行，但《电力设备预防性试验规程》（DL/T 596）中"直流耐压试验"项目宜采用"20～300Hz 交流耐压试验"替代。

第十三章 监督工作管理要求

绝缘技术监督的监督网络、制度标准、仪器仪表、监督计划、监督过程、监督告警、培训持证、监督例会、工作报告以及考核奖惩等管理，按照《国家能源集团火电产业技术监督管理办法》有关要求执行。

（1）火电企业对电气设备试验仪器、在线监测装置等装备的质量应严格把关，防止质量不良或不符合要求的产品进入企业；对试验设备、仪器仪表应建立维护管理使用制度，对标有准确度等级的仪器仪表应定期进行校验；电气设备的在线监测仪表与装置应有专人维护管理，保证其正常投入运行；每年应根据《电力设备预防性试验规程》（DL/T 596）和有关规程、规范以及设备的实际运行状况等，制定预防性试验计划。

（2）绝缘技术监督应备有的技术文件及档案资料。

1）与绝缘技术监督有关的规程、标准和反事故措施，上级和本企业与绝缘技术监督有关的文件。

2）与实际运行情况相符的电气设备一次系统图、防雷保护与接地网图纸。

3）电气设备台账、安装使用说明书、出厂试验报告、产品证明书和随设备提供的图纸资料。设备安装检查记录、交接试验报告、验收记录。

4）设备的运行、检修、技术改造记录和有关运行、检修、技改的专题总结和试验报告。设备缺陷统计资料和缺陷处理记录，事故分析报告和采取的措施。

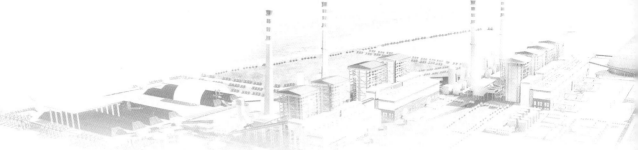

第三篇　电气设备高压试验

第十四章　发电机试验

发电机是指将其他形式的能源转换成电能的机械设备，它是电厂最主要的电气设备之一。本章适用于容量 200MW 以上的汽轮发电机组和水轮发电机试验，容量 200MW 以下发电机可参照执行。

第一节　定子绕组绝缘电阻、吸收比或极化指数测量试验

一、试验目的

测量发电机定子绕组绝缘电阻，主要是判断绝缘状况，它能够发现绝缘严重受潮、脏污和贯穿性的绝缘缺陷。

测量发电机定子绕组的吸收比，主要是判断绝缘的受潮程度。由于定子绕组的吸收现象显著，所以测量吸收比对发现绝缘受潮是较为灵敏的。

发电机定子绕组的绝缘电阻受很多因素的影响，主要有测量电压、测量时间、温度、湿度、绝缘材料的质量、尺寸等。由于这些因素的影响，使绝缘电阻的测量数值较为分散，所以一般对定子绝缘电阻值不作规定，并采用吸收比进行分析判断，但由于发电机定子绕组电容及介质初始极化状况的差异，有时对试验值会带来一定的影响。所以推荐采用极化指数分析、判断定子绕组的绝缘性能，它不仅能更为准确有效地判断绝缘性能，而且在很大的范围内与定子绕组温度无关。

二、试验方法

测量发电机的绝缘电阻的方法可参照第一篇第二章的相关内容，但必须注意以下几点：

（1）正确选用绝缘电阻测试仪额定电压。绝缘电阻测试仪的额定电压是根据发电机电压等级选取的，绝缘电阻测试仪电压过高会使设备绝缘击穿，造成不必要的损坏。对定子绕组，额定电压在 1000V 以上时用 2500V 绝缘电阻测试仪；额定电压为 20 000V 及以上者，可采用 5000V 绝缘电阻测试仪，量程一般不低于 10 000MΩ。

（2）试验时被试相接 L 端子，非被试相短接接地，再接 E 端子，屏蔽接 G 端子。图 14−1 示出了测量定子绕组 A 相绝缘电阻的接线。

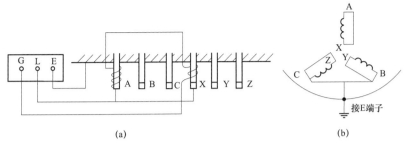

图 14-1 测量发电机定子绕组 A 相绝缘电阻接线图

（a）实际测量接线；（b）非被试项短接示意图

（3）测试前后都应充分放电，以保证测试数据的准确性。否则由于放电不充分，会使介质极化和积累电荷不能完全恢复，而且相同绝缘内部的剩余束缚电荷将影响测量结果。特别是吸收现象显著的发电机定子绕组，试验前后一定要充分放电，放电时间一般不应小于 5min。对于有极化补偿功能的绝缘电阻测试仪，可根据仪器说明，适当减少放电时间。

（4）发电机的定子绕组的绝缘电阻值与绕组温度有很大关系，温度升高时绝缘电阻下降很快，一般温度每上升 10℃，绝缘电阻值就下降一半。应尽量在相近温度下进行测试，如与历史或相间数据比较，绝缘电阻值都应换算到同一温度才能进行。温度换算方法可参照《电力设备预防性试验规程》（DL/T 596）修订说明中"5.1 同步发电机和调相机"的相关规定。

三、对水内冷发电机进行试验

定子绕组水内冷系统如图 14-2 所示（为了简便起见，每相每极下只表示出两个线圈），由图 14-2 可见，定子绕组主绝缘的组成不仅包括槽部、端部和引出套管，还包括了绝缘引水管及其中冷却水的绝缘。

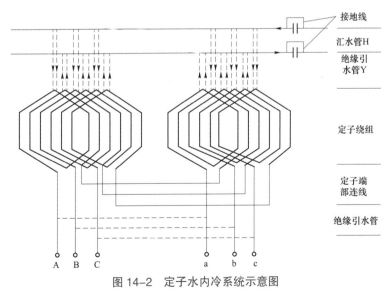

图 14-2 定子水内冷系统示意图

图 14-2 中，进、出水汇水环管对地和对外部水管应是绝缘的（运行中应接地，测试时

应拆去接地连线)。有个别电厂自行改造的水冷发电机,汇水管与地是死连接的,给绝缘测试带来了困难。

运行中由进水的汇水管将冷却水经多根绝缘引水软管,分别通入各个空心导线中;然后以同样的方法将热水引至出水的汇水管,通至外部水循环系统,达到散热冷却的目的。由于水内冷发电机的绝缘系统不同于气体冷却发电机,进行绝缘试验时,要考虑其固有的特点,才能得到较正确的数据并进行分析、判断。

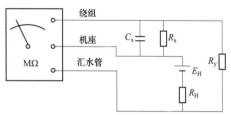

图 14-3　通水时测量水内冷发电机定子
绕组对地绝缘电阻的等值电路

MΩ—水内冷电机绝缘测试仪;C_x—绕组对地等值电容;

R_x—绕组对地绝缘电阻;R_y—绕组与进出汇水管之间的电阻;

R_H—汇水管对地等值电阻(包括水阻);

E_H—汇水管与外接水管间的极化电动势

使用水内冷发电机绝缘测试仪,测试通水时水内冷发电机定子绕组对地绝缘电阻的等值电路图如图 14-3 所示。

因为在通水情况下,R_y 很小,要求绝缘电阻测试仪输出功率大,用普通绝缘电阻测试仪,一是要过载,同时绝缘电阻测试仪输出电压降低太多,引起很大测量误差,只有在被测绕组内部彻底吹水后,方可使用普通绝缘电阻测试仪。另外,在通水情况下,汇水管与外接水管之间将产生一极化电动势,不采取补偿措施将不能消除该电动势和汇水管与地之间的电流对测量结果的影响。专用绝缘电阻测试仪不但功率大,同时有补偿回路,适用于在通水情况下,测试水内冷发电机的绝缘电阻。

为保证测试仪的输出电压为额定值,被测发电机汇水管与定子绕组之间水电阻 R_y 应保证在 100kΩ左右。试验前必须检查发电机进出汇水管对地法兰和定子进出线端间进出水管法兰的绝缘状况,汇水管(进出水管并联)对地绝缘电阻应在 30kΩ 以上。没有足够的绝缘水平将使测量结果带来很大误差。

四、评定标准

(一)周期

(1)B、C 修时。

(2)A 修前、后。

(3)定子绕组交、直流耐压前后。

(4)必要时。

(5)交接时。

(二)要求

(1)绝缘电阻值自行规定,可参照制造厂或《旋转电机绝缘电阻测试》(GB/T 20160)规定。

(2)各相或各分支绝缘电阻值的差值不应大于最小值的 100%。

(3)吸收比或极化指数:环氧粉云母绝缘吸收比不应小于 1.6 或极化指数不应小于 2.0,其他绝缘材料参照制造厂规定。

(4)对于汇水管死接地的发电机宜在无水情况下进行,在有水情况下应符合制造厂的规定,对汇水管非死接地的发电机绕组绝缘发电阻测量时应消除水的影响。

（三）说明

（1）额定电压为 1000V 以上者，采用 2500V 绝缘电阻测试仪；额定电压为 20 000V 及以上者，可采用 5000V 绝缘电阻测试仪，量程一般不低于 1000MΩ。

（2）水内冷发电机汇水管有绝缘者应使用专用绝缘电阻测试仪，汇水管对地电阻应满足专用绝缘电阻测试仪使用条件，汇水管对地电阻可以用数字万用表测量。

（3）200MW 及以上机组推荐测量极化指数。

五、案例

（一）案例一

某厂 300MW 汽轮发电机在检修期间，进行定子绝缘电阻测试，测得三相吸收比为 0.58、0.57 和 0.66。经分析，认为是由于测试时所采用的屏蔽线串联了电厂提供的引线，对地绝缘不良，且定子冷却水电导率较高（1.9μS/cm）导致测试过程中流过汇水管的泄漏电流不能完全屏蔽，对测试结果造成了影响。将定子冷却水电导率降低至（0.9μS/cm），改用绝缘电阻测试仪专用屏蔽线直接接至定子冷却水接地法兰处，测得三相吸收比均大于 1.6。

（二）案例二

某厂 300MW 汽轮发电机在检修期间进行定子绝缘电阻测试，测得三相吸收比为 1.12、1.2 和 1.15。经分析，认为是由于检修期间定子受潮所致。采用提高定子冷却水温度至 60℃以上，在定子膛内增加抽湿设备等方法，三相吸收比合格。

（三）案例三

某厂 600MW 汽轮发电机在检修期间进行定子绝缘电阻测试，测得三相吸收比均小于 1。使用万用表通过正反两方向测量汇水管对地电阻，分别为 0.88kΩ 和 1.5MΩ，汇水管对地存在极化电动势。经分析，认为是测试所采用的屏蔽线内阻过大，导致汇水管对地极化电动势无法通过测试仪器消除，更换屏蔽线后测试结果正常。

第二节 定子绕组泄漏电流和直流耐压试验

一、试验目的

定子绕组泄漏电流的测量和绝缘电阻的测量在原理上是一致的，所不同的是泄漏电流测量的电压较高，泄漏电流随电压变化成指数关系上升；而绝缘电阻测试得电压较低，电压和电流一般成直线关系。所以直流泄漏试验能进一步发现绝缘的缺陷。

在泄漏电流和直流耐压的试验过程中，可以从电压和电流的对应关系中观察绝缘状态，在大多数情况下，可以在绝缘尚未击穿前就能发现或找出缺陷。直流试验时，对发电机定子绕组绝缘是按照电阻分压的，因而能比交流耐压更有效地发现端部缺陷和间隙性缺陷。另外，击穿时对绝缘的损伤程度较小，所需的试验设备容量也小。由于具有这些优点，故已成为发电机绕组绝缘试验中普遍采用的方法。

二、试验方法

测量发电机定子绕组泄漏电流和直流耐压试验接线如图 14-4 所示。V 为高压整流元件。

微安表接在高电压端并对出线套管表面加以屏蔽或采用消除杂散电流影响的其他接线方式。由于发电机绕组对地电容较大，故不需在高压直流的输出端另加稳压电容。被试相绕组首尾短接后接高压，非被试相绕组首尾短接后接地。试验完毕后，要注意将发电机绕组上的剩余电荷放电以保证安全，放电时可将放电电阻直接并联到被试绕组上去。

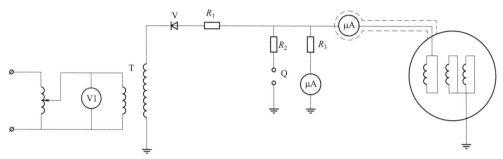

图 14-4　直流泄漏及直流耐压试验接线（微安表处于高压侧）

高压整流元件 V 及限流水阻 R_1，如果是用绝缘绳悬挂时，其悬挂绝缘绳应用铜线缠绕一段引至屏蔽，避免杂散电流经过微安表。

三、对水内冷发电机进行试验

（一）试验方法

定子绝缘进行直流试验时的等值电路如图 14-5 所示。图 14-5 中，流过绝缘的直流泄漏电流 I_x 一般为数十微安，而流过引水管的电流 I_K，主要由加电压相引水管中水的电阻 R_Y 和非加电压相引水管电阻及汇水管对地的等值电阻 R_H 来决定，其电流值达数十或数百 mA。

因此，在通水情况下，要达到判断绝缘状态的目的，必须设法将 I_x 和 I_K 区分开来。图 14-6 采用的是高压屏蔽法，即将测量泄漏电流 I_x 的微安表接于高压侧，汇水管接至微安表前，流经水中的电流 I_K 被屏蔽于微安表 PA2 之外。经汇水管和其他两相的引水管到地回到试验变压器 TT 的尾端。采用高压屏蔽法时，汇水管和其他两相的引水管承受着高电压，所以汇水管对地绝缘必须和定子绕组具有同等的绝缘水平。从图 14-5 可以看出，一般 R_H 比 R_Y 小 2 或 3 倍，故高压屏蔽法所需的试验设备容量较大，对稳压的要求较高。

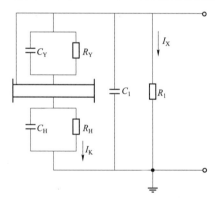

图 14-5　水内冷发电机定子绕组直流
测试的等值电路（高压屏蔽）

R_1、C_1—加压相对地和其他两相（接地）的绝缘电阻及电容；
R_Y、C_Y—加压相对汇水管的电阻和电容（包括引水管及水阻）；
R_H、C_H—汇水管对地的电阻和电容

若引水管为聚四氟乙烯塑料管或其他耐电老化的绝缘管，也可以在吹干水后进行试验，这时所需试验设备的容量将会减小。但要注意，为了防止在高电压下，因绝缘引水管内存有积水而发生闪络放电，烧伤绝缘管内壁，应事先用干燥的压缩空气（进口压力等于运行中进水最大允许压力），从顺、反两个方向将积水吹干净。为了测得准确数值，应采用屏蔽法（见

图 14-6）的接线。

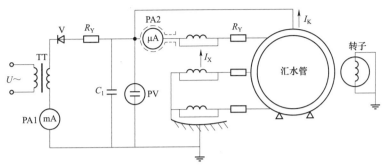

图 14-6 直流试验高压屏蔽法接线

（二）直流试验中一些具体问题的分析

1. 水质问题

由于水质对试验变压器容量、输出直流电压脉动因数及测试结果均有一定影响，故对水质有一定要求。

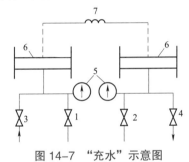

图 14-7 "充水"示意图

1、2—运行中使用的进、出水阀门；
3、4—冲洗用的进、出水阀门；5—压力计；
6—汇水管；7—定子绕组

如在通水情况下，因水质不好而使试验设备不能满足要求，可以采用"充水"法进行试验（见图 14-7）。这样不仅可以减小试验设备容量，还可以改善直流电压的波形。具体做法为：先关闭 1、2 号运行中使用的进出水阀门，并将两阀门与外部水管相联的法兰拆开（装用绝缘法兰的只拆去接地联线即可，保证 1、2 号阀门对地绝缘大于几个兆欧）；再开启 3、4 号阀门，用干净的绝缘管，从其他机组引来导电率较低的凝结水，通入定子绕组内，等水充满后，再用压缩空气将水冲出排水地沟。如此重复数次，直到流出的水质合格为止。然后适当调整 4 号排水阀门，保持一小股水流出，监视进、出水的压差很小（进出水压力和运行中一样）时，即可开始试验。试验表明，加压后经过一段较长时间泄漏电流并不增加，温度也未升高。

2. 极化补偿问题

冷却水流经进、出水管（或绝缘法兰）的两端会产生极化电动势，极化电动势能使微安表产生数微安电流（其大小与水质有关），为了补偿其影响，可加装极化电动势补偿回路。通水加压前，调整变压器，使微安表指示为零。每相或每分支均依次进行补偿。也可用国产水冷发电机专用绝缘电阻表内部的补偿装置进行补偿调整。

3. 出线套管的脏污问题

由于发电机工作环境恶劣，许多灰尘及油污落在发电机出线套管和环氧树脂板表面上，使试品的泄漏电流值增大。当用干净的白布将发电机出线套管和环氧树脂板擦拭干净后，即可获得真实的结果。

4. 不同屏蔽法的比较

试验中应采用高压屏蔽法。此方法只适于汇水管全绝缘的发电机。微安表接在高压侧对杂散电流易于屏蔽，较低压屏蔽法所测泄漏电流要准确一些，同时对汇水管也进行了耐压。其缺点是：试验设备容量较大，需严格控制水电导率。稳压较难，须采用较完善的滤波装置，目前国内主流的直流耐压试验设备均可满足。试验时，非加压的两相引水管承受电压高，故绝缘引水管多耐压了两次，汇水管对地绝缘耐压了 3 次。

除此之外，还有低压屏蔽法，所需设备容量较低。其缺点是汇水管对地绝缘要单独进行一次试验，还有从高压来的杂散电流不便屏蔽。另外，受毫安表内阻、汇水管对地绝缘电阻，以及加压相对汇水管的绝缘电阻所引起误差的影响，微安表的电流有时会随试验电压的增高而增大，因此，不建议采用。

四、评定标准

（一）周期

（1）不超过 3 年。

（2）A 修前、后。

（3）更换绕组后。

（4）必要时。

（5）交接时。

（二）要求

（1）额定电压为 27 000V 及以下的发电机试验电压如下：

1）交接时或全部更换定子绕组并修好后：$3.0U_n$（设备额定电压，对发电机转子是指额定励磁电压）。

2）局部更换定子绕组并修好后：$2.5U_n$。

3）A 修前，运行 20 年及以下者：$2.5U_n$。

4）A 修前，运行 20 年以上与架空线直接连接者：$2.5U_n$。

5）A 修前，运行 20 年以上不与架空线直接连接者 $2.0\sim2.5U_n$。

6）A 修后或其他检修时：$2.0U_n$。

（2）在规定的试验电压下，各相泄漏电流之间的差别不应大于最小值的 100%；最大泄漏电流在 $20\mu A$ 以下者，可不考虑各相泄漏电流之间的差别。

（3）泄漏电流不随时间的延长而增大。

（三）说明

（1）检修前试验，应在停机后清除污秽前，尽量在热态下进行。氢冷发电机在充氢条件下试验时，氢纯度应在 96% 以上，严禁在置换过程中进行试验。

（2）试验电压按每级 $0.5U_n$ 分阶段升高，每阶段停留 1min。

（3）不符合要求（1）、（2）之一者，应尽可能找出原因并消除，但并非不能运行。

（4）泄漏电流随电压不成比例显著增长时，应注意分析。

（5）试验应采用高压屏蔽法接线，微安表接在高压侧；必要时可对出线套管表面加以屏蔽。水内冷发电机汇水管有绝缘者，应采用低压屏蔽法接线；汇水管死接地者，应尽可能在不通水和引水管吹净条件下进行试验。冷却水质应满足制造厂技术说明书中相应要求，如有必要，应尽量降低内冷水电导率。

（6）应将试验结果与历次试验结果比较，不应有显著的变化。

（7）对汇水管直接接地的发电机在不具备做直流泄漏试验的条件下，可在通水条件下进行直流耐压试验，总电流不应突变。

（四）典型故障类型

典型故障类型可参见表 14-1。

表 14-1　　　　　　　　　　　典 型 故 障 类 型

故障特征	常见故障原因
在规定电压下各相泄漏电流均超过历年数据的一倍以上，但不随时间延长而增大	（1）出线套管脏污、受潮。 （2）绕组端部脏污、受潮，含有水的润滑油
泄漏电流三相不平衡系数超过规定，且一相泄漏电流随时间延长而增大	该相出线套管或绕组端部（包括绑环）有高阻性缺陷
测量某一相泄漏电流时，电压升到某值后，电流表指针剧烈摆动	多半在该相绕组端部、槽口靠接地处绝缘或出线套管有裂纹
一相泄漏电流无充电现象或充电现象不明显，且泄漏电流数值较大	绝缘受潮，严重脏污或有明显贯穿性缺陷
电压低时泄漏电流是平衡的，当电压升至某一数值时，一相或二相的泄漏电流突然剧增，最大与最小的差别超过30%	有贯穿性缺陷，端部绝缘有断裂；端部表面脏污出现沿面放电；端部或槽口防晕层断裂处气隙放电，绝缘中气隙放电
常温下三相泄漏电流基本平衡，温度升高后不平衡系数增大	有隐形缺陷

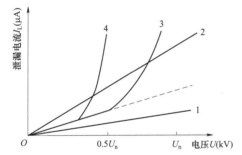

图 14-8　发电机定子绕组的典型泄漏电流曲线
1—绝缘良好；2—绝缘受潮；3—绝缘中有集中性
缺陷；4—绝缘中有危险的集中性缺陷

另外，还可以根据泄漏电流与试验电压的关系曲线直观地进行分析判断。图 14-8 给出了发电机定子绕组绝缘在直流试验电压作用下泄漏电流变化的一些典型曲线。对于良好的绝缘，泄漏电流随电压直线上升，而且电流值较小，如图 14-8 中曲线 1 所示。如果绝缘受潮，泄漏电流数值增大，如图 14-8 中曲线 2 所示。图 14-8 中曲线 3 表示绝缘中有集中性缺陷存在。当泄漏电流超过一定标准，应尽可能找出原因并加以消除。如果在 $0.5U_n$ 附近泄漏电流已迅速上升，如曲线 4 所示，那么这台发电机在运行时即使无过电压也有击穿的危险。

五、案例

（一）案例一：绝缘支柱缺陷

一台 12MW、6.3kV 的发电机，在 $2.5\ U_n$ 下测得三相泄漏电流：A 相为 72μA，B 相为 112μA。不平衡系数为（112－42）/42＝1.67。B 相泄漏电流在较低电压下就偏大。后来检查发现 B 相引出线支柱绝缘子有缺陷。

（二）案例二：端部绝缘有缺陷

一台 125MW、13.8kV 发电机，测试泄漏电流时，发现 A 相泄漏电流随电压不成比例上升，且于 $2.2\ U_n$ 下载端部过桥引线处，经胶木垫块发生相间击穿；C 相在 $1.5\ U_n$ 下电流急增，经清扫表面仍无减小，在 $2\ U_n$ 时观察电流随时间不断增大，再继续升压到 $2.5\ U_n$ 时在端部也击穿。

（三）案例三

某厂 300MW 汽轮发电机在检修期间，进行定子绕组直流耐压测试，C 相绕组升压至 10~20kV 时，测试电流急剧增加，导致加压设备跳闸。清理 C 相出线套管表面后，试验结果正常。

第三节　定子绕组交流耐压试验

一、试验目的

交流耐压试验是发电机绝缘试验项目之一，它的优点是试验电压与工作电压的波形、频率一致，作用于绝缘内部的电压分布及击穿性能比较等同于发电机的工作状态。无论从劣化或热击穿的观点来看，交流耐压试验对发电机主绝缘是比较可靠的检查考验方法。由于有上述优点，所以交流耐压试验在发电机制造、安装、检修和运行以及预防性试验中得到普遍地采用，成为必做项目。

二、试验方法

（一）谐振方式

随着发电机容量的不断增大，发电机定子绕组的对地或相间电容量大大增加，如采用常规试验设备，设备笨重，调压设备等均难于齐备，更为严重的是用常规大容量试验设备时，短路容量大，一旦发电机定子绕组绝缘被击穿时故障点短路电流大，会烧损铁芯，将使发电机修复困难，造成巨大的经济损失。因此，大型发电机交流耐压时需采用谐振耐压。

当前国际国内的大容量谐振耐压设备，全是串联谐振型，原因如下：

（1）串联谐振电路实际上是一个基波电流的串联谐振滤波电路，通过滤波后几乎是完全正弦形的电流在被试电容（发电机）上压降的波形（试验电压波形），当然是很好的正弦波，畸变率极低。

（2）发电机定子绕组绝缘发生击穿，可能烧伤定子铁芯。串联谐振电路在发生被试品击穿时，立即脱谐，相当于立即串入了一个大的限流电抗器，随着击穿的发生，电流立即下降为正常试验电流的 $1/Q$（Q 为试验回路品质因数，一般 $Q=10\sim50$），可确保击穿后定子铁芯绝对安全。

（3）串联谐振和并联谐振一样，由于谐振将使无功功率得到全补偿，使电源容量和试验设备的容量降为实际试验容量的 $1/Q$。

因此，发电机交流耐压，选择串联谐振有较好的技术性、安全性、经济性。

（二）试验接线

发电机定子绕组绝缘的交流耐压试验接线如图 14-9 所示。发电机是具有大电感和大电容的电气设备，进行交流耐压试验时，要考虑可能发生谐振、击穿时故障扩大和操作过电压等。

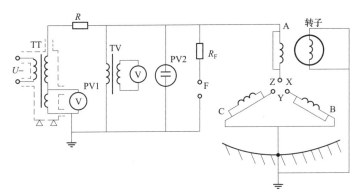

图 14-9　发电机定子绕组绝缘交流耐压试验接线

PV1—试验变压器高压线圈抽压测量电压表，0.5 级；PV2—静电电压表；PT—测量用电压互感器

图 14-9 中的限流电阻 R，除了限制发电机绝缘击穿时的电流过大，避免烧伤定子铁芯外，还能防止高压试验变压器不致过热和产生过大的电动力矩而损坏，并有防止产生高频振荡的作用。对发电机来讲，一般 R 选用 $0.5\sim1\Omega/V$，但也要考虑与过流保护的配合。

保护球隙支路起到限值电压，防止电压过高的作用，也可用其他安全可靠方式代替。球隙保护电阻 R_F，除了防止当球间隙放电时过大的电弧烧伤球隙表面外，更重要的是防止球隙放电时产生陡波而击穿匝间绝缘的危险，这对有并联支路和有匝间绝缘的发电机尤为重要。

（三）试验步骤

（1）交流耐压试验前，应首先检查并测量发电机定子绕组的绝缘电阻，并进行直流泄漏试验，如有严重受潮或严重缺陷，需经消除后方可进行交流耐压试验，并应保证所有试验设备、仪表和仪器接线正确，指示准确。

（2）一切设备仪表接好后，调整电压限值为试验电压的 110%～120%范围。

（3）调试过流保护跳闸的可靠性。

（4）电压及电流保护调试检查无误，各种仪表接线正确后，即可将高压引线接到被试发电机绕组上进行试验。

（四）击穿的预兆

出现以下状况，绝缘可能将要击穿或已经击穿，必须及时采取应急措施，并找出原因。

（1）电压表指针摆动很大。

（2）毫安表的指针急剧增大。

（3）发电有绝缘烧焦气味或冒烟。

（4）被试发电机内部有放电响声。

（5）过流跳闸等。

（五）电压测量

交流耐压试验的电源应采用线电压，以免波形发生畸变时幅值增高。当电压波形发生畸变时幅值增高，而经常用于测量的高压静电电压表或电压互感器二次侧的电动式或电磁式电压表，只能反应电压的有效值，这样将会产生较大的误差或引起保护球隙放电，甚至引起发电机绝缘过压击穿，因此，进行交流耐压试验时应检查电压波形，其谐波分量不应超过 5%，必要时可用电子示波器进行监视。

通常试验变压器高、低压绕组的匝数相差很大，漏磁相应也大，在低压侧测量电压，加以换算来监视高压侧的电压是不可靠的。虽然有些高压试验变压器，在高压侧的绕组上有抽压测量分头，但对容性电流较大的发电机试验是不合适的，由于电容电流的作用，可能使高压侧电压升得很高，所以对发电机进行交流耐压试验时，必须在高压侧直接测量电压。

三、对水内冷发电机进行试验

与直流耐压相同，若引水管为聚四氟乙烯塑料管或其他耐电老化的绝缘管，也可以在吹干水后进行交流试验，这时所需试验设备的容量将会减小。一般很不容易将绝缘引水管内壁的水分完全吹干。

（一）不通水条件下的试验

交流耐压试验接线如图 14-10 所示。试验接线及分析判断与一般气冷发电机原则上没有区别，所需试验设备的容量不需要增大。但为了防止绝缘引水管内壁闪络放电，必须彻底将积水吹干净；为了使绝缘引水管同时得到耐压考验，还必须将汇水管接地。

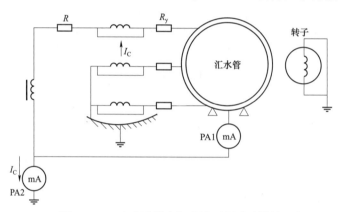

图 14-10　水内冷发电机交流耐压试验接线

（二）通水情况下的试验

通水情况下的试验接线和图 14-10 相同，只是试验变压器容量要增大，水质要合格，一般容量增加甚微。

四、评定标准

（一）周期

（1）A 修前。

（2）更换绕组后。

（3）交接时。

（二）要求

试验电压应符合如下规定（U_n 为额定电压）。

1. 交接时

（1）容量小于 10 000kVA，且额定电压大于 36V：$(2U_n+1000)\times 0.8$（V），但最低为 1200V。

（2）容量大于 10 000kVA，且额定电压小于 24 000V：$(2U_n+1000)\times 0.8$（V）。

（3）容量大于 10 000kVA，且额定电压大于 24 000V：与厂家商量。

2. 全部更换定子绕组并修好后

（1）容量小于 10 000kVA，且额定电压大于 36V：$2U_n +1000$（V），但最低为 1500V。

（2）容量大于 10 000kVA，且额定电压小于 6000V：$2.5 U_n$。

（3）容量大于 10 000kVA，且额定电压 6000－18 000V：$2 U_n +3000$（V）。

（4）容量大于 10 000kVA，且额定电压大于 18 000V：按专门协议。

3. A 修前或局部奉还定子绕组并修好后

（1）运行 20 年及以下者：$1.5 U_n$。

（2）运行 20 年以上与架空线路直接连接者：$1.5 U_n$。

（3）运行 20 年以上不与架空线路直接连接者：$1.3 \sim 1.5 U_n$。

（三）说明

（1）检修前的试验，应在停机后清除污秽前，尽可能在热态下进行。处于备用状态时，可在冷状态下进行。氢冷发电机在充氢条件下试验时，氢纯度应在 96%以上，严禁在置换过程中进行试验。

（2）水内冷发电机一般应在通水的情况下进行试验，冷却水质应满足制造厂技术说明书中相应要求。

（3）在采用变频谐振耐压时，试验频率应在 45～55Hz 范围内。

（4）全部或局部更换定子绕组的工艺过程中的试验电压见《旋转电机预防性试验规程》（DL/T 1768—2017）附录 A、B。

五、案例

某厂 2 号发电机，型号为 QFSN－200－2，大修期间进行测试汇水管对地电阻、定子绕组绝缘电阻、定子绕组直流电阻、定子直流耐压及泄漏电流、定子绕组介损测量等试验均合格。进行定子绕组交流耐压试验，B 相施加 $1.5 U_n$ 电压持续到 40s 即发生击穿放电，击穿前整个试验过程未发生异常情况。通过外观检查发现两处疑似放电点，利用电容放电冲击法对疑点进行排除，确认为 B 相出线套管的 U 形引水管通过临时测温线对铁芯放电，主要是因为进相试验临时测温线处理不当和该处引水管手包绝缘薄弱所致。

第四节　定子绕组端部手包绝缘施加直流电压测量试验

一、试验目的

国产大型汽轮发电机由于有引线手包绝缘整体性差，线棒端部鼻端绝缘盒填充不满，绝缘盒与线棒主绝缘末端及引水管搭接处绝缘处理不当，绑扎用的涤玻绳固化不良以及端部固定薄弱（包括引线存在 100Hz 固有频率和铜线疲劳断裂）等工艺缺陷，在运行中易发生端部短路事故。

当定子绕组端部存在局部缺陷时，直流耐压和交流耐压都无法有效地发现缺陷。一般而言，发电机工频交流耐压试验容易发现定子线圈槽部及槽口处的绝缘缺陷，而直流耐压试验容易发现端部的故障。

图 14-11 所示为端部绝缘等值电路图，进行交流耐压试验时，端部线棒单位长度上绝缘的容抗较小，电压降较大，离铁芯越远，绝缘中承受的电压也越低，此时，交流耐压不能有效地发现端部绝缘缺陷。进行直流耐压试验时，端部绝缘中不存在电容电流，流经绝缘表面的泄漏电流较小，绝缘上承受的电压较高，但当距铁芯较远时，由于端部表面绝缘电阻的作用，绝缘上承受的电压也要大大下降。交、直流试验时定子线棒端部绝缘电压分布曲线如图 14-12 所示。

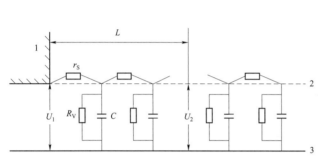

图 14-11 发电机定子线棒端部绝缘等值电路图
1—定子铁芯；2—绝缘表面；3—线棒导体

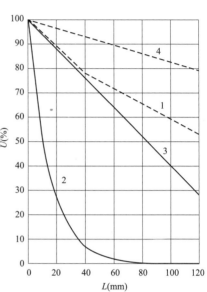

图 14-12 交、直流试验时定子线棒
端部绝缘电压分布曲线
1—直流电压；2—交流电压；3—绝缘表面受炭粉脏污或刷上炭粉的交流分布电压；4—同样脏污条件下的直流分布

由于各种发电机的几何尺寸和绝缘结构不同，绝缘的老化程度不同，脏污、受潮的程度不同，故量出端部交、直流电压分布曲线便有很大的差异。如图 14-12 中 3 和 4 曲线，就是在端部脏污后的情况，所以也可利用这一特点，通过测试定子绕组端部局部泄漏和表面电压，检测定子绕组端部绝缘缺陷。

二、试验方法

局部泄漏电流测量方法示意图如图 14-13 所示。

试验接线分正反接线两种。所谓正接线，即绕组铜线处加直流试验电压，包锡箔的接头等处经 100MΩ 电阻串接微安表接地，在定子通水加压状态下做试验同时可以检验空芯铜线的质量，故适合正常大修中采用，与反接线相比，要求试验设备容量大。所谓反接线，即定子绕组经 100MΩ 电阻串接微安表接地，在包锡箔的测量接头处加压，该方法优点是试验设备容量小，不易受定子端部脏污程度的影响，试验时要求定子引水管不通水，此种接线适合事故抢修中应用，与正接线相比，应注意采取严格的安全措施。

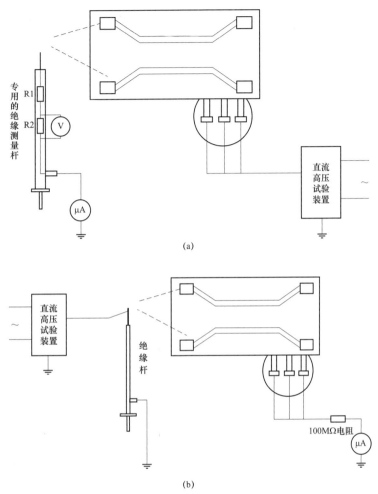

图 14-13　局部泄漏电流测量方法示意图

（a）正接线方式；（b）反接线方式

根据运行部门的实际条件，应尽量采取加水状态下的正接法进行测试，具有以下明显优点：

（1）定子绕组端部手包绝缘施加直流电压测量试验常与直流耐压试验同时开展，利用现有设备可以方便地开展试验，故反接法所需试验设备容量小的优点已显得不太突出。

（2）水压状况下试验同时可以发现铜线焊接不良或其他渗漏缺陷。

（3）现场反映正接线方法对人身及试验设备较为安全，高压部分不直接裸露，对测量人员有安全感；对被测接头处不是直接加压（与反接电流法相比），不会给试品带来危险；采用反接电流法试验时，如出现接头表面严重冒火现象，除影响工作人员情绪及测量速度外，有时会因电流过大而损坏测量设备。

（4）采用测量局部泄漏法的正或反接法测量电流，两者虽都不代表实际发电机运行中被测处的表面对地电压或局部泄漏电流，但用这种测量方式可以表达绝缘缺陷的相对程度。不论任何机组，只要串接电阻在同一值下，都可得出相对的统一判断标准；反之，用反接电流法时，当被测处绝缘有缺陷时所测电流可能为数百、数千微安甚至更大，不能相对地表明绝缘缺陷程度。

三、注意事项

（1）为了更有效地发现发电机漏水或其他缺陷，宜在通水或充水条件下进行（正接线方式），且水质应合格。为了检查定子接头空芯铜线是否存在漏水的缺陷，宜在定子绕组水压试验后进行；当定子水管中水严格吹净的干燥条件下，也可在不通水条件下采取正接线或反接线方式进行试验，其中反接线必须在不通水下采用。如果定子绕组在不通水条件下试验，定子引水管有残留水，会导致定子引水管内表面放电，特别是采用反接法时会使微安表分流，影响测量效果。

（2）端部接头一般在清扫前试验（主要为较灵敏的发现绝缘缺陷），所测部位（包括端部接头、引出线接头及过渡引线并联块等部位）应包裹一层锡箔纸（厚度为 0.01～0.02mm），每个手包绝缘包裹的导电金属箔纸间有足够距离。

（3）试验装置中专用的绝缘测量杆内装有多个串接电阻元件，绝缘测量杆留有一定安全长度，串接电阻总值选择 100MΩ，电阻容量选择 10W。

（4）三相定子绕组一起或分相对地加直流电压取决于试验设备容量大小，直流试验电压选择一倍额定电压。有时在某一试验电压下泄漏电流出现严重不平衡或其他异常现象，为了寻找不平衡原因及缺陷部位，也可在泄漏电流不平衡下的某一试验电压来寻找故障点。在较高试验电压下时应注意加压时间不宜太长。

（5）如果串接电阻被取消，仅用电压表，则所测值与绝缘介质差异及绝缘表面电压高低等因素有关。由于被测处体绝缘电阻远远小于表面电阻值，且电压表内阻值较高，表计不吸取电路中功率，通常在测量瞬间指示值较高，而后逐步衰减。有时绝缘在良好状态，电压表测得值还较高，难以区分绝缘缺陷程度，因此，试验时必须串接电阻，同时并接电压表。

环境因素（例如空气湿度）对串接电阻上电压值不会造成影响，主要原因是电阻元件的长度远比电阻表面放电时的长度为大，而承受电压又远比实际放电电压值为小。

（6）在测量过程中，应在直流额定电压下测量线棒端部有关各部位的电压值。在施加电压较低或使用绝缘电阻测试仪测量时，有时难以发现绝缘隐患。

四、判断标准

（一）周期
（1）A 修时。
（2）现包绝缘后。
（3）必要时。
（4）交接时。

（二）要求
（1）直流试验电压值为 U_n。
（2）交接或现包绝缘后，测量电压限值为 1000V，测量泄漏电流限值为 10μA。
（3）A 修时，测量电压限值为 2000V，测量泄漏电流限值为 20μA。

（三）说明
（1）本项试验适用于 200MW 及以上的定子水内冷汽轮发电机。
（2）绕组端部为绝缘盒结构部分或端部裸露结构可不测量。
（3）应尽可能在通水条件下进行试验，以发现定子接头漏水缺陷。

（4）测量时，与微安表串接的电阻阻值为100MΩ。

（5）测量方法参见《发电机定子绕组手包绝缘施加直流电压测量方法及评定导则》（DL/T 1612—2016）。

五、案例

（一）案例一

某厂2号发电机交接试验中，进行定子绕组端部手包绝缘施加直流电压测量，发现测量的端部C相中性点侧手包绝缘的表面电压数值偏大，制造厂在手包绝缘处又进行了重新包裹十层绝缘处理。重新测试中该处表面电压达到14kV，远超过规程的规定值，经剥开手包绝缘检查，发现C相中性点手包绝缘材料未明显烘干，同时在拆除手包绝缘过程中发现一根引水管弯曲变形严重。处理后进行测试，结果合格。

（二）案例二

某厂1号发电机在大修中，发现发电机定子端部B相某线棒手包绝缘测试时有明显放电声，表面电压数值达到13kV，远超制造厂及规程的规定。通过分段包覆的测试方法，排除出槽口附近包扎厚度不够等因素，将故障原因锁定在绝缘破损或劣化上。后经拆除该处绝缘，发现用于绝缘带内的硅橡胶套存在多处裂痕和贯穿性破损。经认真检查，排除全部的设备隐患后，再次进行试验，试验结果合格。

第五节　定子绕组端部动态特性试验

一、试验目的

支架等绝缘材料在机组的运行振动和受热以及电磁力作用下，绝缘和机械强度会逐渐降低；因振动而磨损，绑扎紧固之间的连接紧度也会松弛改变，所以定子绕组的振动特性也随之发生变化，其端部固有频率渐呈下降的趋势。运行多年的机组原先模态正常，固有频率远离100Hz，由于绕组端部动态特性的改变，使模态频率可能下降接近100Hz，且出现椭圆振型，所以在检修中检测监视这些变化很有必要。在大型发电机新机交接、大修受到短路冲击、更换线棒、改变定子绕组端部固定结构或必要时，应对定子绕组端部进行动态特性测量。

二、试验方法

现场一般采用锤击法测试定子绕组端部的振动特性。

锤击法激励是用力锤敲击绕组端部结构，提供一个瞬态的冲击力，每敲一次相当于线棒输入了一个有一定带宽的包含各种频率成分的信号，拾取各测点的振动响应，得到端部各测点的传递函数，经模态分析软件分析得到端部绕组整体的模态频率、振型和阻尼等参数，对各测点传递函数进行进一步分析，得到各测点的固有频率值。

（一）定子绕组端部整体模态振型试验

端部整体模态振型试验的测点位置是在汽侧和励侧绕组端部锥体内截面上，各取如图14-14所示的3个圆周，每个圆周上的测点应沿圆周均匀布置，2极发电机测点数至少16个测点，4极发电机测点数至少32个测点。采用锤击法（一点激振多点响应法和多点激

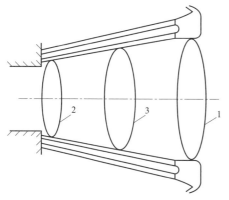

图 14-14　定子绕组端部模态试验测点布置图

1—定子绕组端部鼻端接头各测点组成的圆周；

2—定子绕组的槽口部位各测点组成的圈周；

3—定子绕组端部渐开线中部各侧点组成的圆周

励一点响应两种方法均可），推荐采用一点激振多点响应法，用力锤定点敲击定子绕组端部上某点，向绕组端部提供一个瞬态的冲击力，动态信号分析仪拾取绕组端部上各测点的径向（可加测切向和轴向）的振动响应，再经模态分析软件分析处理，得到定子绕组端部整体的模态频率、振型和阻尼等模态参数。推荐按圆周1至圆周3（如图 14-14 所示）的顺序测量。通常测量圆周1的模态，可根据分析的需要，加测圆周2和圆周3的数据。

加速度传感器用黏性材料或其他方法临时固定在相应的测点位置上。

（二）引线固有频率测量

引线固有频率试验的测点位置主要是励端绕组端部相引线和主引线轴向和切向（可加测径向固有频率），见图 14-15 和图 14-16。对于某些机组，当励端相引线与端部连接紧密并与之成为难以区分的整体时，可不测引线固有频率。制造厂通常只做相引线的测量，制造厂型式试验时做主引线的测量，电厂可做主引线的固有频率测量。用力锤分别敲击测点，测量相应测点的振动响应，经动态信号分析仪分析得到相应部位的瞬态激励频率响应函数，在瞬态激励频率响应函数的幅频特性曲线上，最大值处对应的频率即为各测点的固有频率值。

响应比测量方法与固有频率测量方法相同，要求测量前对力锤和拾振传感器设置灵敏度参数。

（三）影响因素

（1）线棒温度对端部模态的影响。试验表明，温度对模态频率影响较大，一般影响为 5～10Hz，不同结构形式的机组其影响也不同，这要根据发电机的端部结构和冷却方式对试验结果进行具体分析。

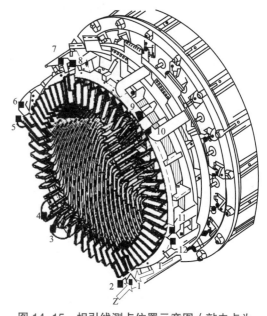

图 14-15　相引线测点位置示意图（敲击点为图中黑块，方向参见图中箭头）

1～12—测点；Z—轴向；T—切向

（2）内冷水对端部模态的影响。绕组内通入内冷水，相当于增加了端部结构的质量，端部模态频率将下降 1～3Hz。

（3）绝缘老化对端部模态的影响。运行多年的发电机，线棒绝缘、绑绳、槽内紧固件因振动磨损、老化等原因，各部件之间的连结紧度会有所降低，机械强度、弹性也逐年下降，因而端部模态频率随发电机的运行呈下降趋势，在大修检查这些变化是很有必要的。

（4）引线对端部模态的影响。发电机定子绕组的6根引出线在励磁机侧，汽轮机侧的绕

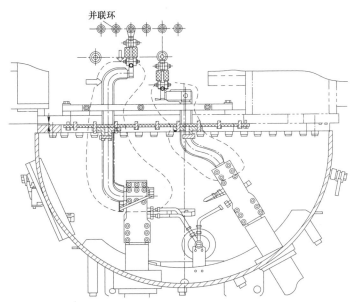

图 14-16 主引线测点位置示意图（测量范围见图中虚线，方向参见图中箭头）

组端部在结构上是轴对称的。励磁机侧由于引线、固定结构比汽轮机侧复杂，过渡引线一般呈半圆形，固定在绝缘支架的背部，它无形中起到加强整个端部固定的作用。汽、励两侧由于结构上的不同，其模态也就存在着差异。但它们有直接的联系，因而两侧的模态又互有影响。定子绕组端部振动磨损严重或因磨损发生事故的多在汽轮机侧，这是由两侧固有的振动特性决定的。

三、评定标准

（一）周期
（1）A 修时。
（2）必要时。
（3）交接时。

（二）要求
（1）对于 2 极或 4 极汽轮发电机，定子绕组端部整体椭圆振型或 4 瓣振型固有频率应避开 95～110Hz 范围，定子绕组相引线和主引线固有频率应避开 95～108Hz 范围。
（2）对引线固有频率不满足（1）中要求的测点，应测量其原点响应比。在需要避开的频率范围内，测得的响应比不大于 0.44（m/s²）/N。
（3）如果整体振型固有频率不满足（1）中的要求，应测量端部各线棒径向原点响应比。

（三）说明
（1）适用于 200MW 及以上汽轮发电机，200MW 以下的汽轮发电机参照执行。
（2）水内冷发电机应尽可能在通水条件下测量。
（3）对于引线固有频率不符合要求，且测得的响应比小于 0.44（m/s²）/N 的测点，可不进行处理，响应比大于或等于 0.44（m/s²）/N 的测点，新机应尽量采取措施绑扎和加固处理，己运行的发电机应结合历史情况进行综合分析、处理。

（4）对于整体振型固有频率不满足要求，且测得响应比小于 0.44（m/s²）/N 的测点，可不进行处理，响应比大于或等于 0.44（m/s²）/N 的测点，建议测量运行时定子绕组端部的振动。

（5）测量方法参见《隐极同步发电机定子绕组端部动态特性和振动测量方法及评定》（GB/T 20140）。

四、案例

一台 QFQS-200-2 型发电机，在大修中发现汽轮机侧端部 37～45 号（A 相）槽楔大部分松动，部分脱落，固定支架与铁芯压圈的接触面有黑色泥状物，励端 17 号槽楔部分松动，29 号槽 3-20/25 段松动，9 号、17 号绝缘支架与压圈结合面有黑色泥状物。汽轮机侧42 号线棒 3、4、5 段槽楔部位在槽口处因振动摩擦绝缘发生接地。因此，在定子绕组端部修复前后进行了模态试验，试验结果表明，重打槽楔处理接地线棒前后，汽轮机侧存在 102Hz左右的模态，并且水电接头部位模态振型为椭圆，由于接近两倍工频，在运行中有较大谐振振幅，这是造成槽楔松动脱落、绝缘支架与压圈结合面磨损和定子接地的主要原因。励端虽然也存在 108Hz 左右的模态，但其振型不是椭圆，励端的振动磨损比汽轮机端要轻得多。定子绕组通 65℃内冷水后，汽轮机端水电接头部位频率下降为 89.76Hz。

第六节　定子绕组水流量试验

一、试验目的

多年来的运行和检修实践经验表明：杂质、异物进入定子冷却水中是造成定子水内冷系统水路堵塞的主要原因之一。定子水内冷系统水路堵塞，将使被堵塞水路的水流量减少或断水，造成绕组绝缘局部过热损坏，严重者绝缘击穿造成接地事故。

二、试验方法

按照《旋转电机预防性试验规程》（DL/T 1768）的规定，对同步发电机进行定子绕组内部水系统流通性检测的方法包括超声波流量法和热水流法。

（一）超声波流量法

1. 测量原理

利用超声波测量水流量有多种基于不同原理的方法，如时差法、频差法、多普勒法等，其中采用时差型超声波流量仪广泛应用于发电机定子绕组内冷水系统水流量的测量，其原理如下。

超声波在流动的水中传播时，顺流方向声波的传播速度会增大，而逆流方向则会减小。对于相同长度的一段管道，超声波顺流和逆流时有不同的传播时间。顺流时的传播时间短，逆流时的传播时间长，并且顺流和逆流传播的时间差与水在管道中的流速存在着线性关系。利用这种线性关系计算出水的流速，再考虑管道的内、外管径等必要的参数，就可以测量出管道内的水流量。测量原理如图 14-17 所示。

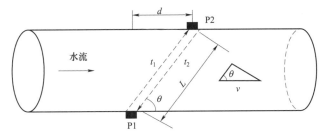

图 14-17 时差型超声波测量原理

图 14-17 中，P1 和 P2 分别是超声波仪器的发射探头和接收探头。通过相应计算，可得出引水管中水的流动速度 v，即

$$v = \frac{L^2}{2d} \times \frac{t_2 - t_1}{t_1 t_2}$$ （14-1）

式中 v——引水管中水的流动速度，m/s；

     L——P1 和 P2 之间的直线距离，m；

     d——P1 和 P2 之间的水平距离，m；

     t_1——从发射探头 P1 向接收探头 P2 顺流发射时，超声波传播时间，s；

     t_2——超声波从接收探头 P2 逆流反射回到发射探头 P1 时，超声波传播时间，s。

测得管中水的流速后，既可以根据水管的内径参数计算出水流量，即

$$Q = \frac{\pi D^2}{4} \int v \mathrm{d}t$$ （14-2）

式中 Q——水流量，m³/s；

     D——水管内径，m。

2. 试验方法

（1）试验前应进行下列准备工作：

1）内冷水系统应充分排气，引水管表面应擦拭清洁。

2）内冷水系统宜为额定运行方式，测量期间应保持压力、流量稳定。

3）可参照发电机图纸，对引水管进行编号，应记录引水管材质、管径、壁厚等参数。

（2）应对下列系统进行水流量的测量：

1）定子线棒的引水管（测量时，应在出水端或进水端进行，优先选在出水端）。

2）定子绕组环形引线的引水管。

3）定子绕组出线套管的引水管。

（3）测量过程应符合下列要求：

1）测量前，应完成超声波流量仪的参数设置、传感器安装、调零等准备工作。

2）测量点位置宜选在直管段部位，应消除弯管等因素对测量结果的影响。

3）测量过程中，应在传感器接触面涂抹凡士林类耦合剂，使得传感器与引水管表面接触良好。

4）测量时，应记录水温、进水压力、总进水管流量、各引水管的水流量。

5）测量工作完成后，应将引水管表面的耦合剂擦拭干净。

（4）测量完成后应对定子上层线棒、定子下层线棒、环形引线、出线套管各部位引水管分类进行比较：

1）负偏差绝对值应小于或等于 10%{偏差＝[（单根引水管流量值－同类型所有引水管的平均流量值）/同类型所有引水管的平均流量值]×100%}。

2）对异常的定子线棒应在该线棒的另一端进行复测，并结合历次测量数据、运行温度等，综合判断被测线棒的内冷水流通状况。

3）当环形引线水流量值偏差较大时，应结合出线套管的水流量测量值进行综合判断。

（二）热水流法

热水流法通过定子绕组线棒出水测检点温度与时间的关系曲线，评定发电机内冷却水系统通流情况。

热水流法是近年来电机制造厂检查大型汽轮发电机定子水路有无堵塞的非常有效的措施。它不仅能检出异物堵塞，而且能检出由各种原因产生的"气堵"。图 14-18 是用热水流法检测出的定子绝缘引水管水流正常及有气堵现象时的典型试验曲线。

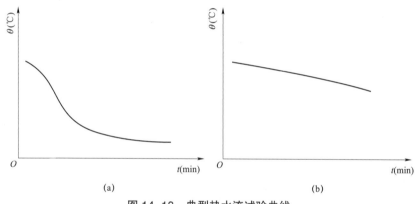

图 14-18 典型热水流试验曲线
（a）水流正常；（b）有水流堵塞现象

热水流试验需要测温元件、温度记录仪（最小分度值为 0.1℃，通道数大于需测量的全部测温元件数）及热水流试验设备（也可用发电机外部水系统装置代替）。

试验前，将测温元件绑于进水或出水端绝缘引水管中段外表面，每一水支路绝缘引水管外表都必须装上测温元件。在每只测温元件上外包隔热材料，以保证测温元件与周围空气隔绝。将测温元件与温度记录仪逐点连接，检查测温元件读数的均匀度。

试验过程中，启动热水流试验设备或定子外部水系统装置，尽量调节定子进、出总水管之间的压差至正常运行值，记录此时各点的冷水温度。通过自循环和辅助加热，将试验用水加温至超过冷水温度达 10K 以上。当所有测点的温度接近并稳定后，快速开启冷却水阀门，让定子内部水系统通以冷却水。启动水泵并使定子内部水系统保持正常运行时的压差，同时记录温度读数。待水循环使测温元件测点的温度趋于稳定时，停止运行和测温元件温度的记录。整理数据并绘出每根绝缘引水管的时间（t）－温度（θ）曲线。

热水流试验必须在定子内部水系统冲洗完毕后进行。当所有线圈都进行热水流试验并将数据绘成曲线，经试验人员检查合格后，再将临时测温元件从绝缘引水管上拆除。当对某些结果有疑问时，可适当提高水温重新试验。当每一冷却支路均配有出水测温元件时，可用出水测温元件代替临时测温元件。当红外线热像仪具有摄像功能，并可确定每点温度时，可用红外线热像仪代替临时测温元件。

三、评定标准

（一）周期
（1）A 修时。
（2）必要时。
（3）交接时。

（二）要求
（1）超声波流量法：线棒、引线和出线套管的水流量分别不小于整台机线棒、引线和出线套管平均水流量的 –10%，测量方法参见《发电机定子绕组内冷水系统水流量超声波测量方法及评定导则》（DL/T 1522）。
（2）热水流法：按照《汽轮发电机绕组内部水系统检验方法及评定》（JB/T 6228）执行。

（三）说明
（1）本项试验适用于 200MW 及以上的水内冷汽轮发电机。
（2）测量时定子内冷水按正常（运行时的）压力循环。

四、案例

（一）案例一
某厂 1 号发电机因事故停机后，调取了线棒出水温度下降曲线。停机后，由于各线棒中电流突然消失，不再发热，在定子冷却水的作用下，各线棒温度迅速下降。16 号线棒在温度下降过程中有跳变上升的过程，跳变的最高温度约 20℃，随后又缓慢下降，持续时间约 5min。因此分析认为，此处温度异常在排除了出水测温元件不准的情况下，说明水系统内部有不稳定的异物堵塞（异物为游走性，不能长时间将水路堵牢）。如果水系统内存在可以移动的异物，在内冷水水压高时水的流速快异物能够随水流动，而水压低流动慢由于异物的存在使线棒的某一部位发生局部堵塞，导致局部温度过高。

（二）案例二
某电厂 1 号机组为 TBB – 1000 – 2y3 型交流发电机。该发电机定子绕组上、下层线棒均采用水冷却方式，其中下层水管较上层长。该发电机小修后投运，除定子绕组 22 号槽上层水管出口水温较小修前有较大变化外，其他无明显异常。小修前，定子绕组线棒温升为 22～30K，其中 22 号槽上层线棒温升为 22K；小修后，定子绕组线棒温升为 25～39K，其中 22 号槽上层线棒温升为 39K，出水温度为 72℃，接近厂家规定限值 75℃。

机组停机后，采用超声波流量计对该发电机进行定子绕组水管流量测试，22 号槽上层、41 号槽下层水管流量较小，与上、下层水管平均流量偏差达到 –48.14% 和 –40.20%，均未达到《发电机定子绕组内冷水系统水流量超声波测量方法及评定导则》（DL/T 1522）要求。

解开 22 号槽和 41 号槽绝缘引水管进行水管单根流量试验，流量均低于厂家的参考值。用内窥镜检查发现，两根线棒绝缘盒内的水电接口处均有异物。

第七节　电磁式定子铁芯检测仪（EL CID）
通小电流法定子铁芯磁化试验

一、试验目的

发电机的定子铁芯是发电机整体结构中的重要组成部分，它起着提供磁回路、支撑发电机整体、固定定子绕组的重要作用。发电机定子铁芯绝缘是否良好是影响发电机正常运行的重要因素之一。当定子铁芯的硅钢片之间的绝缘出现损伤问题时，将使硅钢片绝缘损伤处产生涡流，该涡流会由故障处沿硅钢片表面流动，并与定位筋或穿心螺杆构成闭合回路，由此引起定子铁芯内部发热。如果该故障不能得到及时有效的解决，涡流处引起的热量会进一步加重绝缘损伤情况，导致更为严重的发热，由此构成恶性循环。定子铁芯绝缘损伤不但影响定子铁芯本身，严重时还会破坏故障点附近定子线棒绝缘，致使线棒绝缘内部放电加剧，进而引起定子绕组短路接地故障的发生。

为了及时有效地对定子铁芯绝缘情况进行检测，目前国内所采取的主要检测手段是铁损法。鉴于铁损法对所需要的试验设备及条件要求较高，许多电厂难以提供符合规格的励磁条件；且铁损法需要多人同时参与，工作周期也较长；另外，铁损法本身需要铁芯达到较高温度，有可能加剧定子铁芯绝缘损伤情况。因此，寻求更加快捷有效的检测方法是十分必要的。

铁芯损伤电磁感应检测（electro-magnetic core imperfection detector，EL CID）方法，作为一种较为新颖的检测手段，与传统的铁损法相比，具有励磁条件易满足、接线简单、操作安全，以及对铁芯深处故障具有一定探测能力等优点。目前，EL CID 试验在发达国家一些大的电力生产和制造行业已得到较为广泛的应用；我国的发电机生产厂家及部分电力试验单位也开始利用 EL CID 设备开展发电机铁芯检测工作，并取得了一些成绩。

二、试验方法

与传统方法相似，EL CID 法使用一个环形线圈对铁芯励磁并产生环路磁场（见图 14-19），并以此检测铁芯故障，这个方法只需施加正常状态励磁量的 4%。系统通过铁芯表面的一个感应探头来检测因故障电流产生的磁场，而不是检测故障产生的热效应。该方法所要求很低，大多数发电机所在工作间的标准电源容量已可满足其需要。对数十万千瓦容量的发电机，只需要 2~3kVA 的励磁电源容量。

由于施加励磁电流产生的磁通，会形成通过故障点与铁芯接地点的故障电流，如图 14-20 所示。

励磁电流和故障电流的磁场的会在铁芯表面产生磁位梯度，通过一种特别绕制的线圈——Chattock 电位计来量测磁势差。Chattock 电位计的输出的交流信号大小等比于其两端的磁势差。

通过对铁芯表面，沿铁芯导体绕组槽进行纵向扫描，每一次对每个槽和其相邻 2 个铁齿进行检查，以达到覆盖铁芯内全部表面的目的。Chattock 电位计固定于每两个相邻槽的外缘（见图 14-21），其输出信号包括励磁磁场及任何感应的故障电流。

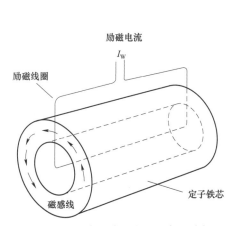

图 14-19　铁芯励磁线圈和电磁路径

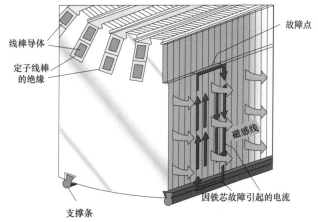

图 14-20　铁芯横截面故障电流

电磁铁芯故障检测仪接收 Chattock 电位计信号，并将他与取自励磁电流的参考信号进行分析。检测信号与参考信号同相的部分主要是来自励磁产生的磁场。该相位成分相对较大，且无论铁芯有无故障存在，他都会存在铁芯各部位。故障所引起的电流与励磁电流有 90°相位差，这就是故障正交电流。

测试时，首先根据图 14-22 连接设备，试验前利用校准单元进行 Y 轴校准，即利用校准单元的标准铁芯，使得测量的励磁电流跟实际励磁电流相位一致。由于标准铁芯是绝缘良好的，此时显示测量的故障电流为 0mA；接着在铁芯内部用卷尺测量一段距离，将小车通过此长度来进行 X 轴校准（距离校准），使得仪器测量的距离跟实际距离一致。施加较小的励磁电压，调节小车两臂宽度及曲度，使之能很好地放置于槽两侧的铁芯，并与之充分接触，同时观察检测的励磁电流，若励磁电流与预算值（总安匝数除以槽数）偏差不大，则继续施加励磁电压，直至 4%的电压；在定子铁芯内标好槽号，根据槽号逐槽进行测试，当探测小

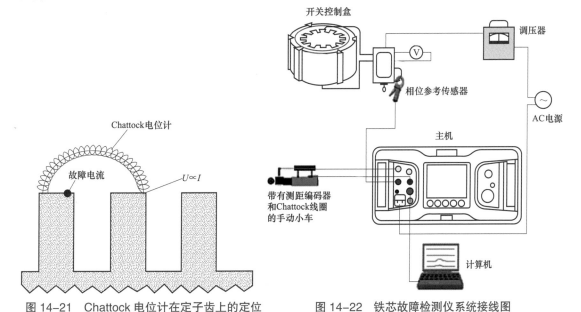

图 14-21　Chattock 电位计在定子齿上的定位

图 14-22　铁芯故障检测仪系统接线图

车沿定子铁芯齿部探测时，通过笔记本电脑同时记录电流的故障电流、励磁电流和距离信号，以便出现故障时进一步判断故障的大概位置。

三、评定标准

（一）周期

铁芯局部故障修理后或者需查找铁芯局部缺陷时。

（二）说明

（1）有针对性的定子铁芯局部故障时，可采用 EL CID 试验，最终判断依据为全磁通方法。

（2）EL CID 是一种高敏感度的检测仪器，对一些微小损坏也可以检测出。这种高敏感度对发电机铁芯是否存在短路点提供可靠的依据。从数十年的经验及众多的实际应用案例显示，如果 QUADRATURE 电流（使用 4%额定励磁）超过 100mA 时，就需要进一步对铁芯进行检查。

EL CID 准则与传统方法（铁芯磁化试验）比较，对相同的定子铁芯短路，有 5～10K 的温差。在不同的励磁水平下进行测试，QUADRATURE 电流的判断标准也要相应等比例地提高或降低。但由于铁芯磁化的非线性，不推荐在额定励磁 2%～10%以外的励磁水平下进行测试。

四、案例

某厂 1 号发电机更换定子线棒后进行了 EL CID，测试中发现有两处故障电流超过 150mA。经检查发现该位置的铁芯齿部表面均有硬物磕碰痕迹，铁芯硅钢片已露出，并有一定程度变形，片间绝缘遭到破坏。推测是由于更换线棒过程中，拆除定子槽楔时操作不慎误伤铁芯齿部片间绝缘。

第八节　定子绕组端部电晕检测试验

一、试验目的

近些年来，由于发电机定子绕组防晕层和绝缘存在缺陷，运行中频繁出现定子绕组端部严重电晕、放电甚至绝缘损坏的情况。为了有效查找发电机定子绕组端部的电晕缺陷位置，判别其严重程度，提高发电机检修中提前发现和处理缺陷的能力和水平，应进行定子端部电晕检测。

二、试验方法

发电机定子绕组端部电晕和放电缺陷检测方法包括日盲型紫外成像装置法、暗室目测法、脉冲电流法、局部放电法、电磁辐射法、声波探测法等。根据《发电机定子绕组端部电晕检测与评定导则》（DL/T 298），这里只介绍前两种方法。

日盲型紫外成像装置是所探测的紫外线的波长在 240～280nm（自然光内不包含这个波

长的紫外线）之间的紫外成像装置。它还应具有能使电晕产生的紫外光和被测物视频影像叠加在一起的能力。

暗室目测法是指在遮挡住可见光的环境下，通过肉眼观察可见光来判断被加压试品表面产生电晕的试验。

（一）检测的一般步骤和原则

在使用日盲型紫外成像装置或暗室目测法时，应根据查找定子绕组端部表面电晕的位置的不同，将检测分为以下两个阶段：

（1）第一阶段。查找端部绕组同相内和相绕组对地的电晕，此时应特别关注下列部位：

1）端部防晕涂层以及定子线棒出槽口位置。

2）绕组与端部压板、压环、压指之间。

3）端部支撑环、绑绳周围。

4）绕组汇流排、出线与周围的支撑件之间。

5）测量元件（热电阻、热电偶及其他监测设备）的引出电缆周围。

（2）第二阶段。查找异相间的电晕。在此阶段，应忽略第一阶段所发现的同相内电晕和相绕组对地的电晕，而只检测相邻相间处的电晕。

第一阶段和第二阶段所施加的电压不同，测试电压值详见表 14-2。

表 14-2　　　　　　　　测　试　电　压

电机冷却类型	测试电压	
	第一阶段	第二阶段
空气冷却	$1.1U_n/\sqrt{3}$	$1.1U_n$
氢气冷却	$U_n/\sqrt{3}$	U_n

注　1. 其中 U_n 为发电机的额定线电压。

　　2. 当海拔超过 1000m 时，试验电压值应按照《使用于高海拔地区的高压交流电机防电晕技术要求》（JB/T 8439—2008）修正。

（二）注意事项

（1）应在电晕检测前对被检测发电机端部的绕组表面进行污秽清理。

（2）检测时的环境温度应处于 5～40℃，相对湿度应小于 80%。

（3）将定子绕组的所有测温元件、定子绕组的振动传感器等附加测量元件在引出端子箱处短接接地。

（4）发电机定子绕组应具备交流耐压的试验条件。

（5）加压过程中，一旦出现严重的放电现象时，应立即降低电压并停止检测。

（6）由于被测发电机个体间的差异和试验过程所遇情况的不确定性，不宜对试验持续时间做统一规定。考虑一般试验持续时间远比耐压试验时间更长，为确保试验人身和设备的安全，应由专门人员监视加压设备的状态，如发生过热、异味、异音、放电等异常，应及时降低电压并停止检测。

三、评定标准

（一）周期

（1）A 修时；

（2）必要时。

（二）要求

1. 紫外成像装置检测结果的评定

（1）根据光子数进行评定。评定方式见表 14-3 和表 14-4。

表 14-3　　　　　　　第一阶段（同相内电晕）的检测结果及检修方式

检测电压	光子数 N	检修方式
$1.1U_n/\sqrt{3}$（空冷）或 $U_n/\sqrt{3}$（氢冷）	$N \leq 2N_e$	合格，本次检修时不需处理
	$N > 2N_e$	本次检修时应进行处理

注　N_e 为测试背景光子数。

表 14-4　　　　　　　第二阶段（异相间电晕）的检测结果及检修方式

检测电压	光子数 N		检修方式
$1.1U_n/\sqrt{3}$（空冷）或 $U_n/\sqrt{3}$（氢冷）	$(N-N_e) < N_c$	—	合格，本次检修时不需处理
	$N \leq (N-N_e) \leq 4N_c$	1～1.09	在现场条件具备时，应进行处理，若条件不具备，应在下次检修时进行复测
	$N_c \leq (N-N_e) \leq 4N_c$	>1.1	本次检修时需进行处理
	$(N-N_e) > 4N_c$	—	本次检修时需进行处理

注　1. N_c 为起始电晕光子数。

　　2. 若实测的 N_e 远小于 N_c 的 5%，可用 N 代替 $(N-N_e)$。

（2）电晕图谱的分类。

1）电晕集中。电晕强度较大而涉及面积较小的情况下，探测图像将表现为集中的团状电晕放电影像，见图 14-23。这时紫外探测装置显示的电晕辐射光子数读数可能反而较小。这种情况是紫外探测装置在高增益下常出现的饱和现象。此时可将增益逐步减小，使显示的测量光子数随增益减小而升高达到最大值。

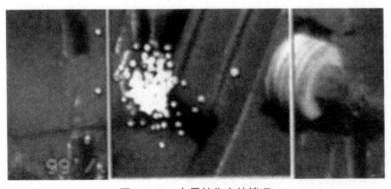

图 14-23　电晕较集中的情况

电晕集中属于严重的电晕缺陷，因该区域局部放电强度较大，可能对绝缘造成损伤，即使因电晕面积较小使探测到的电晕光子数不超过表 14-3、14-4 规定的数值，一般也应进行处理。

2）电晕分散。电晕的强度不大但电晕范围较大的情况，表现为紫外成像仪探测的电晕亮度不大，图像成点状，电晕点不是很密集（见图 14-24）。此时若将增益逐步减小，探测的电晕光子数随增益的减小而单调减小。

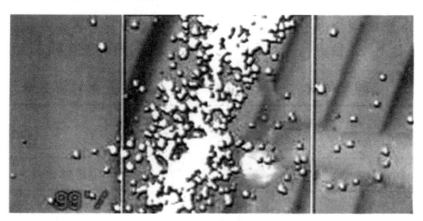

图 14-24　电晕强度较小，面积较大的情况

在电晕分散的情况下，电晕对绝缘造成损坏的可能性较小，如果光子数不超过表 14-3、表 14-4 所规定的范围，可暂不进行处理。

3）不同距离下测量光子数的折算。如果所记录光子数的距离与标定时的距离不相同，则需要将测量光子数折算至所标定的距离。在一定的电晕强度下，紫外探测装置所探测的光子数与距离有一定的函数关系（日盲型紫外成像装置的光子数与测量距离的典型关系参见图 14-25）。为了求得此函数，需要在某"电晕强度和增益下，实际测量 2～3 个不同距离下的紫外探测装置的光子数，然后进行曲线拟合。在发电机电晕检测采用的 1～4m 的距离范围内，因距离变化较小，宜采用简单的线性拟合，足以满足工程实测需要。也可通过在实测曲线中进行线性插值来进行计算。

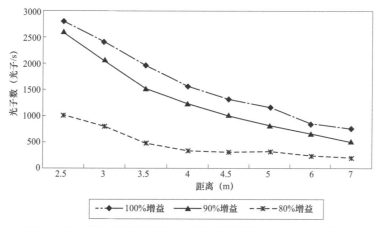

图 14-25　紫外成像装置的光子数与测量距离（2～7m）的关系

2. 暗室目测法检测结果的评定

较难进行定量分析，可参见《发电机定子绕组端部电晕检测与评定导则》（DL/T 298—2011）。

四、案例

（一）案例一

某电厂 4 号发电机进行大修时，因测温元件烧损而受损的发电机定子上层 3、4、5 号线棒要进行更换。旧线棒拆除后，新线棒安装前要作定子绕组交流耐压试验。当试验电压升至 16kV 时，用紫外成像仪发现定子 5 号槽下层线棒端部出槽口处有严重的电晕放电缺陷，缺陷处理后交流耐压通过。

更换线棒后，对发电机进行交流耐压试验中，用紫外成像仪又发现，随着电压的升高，新更换线棒的水电接头盒部有尖端电晕放电点，存在工艺缺陷。厂家做局部处理后耐压通过，尖端电晕放电点消除。

（二）案例二

某电厂 4 号发电机进行大修前定子绕组泄漏电流和直流耐压试验时发现，在 2.5 U_n 的规定试验电压下，B 相的泄漏电流为 44μA，而 A、C 相的泄漏电流均为 210μA 左右，与 B 相的差别远大于《电力设备预防性试验规程》（DL/T 596）的不大于 100% 的规定。经过对接线、定冷水水质和仪表进行检查，确认无误后多次重复试验，试验结果没有改变。进行定子绕组端部手包绝缘表面对地电压试验，也未发现异常情况。最后采用对 A、C 相并联加压的方法，结果发现 A、C 相并联加压的泄漏电流约为 B 相的 2 倍，小于 A、C 相单独加压时的泄漏电流。分析认为 A、C 相对地绝缘良好，A、C 相间绝缘存在问题。

为判断缺陷具体部位，在发电机直流泄漏试验时利用紫外成像仪对发电机进行观测，成功地观察到了缺陷部位明显的电晕放电现象。进一步检查发现 A、C 相过渡引线并联块汇水管紧密交叉接触，汇水管接触部位附近有金属环连接，而且接触处严重磨损。用绝缘纸相隔后对 A、C 相分别加压，泄漏电流差别符合规程规定，最终确定了导致 A、C 相泄漏电流偏大的原因。

第九节　定子、转子绕组直流电阻测量试验

一、试验目的

定子绕组的直流电组包括线棒铜导体电阻、焊接头电阻及引线电阻 3 部分。测量发电机定子绕组的直流电组可以发现：绕组在制造或检修中可能产生的连接错误，导线断股等缺陷。另外，由于工艺问题而造成的焊接头接触不良（如虚焊），特别是在运行中长期受电动力的作用或受短路电流冲击后，使焊接头接触不良的问题更加恶化，进一步导致过热，而使焊锡熔化、焊头开焊。在相同的温度下，线棒铜导体及引线电阻基本不变，因此，测量整个绕组的直流电组，基本上能了解焊接头的质量状况。

测量发电机转子绕组的直流电阻是大修时的常规试验项目，如果直流电阻发生较大的变化，超过了规程的要求，就有发生严重的匝间短路或焊接不良及导线断裂的可能，必须查清

原因。

二、试验方法

测量发电机定子或转子绕组的直流电阻等可以采用双臂电桥、电压电流法（电压降法）、直流电阻测试仪等。目前，多数采用直流电阻快速测试仪进行测量，与传统的测试方法比较，具有操作简便、测试速度快、消除人为测量误差等优点。

（一）定子绕组直流电阻的测量

（1）在测试前对发电机定子绕组先对地放电。

（2）应分别测量每相（或分支）绕组的直流电阻，以便比较。

（3）在冷态下测量，绕组表面温度与周围空气温度之差不应大于±3℃。测温度时，应使用多支酒精温度计，分别放置于齿间槽楔上、通风孔里及绕组端部等处，取平均值作为绕组的温度。

（4）采用压降法时，通入绕组的电流不应大于额定电流的20%。

（5）应测量每相（或分支）引线的长度及截面，根据引线材料电阻率计算出引线电阻，在计算各相（或各分支）的直流电阻时，应扣除引线电阻，在校正了由于引线长度不同而引起的误差后再比较相互间差别及初次测量值。

（6）在用直流电阻测试仪测量时，必须将直流电阻测试仪的电流端子（I1、I2）与电压端子（U1、U2）分别连接到发电机定子绕组的首尾端。如果仪器的电流端子和电压端子分开时，应将电压端子夹在电流端子的内侧，避免电流端子的接触压降影响测量的准确度，如图14-26所示。

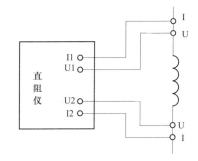

图14-26 直流电阻测试示意图

（7）试验引线应尽可能的短而粗，并且与发电机定子绕组出线端有良好的接触。

（8）测量结果换算到75℃时的数值，并与历年试验数据进行比较。铜导体换算公式为

$$R_{75} = R_t \frac{235 + 75}{235 + t} \qquad (14-3)$$

式中　R_{75}——换算至75℃时的电阻，Ω；

　　　R_t——温度为t℃时测量的电阻值，Ω；

　　　t——测试时的温度，℃。

（9）当怀疑存在故障时，可用逐段分割法寻找缺陷。

（二）转子绕组直流电阻的测量

使用直流电阻测试仪测量发电机转子绕组的直流电阻的方法和发电机定子绕组测直流电阻方法相同。但应注意以下几点：

（1）测量显极式发电机转子绕组时，应对各磁极线圈间的连接点进行测量，也就是测量各个线圈及其连线的直流电阻。

（2）测量绕组表面温度（困难时可用转子表面温度代替），测点不少于3点，取平均值作为绕组的冷态温度。对水内冷绕组在通水情况下，可在绕组进出水口水温差不超过 1K、

铁芯温度与环境温度温差不超过 2K 时，取进、出口水温的平均值作为绕组的冷态温度。

（3）将测试设备或仪表接到滑环上进行测量。转子滑环光滑不易接线，应注意把测量线接牢；否则，读数不稳定。

三、评定标准

（一）定子直流电阻

1. 周期

（1）不超过 3 年。

（2）A 修时。

（3）必要时。

（4）交接时。

2. 要求

各相或各分支的直流电阻值，在校正了由于引线长度不同而引起的误差后，相互之间的差别不得大于最小值的 2%。换算至相同温度下初次（出厂或交接时）测量值比较，相差不得大于最小值的 2%。超出此限值者，应查明原因。

3. 说明

在冷态下测量时，绕组表面温度与周围空气温度之差不应大于±3℃相间（或分支间）差别及其历年的相对变化大于 1%时，应引起注意。

（二）转子直流电阻

1. 周期

（1）A 修时。

（2）必要时。

（3）交接时。

2. 要求

与初次（出厂、交接或首次 A 修）所测结果比较，换算至同一温度下其差别一般不超过 2%。

3. 说明

（1）在冷态下进行测量。

（2）显极式转子绕组还应对各磁极线圈间的连接点进行测量。

（3）对于频繁启动的燃气轮机发电机，应在 A、B、C 修时测量不同角度的转子绕组直流电阻。

四、案例

（一）案例一

某厂 600MW 发电机在检修过程中，发现定子绕组直流电阻超差，通过直流电桥锤击法和对发电机定子绕组通入直流大电流后用红外线诊断相结合的方式确定了缺陷部位。

（1）W 相 38 号槽上、下层端部连线处焊接填料不满。

（2）U 相主引线与弓形引线间软连接板氧化严重，并对两处缺陷进行处理，处理后测量三相直流电阻均合格。

（二）案例二

在预防性试验中测得某厂 4 号发电机转子绕组直流电阻超标，利用转子在不同旋转角度下直流电阻的差异来定位故障点，结果表明导电螺杆处连接部位的松动是直流电阻超标的主要原因。

第十节　转子绕组交流耐压试验

一、试验目的

转子绕组交流耐压的测试方法和发电机定子绕组交流耐压试验方法相似，也可用于检查发电机转子绕组的绝缘情况，但应根据绕组结构区别对待。显极式发电机 A 修时和更换绕组后，要进行转子绕组交流耐压试验，原因是这种转子绝缘被击穿后较容易修理。而对隐极式转子只在拆卸护环后，局部修理槽内绝缘及局部更换绕组并修好后才做此项试验。

另外，转子绕组发生不稳定接地或高阻接地时，为查找故障点，可通过交流耐压在接地状态下烧穿故障点残余绝缘，使其变为稳定低阻接地。

二、试验方法

（一）用交流耐压进行绝缘检查

测试方法与发电机定子绕组交流耐压试验方法相似，由于一般励磁电压都较低，故试验电压也较低。对于水内冷转子应在通水情况下进行试验。

（二）用交流耐压判定接地故障点

对于转子绕组随转速和温度而变化的不稳定接地，在发生接地的转速和温度下，加交流烧成稳定接地，其试验接线如图 14-27 所示。图 14-27 中 Bs 为隔离变压器，Bty 为调压器，在转子滑环处，施加工频交流电压，试验电流不宜大于 10A，施加电压后，注意监视是否有冒烟或焦糊味等异常情况，同时注意与滑环和转子轴的连线，要接触牢固紧密；施加电压应缓慢逐级升高，监视电流表的电流。

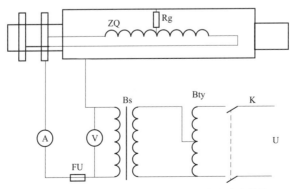

图 14-27　不稳定接地烧成稳定接地的试验接线

交流电源烧穿法可能出现两种结果，一是经历 3～5min 后，能烧成稳定接地，此时转子绕组对地电阻值恒定为最小值，不随转子的位置变化而变化；第二种是在烧穿过程中可能将接地点消除，此时转子绕组接地电阻值达兆欧级，并保持稳定不变，不随转子的位置变化而变化，即可确认接地点已消除。

有烧不成稳定接地的状态时，就要在接地情况下，采用直流压降法测量接地电阻，并计算出接地点距滑环的大概距离，然后检修将接地点消除。

三、评定标准

（一）周期

（1）显极式转子 A 修时和更换绕组后。

（2）隐极式转子拆卸护环后，局部修理槽内绝缘和更换绕组后。

（3）交接时。

（二）要求

试验电压有如下要求：

（1）显极式和隐极式转子全部更换绕组并修好后：额定励磁电压 500V 及以下者为 $10U_n$，但不低于 1500V；500V 以上者为 $2U_n + 4000V$。

（2）显极式转子 A 修时及局部更换绕组并修好后：$5U_n$ 但不低于 1000V，不大于 2000V。

（3）隐极式转子局部修理槽内绝缘后及局部更换绕组并修好后：$5U_n$，但不低于 1000V，不大于 2000V。

（4）交接时：

1）整体到货的显极式转子，试验电压应为额定电压的 7.5 倍，且不应低于 1200V。

2）工地组装的显极式转子，其单个磁极耐压试验应按制造厂规定执行。组装后的交流耐压试验，试验电压与"全部更换绕组并修好后"相同。

3）隐极式转子绕组可不进行交流耐压试验，可用 2500V 绝缘电阻表测量绝缘电阻代替交流耐压。

（三）说明

（1）隐极式转子拆卸护环只修理端部绝缘时，可用 2500V 绝缘电阻测试仪代替。

（2）同步发电机转子绕组全部更换绝缘时的交流试验电压按制造厂规定。

四、案例

某电厂 1 号发电机是美国 GE 公司制造的容量为 350MW 汽轮发电机组。在盘车状态下采用 500V 绝缘电阻表测量转子绕组绝缘电阻，其值在 0.05～100MΩ 之间有规律周期性摆动，当外集电环导电螺钉在上半周时，绝缘电阻为 100MΩ；外集电环导电螺钉在下半周时，绝缘电阻为 0.05MΩ，呈现为不稳定高阻性接地故障。故在转子绕组滑环处施加交流电流，对故障点进行烧穿，电流分别为 2、5、7.5、10A 逐步提高，经几次大电流的冲击，最终用万用表测量，转子绕组绝缘电阻为 8Ω 左右。同时，在加电流烧穿过程中转子汽轮机侧出风孔有两个已经发热，并能闻到焦糊味，初步判定接地点在汽轮机侧 12 槽（Ⅱ极 5 号线圈）。之后用转子绕组匝间电压分布法确定接地点并进行处理。

第十一节 转子绕组交流阻抗和功率损耗测量试验

一、试验目的

转子绕组匝间短路是发电机运行中常见的故障。造成转子绕组匝间短路的原因有：

（1）制造方面。

1）制造工艺不良，在转子绕组下线、整形等工艺过程中损伤了匝间绝缘。

2）绝缘材料中存在有金属性硬粒，刺穿了匝间绝缘，造成匝间短路。

（2）运行方面。在电、热和机械等的综合应力作用下，绕组产生变形、位移，致使匝间绝缘断裂、磨损、脱落或由于脏污等，造成匝间短路。

当转子绕组发生严重匝间短路时，将使转子电流增大、绕组温度升高、限制发电机的无功功率；有时还会引起机组的振动值增加，甚至被迫停机。因此，当发生上述现象时，必须通过试验找出匝间短路点，并予以消除，使发电机恢复正常运行。

测量转子绕组的交流阻抗和功率损耗，与原始（或前次）的测量值比较，是判断转子绕组有无匝间短路比较有效的方法之一。这是因为当绕组中发生匝间短路时，在交流电压下流经短路线匝中的短路电流，约比正常线匝中的电流大 n（n 为一槽线圈总匝数）倍，它有着强烈的去磁作用，并导致交流阻抗大大下降，功率损耗却明显增加。

二、试验方法

（一）试验应符合的条件

（1）根据机组检修的不同阶段，可在静止、旋转、膛内、膛外状态下进行测量。

（2）试验时，应退出转子接地保护，并断开转子绕组与励磁系统的电气连接。

（3）当在膛内进行测量时，应断开转子接地保护的保险，发电机定子绕组三相不应短接。

（4）水内冷转子在通水测量时，应采用隔离变压器加压。

（5）交流阻抗和功率损耗试验条件及方式应参照表 14-5。

表 14-5　　　　　　　　转子交流阻抗和功率损耗试验条件及方式

序号	试验阶段	转速[1] （r/min）	电压[3] （V）	备　注
1	交接机组，定子膛外	0	50/100/150/200/220	升压测量
2	交接机组，定子膛内	0	50/100/150/200/220	升压测量
3	交接机组，定子膛内，超速前	0~n_N 每间隔 300[2]	50/100/150/200/220	升速测量
4	交接机组，定子膛内，超速后	n_N~0 每间隔 300	50/100/150/200/220	降速测量
5	检修机组，定子膛外	0	50/100/150/200/220	升压测量
6	检修机组，定子膛内，定子绕组开路	0~n_N 每间隔 300	50/100/150/200/220	升压测量、升速测量

① 试验转速应避开机组的临界转速，在此前提下进行转速的选择。

② n_N 为发电机额定转速，表中所列转速间隔为推荐值，可根据实际情况进行选择。

③ 试验中，所加交流电压峰值不得超过转子绕组的额定励磁电压。表中所列电压为推荐值，可根据实际情况进行选择。

（二）试验步骤

应按图14-28要求进行接线，并应按照下列步骤进行测试：

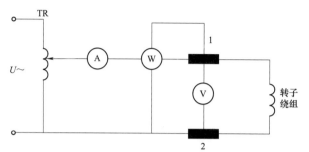

图14-28　测量交流阻抗和功率损耗的试验接线

TR—调压器；A—电流表；W—功率表；V—电压表

（1）静态下转子交流阻抗测量应用导线将集电环或径向导电螺栓与测试电源相连接；旋转状态下转子交流阻抗测量可用装在绝缘刷架上的电刷将测试电源接到集电环上。

（2）由调压器TR分级升压，并测量出电压U、电流I和功率P，然后可计算出交流阻抗Z。

（三）注意事项

（1）电压表要用最短的粗导线直接连接。

（2）为了避免相电压中含有谐波分量的影响，应采用线电压测量，并应同时测量电源频率。

（3）试验电压峰值不能超过转子绕组的额定电压。在滑环上施加电压时，要将励磁回路断开。

（4）由于在定子膛内测量阻抗时，定子绕组上有感应电压，故应将定子绕组与外电路断开。

（5）对于转子绕组存在一点接地或对水内冷转子绕组作阻抗测量时，一定要用隔离变压器加压，并在转子轴上加装接地线，以保证测量的安全。

（6）用测量交流阻抗比较法，判断凸极发电机转子绕组有无匝间短路时，可分极测量其阻抗，并经相互比较确定。

（四）影响因素

（1）护环和槽楔的影响。当一端装上护环时，使阻抗下降较少；当两端的护环均装上后，阻抗会有下降显著；当转子装上槽楔后，转子阻抗下降。

（2）转子本体剩磁的影响。因为转子本体的剩磁会使其阻抗减小，所以在测量转子绕组的阻抗时，应先检查其剩磁情况，当剩磁较大时可用直流去磁；剩磁较小时用交流去磁。一般为了减小剩磁对阻抗的影响，在静态测量阻抗、损耗与电压的关系曲线时，应从高电压（转子额定电压）逐渐做到低电压；在动态测量阻抗与转速的关系曲线时，试验电压（定值）应尽量接近转子额定电压，以提高测量结果的准确度。

（3）转子附近的铁磁性物质会对测试结果产生影响，一般会使交流阻抗变大，功率损耗增加。

（4）随着电压的升高，交流阻抗值变大，功率损耗增加。

（5）当转子处于膛内时，与处于膛外相比，交流阻抗变大，功率损耗增加。

（6）当转子处于旋转状态时，与静止状态相比，交流阻抗变小，功率损耗增加。

（7）转子在首次检修时的试验数值，可能与交接时的数值有较大的差异。

测量结果表明，因各型发电机的转子在同一交流电压下的阻抗值不同，即使在相同的短路状况下，由于短路线匝中的短路电流不同，其去磁作用所引起的阻抗下降和损耗增加的程度也就各异。所以，在应用转子绕组的阻抗和损耗值的变化量来判断绕组有无匝间短路及其程度时，难定出统一标准。仅能将现测量值与前次测量值进行比较，不应有显著变化，并结合其他的测试方法，综合判断再作定论。

在对转子绕组匝间短路诊断结果存在质疑时，应结合多种诊断方法进行综合判断。探测线圈波形法的结果与其他诊断方法的结论出现矛盾时，应以探测线圈波形法的结论为准。

当需要对匝间短路进行定位时，宜按照极间电压法、线圈电压法、电压分布曲线法的顺序进行。

三、评定标准

（一）周期

（1）A 修时。

（2）必要时。

（3）交接时。

（二）要求

阻抗和功率损耗值在相同试验条件下与历年数值比较，不应有显著变化，出现以下变化时应注意：

（1）交流阻抗值与出厂数据或历史数据比较，减小超过 10%。

（2）损耗与出厂数据或历史数据比较，增加超过 10%。

（3）当交流阻抗与出厂数据或历史数据比较减小超过 8%，同时损耗与出厂数据或历史数据比较增加超过 8%。

（4）在转子升速与降速过程中，相邻转速下，相同电压的交流阻抗或损耗值发生 5%以上的突变时。

（三）说明

（1）隐极式转子在膛外或膛内以及不同转速下测量，显极式转子对每一个转子绕组测量。

（2）每次试验应在相同条件、相同电压下进行，试验电压为 220V（交流有效值）或者参考出厂试验和交接试验电压值，但峰值不超过额定励磁电压。

（3）转子交流阻抗和功率损耗测量可用动态匝间短路监测法代替。

（4）与历年数值比较，如果变化较大可采用动态匝间短路监测法、重复脉冲法等方法查明转子绕组是否存在匝间短路。

（5）测量转速参照《隐极同步发电机转子匝间短路故障诊断导则》（DL/T 1525），转速间隔为 300r/min。

四、案例

一台 TW－50－2 型发电机的转子绕组，在消除匝间短路前后，其阻抗和损耗的测量结果如表 14-6 所示。

表 14-6 转子交流阻抗和损耗测试结果

转子位置	试验电压（V）	50	60	70	80	90	100	110
膛内	试验电流（A）	4.43/3.60	5.13/4.20	5.87/4.74	5.64/5.24	7.22/5.78	7.23/6.27	8.13/6.73
	测量阻抗（Ω）	11.30/13.90	11.70/14.30	11.90/14.80	12.22/15.30	12.45/15.60	12.95/15.90	13.55/16.30
	功率损耗（W）	99.0/101.0	150.0/141.0	210.0/187.0	285.0/236.0	360.0/204.0	453.0/347.0	570.0/408.0
膛外	试验电流（A）	4.55/3.55	5.35/4.20	6.12/4.80	6.85/5.28	7.50/5.85	8.20/6.33	8.71/5.80
	测量阻抗（Ω）	11.0/14.2	11.2/14.3	11.4/14.6	11.7/15.2	12.0/15.4	12.2/15.8	12.6/16.2
	功率损耗（W）	125.5/102.4	180.0/145.6	238.0/194.4	304.0/244.0	369.0/304.0	446.0/363.4	524.0/427.2

从表 14-8 计算得出，当转子绕组有匝间短路（4 个线圈各短路 1 匝）时，在 100V 电压下，膛内和膛外的阻抗与无短路时比较，分别下降了 18.6% 和 22.8%；而膛内和膛外的功率与无短路时比较，则分别增加了 30.5% 和 22.7%。因此，用测量阻抗和损耗的变化来判断绕组有无匝间短路是可行的。

第十二节 转子绕组匝间短路重复脉冲法（RSO）测试试验

一、试验目的

转子绕组重复脉冲法（RSO）试验可用于发现隐极式同步发电机转子匝间短路故障。目前，可用于隐极式同步发电机匝间短路故障诊断的方法众多，不同诊断方法所对应的发电机状态及转子位置见表 14-7。

表 14-7 不同诊断方法所对应的发电机状态及转子位置

诊断方法	发电机状态	转子位置
探测线圈波形法	旋转状态，发电机建立稳定的气隙磁通	膛内
转子交流阻抗和功率测试法	静止或旋转状态	膛内或膛外
重复脉冲（RSO）法	静止或旋转状态	膛内或膛外
极间电压法	静止	膛外
线圈电压法	静止	膛外
匝间电压分布法	静止	膛外

可见，RSO 法所受的限制最小，在静止或旋转状态、膛内或膛外都可进行检测；同时，还具有试验电压低（数 V）的特点，不会对绝缘造成损坏。研究和试验结果表明，RSO 法在定位精度（可定位至线圈）和灵敏度（1 匝短路）上也较高，还能发现故障先兆（非金属性短路），因此，是一种广受好评的检验方法，尤其是对于未安装探测线圈的老机组。

二、试验方法

（一）试验原理

RSO 试验应用的是波过程理论（行波技术），当信号发生器发出的低压冲击脉冲波沿绕组传播到阻抗突变点的时候会导致反射波和折射波的出现，因此，会在监测点测得与正常回路无阻抗突变时不同的响应特性曲线。匝间短路的程度通过故障点处的波阻抗变化大小来反映，显示在波形图上可以用 2 个响应特性曲线合成的平展程度来判定，有突出的地方说明匝间存在异常，并且突出的波幅大小就表明短路故障的严重程度。因此，即使绕组出现一匝短路故障，应用 RSO 技术对故障识别也有很高的灵敏度。

（二）试验过程

1. 试验应符合的条件

（1）根据交接和检修的不同阶段，可在转子处于膛外、膛内或不同转速下进行。

（2）试验时，应断开转子接地保护的保险。

（3）宜在机组交接时，留取无匝间短路状态下的初始波形。

（4）数据采集与示波装置的采样率不宜小于 20MS/s，使用更高采样率的采集系统有利于提高转子匝间短路的诊断精度。

2. 试验步骤

（1）转子处于静止状态时。

1）转子在定子膛内时。对于静态励磁型转子，宜拔除两个滑环上全部的电刷，从两极注入重复脉冲信号；对于无刷励磁型转子，应根据其励磁结构形式，选择合适的对称部位注入重复脉冲信号。

2）转子在定子膛外时。可直接从与绕组相连接的合适的对称部位注入重复脉冲信号。

（2）转子处于旋转状态时。转子两极分别通过电刷注入重复脉冲信号，测试时，应注意保证电刷引线与刷架之间的绝缘。

转子高速旋转时，电刷可能因不稳定接触而对检测工作产生影响。此时，可将全部电刷取出，通过测试杆将 RSO 脉冲信号引至两个滑环，测试杆应顺着转子转动方向紧压在转子滑环的表面。

（3）应注意的问题。

1）需延长测试电缆时，应保证测试电缆延长部分的屏蔽性能。

2）无刷励磁型转子受励磁回路结构限制，可能会对结果造成影响，应注意分析。

3）转子处于静止状态时，不同的放置角度对短路程度可能会造成影响。

4）转子旋转和静止状态的短路程度可能会不同。

3. 故障判断应符合的原则

（1）两极的响应出现明显差值，则判断转子绕组存在匝间短路，差值的正负可用于判断短路点所在绕组的极性，RSO 法的典型故障波形见图 14-29。

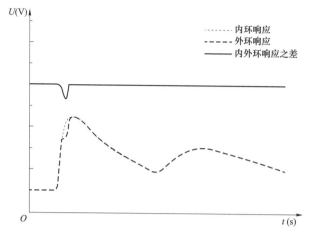

图 14-29　RSO 法的典型故障波形

（2）在旋转状态下通过电刷注入脉冲时，在波形起始段的起伏不应误判为存在匝间短路。

（3）诊断灵敏度与绕组距脉冲注入点的距离有关，距离越近灵敏度越高。

（4）不同线圈发生两匝短路的典型故障波形参见图 14－30。

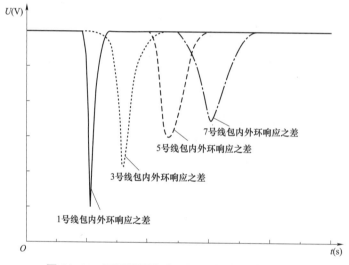

图 14-30　不同线圈发生两匝短路的典型故障波形

（5）重复脉冲法不应用于判别两极中点位置的匝间短路。

三、评定标准

（一）周期
必要时。

（二）要求
评定标准参照《隐极同步发电机转子匝间短路故障诊断导则》（DL/T 1525）。

（三）说明
试验条件、设备及方法参照《隐极同步发电机转子匝间短路故障诊断导则》（DL/T 1525）。

四、案例

某电厂针对每个发电机转子，通过模拟匝间短路得出一系列的波形，即通过在每个线圈上模拟匝间短路，得到波形图 14-31，作为波形的标准比较图。在检修过程中，通过将 RSO 测试结果与标准图进行对比，判断出 8 号线圈和 2 号线圈存在匝间短路。并根据定期检查，发现其中 8 号线圈的匝间短路没有明显变化，但 2 号线圈有了明显变化，显示匝间短路的状况在发展，阻值进一步在减少。据此，检修人员进行了相关处理。

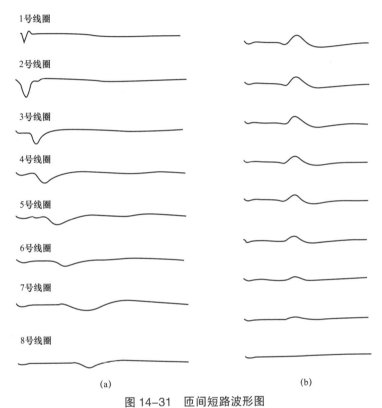

图 14-31 匝间短路波形图

（a）各线圈匝间短路标准图；（b）匝间短路阻值标准图（从上至下电阻逐渐增大）

第十三节 转子动态匝间短路测试试验

一、试验目的

发电机转子绕组静态匝间短路的测试方法，在前文已作了介绍，这对保证发电机安全运行和检修质量起到了良好的作用。但对于不稳定的动态匝间短路却无法判断。因为受离心力、热应力等的影响，在动态下造成的不稳定匝间短路，特别对大型发电机，它的转子长，直径大，质量大，阻尼作用强，测试困难就更为突出。所以，用静测法就难以确定具体的槽位，也难以排除槽楔和阻尼绕组等部件的阻尼影响。

至于大型发电机的转子绕组，一旦出现匝间短路，其危害程度也更为严重。因此，有关单位研究并采用了对转子绕组动态匝间短路的测试方法，已取得显著成效，并已普遍推广。实践证明，这种动态测试方法，经济简便，安全准确。

二、试验原理

转子动态匝间短路测试属于在线监测，其基本原理是对同步发电机气隙中的旋转磁场进行微分，根据微分所得的波形，分析、诊断转子绕组是否存在匝间短路故障，并准确判断故障所在的槽位。

汽轮发电机转子绕组通入励磁电流后所形成的磁场-磁密分布，是由沿转子圆周分布的磁势及磁导回路的磁阻所决定的。在一定的转子尺寸及磁路不饱和的情况下，气隙磁密的分布只与各槽安匝数有关。图 14-32 所示为转子主磁通、主磁势及磁密的分布图。如果转子各槽匝数相等，主磁势及磁密波形的差别仅是由于回路磁导不同所形成的分布波形，则这时形成的梯形波的阶梯是不等高的。由于转子沿横轴是对称的，气隙磁密沿横轴也呈对称分布。当转子绕组在一个槽中有短路匝时，因故障槽中安匝数减少，与故障槽相邻的两齿顶磁密差值减小。这样，即可通过观测转子气隙磁密波形变化来判断转子绕组有无匝间短路。

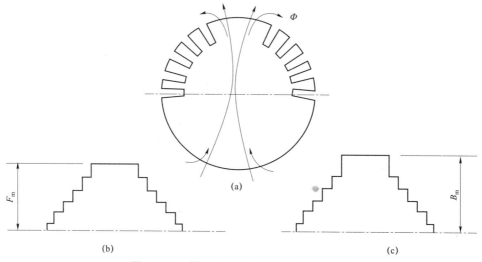

图 14-32　转子主磁通、磁势、磁密分布图
(a) 主磁通；(b) 磁势；(c) 磁密

对于汽轮机，它的气隙磁密由主磁密与漏磁密组成，如图 14-33 所示。主磁密是常见的与转子槽数相对应的梯形波，漏磁密的幅值是与转子导体所在槽的距离成反比的近似的三角波，总的气隙磁密波如图 14-33（c）所示。当任一槽中有短路匝时，则因安匝数减少，与故障槽对应的主磁密梯形波与漏磁密三角波的幅值均减小，因而在总的磁密波形中出现故障槽与相邻槽的差值比正常值高的情况。

在实际应用中，为提高检测的灵敏度，往往不是直接测量磁密波，而是采用对气隙磁密波微分来进行诊断的方法，这就是气隙磁密微分法。图 14-34 示出了气隙磁密波形微分前后的对比，图 14-34 中 δ 为测量元件距转子表面的距离。由图 14-34 可见，从磁密微分前的波形上不容易看出 4 槽和 9 槽线圈有匝间短路，而从微分后的波形上却能很清晰地分辨出 4 槽和 9 槽线圈有匝间短路。

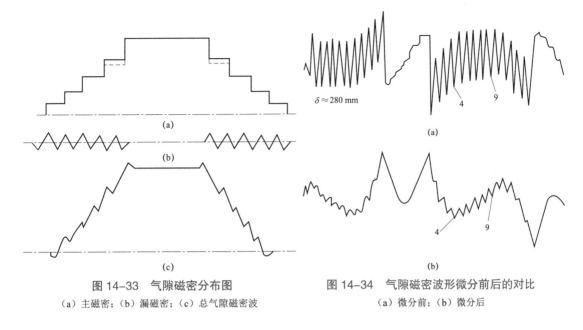

图 14-33 气隙磁密分布图

（a）主磁密；（b）漏磁密；（c）总气隙磁密波

图 14-34 气隙磁密波形微分前后的对比

（a）微分前；（b）微分后

三、试验方法

试验方法包括单导线段微分电路法和微分探测线圈法，微分探测线圈法较常用。检测时应将探测线圈的输出信号接至测量仪器，根据测量电压波形的特征波峰，可判定转子存在匝间短路故障的线圈。

1. 探测线圈的结构

探测线圈是用 0.03～0.1mm 高强度漆包线，密绕在有机玻璃框架上的小线圈，其匝数可在 100～300 匝范围内。但空冷小容量发电机应适当增加匝数。框架的结构因安装方式不同而异，可移式探测线圈因受定子铁芯径向通风沟尺寸的限制，框架结构就比较小，而固定式探测线圈框架尺寸，则可适当放大。探测线圈直径以 5～10mm 较为适宜。

2. 探测线圈的安装

探测线圈的安装方式分为固定式和可移式两种。固定式探测线圈埋在定子槽楔之中，引线是从定子铁芯径向通风沟内引出。可移式探测线圈是用环氧树脂将探测线圈固定在不锈钢管的端部，并把不锈钢管穿入定子铁芯通风沟，使探测线圈置放于定子和转子的气隙中。改变探测线圈至转子表面的距离，便可改变测量的灵敏度。但当其距离接近或大于气隙值时（与定子表面平齐或缩进），则很难反映故障状况。在向转子表面改变探测线圈位置时，要注意探测线圈与转子表面保持一定距离，以免碰到转子。

当探测线圈与转子表面相距 10～15mm 时灵敏度较高。推荐探测线圈距转子表面距离选为定子和转子气隙的 1/2 左右为宜。

3. 测量仪器

应选用阻抗大于 10MΩ 频域带宽不低于 20MHz、最大垂直灵敏度不大于 5mV 的测量仪器。

4. 注意事项

（1）为充分考虑不同槽楔材料导磁率对测量波形的影响，宜在初次投运时录取初始波形。

（2）若发电机处于并网运行状态，可先进行并网运行状态下的探测线圈波形法检测。检测效果不佳时，应改为在发电机空载或三相稳定短路状态下进行检测。

（3）对于怀疑存在动态匝间短路故障的发电机，可在不同转速下给转子绕组施加励磁电压进行空载和短路状态下的检测。

（4）试验时转子绕组施加的电压不得大于额定励磁电压。

四、评定标准

（一）判定限值

对于两极发电机，取一个磁极上的一个线圈电压与另一个磁极上相对应的同号线圈电压之差值与两者较大值之比 $U_{\delta 1}$，即

$$U_{\delta 1} = \frac{|U_{1j} - U_{2j}|}{\max(U_{1j}, U_{2j})} \times 100\% \qquad (14-4)$$

式中　U_{1j}——第一个磁极的第 j 号线圈电压，V；

　　　U_{2j}——第二个磁极的第 j 号线圈电压，V。

由转子被测槽匝数计算 $U_{\delta 2}$，即

$$U_{\delta 2} = \frac{1}{N} \times 45\% \qquad (14-5)$$

式中　N——转子被测槽匝数。

若 $U_{\delta 1} > U_{\delta 2}$，则判定转子存在匝间短路。

（二）典型图谱

正常转子与故障转子的典型探测线圈电压波形见图 14-35、图 14-36。图 14-36 中转子 3 号线圈和 4 号线圈发生匝间短路，以 3 号线圈为例，比较 "$\|U_1| - |U_2\|/|U_2| \times 100\%$" 与 "1/转子被测槽线圈匝数 $\times 45\%$" 大小，若符合判断限值，则判定为被试转子存在匝间短路。

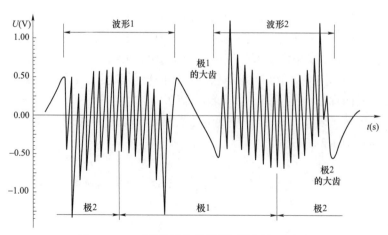

图 14-35　正常转子的典型探测线圈电压波形

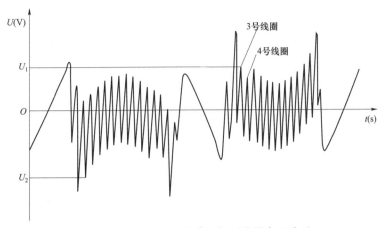

图 14-36 故障转子的典型探测线圈电压波形

五、案例

某厂 3 号机组发现轴振偏大且与无功输出变化存在相关性后，在发电机三相短路状态下录取气隙磁场波形。

在 3 号发电机定子、转子气隙间已安装转子匝间短路探测线圈，将探测线圈信号线接至录波器，可录下感应电动势波形，在短路状态下，探测线圈感应电动势波形较平滑、规则，易分辨短路匝及其所在槽位。因此，在大修前安排发电机短路试验进行气隙磁场录波，如图 14-37 所示。3 号发电机转子 N、S 极分别有 16 槽，每槽有 11 匝。从图 14-37 中可看出在转子线圈中有 1 处明显的短路点。匝间短路故障位置为键相信号对应侧第 5 线圈，已大大缩小了故障范围。

拔出励侧大护环后，在第 5 线圈 2～3 匝间发现短路点，故障点位置与事先判断结果完全一致。

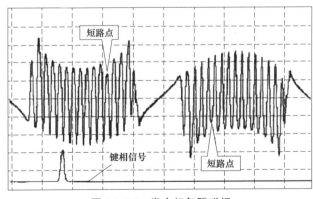

图 14-37 发电机气隙磁场

第十四节　轴电压测量试验

一、试验目的

发电机组（包括汽轮发电机、水轮发电机、同步补偿机），由于某些原因引起发电机组轴上产生了电压，如果在安装或运行中，没有采取足够的措施，当轴电压足以击穿轴与轴承间的油膜时，便发生放电，会使润滑冷却的油质逐渐劣化，并烧灼轴颈和轴瓦严重者将被迫停机造成事故。因此，在安装和运行中，测量检查发电机组的轴及轴承间的电压是十分必要的。

产生轴电压的原因如下：

1. 发电机磁通的不对称

由于磁通的不对称，导致产生轴电压，称为"单极效应"。磁通的不对称大致有以下原因：

（1）由于定子铁芯局部磁阻较大，如定子铁芯的锈蚀或分裂式定子铁芯（大部是水轮发电机）在现场组装接合不好等原因造成局部磁阻过大。

（2）因定子与转子气隙不均匀而造成磁通的不对称。

（3）因分数槽电机的电枢反应不均匀而引起转子磁通的不对称。

（4）励磁系统中高次谐波影响。

2. 高速蒸汽产生的静电

由于与发电机同轴的汽轮机轴封不好，沿轴的高速蒸汽泄漏或蒸汽在缸内高速喷射等原因使轴带电荷。这种性质的轴电压有时很高，当人触及时感到麻手，但它不易传导至励磁机侧，在汽轮机侧也有可能破坏油膜和轴瓦，通常在汽轮机轴上接引接地电刷来消除。

二、试验方法

测量轴电压的接线如图 14-38 所示。测量前，应将轴上原有的接地保护电刷提起，发电机两侧轴与轴承用铜刷短路，用交流电压表测量发电机轴的电压 U_L，然后将发电机轴承与轴经铜丝刷短路，消除油膜的压降，在励磁机侧，测量轴承支座与地之间的电压 U_2。

（1）当 $U_1 \approx U_2$ 时，说明绝缘垫绝缘情况良好。

（2）当 $U_1 > U_2$ 时（U_2 低于 U_1 的 10%），说明绝缘垫的绝缘不好。

（3）当 $U_1 < U_2$ 时，说明测量不准，应检查测量方法及仪表。

测量时可用高内阻的交流电压表或真空管电压表，在发电机各种工况下（包括空转无励磁、空载额定电压、短路额定电流以及各种负荷下）进行测量。

对于水轮发电机测量，与汽轮发电机大致相同，但测 U_1 时，电压引线需经铜刷触及下导轴承下边（对伞式水轮发电机在靠近下支架的轴颈）测量即可。

在此须指出，对于用半导体励磁的发电机，不仅要测轴电压，而且要测量它的谐波分量。

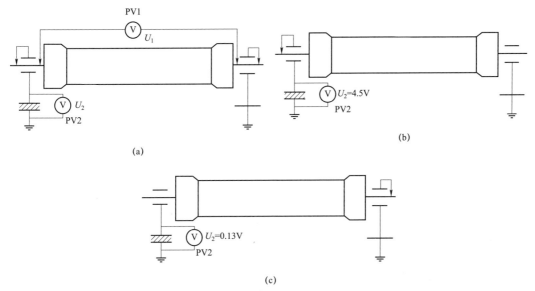

图 14-38　测量轴电压接线示意图

（a）两端轴承短路；（b）励磁机侧轴承短路；（b）汽轮机侧轴承短路

三、评定标准

（一）周期
（1）A 修后。
（2）交接时。

（二）要求
（1）汽轮发电机大轴接地端（汽轮机端）的轴承油膜被短路时，大轴非接地端（励磁机端）轴承与机座间的电压应接近等于轴对机座的电压。

（2）汽轮发电机大轴非接地端（励磁机端）的轴对地电压一般小于 20V。

（3）水轮发电机只测量轴对机座电压。

（4）交接时，应分别在空载额定电压时及带负荷后测定。

（三）说明
（1）应在额定转速和额定电压下空载运行时测量，测量时采用高内阻（不小于 1000kΩ/V）的交流电压表。

（2）如果测得的大轴非接地端（励端）轴承与机座间的电压与轴对机座的电压相差较多，应查明原因。

（3）端盖轴承的轴瓦处未引出线时可不测量该轴承对机座电压。

四、案例

某厂 4 号机组出现轴电压高的故障，在原厂设计 7 号瓦侧电刷接地情况下，最大轴电压达到 100V 左右，进而导致轴瓦发生电腐蚀。分析认为大轴接地不良和由静止励磁整流换相耦合产生的高频高峰值轴电压是导致轴电压高的主要原因。通过用专用接地电刷代替传统电刷，同时加装了轴电压监测装置等改造措施，使励磁系统产生的尖峰提前消耗在 RC 模块中，未进入转子，不能耦合到大轴产生轴电压，从而避免了大轴电腐蚀。改造后，励端轴电压的峰值由 625V 降至 4.9V。达到了预期效果。

第十五节　空载、短路特性试验

一、试验目的

（一）空载特性

空载特性是发电机的一个基本特性，空载特性试验是发电机在空载和额定转速情况下，测得定子电压与转子电流关系的试验，其目的如下：

（1）测定发电机的有关特性参数，如电压变化率、纵轴同步电抗、短路比、负载特性等。

（2）利用三相电压表读数，判断三相电压的对称性。

（3）结合空载试验进行定子绕组层间耐压试验。

（4）将测量结果进行比较，可以作为分析转子是否有匝间短路的参考。

（二）短路特性

短路特性试验是发电机在三相短路下运转时，测量定子电流与转子电流关系的试验。试验目的与空载特性试验基本相同，它可以检查定子三相电流的对称性，结合空载特性试验可以决定发电机参数和主要特性。

二、试验方法

（一）空载特性

试验接线如图 14-39 所示，所用的表计和分流器的准确级宜在 0.5 级以上，转速可用携带式转速表或周率表测量。试验时，启动机组达额定转速，如不容易调整到额定转速时，也应保持一定转速不变，用磁场变阻器将定子电压从零慢慢升至额定电压，检查三相电压是否平衡，并巡视发电机及其母线设备，同时注意观察机组振动情况、轴承温度、电刷的工作情况以及有无不正常的杂音等，然后升到额定电压。当转速、发电机定子电压为额定值时，可在磁场变阻器空载位置处作上记号。然后慢慢将电压降至近于零，每经过额定电压的 10%～

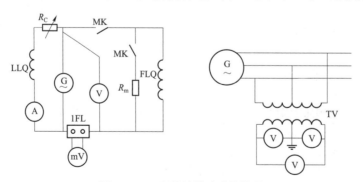

图 14-39　空载特性试验接线图

MK—灭磁开关；FLQ—转子绕组；V—电压表；LLQ—磁场线圈；IFL—分流器；TV—电压互感器；
R_c—磁场变阻器；A—电流表；R_m—转子灭磁电阻；mV—毫伏表

15%记录一次表计读数，再逐渐升高电压。升压时也与降压时一样，每隔一定电压即记录一次。定子电压一般升到额定值为止。如果空载试验与层间耐压试验一起进行，则可以升到1.3倍额定电压。并在此电压下停留5min，再逐渐降低电压。电压降至近于零时再切断励磁电流，并记录残余电压值。

（二）短路特性

试验接线如图 14-40 所示。试验时三相临时短接线应装在发电机引出口，也可以装在油断路器的外面。此时，应采取措施，防止在试验过程中油断路器跳闸而使发电机电压升得过高而损坏线匝绝缘，例如可采取将直流电源切断、用楔子将油断路器楔住等措施。机组启动后可以先记录特性，然后用一次电流检查继电保护和复式励磁装置，必要时再进行发电机干燥。

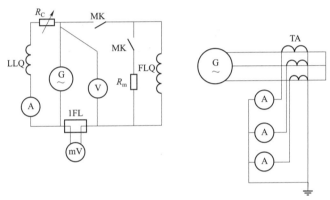

图 14-40　短路特性试验的接线

TA—电流互感器

做短路试验时，需测量定子绕组各相电流、转子电流以及励磁机的电压和励磁电流，最好 0.5 级仪表，如无条件时也可使用 1.0～1.5 级的仪表。做特性曲线时，为了保证所得曲线的准确性，应记录配电盘仪表以及接在回路中的标准仪表的读数，借此可以校对盘表的准确度。

试验时先启动发电机到额定转速，投入灭磁开关，慢慢增加励磁，同时记录全部仪表的读数性曲线。如制造厂没有特殊规定，一般升到定子额定电流即可。然后根据记录绘制短路特性曲线。在交接试验时测 5～7 个点，测得的数值与出厂试验值比较，应在允许范围以内；否则，说明转子绕组内有层间短路。

三、注意事项

（一）空载特性

（1）维持发电机在额定转速或某一稳定转速下运行。如试验时机组转速不是额定值，则应按电压＝实测电压×额定转速/实测转速进行换算。

（2）应缓慢进行转子电流调节，调到一定数值时，待表针指针稳定后再读表，并要求所有表计同时读取。

（3）在升压（或降压）过程中，磁场变阻器只可以向一个方向调节，不能随意变动方向，否则将影响试验准确度。根据记录绘制的空载特性曲线，一条是电压上升的，另一条是下降的，最后取其平均曲线作为空载特性曲线。

（4）空载试验前应将电压调整器强行励磁和强行减磁装置退出，但发电机的保护如差动保护、过流保护等可以使用。

（5）试验过程及记录中发现空载特性曲线较出厂或历年的试验有下降现象时，如试验准确性确无问题，则发电机转子可能有层间短路缺陷。

（二）短路特性

（1）三相短路线应尽量用铜（铝）排，同时要有足够的容量，定子绕组必须对称短路，连接必须良好，防止由于连接不良而造成发热、损坏设备。

（2）为校核试验的正确性，在调节励磁电流下降过程中，可按上升各点进行读数记录。

（3）转子电流用毫伏表经 0.1～0.2 级标准分流器进行测量。标准分流器串在励磁回路中。如果没有标准分流器，则可利用装设在励磁回路中的原有分流器，但此时应将配电盘转子电流表的电缆从分流器上拆下，以减少测量误差。

（4）在试验中，当励磁电流升至15%～20%额定值时，应检查三相电流的对称性。如不平衡，应立即断开励磁开关，查明原因。如事先经核对，确认定子三相短路电流相差很小时，试验可只接一块电流表。

（三）与转子匝间短路的关系

当转子绕组发生匝间短路时，其三相稳定的空载特性曲线与未短路前的比较将会下降；短路特性曲线的斜率也将会减小。但由于受测量精度的限制，一般在转子绕组短路的匝数超过总匝数的 3%～5%时，才能在空载和短路特性曲线上反映出来。因此，其灵敏度较低，也只能作为综合判断转子绕组有无匝间短路的方法之一。

同时还要说明，因空载特性曲线与发电机转速有关，并且是非线性函数，在测量时因转速不同会造成一定的误差，而短路电抗与短路电动势，均与转速成正比。一般在 1/3 额定转速以上时，短路电流与转速无关，因而避免了由于转速不同而引起的测量误差。所以，一般采用比较短路特性曲线作为判断转子绕组有无匝间短路，比空载特性曲线准确。

四、评定标准

（一）空载特性

1. 周期

（1）A 修后。

（2）更换绕组后。

（3）交接时。

2. 要求

（1）与制造厂（或以前测得的）数据比较，应在测量误差的范围以内。

（2）在额定转速下的定子电压最高值：水轮发电机为 $1.3U_n$（以不超过额定励磁电流为限）；汽轮发电机为 $1.2U_n$［带变压器时为 $1.05U_n$（预试）、$1.1U_n$（交接）］；对于有匝间绝缘的发电机最高电压为 $1.3U_n$，持续时间为 5min。

3. 说明

（1）无启动电动机的同步调相机不做此项试验。

（2）对于发电机变压器组，一般可以只做带主变压器的整组空载特性试验。

（二）短路特性

1. 周期

（1）更换绕组后。

（2）必要时。

（3）交接时。

2. 要求

与制造厂出厂（或以前测得的）数据比较，其差别应在测量误差的范围以内。

3. 说明

（1）无启动电动机的同步调相机不做此项试验。

（2）对于发电机变压器组，一般可以只做带主变压器的整组短路特性试验。

（3）最大短路电流不低于额定电流。

第十五章　电力变压器试验

变压器是电网中最重要的电力设备之一，变压器的安全稳定运行对整个电网的安全稳定起着举足轻重的作用。在交接试验通过后，投运后的变压器依据试验情况可以分为运行中的试验项目、预防性试验项目、大修试验项目或例行试验项目、诊断性试验项目。

具体试验项目包括油中溶解气体色谱分析、绕组直流电阻、绕组绝缘电阻、吸收比或极化指数、绕组介损、套管试验、绝缘油试验、交流耐压试验、铁芯绝缘电阻、穿芯螺栓等绝缘电阻、油中含气量、油中含水量、绕组泄漏电流、局部放电、有载调压装置的试验和检查、测温装置及其二次回路试验、气体继电器及其二次回路试验、压力释放器试验、整体密封性检查、冷却装置及其二次回路试验、套管电流互感器试验、变压器绕组变形试验等。在此仅简单介绍以下试验项目。

第一节　绕组直流电阻测量试验

一、试验目的

变压器绕组直流电阻的测量是变压器试验中一个重要的试验项目。直流电阻试验可以检查出绕组内部导线的焊接质量，引线与绕组的焊接质量，绕组所用导线的规格是否符合设计要求，分接开关、引线与套管等载流部分的接触是否良好，三相电阻是否平衡等。直流电阻试验的现场实测中，发现了诸如变压器接头松动、分接开关接触不良、挡位错误等许多缺陷，对保证变压器安全运行起到了重要作用。

二、试验方法

（一）测量方法

（1）降压法：其是一种测量直流电阻最简单的方法。在被试电阻上通以直流电流，用合适量程的毫伏表或伏特表测量电阻上的压降，然后根据欧姆定律计算出电阻，即为压降法。

（2）电桥法：采用电桥法测量的准确度高，灵敏度高，并可直接读数。用电桥法测量时，常采用单臂电桥和双臂电桥等专门测量直流电阻的仪器。当变压器容量较大时，用干电池等作为电源，充电时间较长，现在一般厂家及运行部门均采用恒流电源作电桥的测量电源。

用电桥法测量变压器绕组时，由于绕组的电感比较大，同样需等充电电流稳定后，再合上检流计开关；测取读数后拉开电源前，先断开检流计。测量 220kV 及以上的变压器绕组电阻时，在切断电源前，不但要断开检流计开关，而且要将被试品接入电桥的测量电压线也断开，防止由于拉闸电源瞬间的反电动势将桥臂电阻间和桥臂电阻对地绝缘击穿。

（二）测量中注意事项

（1）导线与仪表及测试绕组端子的连接必须良好。用单臂电桥测量时测量结果应减去引线电阻。测量时双臂电桥的 4 根线（C1、P1、C2、P2）应分别连接，C1、C2 引线（测量电流）应接在被测绕组外侧，P1、P2 引线（测量电压）接在被测绕组内侧，以避免将 C1、C2 与绕组连接处的接触电阻测量在内。

（2）准确记录被试绕组的温度。

（3）测量大型变压器绕组的直流电阻时，测量绕组及其他非被测的各电压等级的绕组应与其他设备断开（如避雷器），不能接地并禁止有人工作，以防止直流电源投入或断开时可能产生的感应高压危及安全，且非被测绕组接地会导致产生较大的测量误差。

三、评定标准

（一）周期

（1）1～3 年。

（2）无励磁调压变压器变换分接位置后。

（3）有载调压变压器的分接开关检修后（在所有分接侧）。

（4）大修后。

（5）必要时。

（二）要求

（1）1.6MVA 以上的变压器，各相绕组直流电阻相互间的差别（又称相间差）不应大于三相平均值的 2%；无中性点引出的绕组直流线电阻相互间的差别（又称线间差）不应大于三相平均值的 1%。

（2）1.6MVA 及以下的变压器，相间差别一般不大于三相平均值的 4%；线间差别一般不大于三相平均值的 2%。

（3）测得值与以前（出厂或交接）相同部位测得值比较，其变化不应大于 2%。

（三）注意事项

（1）不同温度下的电阻值按下式换算，即

$$R_2 = R_2 \left(\frac{T + t_2}{T + t_1} \right) \tag{15-1}$$

式中　R_1、R_2——在温度 t_1、t_2 时的电阻值，Ω；

　　　　T——计算用常数，铜导线取 235、铝导线取 225。

（2）无励磁调压变压器应在使用的分接锁定后测量。

（四）三相电阻不平衡的分析

（1）变压器套管中导电杆和内部引线接触不良。现场发现多起变压器大修后套管中导电杆和内部引线连接处螺栓紧固不紧，造成接头发热现象。

（2）分接开关接触不良。由于分接开关内部不清洁、电镀脱落，弹簧压力不够造成个别分接头的电阻偏大，三相电阻不平衡。

（3）大容量变压器的低压绕组采用双螺旋或 4 螺旋式，由于螺旋间导线互移，引起每相绕组间的电阻不平衡。

（4）焊接不良。由于引线和绕组焊接质量不良造成接触处电阻偏大或多股并绕绕组的一股或几股没有焊上，造成电阻偏大。

（5）电阻相间差在出厂时就超过规定。

火力发电厂绝缘技术监督工作手册

（6）错误的测量接线及试验方法。

四、案例

某变压器型号为 S9－1250/10，联结组别为 Yyn0 变压器，其直流电阻测试结果如表 15－1 所示。

表 15-1　　　　　　　　　　直 流 电 阻 测 试 结 果

分接位置	R_{AB}	R_{BC}	R_{CA}	最大不平衡率（%）
Ⅰ	0.622	0.621	0.537	14.33
Ⅱ	0.512	0.509	0.511	0.59
Ⅲ	0.488	0.489	0.490	0.20

将线电阻换算成相电阻，可看出 B 相电阻最大：
$$R_A = (R_{AB} + R_{CA} - R_{BC})/2 = (0.622 + 0.537 - 0.621)/2 = 0.269\Omega$$
$$R_B = (R_{AB} + R_{BC} - R_{CA})/2 = (0.622 + 0.621 - 0.537)/2 = 0.353\Omega$$
$$R_C = (R_{CA} + R_{BC} - R_{AB})/2 = (0.537 + 0.621 - 0.622)/2 = 0.268\Omega$$
经吊心检查发现，10kV 侧 B 相绕组 Ⅰ 档分接引线与分接开关导电柱内螺钉连接松动，紧固螺钉后，再测不平衡率符合要求。

第二节　绕组绝缘电阻、吸收比及极化指数测量试验

一、试验目的

测量绕组绝缘电阻、吸收比和极化指数，能有效地检查出变压器绝缘整体受潮、部件表面受潮或脏污，以及贯穿性的集中性缺陷，如瓷件破裂、引线接壳、器身内有金属接地等缺陷。

二、试验方法

（一）测试原理

需要注意的是中、小型变压器的吸收现象要弱些，根据吸收比的变化就可以判断绝缘的状况；对于大容量和吸收过程较长的试品，如大型变压器，有时吸收比尚不足反映吸收的全过程，而采用较长时间的极化指数来描述绝缘吸收的全过程。

（二）使用仪器

采用 2500V 或 5000V 绝缘电阻表。

（三）注意事项

（1）测量前被试绕组应充分放电。

（2）测量温度以顶层油温为准，尽量使每次测量温度相近。

（3）尽量在油温低于 50℃时测量，不同温度下的绝缘电阻值一般可按下式换算，即
$$R_2 = R_1 \times 1.5^{(t_1-t_2)/10}$$

（15－2）

162

式中 R_1、R_2——温度 t_1、t_2 时的绝缘电阻值，Ω；

（4）吸收比和极化指数不进行温度换算。

（5）测量绕组绝缘电阻时，应依次测量各绕组对地和对其他绕组间的绝缘电阻值。测量时，被测绕组各引线端均应短接在一起，其余非被测绕组皆短路接地。

如果变压器为自耦变压器时，自耦绕组可视为一个绕组。如三绕组变压器高、中压绕组自耦时，共测 3 次，测量顺序及部位如下：

1）低压绕组→高、中压绕组及地。

2）高、中、低压绕组→地。

3）高、中压绕组→低压绕组及地。

三、评定标准

（一）周期

（1）1～3 年。

（2）大修后。

（3）必要时。

（二）试验结果分析判断

（1）安装时绝缘电阻值不应低于出厂试验时绝缘电阻的 70% 或不低于 10 000MΩ（20℃）。

（2）当测量温度与产品出厂试验时的温度不符合时，油浸式电力变压器绝缘电阻的温度换算系数可按表 15-2 换算到同一温度时的数值进行比较。

表 15-2　　　　　　　　　　油浸式电力变压器绝缘电阻的温度换算系数

温度差 K（℃）	5	10	15	20	25	30	35	40	45	50	55	60
换算系数 A	1.2	1.5	1.8	2.3	2.8	3.4	4.1	5.1	6.2	7.5	9.2	11.2

注　1. 表中 K 为实测温度减去 20℃ 的绝对值。

　　2. 测量温度以上层油温为准。

当测量绝缘电阻的温度差不是表 15-2 中所列数值时，其换算系数 A 可用线性插值法确定，也可按式（15-3）计算，即

$$A = 1.5^{K/10} \tag{15-3}$$

式中 K——实测温度减去 20℃ 的绝对值。

当实测温度为 20℃ 以上时，则

$$R_{20} = AR_t \tag{15-4}$$

当实测温度为 20℃ 以下时，则

$$R_{20} = R_t/A \tag{15-5}$$

式中 R_{20}——校正到 20℃ 时的绝缘电阻值，MΩ；

　　　R_t——在测量温度下的绝缘电阻值，MΩ。

（3）变压器电压等级为 35kV 及以上，且容量在 4000kVA 及以上时，应测量吸收比。吸

收比与产品出厂值相比应无明显差别，在常温下应不小于 1.3；当 R_{60} 大于 3000MΩ 时，吸收比可不做考核要求。

变压器电压等级为 220kV 及以上且容量为 120MVA 及以上时，宜用 5000V 绝缘电阻表测量极化指数。测得值与产品出厂值相比应无明显差别，在常温下不小于 1.5；当 R_{60} 大于 10 000MΩ 时，极化指数可不做考核要求。

（4）同期同类型变压器同类绕组的绝缘电阻不应有明显异常。

（5）同一变压器绝缘电阻测量结果，一般高压绕组测量值应大于中压绕组测量值，中压绕组测量值大于低压绕组测量值。

（6）将测试数据换算到相同温度下，与前一次测试结果相比；或参照同一设备历史数据，并结合规程标准及其他试验结果进行综合分析。

第三节　绕组介质损耗因数（tanδ）测试试验

一、试验目的

绕组介质损耗因数（tanδ）测试试验主要检查变压器整体是否受潮、绝缘油及纸是否劣化、绕组上是否附着油泥及存在严重局部缺陷等。它是判断变压器绝缘状态的一种较有效的手段。tanδ 测试试验是一项必不可少而且非常有效的试验，能较灵敏地反映出设备绝缘情况，发现设备缺陷。

二、试验方法

（一）测试原理

试验对发现中、小型变压器（容量在 90 000kVA 以下）的绝缘整体受潮比较有效，测量变压器主体 tanδ 时应连同套管一起测量。

由于变压器外壳均直接接地，现场一般来用反接线法测量 tanδ。测量变压器的 tanδ 时，应将非被试绕组短路接地，加压绕组短路并接高压。双绕组变压器和三绕组变压器等值电容如图 15−1 所示。以双绕组变压器为例，测量双绕组变压器 tanδ 和 C_X 试验接线如图 15−2 所示。

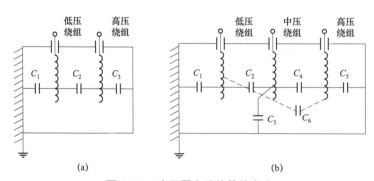

图 15−1　变压器主绝缘等值电容

（a）双绕组变压器；（b）三绕组变压器

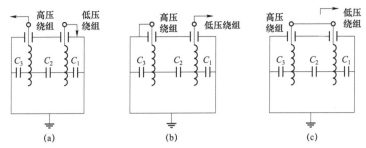

图 15-2 测量双绕组变压器 tanδ 和 C_x 试验接线图

按图 15-2（a）接线进行测量时，可测得

$$C_k = C_2 + C_3 \tag{15-6}$$

$$\tan\delta_k = \frac{C_2 \tan\delta_2 + C_3 \tan\delta_3}{C_2 + C_3} \tag{15-7}$$

同理，按照图 15-2（b）得

$$C_b = C_2 + C_1 \tag{15-8}$$

$$\tan\delta_b = \frac{C_1 \tan\delta_1 + C_2 \tan\delta_2}{C_2 + C_1} \tag{15-9}$$

同理，按照图 15-2（c）得

$$C_{k+b} = C_1 + C_3 \tag{15-10}$$

$$\tan\delta_{k+b} = \frac{C_1 \tan\delta_1 + C_3 \tan\delta_3}{C_3 + C_1} \tag{15-11}$$

由上可得

$$C_1 = \frac{C_b - C_k + C_{k+b}}{2} \tag{15-12}$$

$$C_2 = C_b - C_1 \tag{15-13}$$

$$C_3 = C_k - C_2 \tag{15-14}$$

$$\tan\delta_1 = \frac{C_b \tan\delta_b - C_k \tan\delta_k + C_{k+b} \tan\delta_{k+b}}{2C_1} \tag{15-15}$$

$$\tan\delta_2 = \frac{C_b \tan\delta_b - C_1 \tan\delta_1}{C_2} \tag{15-16}$$

$$\tan\delta_3 = \frac{C_k \tan\delta_k - C_2 \tan\delta_2}{C_3} \tag{15-17}$$

式中 C_1、$\tan\delta_1$ ——低压绕组对地的电容和介损，F、%；

C_2、$\tan\delta_2$ ——低压绕组对高压绕组的电容和介损，F、%；

C_3、$\tan\delta_3$ ——高压绕组对地的电容和介损，F、%；

C_k、$\tan\delta_k$ ——高压绕组对低压绕组及地的电容和介损，F、%；

C_b、$\tan\delta_b$ ——低压绕组对高压绕组及地的电容和介损，F、%；

C_{k+b}、$\tan\delta_{k+b}$ ——低压绕组及高压绕组对地的电容和介损，F、%。

（二）变压器 tanδ 测量的影响因素

1. 测试接线的影响

测量变压器 tanδ 时，要求将被测绕组分别短路，非被测绕组也应短路接地，以免由于绕组的电感造成各侧绕组端部和尾部电压相差较大，影响测量的准确度。

2. 温度的影响

温度对测量变压器 tanδ 有较大的影响。一般来说，测量温度以顶层油温为准，尽量使每次测量的温度相近。运行中变压器测量最好在油温低于 50℃ 时测量。不同温度下的 tanδ 值可按公式进行换算，即

$$\tan\delta_2 = \tan\delta_1 \times 1.3^{t_2-t_1} \tag{15-18}$$

式中　$\tan\delta_1$、$\tan\delta_2$——温度为 t_1、t_2 时的 tanδ 值，%；

3. 变压器套管 tanδ 的影响

测量得出的变压器的 tanδ，包括了变压器套管的 tanδ。

在对变压器进行 tanδ 测量时，变压器套管本身的绝缘状况对整体 tanδ 值影响不大。换言之，测量变压器绕组的 tanδ 时，对连接在相应测试绕组上的套管的绝缘缺陷反映不是很灵敏的。

三、评定标准

（一）周期

（1）1～3 年。

（2）大修后。

（3）必要时。

（二）要求

（1）20℃ 时 tanδ 不大于下列数值：

1）330～500kV：0.6%。

2）66～220kV：0.8%。

3）35kV 及以下：1.5%。

（2）tanδ 值与历次测量数值比较，不应有显著变化（一般不大于 30%）。

（3）试验电压：

1）绕组电压 10kV 及以上：10kV。

2）绕组电压 10kV 以下：U_n。

第四节　泄漏电流测量试验

一、试验目的

泄漏电流测量试验的试验原理和作用与绝缘电阻测量试验相似，只是试验电压较高，用微安级电流表监视，因而测量灵敏度较高。现场实践证明，它能较灵敏有效地发现变压器套管密封不严进水、高压套管有裂纹等其他试验项目不易发现的缺陷。

二、试验方法

（1）测量变压器泄漏电流的试验接线与测量次数及部位，均与测量绝缘电阻的相同。测量时将直流高压试验装置的高压输出端接被测绕组，非被测绕组接外壳及地。

（2）电压等级为 35kV 及以上，且容量为 10 000kVA 及以上的变压器须进行泄漏电流试验，试验时应读取 1min 时的泄漏电流值。

三、评定标准

（一）周期
（1）1～3 年或自行规定。

（2）必要时。

（二）泄漏电流的判断标准
一般是与同类型设备数据比较或同一设备历年数据比较，不应有显著变化，并结合其他绝缘试验结果综合分析作出判断。

试验电压一般见表 15-3。

表 15-3　　　　　　　变压器直流泄漏试验电压

绕组额定电压（kV）	3	6～10	20～35	66～330	500
直流试验电压（kV）	5	10	20	40	60

第五节　交流耐压试验

一、试验目的

交流耐压试验是检验变压器绝缘强度最直接、最有效的方法，对发现变压器主绝缘的局部缺陷，如绕组松动，引线距离不够，油中有杂质、气泡以及绕组绝缘上附着有脏污等缺陷十分有效。

二、试验方法

（1）变压器交流耐压试验必须在变压器充满合格的绝缘油，并静置一定时间后，且其他绝缘试验合格后才能进行。

（2）试验时被试绕组的引出端头均应连在一起加压，非被试绕组引出线端头、铁芯、箱壳等应连在一起接地。

（3）电力变压器交流耐压试验电压值，按出厂试验电压值的 0.8 倍确定。

三、判定标准

（一）周期
（1）1～5 年（10kV 及以下）。

（2）大修后（66kV 及以下）。

（3）更换绕组后。

（4）必要时。

（二）要求

（1）试验电压波形应接近正弦，试验电压值应为测量电压的峰值除以 $\sqrt{2}$，试验时应在高压端监测。

（2）外施交流电压试验电压的频率不应低于 40Hz，全电压下耐受时间应为 60s；试验电压不出现突然下降，则试验合格。

第六节　大型变压器感应耐压试验

变压器等电力设备内绝缘分为主绝缘和纵绝缘。运行过程中不仅承受工频电压作用，而且还要承受内、外过电压作用。为了保证变压器的安全运行，必须对主、纵绝缘施加规定的电压以考核绝缘水平。进行工频交流耐压试验时，被试绕组首尾相连，所试绕组各部处于同一电压，只考核了变压器绕组对铁芯和油箱、不同额定电压绕组间的主绝缘，而纵绝缘没有得到考核。另外，电力系统中有大量分级绝缘变压器，中性点绝缘水平比出线端绝缘水平低，如 110kV 变压器，中性点为 35kV（老的），新变压器为 40kV；220kV 变压器中性点为 110kV。这种分级绝缘变压器采用外施高压试验考核是无法同时满足绕组各部位绝缘要求的。因为外施高压试验中性点绝缘水平时，达到试验电压，而出线端远远未达到规定的试验电压；反之，外施高压试验出线端绝缘水平时，当达到试验电压时，又远远超过中性点的绝缘水平。所以，分级绝缘变压器，主、纵绝缘都不能采用外施高压试验方法来考核。

变压器纵绝缘主要是匝间、层间、段间和相间的。如果在低压侧施加 50Hz 的 2 倍额定电压，其他绕组开路，可达到考核纵绝缘的目的。但由于变压器的铁芯伏－安特性曲线在额定电压时，已接近饱和部分。将励磁电压升到 2 倍的额定电压值，则空载电流会急剧增加，达到不能允许的程度。所以，不能用工频电压进行纵绝缘试验。

综上所述，变压器的纵绝缘水平，分级绝缘变压器主、纵绝缘水平只能采用感应耐压试验来考核。对分级绝缘变压器，外施耐压试验仅仅考核中性点绝缘水平，其绕组主、纵绝缘绝缘水平需要感应耐压试验考核，发现其他电气试验所不能考察的绝缘缺陷。

为顺利进行感应耐压试验，除满足以上要求外，对结构复杂的分级绝缘变压器，如整流变压器和自耦变压器的感应耐压试验，要全面分析结构情况，合理选择试验接线方式，并认真计算各绕组对地及相间试验电压值；正确选择试验设备，制定合理的试验方案。

鉴于该变压器内部结构及各绕组电压等级，感应耐压试验接线主要依据变压器内部结构而定。

第七节　局部放电测量试验

一、试验目的

进行变压器感应耐压局部放电试验的目的是考核变压器绕组对地和绕组之间的主绝缘

强度以及局部放电量是否满足要求。可以考察变压器绝缘耐电强度，发现其他电气试验所不能考察的绝缘缺陷。

二、试验原理

（一）局部放电测试回路

用电气法测量局部放电的基本回路有直接法测量回路和平衡法测量回路。

局部放电的测量仪器按所测定参量可分为不同类别。目前有标准依据的是测量视在放电量的仪器。这种仪器的指示方式通常是示波屏与数字式放电量（pC）表或数字、显示并用。用示波器是必须的，示波屏上显示的放电波形有助于区分内部局部放电和来自外部的干扰。

放电脉冲通常显示在测量仪器的示波屏上的李沙育（椭圆）基线上。测量仪器的扫描频率应与试验电源的频率相同。

几乎所有的局部放电测量仪都不可能直接由测得的放电脉冲参数给出视在放电量的数值，因此需要校准。确定整个试验回路的换算系数称为视在放电量的校准。试验回路每改变一次必须进行一次校准。

在整个试验过程中，应连续观察放电波形，并按一定的时间间隔记录放电量。放电量的读取，以相对稳定的最高脉冲为准，偶尔发生的较高的脉冲往往为干扰，可忽略，但应做好记录备查。

图 15-3 是双绕组变压器单相励磁基本原理接线图。实际接线时在低压侧加压，高压侧的耦合电容从高压套管末屏取信号，如图 15-4 所示。

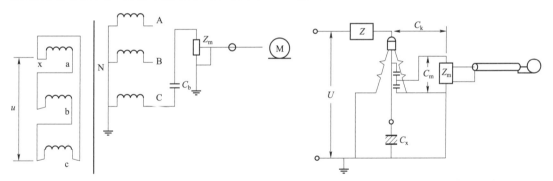

图 15-3 变压器单相励磁基本原理接线图   图 15-4 利用高压套管进行局部放电试验的接线原理图

试验电压、加压时间及局部放电量限值依据《电力变压器 第 3 部分：绝缘水平、绝缘试验和外绝缘空气间隙》（GB/T 1094.3）进行。

（二）局部放电测量程序

1. 试品预处理

试验前，试品应按有关规定进行预处理。使试品表面保持清洁、干燥，以防绝缘表面潮气或污染引起局部放电。在无特殊要求情况下，在试验期间试品应处于环境温度。试品在前一次机械、热或电气作用以后，应静放一段时间再进行试验，以减少上述因素对本次试验结果的影响。

2. 检查测试回路本身的局部放电水平

先不接试品，仅在试验回路施加电压，如果在略高于试品试验电压下仍未出现局部放电干扰水平或接近试品放电量最大允许值的 50%，则必须找出干扰源并采取措施以降低干扰水平。

3. 测试回路的校准

在加压前应对测试回路中的仪器进行例行校正，以确定测试回路的刻度系数，该系数受回路特性及电容量的影响。

在已校正的回路灵敏度下，观察未接通高压电源及接通高压电源后是否存在较大的干扰，如果有干扰应设法排除。

4. 测定局部放电起始电压和熄灭电压

拆除校准装置，其他接线不变，在试验电压波形符合要求的情况下，电压从远低于预期的局部放电起始电压加起，按规定速度升压直至放电量达到某一规定值时，此时的电压即为局部放电起始电压。其后电压再增加 10%，然后降压直到放电量等于上述规定值，对应的电压即为局部放电的熄灭电压。测量时，不允许所加电压超过试品额定耐受电压。另外，重复施加接近于它的电压也有可能损坏试品。

5. 测量规定试验电压下的局部放电量

由上述可知，表征局部放电的参数都是在特定电压下测量的，它可能比局部放电起始电压高得多。有时规定测几个试验电压下的放电量，有时规定在某试验电压下保持一定时间并进行多次测量，以观察局部放电的发展趋势。在测放电量的同时，可测放电次数、平均放电电流及其他局部放电参数。

（三）试验条件

（1）变压器储油柜的油面达到要求、套管的油面达到要求。

（2）变压器真空注油后，静置时间符合制造厂规定。

（3）变压器排气充分。

（4）试验前变压器全部常规试验应合格。

（5）试验前，应断开变压器高压端与高压母线之间的电气连接，试验后恢复。

（6）变压器高压套管加装均压环。

（7）为局部放电试验装置提供合适的电源。

（8）试验前取变压器油样作色谱分析，结果应合格。

（9）变压器无载调压分接调至最大分接。

（四）试验步骤

变压器局部放电试验加压程序示意图见图 15-5。

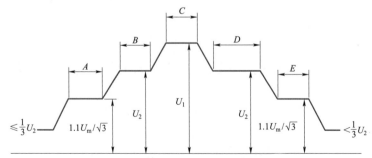

图 15-5 变压器局部放电试验加压程序示意图

$A = 5\text{min}$；$B = 5\text{min}$；$C =$ 试验时间；$D = 30\text{min}$；$E = 5\text{min}$；$U_1 = 1.7 U_m \sqrt{3}$；$U_2 = 1.5 U_m \sqrt{3}$

（1）在不大于 1/3（$1.3U_m\sqrt{3}$）的电压下接通电源（U_m 为设备最高电压）。

（2）上升到 $1.1U_m\sqrt{3}$，保持 5min。

（3）上升到 $1.5U_m\sqrt{3}$，保持 5min。

（4）上升到 $1.7U_m\sqrt{3}$，当试验电压频率等于或小于两倍额定频率时，试验持续时间应为 60s；当试验频率超过两倍额定频率时，试验持续时间应为 $120\times\dfrac{\text{额定频率}}{\text{试验频率}}$（s），但不少于 15s。

（5）试验后立刻不间断地降低到 $1.5U_m\sqrt{3}$，并至少保持 30min，以便测量局部放电。

（6）降低到 $1.1U_m\sqrt{3}$，保持 5min。

（7）当电压降低到 1/3（$1.3U_m\sqrt{3}$）以下时，方可断开电源。

三、判定标准

（一）周期

（1）大修后（220kV 及以上）。

（2）更换绕组后（220kV 及以上、120MVA 及以上）。

（3）必要时。

（二）试验判定

在施加试验电压的整个期间，应按下述的方法监测局部放电。

（1）在电压上升到 U_2 及由 U_2 下降的过程中，应记录可能出现的局部放电起始电压和熄灭电压，在 $1.1U_m\sqrt{3}$ 下测量局部放电视在电荷量。

（2）在电压 U_2 的第一个阶段中应读取并记录一个读数。对该阶段不规定其视在电荷量值。

（3）在电压 U_1 期间内应读取并记录一个读数。对该阶段不规定其视在电荷量值。

（4）在电压 U_2 的第二个阶段的整个期间，应连续地观察局部放电水平，并每隔 5min 记录一次。如果满足下列要求，则试验合格：

1）试验电压不产生突然下降。

2）在 U_2 的长时试验期间，高压端子局部放电量的连续水平应不大于 500pC。

3）在 U_2 下，局部放电不呈现持续增加的趋势，偶然出现较高幅值的脉冲以及明显的外部电晕放电脉冲可以不计入。

4）在 $1.1U_m/\sqrt{3}$ 下，视在电荷量的连续水平应不大于 100pC。

（5）局部放电试验后油色谱分析结果合格，局部放电试验前后油色谱试验结果无明显差异。

（三）遇到干扰的分析及处理

1. 干扰分类

（1）在试验回路未通电前就存在的干扰。其来源主要是试验回路以外的其他回路中的开关操作、附近高压电场、发电机整流和无线电传输等。

（2）试验回路通电后产生的干扰，不是来自试品内部的干扰。这种干扰通常随电压增加而增大，包括试验变压器本身的局部放电、高压导体上的电晕或接触不良放电，以及低压电源侧局部放电、通过试验变压器或其他连线耦合到测量回路中引起的干扰等。

2. 抑制电源干扰的方法

（1）在高压试验变压器的初级设置低通滤波器，抑制试验供电网络中的干扰。低通滤波器的截止频率应尽可能低，并设计成能抑制来自相线、中线（220V 电源时）的干扰。通常设计成 Π 形滤波器。

（2）试验电源和仪器用电源设置屏蔽式隔离变压器，抑制电源供电网络中的干扰，因此，隔离变压器应设计成屏蔽式结构。屏蔽式隔离变压器和低压电源滤波器同时使用，抑制干扰效果更好。

（3）在试验变压器的高压端设置高压低通滤波器，抑制电源供电网络中的干扰。高压滤波器通常设计成 T 形或 Π 形，也可以是 L 形。它的阻塞频率应与局部放电检测仪的频带相匹配。

（4）高压端部电晕放电的抑制措施。高压端部电晕放电的抑制措施主要是选用合适的无晕环（球）及无晕导杆作为高压连线。

（5）不同电压等级设备无晕环的结构。110kV 及以下设备，可用单环屏蔽，其圆管和高压无晕金属圆管的直径均在 50mm 及以下。

（6）接地干扰的抑制。抑制试验回路接地系统的干扰，唯一的措施是在整个试验回路选择一点接地。有的仪器本身具有抑制干扰的功能，这时可采用平衡接线法和时间窗口法抑制干扰。

四、局部放电带电检测介绍

带电检测一般采用便携式检测设备，在运行状态下，对设备状态量进行的现场检测方式为带电短时间内检测。有别于长期连续的在线监测，具有投资小、见效快的特点，适合当前我国电力生产管理模式和经营模式。

变压器局部放电带电检测的方法包括特高频法、高频脉冲电流法和超声波法，前两种方法与在线监测相近，这里简单介绍超声波法。

（一）试验原理

变压器内部发生局部放电时，伴随有超声波信号的产生，通过在变压器金属箱壁上防止超声传感器，可接收到变压器内部放电产生的超声波信号。分析所采集到的超声波信号和特征信息，可判断变压器内部是否发生了局部放电。根据不同位置传感器（至少 4 个）接收信号的时间差可计算变压器内部放电源的具体位置。

（二）试验特点

（1）受电气干扰少。

（2）灵敏度高，操作简单。

（3）可随时检测，跟踪分析绝缘缺陷。

（4）可识别多个局部放电源。

（5）可对变压器内部的局部放电源进行准确定位，指导检修工作。

第八节　绕组变形测试试验

一、试验目的

变压器在运行过程中，由于外部短路（尤其是出口短路）而造成大、中型变压器损坏的事故时有发生，严重威胁电力系统安全运行。据统计 110kV 及以上变压器因外部短路引起的损坏事故占总事故的 23%左右，而且还呈上升趋势。

变压器出口附近短路，绕组内部遭受巨大的、不均匀的轴向和径向电动力冲击，如果绕组内部的机械结构有薄弱点，使绕组扭曲、鼓包或位移等变形，严重时还会发生损坏事故。由于大、中型变压器的动热稳定性计算方法还不够完善，又不能用突发短路来试验，所以，对变压器绕组进行变形测试是十分必要的。

出厂试验是为了留下指纹以便对比，在安装验收时试验可验证运输过程中是否变形，出口短路后试验，结果与安装或出口短路前比较，可验证短路是否出现变形及变形严重程度。如果变形严重，则进行吊罩检修，以防事故发生。

二、试验方法

（一）试验原理

1. 采用频响法测量变压器绕组变形

从绕组一端对地注入扫描信号源，测量绕组两端口特性参数，如输入阻抗、输出阻抗、电压传输比和电源传输比的频域函数。通过分析端口参数的频域图谱特性，判断绕组的结构特征。绕组发生机械变形后，势必引起网络分析参数变化，这样就可以比较绕组对扫频电压信号（可依次输出不同频率的正弦波电压信号）的响应波形判断绕组是否发生变化。现场只测量电压传输比，只反映等效网络的衰减特性。

2. 绕组频率响应特性具有的特点

频率低于 10kHz 时，频率响应特点主要由绕组电感所决定，谐振点少，对分布电容变化不灵敏。当频率超出 1MHz 时，绕组的电感又被分布电容所短路，谐振点也会相应减少，对电感变化不灵敏；但当测试频率提高时，测试回路的杂散电容也会造成明显的影响。频率在 10kHz～1MHz 范围内，分布电感和电容均起作用，具有较多谐振点，能够灵敏反应分布电感、电容的变化。因此，在测量变压器变形时选用 10kHz～1MHz 之间的频率，具有 1000 个左右的线性分布扫描点，就可获得较好的效果。

（二）检测方法

变压器绕组变形检测应在所有直流试验项目之前或者在绕组充分放电以后进行。应根据接线要求和接线方式，逐一对变压器的各个绕组进行检测，分别记录幅频响应特性曲线。

（三）接线要求

（1）检测前应拆除与变压器套管端部相连的所有引线，并使拆除的引线尽可能远离被测变压器套管。对于套管引线无法拆除的变压器，可利用套管末屏抽头作为响应端进行检测，但应注明，并应与同样条件下的检测结果作比较。

（2）变压器绕组的幅频响应特性与分接开关的位置有关，宜在最高分接位置下检测；或者应保证每次检测时分接开关均处于相同的位置。

（3）因检测信号较弱，故所有接线均应稳定、可靠，减小接触电阻。

（4）两个信号检测端的接地线均应可靠连接在变压器外壳上的明显接地端（如铁芯接地端），接地线应尽可能短且不应缠绕。

（四）接线方式

频率响应测试的扫频信号建议从绕组的末端注入，首端输出。根据变压器的不同接线组别，绕组变形测试的接线方式也不同。

1. YN 接线

YN 接线变压器的频率响应测试如图 15-6 所示。扫频信号输入阻抗接于中性点 O，输出测量阻抗分别接在 A、B、C 上。这种测量方法，可以将非测量相上接收到的干扰信号由信号发生器上的低阻抗来吸收。

2. Y 接线

Y 接线变压器的频率响应测试如图 15-7 所示。由于中性点未引出，应按以下方式接线：

（1）输入阻抗接于 A，输出阻抗接在 B 测试。

（2）输入阻抗接于 B，输出阻抗接在 C 测试。

（3）输入阻抗接于 C，输出阻抗接在 A 测试。

3. △接线

△接线变压器的频率响应测试如图 15-8 所示。

（1）输入阻抗接于 C，输出阻抗接在 A 相，代表 A 相。

（2）输入阻抗接于 A，输出阻抗接在 B 相，代表 B 相。

（3）输入阻抗接于 B，输出阻抗接在 C 相，代表 C 相。

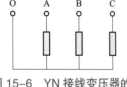

图 15-6　YN 接线变压器的
频率响应测试

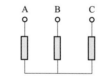

图 15-7　Y 接线变压器的
频率响应测试

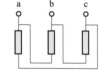

图 15-8　△接线变压器的
频率响应测试

4. 有平衡绕组的变压器

有平衡绕组的变压器的频率响应测试如图 15-9 所示。对于有平衡绕组的变压器（Ap-Cp 绕组），测试时必须解开接地。

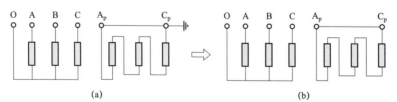

（a）　　　　　　　　　　　（b）

图 15-9　有平衡绕组的变压器的频率响应测试

（a）测试前；（b）测试时

三、评定标准

（一）周期

（1）交接试验。

（2）大修或必要时。

（二）结果分析

1. 频响法诊断变压器绕组变形的技术分析

用频响法测得变压器绕组变形典型波形，如图 15-10 所示。

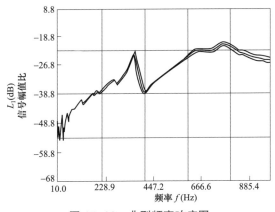

图 15-10　典型频率响应图

绕组的频谱曲线中会出现若干谷点和峰点，这些谷点、峰点是在不同频率下绕组中出现谐振的必然结果。谐振由于绕组电感和线饼间电容引起。一台变压器制成后，绕组的频谱曲线就确定了，而当绕组发生变形时，分布参数发生变化，改变绕组的部分电感和电容，即改变了绕组的转移阻抗值，这时所测的频谱曲线，就会与正常时测的频谱曲线不同，由此差异判断变压器变形。

2. 绕组变形的几种形式

当变压器遭受短路电流冲击或其他冲击后，变形有以下几种：

（1）绕组整体变形。在运输过程中，受到冲击、倾斜、振动等外力影响，造成绕组位移。这种变形绕组尺寸不变，只是对铁芯的相对位移变化。绕组的电感量、饼间电容量不变，对地电容量变化，一般电容量减小。在等值电路中，谐振峰点向高频方向平移。因此，这种变形后所测频谱图中，与以前比较，各谐振点都仍然存在，不发生变化，只是峰值均向高频方向平移（向右）。

（2）饼间局部变形。在短路电磁力作用下使部分固定不牢线饼被挤压，另外一些线饼被拉长，这样饼间电容被改变。这种变形的后果使等值电路图中一些电感变大、一些电感变小，与电感并联的饼间电容也随之改变。测量频谱图时，部分谐振峰点向高频方向移动，而且峰值下降；部分谐振点向低频方向移动，峰点升高。通过谐振峰值变化情况，判断饼间变形面积和变形程度。

（3）匝间短路。从理论上讲绕组发生匝间短路后，电感值下降，频谱曲线发生明显变化，幅值上升，一些谐振点峰值消失。但理论是这样的，实际上难以捕捉到这种情况。一旦运行中发生匝间短路，线匝将被烧断，重瓦斯跳闸，压力释放阀动作，这时变压器油色谱分析也会不合格，将对变压器进行吊罩检查。

（4）引线位移变形。由于引线长度较大，所以固定不牢时，运行中产生位移变形。当引线位移时，等值电路中表现为两端口电容变化。当信号入口端引线发生位移时，引线电容与其他电路并联，因此，不会对频谱曲线有明显变化；而输出端引线发生位移，引线电容变化后对频响曲线有明显变化，尤其是曲线中 300kHz～1MHz 范围内。

在实际测试中，采用中性点注入信号源以防上述的影响。如果引线对地电容减小，频段内幅值上升；反之，则下降；引线对地电容变大，预示着引线向外壳方向移动；引线对地电容变小，则表示引线向绕组方向移动。

（5）绕组辐向变形。当绕组受辐向力作用时，使内绕组向内收缩，直径变小，电感量变小。这时内、外绕组间距离变大，其电容变小。将使频谱图中的谐振峰点向高频方向移动，且幅值有所增大。

（6）绕组轴向扭曲变形。当变压器绕组间隙较大或有部分撑条移位时，在电磁力作用下，使绕组在轴向被扭曲为 S 状。这时部分饼间电容和对地电容减小。测量的频谱图上，有部分谐振峰向高频方向移动，在低频段谐振峰幅值下降，中频段峰值略有上升，高频段峰值不变。

3. 频响法测量注意点

（1）分接开关挡位的影响。由于分接开关挡位不同，绕组匝数不同，直接影响被测变压器的电感、电容量，从而使频谱图不同。所以，在测量时要记录好挡位。

（2）信号源输入端的影响。因为激励端与响应端改变后测得的频响曲线不完全相同。所以每次测量时应遵循相关规则。单相变压器则以末端为激励端，首端为响应端。

（3）变压器套管电容量的影响。虽然套管电容量（对地）不同时，但对频响曲线影响不大，可不考虑。

（4）铁芯接地和油的影响。由于铁芯接地情况和充油情况，会使绕组电容值不同，故在测试时，一定要将铁芯接地，并充满绝缘油（并静置一段时间）。

（5）出口引出线的长短对测量的影响。通过测试结果显示，套管端子延长对频响曲线影响很大，同时对频带宽度也有影响。因为套管延长线类似一根"天线"，一方面，使干扰信号耦合到"天线"上；另一方面，又产生对地电容，两方面都使测试结果难以保证重复性。因此，测试时不延长套管引线。

（6）检测阻抗至接线钳导线长度的影响。如果检测阻抗离开套管端子太近，则使检测阻抗接地线与套管端子太近，地线与套管间杂散电容会对频响特性，尤其是高频部分产生影响；但也不能太长，否则会有类似的影响。

4. 变压器绕组变形的判断

（1）为了正确判断变压器绕组的变形，首先在变压器出厂、安装时测量绕组变形的原始数据，留下"指纹"便于与以后比较。试验项目最好齐全，如短路阻抗值、专用仪器和频响法等。

（2）当绕组发生短路事故后，除测量变形外应进行一些常规试验和特殊试验，还要结合短路电流大小和短路时间长短，进行综合分析，判断变压器绕组变形情况。

（3）频响法判断变压器变形时，除根据三相绕组的频率特征是否一致外，还应根据绘出的三相波形的相关系数 R 值进行判断。R 值大于 1.0，则说明变形不明显；R 值小于 1.0，则应引起注意。相关系数与绕组变形程度的关系见表 15－4。

表 15-4　　　　　　　　　　　相关系数与绕组变形程度的关系

绕组变形程度	相关系数 R
严重变形	$R_{LF} < 0.6$
明显变形	$1.0 > R_{LF} \geqslant 0.6$ 或 $R_{MF} < 0.6$
轻度变形	$2.0 > R_{LF} \geqslant 1.0$ 或 $0.6 \leqslant R_{MF} < 1.0$
正常绕组	$R_{LF} \geqslant 2.0$ 和 $R_{MF} \geqslant 1.0$ 和 $R_{MF} \geqslant 0.6$

注　在用于横向比较法时，被测变压器三相绕组的初始频率响应数据应较为一致，否则判断无效。

　　R_{LF}——曲线在低频段（1kHz~100kHz）内的相关系数；

　　R_{MF}——曲线在低频段（100kHz~600kHz）内的相关系数；

　　R_{HF}——曲线在低频段（600kHz~1000kHz）内的相关系数。

四、案例

（一）案例一

图 15-11 所示为某台变压器在遭受突发性短路电流冲击前后测得的低压绕组幅频响应特性曲线。遭受短路电流冲击以后的幅频响应特性曲线（LaLx02）与冲击前的曲线（LaLx01）相比较，部分波峰及波谷的频率分布位置明显向右移动，可判定变压器绕组发生变形。

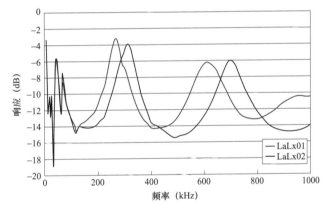

图 15-11　某台变压器在遭受短路电流冲击前后的幅频特性曲线

（二）案例二

图 15-12 所示为某台三相变压器在遭受短路电流冲击以后测得的低压绕组幅频响应特性。曲线 LcLa 与曲线 LaLb、LbLc 相比，波峰和波谷的频率分布位置以及分布数量均存在差异，即三相绕组的幅频响应特性一致性较差。而同一制造厂在同一时期制造的同型号变压器的三相绕组的频响特性一致性却较好（见图 15-13），可判定变压器在遭受突发性短路电流冲击后绕组变形。

五、短路阻抗法

（一）试验原理

根据变压器受到短路电流冲击前后测得的短路阻抗值变化的大小，可以初步估计绕组变形程度。首次试验可与铭牌数据比较，非首次试验可与上次试验比较。根据现场电源条件，可采用三相法和单相法进行变压器短路阻抗测试。

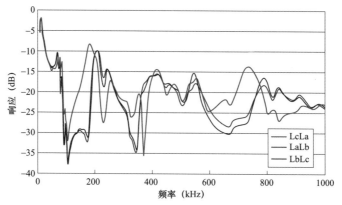

图 15-12　某台变压器遭受突发短路后三相低压绕组的幅频响应特性曲线

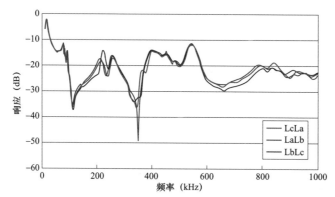

图 15-13　某台变压器的三相低压绕组幅频响应特性曲线

（二）测量方法

（1）原则上单相参数用单相法测试；被加压绕组为 YN 接线的三相变压器，可用三相四线法同时测取其短路阻抗和各单相参数；测试结果出现异常时，应对所有绕组使用单相法进行复试。

（2）确定被测绕组对：先测量含高压绕组的各绕组对的绕组参数，并在绕组对的高压侧施加测试电压，若测试结果无异常，可不再继续测试；若测试发现异常时，除应继续测量相关绕组对的绕组参数外，还应短接异常绕组对的高压绕组，在较低电压侧进行加压测试。

（3）确定被测绕组的分接位置：被加压绕组和被短接绕组均应置于最高分接位置；外部短路故障后的检测可增加短路时绕组所在分接位置的检测；首次电抗法测试时，还应在该变压器铭牌上标有短路阻抗的分接位置测量短路阻抗。

（4）确定接线方式：非测试侧短接，若有中性点一起短接。先将被测绕组对的不加压侧所有接线端全部短接，采用三相法时，变压器被加压绕组的中性点（N）、测试系统的中性点和测试电源的中性点应良好连接，短接线及其接触电阻的总阻抗不得大于被测绕组对短路侧等值阻抗的 0.1%，测 100MVA 以上容量变压器的绕组参数时，测试系统引向被试变压器的电压线和电流线应分开。测试结果出现异常时，应对所有绕组对用单相法进行复试。

（三）试验结果

建立包含出厂、交接和首次试验的原始资料数据库；测试后判断差值是否超过注意值；分析纵、横比值的变化趋势；结合测量绕组的直流电阻、绕组对绕组和绕组对地的等值电容、变压器空载电流、变压器空载损耗、频响法绕组变形、油中气体的色谱分析，可使变压器有无变形及其严重程度的判断更为准确、可靠。

第九节　变压器变比测量试验

一、试验目的

目的在于检验变压器绕组的匝数是否符合设计和运行的要求，引线及分接引线的连接、分接开关位置及各出线端子标志的正确性。变压器发生故障后，检查变压器是否存在匝间短路。

二、试验方法

测试原理如下：

变压器的一次侧输入电压，则在绕组中产生的磁通在一次绕组、二次绕组产生电动势 E_1 及 E_2。变压器在空载时 $U_1 \approx E_1$，$U_2 \approx E_2$（原因是内部压降和漏抗很小），根据电动势平衡关系，电压比就等于匝数比。

变压器的变比指变压器在空载运行时高、低压绕组的感应电动势之比。

三相变压器的额定变压比是指不同电压绕组的线电压之比。因此，不同接线方式的三相变压器，其电压比与匝数比有如下关系：

（1）一次、二次侧接线相同的三相变压器的电压比等于匝数比。

（2）一次侧为三角形接线，二次侧为星形接线的三相变压器，电压比 $K = \sqrt{3}\, N_1/N_2$。

（3）一次侧为星形接线，二次侧为三角形接线的三相变压器，电压比 $K = N_1/\sqrt{3}\, N_2$。

三、评定标准

（一）周期
（1）分接开关引线拆装后。
（2）更换绕组后。
（3）必要时。

（二）试验结果判定
（1）各相应接头的电压比与铭牌值相比，不应有显著差别，且符合规律。
（2）电压等级在 35kV 以下，电压比小于 3 的变压器电压比允许偏差不应超过 ±1%。
（3）其他所有变压器额定分接下电压比允许偏差不应超过 ±0.5%。
（4）其他分接的电压比应在变压器阻抗电压值（%）的 1/10 以内，且允许偏差不应超过 ±1%。

第十节　变压器的极性及组别测试试验

一、试验目的

电力变压器绕组的一次侧和二次侧之间存在着极性关系，若有几个绕组或几个变压器进行组合，都需要知道其极性，才可以正确运用。对于两绕组的变压器来说，若在任意瞬间在其内感应的电动势都具有同方向，则称它为同极性或减极性；否则，为加极性。变压器连接组别是变压器的重要参数之一，也是并列运行的重要条件之一。因此，在变压器出厂、交接和大修后都应测量绕组的接线组别和极性是否与铭牌相符。

二、试验原理

由于变压器在传递电能的同时，不仅可以改变一次和二次电压大小，还可以改变一次和二次电压的相位关系。在变压器需要并入电网运行时，必须使变压器一次、二次间的电压相位差与一次、二次所接电网间的母线电压相位差相等才能投入运行；否则，投入的变压器与所并电网或变压器之间将由于电压相位差的不同而引起极大的循环电流，直接造成变压器的严重损坏。决定变压器极性和连接组别的因素有以下几个方面：绕组首、尾端的标号；相序的排列方式；绕组的绕制方向；绕组的连接方式。这些因素中的任何一个发生变化都可能导致变压器连接组别或绕组极性的变化。因此，电力变压器在投入电网运行之前必须仔细测量其绕组的连接组别，并严格满足并网要求，以确保变压器及电网的安全。

目前一般采用直流法、交流双电压表法、相位表法、变比电桥法进行变压器组别和极性试验。

三、评定标准

（一）周期

更换绕组后。

（二）结果判定

（1）变压器的三相连接组别和单相变压器引出线的极性应符合设计要求。

（2）变压器的三相连接组别和单相变压器引出线的极性应与铭牌上的标记和外壳上的符号相符。

第十一节　铁芯、夹件绝缘电阻测量试验

一、试验目的

考核变压器铁芯和夹件对地绝缘情况。

二、试验方法

因为变压器在运行时，铁芯和夹件等金属构件处于电场中，若铁芯不接地，便产生悬浮电位，使绝缘放电，所以，铁芯和夹件必须一点接地。受各种因素影响，如果铁芯或夹件产生一点及以上接地，则接地点间就会形成闭合回路，产生感应电动势并形成环流，产生局部过热，有时烧毁铁芯。为了防止烧坏铁芯，必须保证铁芯和夹件对地绝缘良好。因此，定期测量铁芯和夹件绝缘电阻是十分必要的。

三、结果判定

（一）周期

（1）1~3 年。

（2）大修后。

（3）必要时。

（二）试验结果分析判断

（1）停电时所测绝缘电阻值判断：所测绝缘电阻值与以前测试值比较，应无显著差别。

（2）运行时所测铁芯接地线中电流值：所测电流一般不大于 0.1A。

四、处理铁芯多点接地

（1）在接地回路中串接限流电阻 R，使接地电流限制在安全范围内（不大于 0.1A）。R 的选择方式如下：

将接地线断开，再测开路电压 U，使 $R = U/0.1$，并适当选择电阻功率，满足运行中的发热安全。为防止接地故障消失后铁芯产生悬浮电位，还需在限流电阻 R 上并一只的电容器。

（2）停电消除接地点。上述办法仅是临时措施，应在最短时间内彻底消除接地故障。在断开铁芯接地线的情况下，采用电容放电（不大于 600V）、单相工频（220V、30~60A）或直流电焊机（40A）加电流，烧断接地故障点。最后经过 1000V 交流耐压 1min 通过。

五、案例

1. 事件经过

某厂 1 号启动备用变压器在运行中，运行点检人员对变压器进行例行巡视，发现 1 号启动备用变压器铁芯接地电流达到 0.70A，后经多块钳形电流表对铁芯接地扁铁进行多次测量，确认铁芯接地电流值超出了《电力设备预防性试验规程》（DL/T 596）规定的不大于 0.1A 的要求。

2. 原因分析

造成变压器铁芯多点接地的主要原因有：

（1）在变压器箱体底部沉积油泥、油污等颗粒，经过长期的积累可形成铁芯多点接地。

（2）潜油泵轴承磨损，磨下的金属粉末随油流进入油箱内，受电磁力影响形成导电小桥，使铁轭与垫脚或箱底接通，这也是形成铁芯多点接地故障的常见原因。

（3）油箱内部有金属异物，比如螺母等导致硅钢片局部短路，从 2012 年运行至今色谱数据分析，可排除此类原因造成的多点接地。

（4）变压器铁芯与夹件短接，这种可能已经排除，原因是经过现场测试铁芯对夹件的绝缘电阻值为"∞"。

（5）对 1 号启动备用变压器今年最近几次油色谱数据的气体产率、注意值进行分析，未见异常。虽然油色谱中存在乙炔，但从该变压器历史数据来看，从 2012 年运行开始就存在乙炔，2014 年达到"0.19μL/L"，2017 下降为"0.14μL/L"后比较稳定，且此前历年测试铁芯电流数据一直正常，可以判断该乙炔不是由于此次铁芯多点接地的原因产生。

3. 建议

（1）加强变压器日常监督；每天测量一次变压器铁芯接地电流；缩短油色谱监测周期，建议的取样分析周期为 7～10 天，跟踪观察 1 个月，注意甲烷、乙烯气体的含量变化，如结果正常，建议色谱取样周期改为一月一次。

（2）按照《防止电力生产事故的二十五项重点要求》（国能安全〔2014〕161 号）中 12.2.18 条"铁芯、夹件通过小套管引出接地的变压器，应将接地引线引致适当位置，以便在运行中监测接地线中有无环流，当运行中环流异常变化，应尽快查明原因，严重时应采取措施及时处理。电流一般控制在 100mA 以下"的要求，在 1 号启动备用变压器铁芯接地回路中串入限流电阻作为临时性措施，将接地电流限制在 100mA 以下，同时加强运行监视。

（3）可以考虑电容器直流放电冲击法对可能存在油泥等杂质进行击穿处理。

第十二节　变压器电容型套管介损及电容量测量试验

一、试验目的

通过对电容型套管进行介损及电容量测量试验，能够有效地发现因电容套管制造工艺不良或末屏断裂而引起的内部局部放电缺陷，及早地避免因绝缘缺陷而引发的套管爆炸事故。一般单独测量变压器套管的介损和电容，通过电容可以判断套管是否存在漏油、受潮。

二、试验方法

目前，所用变压器和并联电抗器绕组套管大部分采用电容型套管，套管绝缘性能的好坏直接关系到这些电气设备的安全可靠运行。在现场交接及预防性试验中，测量套管的介损是一项评判其绝缘性能好坏必不可少且行之有效的方法。

三、结果判定

（一）周期

（1）1～3 年或自行规定。

（2）大修后。

（3）必要时。

（二）试验结果分析判断

（1）20℃时的介损值（%）应不大于表 15－5 中数值。

表 15-5　　　　　　　　　　　　变压器介损值评定标准

电压等级（kV）		20～35	66～110	220～500
大修后	充油型	3.0	1.5	—
	油纸电容型	1.0	1.0	0.8
	充胶型	3.0	2.0	—
	胶纸电容型	2.0	1.5	1.0
	胶纸型	2.5	2.0	—
运行中	充油型	3.5	1.5	—
	油纸电容型	1.0	1.0	0.8
	充胶型	3.5	2.0	—
	胶纸电容型	3.0	1.5	1.0
	胶纸型	3.5	2.0	—

（2）当电容型套管末屏对地绝缘电阻小于 1000MΩ 时，应测量末屏对地介损，其值不大于 2%。

（3）电容型套管的电容值与出厂值或上一次试验值的差别超出 ±5%时，应查明原因。

四、试验结果分析

在现场测试中，测量结果往往会受到诸多因素的影响。如电场、磁场的干扰，用倒相法或移相法可基本解决这类问题。而对于引线分布电容、绕组杂散电容等一些因素对测量结果的影响，往往不加考虑或忽视其影响，从而导致许多测量上的偏差及分析上的误判。

（一）影响因素

除电场、磁场干扰外，还发现了一些因素对介损测量结果存在影响：

（1）套管瓷套表面脏污和潮气形成的附加电容对介损测量的影响。

（2）高压引线与瓷套之间存在的寄生分布电容对介损测量的影响。

（3）对于安装在变压器上的套管，未短路绕组部位所形成的杂散电容对介损测量的影响。

（4）末屏脏污及法兰不可靠接地造成部分电容芯与地之间的耦合杂散电容对介损测量的影响。

（二）采取措施

为了消除以上因素对试验测量所产生的影响，建议采取如下措施：

（1）尽量避免在湿度较大的情况下试验。

（2）排除瓷套及末屏小套管表面脏污，并避免近处有接地体。

（3）法兰应可靠接地，尽量保持套管在竖直状态下测量。

（4）高压引线与套管空间距离尽可能大，夹角最好接近 90°。

（5）所有绕组应分别短路。

第十六章 互感器试验

为了测量高电压和大电流交流电路内的电学量，通常用电压互感器（TV）和电流互感器（TA）将高电压变换成低电压，将大电流变成小电流，并利用互感器的变比关系配备适当的表计来进行测量。如高压电力系统中的电流、电压、功率、频率和电能计量等都是借助互感器来测得的，此外，互感器也是电力系统的继电保护、自动控制、信号指示等方面不可缺少的设备。

本章包括绝缘电阻测量试验、绕组介质损耗因数测量试验、直流电阻测量试验、极性测试试验、励磁特性测试试验、交流耐压试验和局部放电测量试验。并通过案例分析，介绍通过介损测量诊断互感器绝缘状况的方法。

一、绝缘电阻测量试验

为了有效发现设备整体受潮和脏污，以及绝缘击穿和严重过热老化等缺陷，在电流和电压互感器交接、大修后试验和预防性试验时需要测量绝缘电阻。

测量电流互感器的绝缘电阻时，测量一次绕组时使用 2500V 绝缘电阻表，二次绕组使用 1000V 或 500V 绝缘电阻表。非测试绕组应全部短路接地。测量时应考虑湿度、温度与套管表面脏污对绝缘电阻的影响。

10～35kV 级的 TV 一般为全绝缘，其绝缘电阻的测量与变压器相同；110kV 及以上的电磁式 TV 均为串级式结构，其一次绕组的接地端与二、三次绕组端子通过同一块端子板引出，因此在测量一次绕组对二、三次绕组及地绝缘电阻时，如果端子板表面受潮或有污秽，则绝缘电阻显然很低，在测量时应先将端子板处理干净或用电吹风吹干，然后进行测量。

电容式 TV 绝缘电阻的测量应分别测量主电容 C_1、分压电容 C_2 与电压互感器的绝缘电阻。测量 TV 的绝缘电阻时，一次绕组使用 2500V 绝缘电阻表，二次绕组使用 1000V 绝缘电阻表，并将所有非被试绕组短路接地。

二、绕组介质损耗因数测量试验

在测量电压互感器一次绕组连同套管的介质损耗因数 $\tan\delta$ 时，可以灵敏地发现绝缘受潮、劣化及套管绝缘损坏等。

采用低压标准电容器自激法测量，如图 16-1 所示。利用 QS1 型桥体内的标准电容作为电桥的标准臂，对串级式互感器进行自激测量 $\tan\delta$ 值，电桥的标准电容供电是取自辅助绕组 ad-xd 端子上所感应的电压，标准电容桥臂承受的电压较低，此时辅助绕组的负荷很小，互感器一次绕组电压 U_1 和辅助绕组电压 U_2 相量基本上是重合的，经试验证明它们之间的角差影响可以忽略不计。

不管用高压标准电容器自激法，还是用低压标准电容器自激法，在测量串级式电压互感器的 $\tan\delta$ 值时，仍然避免不了强电场的干扰影响。其干扰源一个来自互感器高压侧外界电场（附近的高压带电设备），另一个来自二次侧励磁系统。前者可采用高压屏蔽的办法消除，后者可将调压装置的接地点尽量靠近滑动接点。另外，还可以配合调换自激电源的相位和隔离变压器，使干扰减少到最小程度。

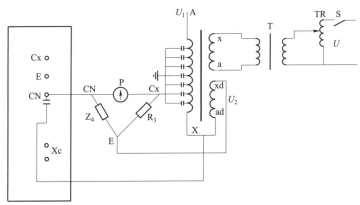

图 16-1 利用低压标准电容器自激法测量 $\tan\delta$ 值接线

Cx—被试电容；E—屏蔽；CN—标准电容；Z_4—桥臂阻抗；R_3—桥臂电阻；P—检流计；A—电压互感器一次绕组头；
X—电压互感器一次绕组尾；a—电压互感器二次绕组头；x—电压互感器二次绕组尾；ad—电压互感器二次
剩余绕组头；xd—电压互感器二次剩余绕组尾；T—试验变压器；TR—自耦调压器；
U_1——一次绕组电压；U_2—剩余绕组电压；U—励磁电压；S—开关

试验时注意事项：

（1）将电压互感器一次绕组 X 端接地线拆除。

（2）电压互感器低电压绕组 a－x 及 ad－xd 各绕组应有一端良好接地，a－x 和 ad－xd 绕组不能短路。

（3）试验回路中接入 220/36～12V 隔离变压器，以防止试验结果的分散性及误加电压。

隔离变压器二次电压的选择：当一次电压为 220V 时，电压互感器高压侧电压为 10kV。

（4）如使用 QS1 型电桥测量时，可用电桥的 3 根连线引出，但需将插头的脚柱"E"的屏蔽与电桥内屏蔽断开，并将 "E"的外屏蔽经导线引出接地。

（5）标准电容 C_N 应放在耐压为 10kV 以上的绝缘台上。

（6）标准电容器与电压互感器 A 端子的连线，最好采用带屏蔽的高压电缆屏蔽层接到电压互感器的 X 端。

（7）调节电压互感器高压侧电压为 10kV，将电桥分流器置于 0.01 位置进行测量。

三、直流电阻测量试验

从直流电阻的测量可以发现绕组层间绝缘有无短路、绕组是否断线、接头有无松脱等缺陷。在交接与大修更换过绕组时，都要测量绕组的直流电阻值。

（一）试验方法

（1）对电压互感器一次绕组，宜采用单臂电桥进行测量。

（2）对电压互感器的二次绕组以及电流互感器的一次或二次绕组，宜采用双臂电桥进行测量，如果二次绕组直流电阻超过 10Ω，应采用单臂电桥测量。

（3）也可采用直流电阻测试仪进行测量，但应注意测试电流不宜超过绕组额定电流的 50%，以免绕组发热直流电阻增加，影响测量的准确度。

（4）试验接线：将被试绕组首尾端分别接入电桥，非被试绕组悬空，采用双臂电桥（或数字式直流电阻测试仪）时，电流端子应在电压端子的外侧。

（5）换接线时应断开电桥的电源，并对被试绕组短路充分放电后才能拆开测量端子，如果放电不充分而强行断开测量端子，容易造成过电压而损坏绕组的主绝缘，一般数字式直流电阻测试仪都有自动放电和警示功能。

（6）测量电容式电压互感器中间变压器一、二次绕组直流电阻时，应拆开一次绕组与分压电容器的连接和二次绕组的外部连接线，当中间变压器一次绕组与分压电容器在内部连接而无法分开时，可不测量一次绕组的直流电阻。

（二）注意事项

（1）测量电流不宜大于按绕组额定负载计算所得的输出电流的 20%。

（2）当绕组匝数较多而电感较大时，应待仪器显示的数据稳定后方可读取数据，测量结束后应待仪器充分放电后方可断开测量回路。

（3）记录试验时环境温度和空气相对湿度。

（4）直流电阻测量值应换算到同一温度下进行比较。

（三）结果判断

与历次试验结果和同类设备的试验结果相比无显著差别。可参照《电力设备预防性试验规程》（DL/T 596）及《电气装置安装工程　电气设备交接试验标准》（GB 50150）的相关规定。

四、极性测试试验

检查电流互感器的极性在交接和大修时都要进行。这是继电保护与电气计量的共同要求。当运行中的差动保护、功率方向保护误动作或电度表反转时都要检查电流互感器的极性。

现场最常用的是直流法，其试验接线如图 16-2 所示，在电流互感器的一次侧接入 3～6V 直流电源，二次侧接入毫伏表或用万用表的直流电压挡。

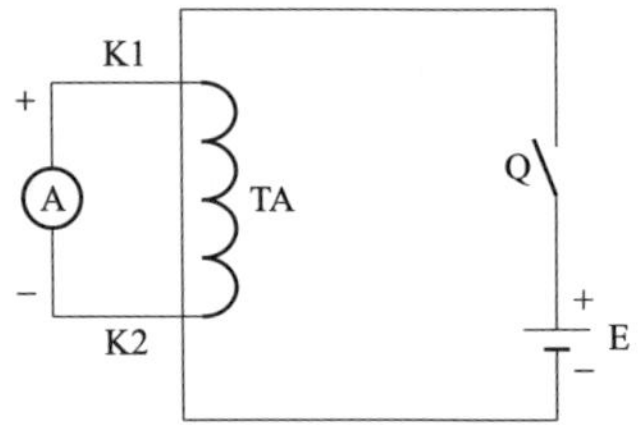

图 16-2　直流法检查电流互感器极性

试验时将隔离开关瞬时投入、切除，观察电压表的指针偏转方向。如果投入瞬间指针偏向正方向，则说明电池正极与电压表接的正极是同极性的。由于使用电压较低，所以可能仪表偏转方向不明显，可将隔离开关多投、切几次，防止误判断。

五、励磁特性测试试验

电流互感器的励磁特性试验接线如图 16-3 所示。试验时电压从零向上递升，以电流为基准，读取电压值，直至额定电流。若对特性曲线有特殊要求而需要继续增加电流时，应迅速读数，以免绕组过热。

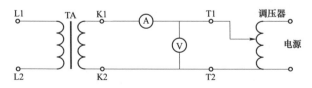

图 16-3　励磁特性试验接线

测量电流互感器的励磁特性的目的是用此特性计算 10%误差曲线，校核用于继电保护的电流互感器的特性是否符合要求，并从励磁特性发现一次绕组有无匝间短路。

当电流互感器一次绕组有匝间短路时，其励磁特性在开始部分电流较正常的略低，因此，在录制励磁特性时，在开始部分应多测几点。

六、交流耐压试验

（一）电流互感器交流耐压试验

电流互感器必须进行绕组连同套管一起对外壳的交流耐压试验。互感器二次绕组绝缘的交流耐压试验为 2kV，可用 2500V 绝缘电阻表代替。在进行交流耐压试验时，必须在电流互感器内充满合格的绝缘油并静止一定时间后才能进行试验。试验主要是考核互感器主绝缘强度和检查局部缺陷。试验时，被试绕组的端头短接加压，非被试绕组短路与底座一起接地。由于互感器要求的试验电源容量相对较小，所以只有相应电压等级的试验变压器即可方便地进行该项试验。工频耐压试验电压标准按《电力设备预防性试验规程》（DL/T 596）及《电气装置安装工程　电气设备交接试验标准》（GB 50150）执行。

对于 10kV 及以下的电流互感器，由于它们都是固体综合绝缘结构，要求每 6 年对绕组连同套管一起对外壳进行交流耐压试验。一次绕组按出厂值的 0.8 倍进行。

（二）电压互感器交流耐压试验

1. 工频 TV 交流耐压试验

TV 的工频耐压试验是绕组连同套管对外壳的耐压试验。对于分级绝缘的 TV 不进行此项试验。TV 一次侧工频耐压试验可以单独进行，也可与相连接的一次电气设备（如母线、隔离开关等）一起进行。试验时，二次绕组应短路接地，以免绝缘击穿时在二次侧产生危险的高电压。试验电压应采用相连接设备的最低试验电压。二次绕组之间及其对外壳的工频耐压试验电压标准应为 2000V，可用 2500V 绝缘电阻表代替。

2. TV 三倍频感应耐压试验

利用 3 台单相变压器，一次侧接成星形，二次侧接成开口三角形，如图 16-4 所示，当在一次侧加压，使变压器的铁芯过励磁时，由于是星形接法，所以一次侧没有 3 次谐波电流，此时中性点必须悬浮不能接地，否则一次侧有 3 次谐波电流，会使磁通波形的 3 次谐波分量减小。由于铁芯中有 3 次谐波磁通，所以每相绕组便感应出 3 次谐波电动势，当励磁电流为正弦波时，在铁芯饱和情况下，主磁通的波形是平顶波，这样，在主磁通波中包含了较大的 3 次谐波。

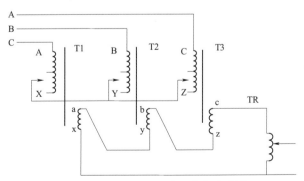

图 16-4　3 台单相变压器构成三倍频发生器原理图

七、局部放电测量试验

（一）电流互感器局部放电试验

35kV 及以上固体绝缘互感器应进行局部放电试验。110kV 及以上油浸式互感器在对其绝缘性能有怀疑时，可在有试验设备时进行局部放电试验。

互感器施加试验电压的程序是由零升至预加电压 U_1 持续 10s，即降至测量电压 U_2，持续 1min 进行放电量测量，读取放电量数值，测量结果后将电压降为零。对于 35kV 环氧树脂电流互感器加压为 $1.3U_m$ 测量电压为 $1.2U_m/\sqrt{3}$。

通常局部放电的测量回路有直接法与平衡法两种。采用平衡法检测互感器的局部放电是抑制电源干扰的有效方法，最高额定试验电压为 500kV。根据实测这类试验变压器约在 70% 额定电压时，就可以看到明显的局部放电量。升压至 250kV 额定试验电压时，放电量可达数百 pC，在降低至测量电压（160kV）时，局部放电不一定能熄灭，故这个来自试验变压器的放电量干扰了试品的局部放电量。采用平衡法可以很好地削弱来自电源回路的干扰。平衡法是用两台电流互感器（或两台套管）组成桥式回路，高压端由两台 TA（或套管）的高压端相连组成，低压端由两台 TA（或套管）的末屏分别接测量阻抗的两端组成（对于电流互感器，应将电容末屏、二次绕组与铁芯连在一起，接检测阻抗），试验接线图如 16-5 所示。

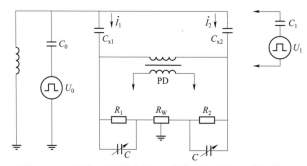

图 16-5　平衡法测量电流互感器局部放电试验接线图

（二）电压互感器局部放电试验

电磁式 TV 施加电压的方式应采用三倍频加压，局部放电试验接线如图 16-6 所示。接线完成后在施加电压前，要进行方波放电量校正。

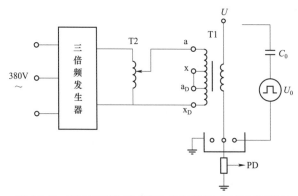

图 16-6　电压互感器三倍频加压局部放电试验接线图
T1—被试电压互感器；T2—调压器；PD—局部放电测量仪

交接试验中互感器局部放电允许水平见《电气装置安装工程 电气设备交接试验标准》（GB 50150）表 10.0.5，预防性试验互感器局部放电量见《互感器运行检修导则》（DL/T 727）中局部放电试验。

八、案例分析：介损测量诊断互感器绝缘状况

$\tan\delta$ 是表征绝缘介质在电场作用下，由于电导及极化的滞后效应等引起的能量损耗，也是评定绝缘是否受潮的重要参数。当存在严重局部放电或绝缘油劣化等缺陷时，$\tan\delta$ 也有所反映。

（一）正确分析测量结果

对所测到的 $\tan\delta$ 既要注意绝对值，也要注意增长率。对接近允许值且历次数据有增长趋势者要引起注意，有一台 220kV 的电流互感器，其 $\tan\delta$ 值在预防性试验中是 1.4%，与《电力设备预防性试验规程》（DL/T 596）规定的 1.5%接近，但比前一年的 0.4%增长了 3.4 倍。由于认为未超标准，未引起重视，结果发生了事故。

电容式 TA 还可通过比较主屏与末屏的介损与绝缘电阻来判断受潮的程度。如一台 TA 主屏 $\tan\delta=0.3\%$，绝缘电阻 $R=5000\text{M}\Omega$，末屏对二次绕组及地 $\tan\delta=4.1\%$，绝缘电阻 $R=150\text{M}\Omega$。吊心后看到箱底有水，说明外层绝缘已受潮，但潮气尚未进入主绝缘，TA 要及时进行真空干燥，确认绝缘状况良好才可恢复运行。

（二）$\tan\delta$ 与温度关系

油纸绝缘的 $\tan\delta$－温度（T）关系取决于油纸的综合性能。良好的绝缘油是非极性介质，油的 $\tan\delta$ 主要是电导损耗，它随温度升高呈指数上升。纸是极性介质，其 $\tan\delta$ 由偶极子的松弛损耗所决定，随着温度升高，偶极子随电源频率转动的摩擦力引起的能量损耗减小，故纸的 $\tan\delta$ 在 $-40\sim60℃$ 温度范围内随温度增加而减小。因此，在此温度范围内，油纸绝缘的 $\tan\delta$ 没有变化。当温度达 $60\sim70℃$ 以上时，电导损耗的增长占了主导地位，$\tan\delta$ 随温度上升而增加，在 $\tan\delta$ 换算时，不宜简单采用充油设备的温度换算方式，并在 $-40\sim60℃$ 范围内不必进行温度换算。

当绝缘中残存有较多的水分和杂质时，$\tan\delta$ 与温度关系同于上述情况。此时，介质损耗中离子电导损耗占主要地位，其 $\tan\delta$ 随温度升高而明显增大。

（三）$\tan\delta$ 与电压关系

良好绝缘的 $\tan\delta$ 随电压升高应无明显变化。当 $\tan\delta$ 随电压升高明显减小或明显增加时，则说明绝缘存在缺陷。

（四）测量电压互感绝缘支柱 $\tan\delta$ 的重要性

串级式 TV 的铁芯具有一定的电压，由绝缘支架支撑。绝缘支架多用酚醛材料制成，少数用环氧材料。不论何种材料，在压制或加工过程中，如果工艺不良都会造成支架的隐蔽性缺陷。一旦互感器带有这种缺陷投入运行，将会引起互感器爆炸事故，这在运行中已多次发生。《电力设备预防性试验规程》（DL/T 596）规定支架绝缘 $\tan\delta$ 一般不应大于 6%，近几年测量支架 $\tan\delta$ 的结果表明，$\tan\delta$ 大于 10%的支架解体后，均发现有程度不同的缺陷，$\tan\delta$ 小于 5%的支架解体后，检查基本良好。

第十七章　断路器试验

断路器是指能够关合、承载和开断正常回路条件下的电流并能在规定的时间内关合、承载和开断异常回路条件下的电流的开关装置。

一、绝缘电阻测量试验

（一）目的

检查断路器各绝缘是否良好。合闸状态下的测量，可以发现绝缘拉杆受潮、电弧损伤和绝缘裂缝等缺陷。在分闸状态下，主要检查断路器灭弧装置是否受潮或烧伤等。

（二）试验方法

测量断路器的绝缘电阻应使用 2500V 绝缘电阻表。测量时应分别测量合闸状态下导电部分对地的绝缘电阻和分闸状态下的断口间的绝缘电阻。

（三）分析判断

对测量的绝缘电阻值应满足相关要求或比较历史数据变化量。

二、导电回路直流电阻测量试验

（一）测试范围和目的

断路器导电回路直流电阻包括导电杆电阻、导电杆与触头连接处电阻和动静触头之间的接触电阻。测量导电回路的直流电阻主要是检验动、静触头间接触电阻的变化。

（二）试验方法

在直流电压下对每相套管的两端之间施加不低于 100A 的直流进行测量。

（三）分析判断

断路器导电回路直流电阻测量值应符合制造厂的出厂值和相关交接、预试标准要求值，如测量结果与出厂值偏差较大，应重新测量。如重新测量仍较大，应查明原因进行处理。

造成触头接触电阻较大的原因有以下几种：

（1）触头表面氧化。

（2）触头间残存杂质或碳化物。

（3）触头的接触压力下降，如机械卡滞、弹簧弹性减少等。

（4）调整不当或运行中位移使触头接触面积减小。

（5）切断大负荷电流或故障短路电流时造成触头烧伤等。

三、断口间并联电容器的电容量和介损测量试验

（一）测试范围和目的

在断路器分闸和合闸两种状态下进行测量，合闸状态下测量，可检查拉杆的绝缘状况，判断灭弧装置是否受潮和有无脏污等缺陷；在分闸状态下测量，可以发现断路器套管绝缘不良或内部受潮、灭弧装置与绝缘隔板受潮和脏污、绝缘介质劣化等缺陷。

（二）测量方法

介质损耗和电容量测量时一般使用交流高压介质损耗测试电桥，试验时一般用反接法，如套管带有测量套管时，采用正接法进行测量。

（三）判断分析

断路器断口间的介损和电容值的分析判断，主要是把测量结果与规程规定的值进行比较。在允许范围内为正常，而且与过去的测量值进行对比分析，应无明显差别。

四、交流耐压试验

断路器交流耐压试验前，应将断路器高压端与外部连接线断开，并且保证足够的安全距离。

测量时应分别测量合闸状态下导电部分对地耐压和分闸状态下的断口间的耐压。合闸状态下的测量，可以检验主绝缘对地绝缘强度；在分闸状态下，主要检验断路器灭弧装置绝缘强度。

五、开关动作特性试验

（一）测试范围和目的

断路器的动作特性参数包括分合闸的同期性、分合闸时间和分合闸速度，是断路器重要的性能指标，并对继电保护、自动重合闸及电力系统的稳定都有较大的影响。因此，在交接和大修后需要进行动作特性试验。

（二）测试方法

目前测试开关的动作特性参数采用专门的开关特性测试仪。一台仪器可以测量各种参数，使用方便，测量数据准确。接线方式按照断路器的结构说明书及开关特性使用说明书。根据仪器使用说明书，操作仪器，测试相关参数。

（三）分析判断

开关动作特性参数应符合相关交接和预试标准及设备技术规范。断路器分、合闸同期性是指分闸或合闸时三相是否同期，要求不同期的程度越小越好。因为分、合闸的不同期将造成发电机、变压器同期并列不良，还可能出现危害绝缘的过电压。

断路器的合闸时间是指合闸接触器接通合闸电源起至断路器动、静触头刚刚接触时止的时间。断路器的分闸时间是指分闸线圈接通分闸电源起至动、静触头刚刚分离时止的时间。

断路器的动作速度是指分闸、合闸时横梁或提升移动的速度，是断路器的一项重要技术指标，各种断路器应符合相应的速度标准，以保证开关性能。如分闸速度低于规定值，则灭弧时间延长会使触头烧损程度加速；如果合闸速度降低，则引起触头振动，甚至出现停止而使触头烧损。

第十八章　GIS　试　验

GIS 指气体绝缘金属封闭开关设备（组合电气），它是由断路器、隔离开关、避雷器、接地开关、电压互感器、电流互感器、套管和母线等原件直接连接在一起，并全部封闭在接地的金属外壳内，壳内充以一定压力的 SF_6 气体作为绝缘和灭弧介质。GIS 具有结构紧凑、占地面积和空间占有体积小、运行安全可靠、安装工作量小、检修周期长等优点。

GIS 试验包括元件试验、主回路电阻测量、SF_6 气体微水含量和检漏试验、交流耐压试验以及在线局部放电量检测等。其中，SF_6 气体微水含量和检漏试验基本原理与敞开式 SF_6 断路器一致。

第一节　主回路电阻测量试验

GIS 各元件安装完成后，一般在抽真空充 SF_6 气体之前进行主回路电阻测量。测量主回路的电阻，可以检查主回路中的连接和触头接触情况，应采用直流压降法测量，测试电流不小于 100A。若 GIS 有进出线套管，可利用进出线套管注入测量电流进行测量。若 GIS 接地开关导电杆与外壳绝缘，引到金属外壳的外部以后再接地，测量时可将活动接地片打开，利用回路上的两组接地开关导电杆关合到测量回路上进行测量；若接地开关导电杆与外壳不能绝缘分隔时，可先测量导体与外壳的并联电阻 R_0 和外壳的直流电阻 R_1，然后按式（18-1）换算回路电阻 R，即

$$R=\frac{R_0 R_1}{R_1 - R_0}　　　　　　　（18-1）$$

基于直流压降法，可采用直流电源、分流器和毫伏表测量回路电阻，也可采用回路电阻测试仪来进行测量。两者原理基本一致，测量时应注意接线方式带来的误差，电压测量线应

图 18-1　主回路电阻测量的接线图

在电流输出线的内侧，且电压测量线应该接在被测回路正确的位置，否则将产生较大的测量误差，接线方式如图 18-1 所示。

在 GIS 母线较长、间隔较多，并且有多路进出线的情况下，应尽可能分段测量，以便有效地找到缺陷的部位。例如：测量图 18-2 所示 GIS 的主回路电阻时，可以先测量 A_1-A_2 之间的电阻，若三相测量数据与出厂数据差别较大或三相数据差别较大，应对测量回路分段，以找到有安装缺陷的部位。如从 B、C 两点通电测量，可以判断断路器 QF1 的接触情况；从 D、E 两点通电测量回路电阻，可以准确判断断路器 QF2 的接触情况。

现场测量的数据应与出厂试验数据比较，当被测回路各相长度相同时，测得的各相数据应相同或接近。

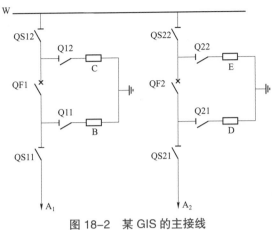

图 18-2 某 GIS 的主接线

第二节 GIS 元件试验及联锁试验

一、GIS 元件试验

GIS 各元件试验应按《电气装置安装工程 电气设备交接试验标准》（GB 50150）或《电力设备预防性试验规程》（DL/T 596）进行。在条件具备的情况下，应尽可能对 GIS 各元件包括断路器、隔离开关、电压互感器、电流互感器和避雷器多做一些项目的试验，以便更好地发现缺陷。试验前，应了解试品的出厂试验情况、运输条件及安装过程中是否出现过异常情况，以便确定试验的重点。

由于 GIS 各元件直接连接在一起，并全部封闭在接地的金属外壳内，测试信号可通过进出线套管加入；或通过打开接地开关导电杆与金属外壳之间的活动接地片，从接地开关导电杆加入测试信号。各元件一般在现场应做的试验项目如下：

（一）断路器

（1）测量断路器的分、合闸时间，必要时测量断路器的分、合闸速度。

（2）测量断路器分、合闸同期性及配合时间。

（3）测量断路器合闸电阻投入时间。

（4）测量断路器分、合闸线圈的绝缘电阻及直流电阻。

（5）进行断路器操动机构的性能试验。

（6）检查断路器操动机构的闭锁性能。

（7）检查断路器操动机构的防跳及防止非全相合闸辅助控制装置的动作性能。

（8）检查操动机构分、合闸线圈的最低动作电压。

（9）断路器辅助和控制回路绝缘电阻及工频耐压试验。

（二）隔离开关和接地开关

（1）检查操动机构分、合闸线圈的最低动作电压。

（2）操动机构的试验。

（3）测量辅助回路和控制回路绝缘电阻及工频耐压试验。

（三）电压互感器和电流互感器

（1）极性检查。

（2）变比测试。

（3）二次绕组间及其对外壳的绝缘电阻及工频耐压试验。

（四）金属氧化物避雷器

（1）测量绝缘电阻。

（2）测量工频参考电压或直流参考电压。

（3）测量运行电压下的阻性电流和全电流。

（4）检查放电计数器动作情况。

二、联锁试验

GIS 的元件试验完成后，还应检查所有管路接头的密封、螺钉、端部的连接，以及接线和装配是否符合制造厂的图纸和说明书要求；应全面验证电气的、气动的、液压的和其他联锁的功能特性，并验证控制、测量和调整设备（包括热的、光的）动作性能。GIS 的不同元件之间设置的各项联锁应进行不少于 3 次的试验，以检验其功能是否正确。现场应验证以下联锁功能特性：

（1）接地开关与有关隔离开关的互相联锁。

（2）接地开关与有关电压互感器的互相联锁。

（3）接地开关与有关断路器的互相联锁。

（4）隔离开关与有关隔离开关的互相联锁。

（5）双母线接线中的隔离开关倒母线操作联锁。

第三节　GIS 现场交流耐压试验

一、现场耐压试验的必要性和有效性

GIS 在工厂整体组装完成以后进行调整试验，在试验合格后，以运输单元的方式运往现场安装工地。运输过程中的机械振动、撞击等可能导致 GIS 元件或组装件内部紧固件松动或相对位移。安装过程中，在连接、密封等工艺处理方面可能失误，导致电极表面刮伤或安装错位引起电极表面缺陷；空气中悬浮的尘埃、导电微粒杂质和毛刺等在安装现场又难以彻底清理；国内外还曾出现将安装工具遗忘在 GIS 内的情况。这些缺陷如未在投运前检查出来，将引发绝缘事故。由于试验设备和条件所限，早期的 GIS 产品多数未进行严格的现场耐压试验。事故统计表明，虽然不能保证经过现场耐压试验的 GIS 不会在运行中发生绝缘事故，但是没有进行现场耐压试验的 GIS 却大都发生了事故，因此，国内外近年来已取得共识，GIS 必须进行现场耐压试验。

GIS 的现场耐压可采用交流耐压、振荡操作冲击耐压和振荡雷电冲击耐压等试验装置进行。交流耐压试验是 GIS 现场耐压试验最常见的方法，它能够有效地检查内部导电微粒的存在、绝缘子表面污染、电场严重畸变等故障；雷电冲击耐压试验对检查异常的电场结构（如电极损坏）非常有效。由于 GIS 导电部分对外壳的等值电容较大，所以现场一般采用振荡雷电冲击耐压试验装置进行；操作冲击耐压试验能够有效地检查 GIS 内部存在的绝缘污染、异常电场结构等故障，现场一般也采用振荡型试验装置。目前，由于试验设备和条件所限，所以现场一般只做交流耐压试验。

二、现场交流耐压试验设备

目前，GIS 的现场交流耐压试验一般采用 3 种试验设备，即工频试验变压器、调感式串联谐振耐压试验装置和调频式串联谐振耐压试验装置。工频试验变压器由于其设备庞大、笨重，现场运输困难，一般仅宜在进行 110kV 电压等级的 GIS 试验时使用，且试验过程中若试品发生闪络或击穿，短路电流极易烧伤被试品。自从有了串联谐振耐压试验装置以后，现场已经很少再使用工频试验变压器作耐压设备。调感式串联谐振耐压试验装置采用铁芯气隙可调节的高压电抗器，其缺点是噪声大、机械结构复杂、设备笨重、运输困难，但试验电压频率一般为工频。调频式串联谐振耐压试验装置采用固定的高压电抗器，试验回路由可控硅变频电源装置供电，频率在一定范围内调节，其特点是尺寸小、质量轻、品质因数高，可带电磁式电压互感器同时试验，无"试验死区"，但试验电压频率非工频，且由于变频电源装置内电子元器件很多，可靠性稍差。随着电子技术的进步，其可靠性已大大提高。《气体绝缘金属封闭开关设备 72.5kV 以上的额定电压》（IEC 517）和《额定电压 72.5kV 及以上气体绝缘金属封闭开关设备》（GB 7674）均认为试验电压频率在 10～300Hz 范围内与工频电压试验基本等效。目前，国内外大多数采用调频式串联谐振耐压试验装置进行 GIS 现场交流耐压试验。

三、现场交流耐压试验程序

（一）试验准备

GIS 应完全安装好，SF_6 气体充气到额定密度，已完成主回路电阻测量、各元件试验以及 SF_6 气体微水含量和检漏试验。所有电流互感器二次绕组短路接地，电压互感器二次绕组开路并接地。

交流耐压试验前，应将下列设备与 GIS 隔离开来：

（1）高压电缆和架空线。

（2）电力变压器和大多数电磁式电压互感器（若采用调频式串联谐振耐压试验装置，试验回路经频率计算不会引起磁饱和，且耐压标准一样，也可与主回路一起做耐压）。

（3）避雷器和保护火花间隙。

GIS 的每一新安装部分都应进行耐压试验，同时，对扩建部分进行耐压试验时，相邻设备原有部分应断电并接地。否则，对于突然击穿给原有部分设备带来的不良影响应采取特殊措施。

（二）试验电压的加压方法

试验电压应施加到每相导体和外壳之间，每次一相，其他非试相的导体应与接地的外壳相连，试验电压一般都仅限通过套管加入，试验过程中应使 GIS 每个部件都至少施加一次试验电压。同时，为避免在同一部位多次承受电压而导致绝缘老化，试验电压应尽可能分别由几个部位施加。现场一般仅做相对地交流耐压，如果断路器和隔离开关的断口在运输、安装过程中受到损坏或已经过解体，应做断口交流耐压，耐压值与相对地交流耐压值可取同一数值。若 GIS 整体电容量较大，耐压试验可分段进行。

（三）交流耐压试验程序

GIS 现场交流耐压试验的第一阶段是"老练净化"，其目的是清除 GIS 内部可能存在的导电微粒或非导电微粒。这些微粒可能是由于安装时带入，或是多次操作后产生的金属碎屑，或是紧固件的切削碎屑和电极表面的毛刺而形成的。"老练净化"可使可能存在的导电微粒移动到低电场区或微粒陷阱，烧蚀电极表面的毛刺，使其不再对绝缘起危害作用。"老练净化"电压值应低于耐压值，时间可取数分钟到数十分钟。

第二阶段是耐压试验，即在"老练净化"过程结束后进行耐压试验，时间为 1min。

试验程序可选用如图 18-3 所示 3 种，现场的具体实施方案应与制造厂和用户商议。图 18-3（a）～图 18-3（c）为 3 种不同的加压程序图。

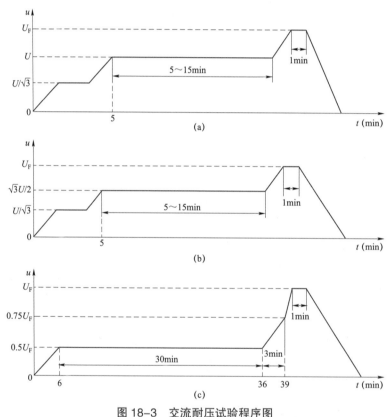

图 18-3　交流耐压试验程序图

U_F—现场交流耐压试验电压值；U—系统额定运行交流电压

（a）试验程序 a；（b）试验程序 b；（c）试验程序 c

四、现场耐压试验的判据

（1）如果 GIS 的每一部件均已按选定的完整试验程序耐受规定的试验电压而无击穿放电，则认为整个 GIS 通过试验。

（2）在试验过程中如果发生击穿放电，则应根据放电能量和放电引起的各种声、光、电、化学等各种效应以及耐压试验过程中进行的其他故障诊断技术所提供的资料进行综合判断。

遇到放电情况，可采取下述步骤：

1）施加规定电压，进行重复试验，如果设备或气隔还能经受，则该放电是自恢复放电。如果重复试验电压达到规定值和规定时间时，则认为耐压试验通过。如果重复试验再次失败，按下述2）项进行。

2）设备解体，打开放电气隔，仔细检查绝缘情况。在采取必要的恢复措施后，再一次进行规定的耐压试验。

五、GIS 耐压试验击穿故障的定位方法

若 GIS 分段后进行耐压试验的进出线和间隔较多，而试验过程中发生非自恢复放电或击穿，仅靠人耳的监听难以判断故障发生的确切位置，且容易发生误判而浪费人力、物力和对设备造成不必要的损害。目前，国内外一般采用基于监测耐压试验过程中放电产生的冲击波而引起外壳振动的振动波的原理研制的故障定位器，以确定放电间隔。每次耐压试验前，将探头分别安装在被试部分，特别是断路器、隔离开关、母线与各间隔的连接部位绝缘子附近的外壳上。若有的间隔由于探头数量有限未安装，但有放电或击穿发生而监测装置未预报，则应根据监听放电的情况，降压断电后移动探头，重新升压直到找到放电或击穿部位。

第四节 局部放电检测试验

GIS 在正常运行电压下不允许有局部放电存在。《额定电压 72.5kV 及以上气体绝缘金属封闭开关设备》（GB 7674—2008）规定：GIS 每间隔局部放电量要求不大于 10pC。一旦由于某种缺陷造成局部放电，如尖端导致电场不均匀；导电微粒在高电场下跳动产生放电以及部件松动、接触不良放电，都会极大程度地降低绝缘强度。而电弧放电引起 SF_6 气体分解，绝缘强度下降，又加剧了局部放电的发展，最终导致绝缘击穿。

GIS 局部放电主要由下列缺陷引发：

（1）载流导体表面缺陷：如毛刺、尖角等引起导体表面电场强度不均匀，这种缺陷通常是在制造或安装时造成的，在稳定的工频电压下不易引起击穿，但在操作或冲击电压下很可能引起击穿。

（2）绝缘子表面缺陷：如制造质量不良，绝缘子有气泡或裂纹，安装遗留下的污迹，尘埃等。

（3）GIS 筒内在制造和安装过程中存在的自由导电微粒。

（4）导体部分接触不良。

传统的脉冲电流法通过测量设备发生局部放电时产生的脉冲电流来确定视在放电量、局部放电脉冲等参数，技术成熟，可以对放电量进行估算，但抗干扰能力差，现场测试的精度受到很大的影响；化学检测法抗电磁干扰能力强，但受到设备内部吸附剂、干燥剂以及断路器开断时产生的电弧分解气体的影响，其灵敏性较差；光学检测法需要多个传感器，成本高，在现场应用很少。

超声波法和特高频法作为目前两种比较有效的检测方法，抗干扰能力强，灵敏度高，应用非常广泛，本节主要介绍这两种方法。

一、超声波检测法

GIS 发生局部放电时分子间剧烈碰撞并在宏观上瞬间形成一种压力，产生超声波脉冲，信号波长较短，方向性较强，因此，它的能量较为集中。将基于谐振原理的声发射传感器置于设备外壳上检测这一脉冲信号，然后经过前置放大、滤波、放大、检波等处理环节，进而通过信号分析以确定设备的绝缘状况。图 18-4 给出了超声波检测 GIS 设备局部放电的原理图。

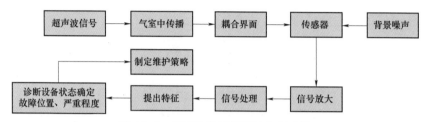

图 18-4　超声波检测局部放电原理图

在传播过程中，由介质吸收效应导致的高频分量衰减、不同介质传播速率的差异以及边界处产生的折射、反射，都会对接收到的脉冲信号产生影响。因此，检测的有效性和灵敏性不仅取决于局部放电的类型和能量大小，还取决于声信号在不同介质的传播特性和具体的传播路径。评估设备状态特别是确定缺陷部位时，需要综合考虑这些因素并结合 GIS 的具体结构进行分析。

测试点密度：法兰之间最少 1～2 个点，一般选择气室的侧下方作为选点位置，母线筒选择靠近绝缘支撑部件的位置，在 GIS 拐臂、断路器断口处、隔离开关、接地开关、电流互感器、电压互感器、避雷器等处均应设置测试点。母线可以间隔一段距离检测一个点（一般取 0.5m）。

（一）检测原理

超声波局部放电检测技术是通过超声波传感器对电力设备中局部放电时产生超声波信号进行检测，从而获得局部放电的相关信息，实现局部放电监测。

GIS 设备内部常见毛刺电晕放电、悬浮点位放电和金属颗粒等故障会激发超声波信号，可以通过放置在 GIS 外壳上的超声波传感器进行检测，通过检测到的超声波信号来诊断 GIS 内部局部放电故障，通常用 dBmV、mV 等单位来表征超声波信号强度。GIS 中常见几种典型具备放电故障的超声波检测示意图如图 18-5～图 18-7 所示。超声波定位方法是利用放电产生的超声信号和电脉冲信号之间的时延或直接利用各超声信号的时延、超声波信号强度等方法来进行定位。

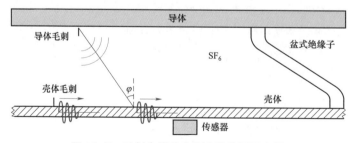

图 18-5　毛刺电晕放电超声波检测示意图

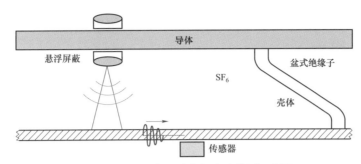

图 18-6 悬浮电压放电超声波检测示意图

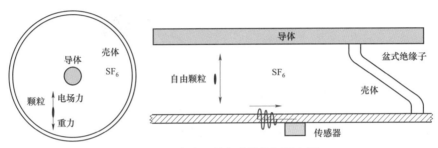

图 18-7 自有颗粒超声波检测示意图

（二）测试注意事项

（1）GIS 设备超声波局部放电测试工作有着良好的效率，为了进一步发挥其作用，需要试验人员积累丰富的经验，尤其是对各种数据、图形能有较高的熟悉程度。

（2）建议在目前的技术条件下，每次试验时，先记录一个背景数据，然后取不同类型设备的测试数据各一个（如断路器气室、避雷器气室、电压互感器气室、隔离开关气室）作为参照。结果正常的不需要记录，有问题的再进行记录，并且试验时带着装好配套分析软件的笔记本电脑，以防止需要存储的数据过多。

（3）对设备测试结果的分析尤为重要。对怀疑有问题存在的设备，应多选取不同部位测量，并与同间隔设备、同类型设备进行对比分析。

（4）如果发现测试数据有疑问或不良时，可以结合 GIS 内部 SF_6 气体快速检测进行综合分析以确定设备运行状态。

二、特高频法检测

（一）特高频法检测原理

特高频检测法就是检测 GIS 中局部放电产生的电磁波信号（UHF），该电磁波信号的频率位于特高频 UHF 段，为 300MHz～1.5GHz。当 GIS 存在局部放电现象时，所产生的 UHF 电磁波能够沿着 GIS 的管体向远处传播，GIS 内部有很多的盆式绝缘子安装在连接法兰之间，盆式绝缘子使金属法兰盘之间存在一个很小的绝缘缝隙，当 GIS 内部的 UHF 信号传播到盆式绝缘子时，部分信号会通过此绝缘缝隙辐射到 GIS 设备的体外。因此，在 GIS 体外的盆式绝缘子处安装局部放电传感器，即可测量到 UHF 局部放电信号。

局部放电特高频法（UHF）是近年来发展起来的现场检测技术，它通过检测 GIS 内绝缘隐患在运行电压下辐射的电磁波，来判断 GIS 内部是否发生局部放电。UHF 特高频法的最大优点是可有效地抑制现场噪声（如电晕放电），且对所有类型的局部放电缺陷均具有较高的敏感度。由于 UHF 信号频率高，具有很强的穿透性，在经过绝缘子时可以通过绝缘子与金属法兰的接缝辐射到 GIS 外部，故可使用体外检测方式，在盆式绝缘子外部测量到 GIS 内部的 UHF 信号。而对于新安装或大修后遗留在 GIS 内部的悬浮微粒缺陷，采用特高频法通常具有较好的检测效果，并且可以确定缺陷的部位。

（二）特高频检测方法

特高频检测方法见图 18－8。

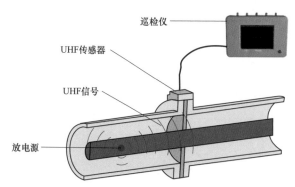

图 18-8　特高频局部放电检测示意图

（三）特高频局部放电检测过程中注意事项

（1）特高频局部放电检测，适用于检测盆式绝缘子为非屏蔽状态的 GIS 设备，若 GIS 的盆式绝缘子为屏蔽状态则无法检测。

（2）检测中应将连接传感器的同轴电缆完全展开，避免同轴电缆外皮受到剐蹭损伤，影响测试效果。

（3）传感器应与盆式绝缘子紧密接触，且应放置于两根禁锢盆式绝缘子螺栓中间，以减少螺栓对内部电磁波的屏蔽及传感器与螺栓产生的外部静电干扰。

（4）在测量时，应尽可能保证传感器与盆式绝缘子的接触，不要因为传感器移动引起的信号而干扰正确判断。

（5）在检测时应最大限度地保持测试周围的干净，尽量减少人为制造出的干扰信号，如手机信号、照相机闪光灯信号、照明灯信号灯。

（6）在对每个 GIS 间隔检测时，在无异常局部放电信号的情况下，只需存储断路器仓盆式绝缘子的检测图谱、信号，其他盆式绝缘子必须检测但可不用存储数据。在检测到异常信号时，必须对该间隔每个绝缘盆子进行检测并存储相应数据。

（7）如果发现测试数据有疑问或不良时，可以结合 GIS 内部 SF_6 气体快速检测进行综合分析以确定设备运行状态。

三、特高频和超声波联合法测 GIS 设备局部放电

根据上面的介绍，根据现场运行的 GIS 的结构特点，采用 UHF 法与超声波法联合测试法（声电联合法）对 GIS 进行局部放电在线监测是最好的手段。特高频法和超声波法都可以带电检测，而且不必改变设备的运行方式。这两种检测方法都比较简便、实用。通过这两者比较可以看出：特高频法抗干扰性能强，对电信号灵敏性强，但实现设备缺陷的精确定位比较困难；而超声法则可实现设备缺陷的精确定位。两者联合使用，可以相互取长补短，是实现对 GIS 局部放电准确检测的重要手段。

超声波和特高频联合检测系统将特高频传感器固定在盆式绝缘子上，超声波传感器安装在外壳上。传感器检测到的局部放电信号输入到局部放电检测系统进行检测，局部放电检测系统包括信号放大器、信号采集前段以及专家系统。传感器检测到的局放信号先经过信号放大器，然后进入信号采集前端，经过采集前段处理后进入专家系统进行分析。

根据出现的几种不同情况进行进一步的判断。大概情况有以下几种：

（1）特高频信号和超声波信号都存在。这时应同时进行粗定位和精确定位。粗定位用特高频法，精确定位用超声波法。若两者都定位在同一腔体内且表现基本一致，则可以判断该腔体内有局部放电现象，存在绝缘缺陷。应根据具体情况进一步检测或采取措施。

（2）只有超声波信号没有特高频信号。这时应使用超声波法在超声信号最强的部位进行精确定位。通过设备结构及具体位置进行分析。判断是否是设备的结构或者设备本身的正常振动导致特高频信号衰减很大，不能通过不同位置测量到。同时对设备进行重点跟踪观察。

（3）只有特高频信号没有超声波信号。这时应该通过改变 UHF 传感器的位置摆放、信号的频率分布、传感器绝缘缺陷的方向性来判断是否存在另外的干扰源或者是周围设备发生了局部放电。并对该设备进行重点跟踪观察。

（4）特高频和超声波信号都没有。这时可以判断没有局部放电发生。

GIS 局部放电定位以特高频和超声波联合检测法为优，两者互相补充，充分发挥各自优势，避免各自不足，做到对 GIS 局部放电进行准确的检测。其中，放电的初步定位采用特高频法，准确定位采用超声波法。在使用中应该注意对超声和特高频检测的结果注意进行对比，在比较的基础上做出判断，对任何一种方法进行的测量结果都要进行仔细分析，同时对不能立即判定的设备进行重点跟踪检测。使用特高频时避免电晕干扰，使用超声波时避免振动干扰，尽量做到局部放电判断的准确。

第五节　SF₆ 气 体 检 测 试 验

作为优良的绝缘和灭弧介质，六氟化硫（SF_6）气体在 GIS 得到了广泛的应用。为保证设备的安全运行以及工作人员的人身安全，按规定必须对 SF_6 气体的质量以及设备的密封情况作相应的检测。对于现场设备来说，通常必须进行两项与气体有关的测试，即气体湿度测试和设备泄漏测试。

一、气体湿度测试

（1）通常设备内的 SF_6 气体中都含有微量水分，它的多少直接影响 SF_6 气体的使用性能。

1）设备内本身含有或吸附的水分在充气前的抽真空干燥过程中不能完全排除，在运行过程中缓慢向气相中释放。

2）SF_6 新气中含有微量水分，这些水分随新气一起充入到设备中。

3）充气过程中由于管道、接头等密封不严或干燥不彻底而带进的水分。

4）由于设备密封不严，存在微小漏点，大气中的水蒸气向设备内渗透而进入的水分。

（2）SF$_6$气体中含有过量的水分会引起严重不良后果，其危害主要体现在两个反面：

1）大量水分可能在设备内绝缘件表面产生凝结水，附在绝缘件表面，从而造成沿面闪络，大大降低设备的绝缘水平。

2）水分存在会加速 SF$_6$ 在电弧作用下的分解反应，并生成多种具有强烈腐蚀性和毒性的杂质，引起设备的化学腐蚀，并危及工作人员的人身安全。

（3）对于 SF$_6$ 气体中的水分含量（即气体湿度）必须严格控制。《电力设备预防性试验规程》（DL/T 596）中对气体湿度规定如下：

1）断路器灭弧室气室：新装及大修后不大于 150μL/L，运行中不大于 300μL/L。

2）其他气室：新装及大修后不大于 250μL/L，运行中不大于 500μL/L。

（一）气体湿度的计量单位及其换算

气体的湿度通常可以用几种单位表示：露点、体积比单位、质量比单位、相对湿度、绝对湿度，以下对这些单位及相互之间的换算关系作简单介绍。

需要说明的是，在以下的计算公式中用到了理想气体状态方程，严格来说，SF$_6$ 气体和水蒸气都不是理想气体，但仅仅对于 SF$_6$ 气体的湿度测试来说，这样近似处理所引起的误差是完全可以接受的。

1. 露点

气体的露点温度是指在给定的压力下，该湿气（即干气和水蒸气组成的混合气体）为水面所饱和时的温度。从直观上来看，也即湿气结露时的温度。与此相似的一个概念是湿气结霜时的温度——霜点温度，它是指湿气为冰面所饱和时的温度。但在 SF$_6$ 气体湿度测试时，通常不严格区分露点和霜点，而统称为露点。事实上，由于 SF$_6$ 气体湿度通常很低，其中所含的水蒸气达到饱和温度时的温度一般在 −20℃以下，此时测得的露点，实际上是霜点。露点温度通常用℃作单位。

2. 体积比单位

湿度的体积比单位就是被测气体（湿气）中水蒸气的分体积与干气体积之比，用百万分之一计算，单位用 μL/L 或×10^{-6}（V/V）。

由道尔顿分压定律和理想气体状态方程可知，在同一温度下，相同体积的不同气体的分压力之比就是这些气体在相同压力下的分体积之比。因此，气体的体积比湿度可按下式计算（被测气体的总压力减去水蒸气分压即为干气的分压），即

$$K_V = \frac{p_w}{p_T - p_w} \times 10^6 \qquad (18-2)$$

式中 K_V ——被测气体的体积比湿度，μL/L；

p_w ——被测气体中水蒸气的分压力，Pa；

p_T ——被测气体的总压力，即测量系统的压力，Pa。

在 SF$_6$ 气体湿度测试中，由于气体湿度通常很小，水蒸气分压对被测气体总压力的影响可以忽略不计，上式可简化为

$$K_V = \frac{p_w}{p_T} \times 10^6 \qquad (18-3)$$

如果已知气体的露点，则可由相应的饱和水蒸气压表查出气体中水蒸气的分压，因为露

点温度下水的饱和蒸气压就是该气体中水蒸气的分压。例如，露点为 $-36℃$，查冰的饱和蒸气压表，得到 $-36℃$ 下冰的饱和蒸气压为 20.049 4Pa，也就是说该气体中的水蒸气分压力 p_w 为 20.049 4Pa。再除以气体的总压力，即可算出用体积比单位表示的气体湿度。

3. 质量比单位

湿度的质量比单位就是被测气体中水蒸气的质量与干气质量之比，用百万分单位 μg/g 或 $\times 10^6$（m/m）表示。

由理想气体状态方程可得

$$K_m = K_V \times \frac{M_{H_2O}}{M_{SF_6}} = K_V \times \frac{18}{146} = 0.123 \times K_V \tag{18-4}$$

式中 K_m——被测气体的质量比湿度，μg/g；

M_{H_2O}——水的摩尔质量，一般为 18g/mol；

M_{SF_6}——SF$_6$ 的摩尔质量，一般为 146g/mol。

反之，则有

$$K_V = 8.11 \times K_m \tag{18-5}$$

用这两个关系式就可以进行SF$_6$气体体积比湿度和质量比湿度的相互换算。

4. 相对湿度

气体的相对湿度是指被测气体中水蒸气的分压力与被测气体温度下水的饱和蒸气压之比，即

$$H_R = \frac{p_w}{p_s} \times 100 \tag{18-6}$$

式中 H_R——被测气体的相对湿度，%；

p_s——被测气体温度下水的饱和蒸气压，Pa。

相对湿度一般用作大气湿度的单位。

5. 绝对湿度

绝对湿度是指水蒸气的密度，即单位体积中的水蒸气质量，单位可用 kg/m^3、g/L 等。

由理想气体状态方程可得

$$H_A = \frac{p_w M_{H_2O}}{RT} = 0.002\,165 \times \frac{p_w}{T} \tag{18-7}$$

式中 H_A——被测气体的绝对湿度，kg/m^3；

R——气体常数，取 8.314J/（mol·K）；

T——被测气体温度，K。

式（18-7）中，T 采用热力学温度，热力学温度等于摄氏度加上 273.15。

6. 气体压力与湿度的关系

由于气体的可压缩性，气体湿度与其压力有密切的关系。GIS 或断路器气室内充装的 SF$_6$ 的压力都比较高，而通常的湿度测试是将气体减压后进行的，因此，要考察气室内部的湿度，就必须进行不同压力系统下气体湿度的折算。

如果已知减压至 p_T 后气体中水蒸气的分压力，则气室内气体中水蒸气的分压力可由下

式计算，即

$$p'_w = p_w \times \frac{p'_T}{p_T}$$

（18－8）

式中　p'_w——气室内气体中水蒸气的分压力，Pa；

　　　p'_T——气室内被测气体的总压力（指绝对压力，即表压加 0.1MPa），Pa。

用求出的 p'_w 代替式（18－2）、式（18－3）、式（18－7）和式（18－8）中的 p_w，p'_T 代替 p_T 进行计算，就可以得到气室内 SF$_6$ 气体的湿度。

实际上，通过简单的计算可知，对于体积比和质量比这两种用比例关系表示的湿度来说，其数值是与气压无关的。原因是水蒸气的分压力和干气的分压力总是按同样比例变化的，其比值始终保持恒定。对于露点来说，情况就不同了，露点温度会随着气体压力的增加而升高。例如，在标准大气压下测试，气体露点为 $-36℃$，水蒸气分压 p_w 为 20.049 4Pa；如果设备充气表压为 0.6MPa，则设备内水蒸气分压 p'_w 为 140.345 8Pa，相应的露点为 $-16.8℃$。可见，设备内气体的露点比减压后高很多。相对湿度和绝对湿度同样会随着气体压力的增加而增加。在考察气体中的水分对绝缘的影响的时候，必须充分考虑到气压的作用。

（二）湿度测试方法

常用的现场气体湿度测试方法，依据所用的仪器不同，目前主要有电解法、露点法和阻容法 3 种。

1. 电解法

（1）原理。

完全吸收式电解湿度仪采用库仑法测量气体中微量水分。其原理为在一定温度和压力下，被测气体以一定流量流经一个特殊结构的电解池，其水分被池内作为吸湿剂的 P$_2$O$_5$ 膜层吸收，并被电解为氢和氧排出，P$_2$O$_5$ 得以再生。

被测气体中所含的水分将全部被 P$_2$O$_5$ 膜层吸收，并全部被电解。当吸收和电解过程达到平衡时，电解电流正比于气体中的水分含量。从而可通过测量电解电流，得知气样中的含水量，此即为该仪器的定量基础。

依据法拉第电解定律和理想气体状态方程，可导出电解电流 I 与被测气体湿度之间的关系，即

$$I = \frac{Q_V p T_0 F K_V \times 10^{-4}}{3 p_0 T V_0}$$

（18－9）

式中　I——电解电流，μA；

　　Q_V——被测气体流量，mL/min；

　　p——环境压力，Pa；

　　T_0——临界绝对温度，为 273.15K；

　　F——法拉第常数，为 96 484.56C/mol；

　　K_V——被测气体的体积比湿度，μL/L；

　　p_0——标准大气压，为 101 325Pa；

　　T——环境温度，K；

　　V_0——气体摩尔体积，为 22.4L/mol。

　　通常，电解式湿度仪已经依据式（18-9）作了标定，其示值直接表示被测气体的体积比湿度。

　　（2）电解湿度仪的操作步骤。

　　1）连接管路。连接好取样接头和测量管路，将辅助气源的取样管和被测气体的取样管分别与四通阀的两个接口连接，四通阀的一个接口与仪器入口连接。检查仪器旋钮和阀门的位置，旁通流量阀和测量流量阀均应关闭。测试系统所有接头处应无泄漏。辅助气源用来干燥电解池，通常采用瓶装氮气并经内装 5A 分子筛的干燥管去除水分后再通入仪器。有些湿度仪机内装有小型干燥管，但因容量小，干燥剂容易失效，建议采用较大的外置干燥管。5A 分子筛失效后，可将其取出盛入瓷皿中，在高温炉内于 500℃ 下活化 4h，也可以在通干气或抽真空条件下于 360℃ 下活化 4h 使其再生。

　　2）流量计的标定。在测量时，流量准确与否将直接影响测量结果。仪器说明书所附的浮子高度——流量曲线，是在一定条件下标定的。由于不同的季节和地区，其气温和气压有差异，所以用户应该用皂膜流量计标定出样品气的测试流量。对旁通流量要求不严格，可用湿式流量计标定。需要注意的是，对不同气体，在相同流量下其浮子高度并不相同，所以必须用待测气体或与待测气体相同的气体来标定流量计。

　　3）电解池的干燥。长期停用或重新涂敷电解池的仪器，由于电解池非常潮湿，所以测试前需要进行干燥处理。具体方法是将四通阀切换至辅助气源，缓慢开启旁通流量阀，使干燥的辅助气体以 1L/min 的流量进入仪器。接通电源，再缓慢开启测试流量阀，以 20mL/min 左右的气流干燥电解池。为了节约气体，旁通流量可减小或关闭。至仪器示值下降到 5μL/L 以下时（越低越好），电解池干燥过程即告完成。干燥所需时间，依仪器型号及使用保养情况而定，少则几小时到十几小时，多则几十小时。

　　4）测定仪器的本底值。将气源切换为待测气体，使待测气体经干燥管去除水分后进入仪器。调节流量阀，使测试流量为 100mL/min，旁通流量为 1L/min。到仪器示值降至 5μL/L 以下，并比较稳定时，记录此值作为本底值。

　　5）测量。切换气源，使待测气体直接进入仪器，不得流经任何内置或外置干燥管。准确调节测试流量为 100mL/min，旁通流量为 1L/min。当仪器示值比较稳地时（稳定至少 3 倍与时间常数），即可读数。该数值减去本底值，即为待测气体的湿度（以体积比表示）。

　　6）更换被测气体。需要更换被测气体时，应切换四通阀，用干燥的辅助气体吹洗电解池。在连续的一系列测试过程中，不必重新测定本底值。

　　7）状态修正。对于精密仪器，若气温和气压不同于仪器所规定的条件，应考虑作状态修正。最简便的修正方法是在标定流量计时按下式确定流量的工作点，以消除气温、气压的影响，即

$$t = 0.032\,28V\sqrt{\dfrac{p}{t}} \tag{18-10}$$

式中　　t——皂膜推移 V 体积所需时间，s；

　　　　V——皂膜流量计容量管设定体积，mL；

　　　　p——大气压力，Pa；

　　　　T——气温，K。

2. 露点法

（1）原理。被测气体在恒定压力下，以一定流量流经露点仪测量室中的抛光金属镜面，该镜面的温度可人为地降低并可精确地测量。当气体中的水蒸气随着镜面温度的逐渐降低而达到饱和时，镜面上开始出现露（或霜），此时所测得的镜面温度即为露点。用相应的换算式或查表即可得到用体积比表示的湿度。

露点仪可以用不同方法设计，主要的不同在于金属镜面的性质、冷却镜面的方法、控制镜面温度的方法、测定温度的方法以及检测出露的方法。常见的露点仪可以分为两个大类，即目视露点仪和光电露点仪。

目视露点仪通常以金属镜面作为冷镜，通过溶剂蒸发手动制冷，利用与冷镜背面接触的溶剂中的水银温度计或热电偶来测量镜面温度。当温度逐渐下降时，镜面出露，温度上升时又消露，目视观察上述现象，以出露和完全消露时镜面温度的平均值作为露点。该方法凭经验操作，人为误差较大，且需要使用制冷剂，不便于现场测量，目前已基本不采用。

光电露点仪通常采用热电效应制冷（也就是半导体制冷），采用多级 Peltiter 元件串联以获得不同的低温，由光电传感器检测露的生成与消失，并控制热电泵的制冷功率，用紧贴在冷镜下面的铂电阻温度传感器测量温度。在测量室内，由光源照射到冷镜表面的光经反射后，被光电传感器接受并输出电信号到控制回路，驱动热电泵对冷镜制冷。当镜面出露时，由于漫反射而使光电传感器接受的光强减弱，输出的电信号也相应减弱，此变化经控制回路比较、放大后调节热电泵激励，使其制冷功率减小，镜面温度将上升而消露。如此反复，最终使镜面温度保持在气体的露点温度上。通过镜面冷凝状态观察镜，可以判断镜面上的冷凝物是液态的露（呈圆或椭圆形）还是固态的霜（呈晶形）。光电露点仪有相当高的准确度和精密度，操作简单方便，获得了广泛的应用。

（2）一般操作步骤。

1）连接好待测设备的取样口和仪器进气口之间的管路，确保所有接头处均无泄漏。

2）调节待测气体流量至规定范围内。由于气体露点与其流量没有直接关系，所以流量不作严格要求，按说明书要求控制在一定范围内即可。

3）对光电露点仪，打开测量开关，仪器即开始自动测量。待观察到镜面上的冷凝物或出露指示器指示已出露，且露点示值稳定后，即可读数。

3. 阻容法

（1）原理。阻容法是利用湿敏元件的电阻值或电容值随环境湿度的变化而按一定规律变化的特性进行湿度测量的。通常使用的氧化铝湿敏元件属于电容式敏感元件一类，它是通过电化学方法在金属铝表面形成一层多孔氧化膜，进而在膜上淀积一薄层金属，这样铝基体和金属膜便构成了一个电容器。多孔氧化铝层会吸附环境气体中的水蒸气并与环境气体达到平衡，从而使两极间的电抗与水蒸气浓度呈一定关系，经过标定即可定量使用。

具有操作简单、使用方便、抗干扰、响应快、测量范围宽等优点，在测量时只要使待测气体流经其探头部分即可，并且容易做成在线式湿度仪。但缺点是探头容易受到气体中粉尘、油污等杂质的污染，在测量 SF_6 气体时还容易受到氟化物及硫化物的腐蚀，使探头工作性能逐渐发生变化，造成测量误差增大。而且，探头即使保存着不用，它本身也要自行衰变。因此，仪器需要经常校正。通常每半年到一年校正一次，如果使用频繁或待测气体不够纯净，还需要缩短校正周期。

（2）注意事项。

1）湿敏元件表面污损和变形会使探头的性能降低，因此，不能触摸该元件，并避免受污染、腐蚀或凝露。

2）待测气体中含有粉尘时，应在管路中安装过滤器。

3）不能用来测量对铝或铝的氧化物有腐蚀性的气体。

4）仪器应经常校准。当仪器无温度补偿时，校准温度应尽量接近使用温度。

5）不要在相对湿度接近100%的气体中长时间使用这类仪器。

4. SF_6 气体湿度现场测试的注意事项

由于通常 SF_6 气体的湿度很低，而测量环境大气的湿度非常高，从而给测试造成很大的困难，测量结果往往分散性比较大，其原因是多方面的。为使测量数据准确可靠，除了保证仪器具有良好性能外，还必须注意取样的密封和干燥，以及环境条件对测量结果的影响。

（1）取样接头。在设备上取样应使用设备配套或专门加工的专用接头，要求密封良好、体积小，为方便加工，一般采用黄铜制作。取样时，应先将设备取样口附近的灰尘、油污等擦干净，再用电吹风的热风吹 10min 左右，以将表面吸附的水分去掉。

（2）取样管道。必须选用憎水性强的材料，并经适当干燥处理，以减小管道内吸附的水分对测量的干扰。最合适的管道是不锈钢管和厚壁聚四氟乙烯管，铜管可用于气体露点在 -40℃ 以上的情况。尼龙管、橡胶管和乳胶管都是吸湿性强又不宜干燥处理的材料，不能用作取样管道。取代管道长度一般在 2m 左右，内径为 2～3mm。取样管太长，对密封、干燥处理等不利，会增加测量所需的时间。

（3）密封性。测试系统所有接头、阀门处应无泄漏，否则会由于空气中水分的渗入而使测量结果偏高。必要时可用 U 形压力计试漏或用检漏仪检查各接头。

测量仪器的气体出口应配有 10m 以上的排气管，并引到下风处排放，防止大气中的水分又从排气孔进入仪器而影响测量结果，同时避免测试人员受到 SF_6 气体的污染。

（4）环境条件。

1）环境温度：环境温度对六氟化硫设备气体湿度测试的结果影响很大，对同一密封完好的气室测试表明，当环境温度高时，所测得的气体湿度相对可较高；温度低时，气体湿度相应也较低。造成这种现象的原因，主要是气体中的水分和吸附在固体材料表面的水分之间的吸附和蒸发平衡。温度低时，较多的水分吸附在固体材料表面，气体中的水分相对较少；温度升高时，更多的水分进入气相，使气体湿度增大。温度对气体湿度的影响也因设备结构的不同而有所不同，但其增减变化的趋势是一致的。

为消除环境温度的影响，有关标准规定的湿度指标均指 20℃ 时的值。为了数据的可比性，要求湿度测试也应尽可能在 20℃ 的条件下进行或者通过设备生产厂提供的温湿度关系曲线换算为 20℃ 时的值。

2）环境湿度：SF_6 湿度测试是在封闭条件下进行的，理论上环境湿度不影响测试结果。但环境湿度过大，对取样接头、管道和仪器的干燥处理不利，同时对测试系统的密封也要求的更为严格。通常不应在相对湿度大于85%的环境中测试，阴雨天不能在室外测试。

（5）安全防护。虽然纯净的 SF_6 气体是基本无毒的，但实际使用的气体，尤其是运行中经过电弧作用的气体，多少包含一些毒性分解物，因此，在气体取样及测试时必须采取适当的安全防护措施，以防止操作人员中毒。所采取的措施包括戴防护手套、防毒面具及穿防护服等。

二、泄漏检查

泄漏检查又称检漏或密封试验。六氟化硫电气设备中气体介质的绝缘和灭弧能力主要依赖于足够的充气密度（压力）和气体的高纯度，气体的泄漏直接影响设备的安全运行和操作人员的人身安全。因此，SF_6 气体检漏是六氟化硫电气设备交接试验和运行监督的主要项目之一。根据有关规定，设备中每个气室的年漏气率不能超过 1%。

现场检漏的部位主要是设备气室的接头、阀门、表计、法兰面接口等，可参看设备的密封对应图。试验时，设备状况应尽可能与实际运行情况相符。通常，设备应分别在分、合闸位置进行密封试验，但如已证明密封与分、合闸位置无关或其中一种位置的密封试验能完全包容另一张位置的密封试验时，则可只在该位置进行密封试验。

检漏所使用的仪器一般为卤素气体检漏仪，该类仪器对各种电负性气体，如卤素、氟利昂、SF_6 等都有响应，因此，在检漏过程中应注意环境中的干扰情况。检漏仪可有多种工作原理，但从其外观和功能上一般分为定性检漏仪和定量检漏仪两类。定性检漏仪小巧、轻便，通过声光信号来指示泄漏与否，但无法确定泄漏率；定量检漏仪体积较大，使用不如定性检漏仪方便，但可以显示被测部位的漏气率。

检漏的方法包括定性和定量检漏两大类。定性检漏通常使用定性检漏仪，也可使用定量检漏仪；定量检漏只能使用定量检漏仪。

（一）定性检漏

定性检漏作为判断设备漏气与否的一种手段，通常作为定量检漏前的预检。用检漏仪进行定性检漏还可以确定设备的漏点。

1. 抽真空检漏

设备安装完毕在充入 SF_6 气体之前必须进行抽真空处理，此时可同时进行检漏。方法为：将设备抽真空到真空度为 113Pa，再维持真空泵运转 30min 后关闭阀门、停泵，30min 后读取真空度 A，5h 后再读取真空度 B；如 B 减 A 小于 133Pa，则认为密封性能良好。

2. 检漏仪检漏

设备充气后，将检漏仪探头沿着设备各连接口表面缓慢移动，根据仪器读数或声光报警信号来判断接口的气体泄漏情况。对气路管道的各连接处必须细致检查，一般探头移动速度以 10mm/s 左右为宜，以防探头移动过快而错过漏点。

在检查过程中，应防止设备接口上的密封脂堵塞检漏仪探头的气体吸入口。接口上的油脂、灰尘等可能影响检测，查漏时应排除这些干扰因素。另外，检查工作不应在风速过大的情况下进行，避免泄漏气体被风吹散而影响检漏工作。

检漏仪检漏在实际使用过程中受到检漏仪灵敏度和响应速度的限制，一般使用该法检漏时检漏仪的检测限应小于 10^{-6}，相应时间在 5s 以下，越小越好。

需要注意的是，由于检漏仪直接工作在大气环境中，极易受到空气中各种电负性强的杂质的干扰而发生误报等情况。所以在检漏过程中应尽可能保证环境空气不含烟雾、溶剂蒸气等干扰物。另外，如果检漏仪指示某处存在泄漏，还需要经过反复检查后才能确定。

（二）定量检漏

定量检漏可以测出泄漏处的泄漏量，从而得到气室的年漏气率。定量检漏的方法主要有压降法和包扎法（包括扣罩法和挂瓶法）两种。

1. 压降法

压降法适于设备漏气量较大时或在运行期间测定漏气率。采用该法，需对设备各气室的压力和温度定期进行记录，一段时间后，根据首末两点的压力和温度值，在六氟化硫状态曲线上查出在标准温度（通常为 20℃）时的压力或者气体密度，然后用公式计算这段时间内的平均年漏气率 F_y，即

$$F_y = \frac{p_0 - p_t}{p_0} \times \frac{T_y}{\Delta t} \times 100\% \qquad (18-11)$$

式中　F_y——年漏气率，%；

p_0——初始气体压力（绝对压力，换算到标准温度），MPa；

p_t——压降后气体压力（绝对压力，换算到标准温度），MPa；

T_y——一年的时间（12 个月或 365 天）；

Δt——压降经过的时间（与 T_y 采用相同单位）。

或者

$$F_y = \frac{\rho_0 - \rho_t}{\rho_0} \times \frac{T_y}{\Delta t} \times 100\% \qquad (18-12)$$

式中　ρ_0——初始气体密度，g/L；

ρ_t——压降后气体密度，g/L。

如果将这段时间内记录的各点数据以时间为横坐标，换算后的压力或气体密度为纵坐标作图，即可更加详细地了解该气室在这段时间内的泄漏情况和变化趋势。

对各气室的压力测量最好在上午 8～10 点进行，因为这时气室与环境的温差较小，所以压力测量较为准确。由于压力表并不能灵敏地反映微小的泄漏，所以压降法主要用于运行中设备的长期监测。

2. 包扎法

通常六氟化硫设备在交接验收试验中的定量检漏工作都使用包扎法进行，其方法是用塑料薄膜对设备的法兰接头、管道接口等处进行密封包扎以收集泄漏气体，并测量或估算包扎空间的体积，经过一段时间后，用定量检漏仪测量包扎空间内的 SF_6 气体浓度，然后计算气室的绝对漏气率 F，即

$$F = \frac{CVp}{\Delta t} \qquad (18-13)$$

式中　F——绝对漏气率，MPa·m³/s；

C——包扎空间内六氟化硫气体的浓度（$\times 10^{-6}$）；

V——包扎空间的体积，m³；

p——大气压，一般为 0.1MPa

Δt——包扎时间，s。

相对年漏气率 F_y 为

$$F_y = \frac{F \times 31.5 \times 10^6}{V_r p_r} \times 100\% \qquad (18-14)$$

式中　V_r——设备气室的容积，m^3；

p_r——设备气室的额定充气压力（绝对压力），MPa。

也可以用下式计算年漏气量 G 和漏气率 F_y，即

$$G = \frac{CV\rho T_y}{\Delta t} \times 10^{-6} \qquad (18-15)$$

式中　G——年漏气量，g；

ρ——六氟化硫气体密度，为 6.16g/L；

T_y——一年的时间，365d 或 8760h，与 Δt 采用相同单位。

$$F_y = \frac{G}{Q} \times 100\% \qquad (18-16)$$

式中　Q——设备气室的充气量，g。

包扎时，一般用约 0.1mm 厚的塑料薄膜按接头几何形状围一圈半，使接缝向上，尽可能构成圆形或方形（以便于估算体积），经整形后将边缘用白布带扎紧或用胶带沿边缘粘贴密封。塑料薄膜与接头表面应保持一定距离，一般为 5mm 左右。包扎后，一般在 12~24h 内测量为宜。如时间短，包扎空间内累积的 SF_6 相对较少，检漏仪的灵敏度有限而可能造成较大误差。若时间过长，由于温差变化及塑料薄膜的吸附和渗透作用，会导致包扎空间内的 SF_6 气体浓度发生不希望的变化，影响测量的准确性。

对于小型设备可采用扣罩法检漏，即采用一个封闭罩，将设备完全罩上以收集设备的泄漏气体并进行检测。对于法兰面有双道密封槽的设备，还可采用挂瓶法检漏。这种法兰面在双道密封圈之间有一个检测孔，气室充气至额定压力后，去掉检测孔的螺栓，经 24h，用软管连接检测孔和挂瓶，过一定时间后取下挂瓶，用检漏仪测定挂瓶内 SF_6 气体的浓度，并计算漏气率。计算公式和上述包扎法的公式相同，只需将包扎空间的体积换成挂瓶的容积即可。

第六节　六氟化硫（SF_6）密度继电器校验

一、试验目的和适用范围

（1）六氟化硫密度继电器是六氟化硫电气设备的关键元件之一，监测运行中六氟化硫气体密度的变化，对出现六氟化硫气体泄漏情况及时发出报警信号或闭锁信号，可有效地避免事故的发生。因此，六氟化硫气体密度继电器直接关系到高压电气设备的可靠运行。

（2）适用于新制造、使用中和修理后的以弹簧管为测量元件，带有温度补偿装置，并具有指示及控制电气信号通断功能的压力式六氟化硫气体密度继电器的例行试验，校验项目包括外观、零位、示值误差、回程误差、轻敲位移、触点切换值误差、绝缘电阻和触点电阻。

二、试验的准备及注意事项

采用《六氟化硫气体密度继电器校验规程》（DL/T 259），进行校验，校验项目包括外观、零位、示值误差、回程误差、轻敲位移、触点切换值误差、绝缘电阻和触点电阻。

三、试验的基本要求

断路器处于停电状态。

四、试验方法与步骤

（一）外观

采用目力观测的方法。

（1）是否标明所测介质为六氟化硫气体或具体比例的六氟化硫混合气体。

（2）密度继电器各部件装配是否牢固，有无松动现象，是否有影响计量性能的锈蚀、裂纹、孔洞等缺陷。

（3）新制造的密度继电器涂层是否均匀、光洁。

（4）输出接点端子是否能牢靠地与外部接线。

（5）充注防震油的密度继电器，其内部的防震油应清澈透明无杂质，无渗漏现象。

（6）密度继电器上的是否完整包含以下标志：制造单位或商标、计量单位和数字、准确度等级或最大允许误差、额定压力、接点端子号及动作值、出厂编号、温度使用范围。

（7）表玻璃是否无色透明，是否有妨碍读数的缺陷和损伤。

（8）分度盘是否平整、光洁，各标志是否清晰可辨，表盘分度标尺是否均匀分布。

（9）密度继电器的指针是否伸入所有分度线内，其指针指示端宽度应不大于最小分度的1/5。指针与分度盘平面的距离应在 1～3mm 范围内。

（二）零位

采用目力观测的方法。

（1）刻度从某一正压值开始并带有止销的密度继电器，在无压力工况下，当环境温度为20℃，大气压力为标准大气压时，在升压校验前和降压校验后，观察其指针是否靠在限定针上。具体的参考零位与温度、大气压的关系，可参考密度继电器的使用说明书。

（2）刻度从最低压力值开始的密度继电器，在无压力工况下，在升压校验前和降压校验后，观察其指针零值误差是否符合下列要求：

1）绝对压力型密度继电器，当环境温度为20℃时，指针须指在当地大气压力值；当环境温度高于 20℃时，指针应指在当地大气压偏下的位置；当环境温度低于 20℃时，指针应指在当地大气压偏上的位置。具体的参考零位与温度、大气压的关系，可参考密度继电器的使用说明书。

2）相对压力型密度继电器，当环境温度为20℃时，指针须指在零位分度线宽度不得超过最大允许基本误差绝对值的两倍；当环境温度高于 20℃时，指针应指在零位偏下；当环境温度低于 20℃时，指针应指在零位偏上。具体的参考零位与温度的关系，可参考密度继电器的使用说明书。

3）相对混合压力型密度继电器，当环境温度为20℃时，指针须指在当前环境大气压减去标准大气压的差值处；当环境温度高于 20℃时，指针应指在该差值偏下的位置；当环境温度低于 20℃时，指针应指在该差值偏上的位置。具体的参考零位与温度的关系，可参考密度继电器的使用说明书。

4）绝对混合压力型密度继电器，当环境温度为 20℃时，指针须指在 0.1MPa 分度线宽度范围内，分度线宽度不得超过最大允许基本误差绝对值的两倍；当环境温度高于 20℃时，指针应指在 0.1MPa 偏下的位置；当环境温度低于 20℃时，指针应指在 0.1MPa 偏上的位置。具体的参考零位与温度的关系，可参考密度继电器的使用说明书。

（三）示值误差、回程误差和轻敲位移

（1）连接密度继电器校验仪面板：打开仪器箱盖，取出附件包里的测试管路和线路，依次连接仪器测试管路、信号采集线、温度探头、接地线等。（开机之前必须连接温度探头）

（2）信号采集线连接。

（3）被测品连接：将被校六氟化硫密度继电器、待校验压力表或密度表与过渡接头连接，并与测试管路连接，检查确认各部连接正确，再打开仪器电源进入测量界面。

（4）示值误差检定点按标有数字的分度线（不含零点）选取：检定时，从零点开始均匀缓慢地加压至第一个检定点，带压力稳定后轻敲仪表外壳，读取标准器和被检仪表的示值，仪表示值与标准器示值之差即为该点的示值误差；如此依次在所选取的检定点进行检定直至测量上限，耐压 3min 后，再依次逐点进行降压检定；降压检定后对仪表疏空，此时仪表指针应能够指向真空方向。

（四）触点动作值误差、切换值误差

（1）设定点的选取：选取报警点和闭锁点为设定点，带有超压报警功能的仪表还应增加超压报警点作为设定点。

（2）上下切换值的确定：均匀缓慢地升压或降压，当指示指针接近设定值时升压或降压的速度应不大于 0.001MPa/s，当电接点发生动作并有输出时，停止加减压力并在标准器上读取压力值，此时为上切换值或下切换值。

（3）上切换值与设定点压力值的差值为升压设定点偏差，下切换值与设定点压力值的差值为降压设定点偏差。

五、分析判断

测试结果应满足相关交接和预试标准及继电器误差范围规定。

第十九章　套　管　试　验

套管是电力系统中广泛使用的一种重要电器，它能使高压导线安全地穿过接地墙壁或箱盖，与其他电气设备相连接。因此，它既有绝缘作用，又有机械上的固定作用。

套管在运行中的工作条件是严苛的，因此，常常因逐渐劣化或损坏，导致电网事故。为了保证其安全运行，必须对套管进行预防性试验。

套管的预防性试验项目包括：

（1）测量绝缘电阻。

（2）测量介质损耗因数和电容量。

（3）交流耐压试验。

一、测量绝缘电阻

测量套管主绝缘及电容型套管末屏对地绝缘电阻的目的是为了初步检查套管的绝缘情况。为更灵敏地发现绝缘是否受潮，《电力设备预防性试验规程》（DL/T 596）明确要求测量套管末屏对地绝缘电阻。进行测量前要先用干燥清洁的布擦去其表面污垢，并检查套管有无裂纹及烧伤情况。应用 2500V 绝缘电阻表进行测量，对一般套管，绝缘电阻表的两个端钮（L、E）分别接在套管和法兰上；对电容型套管还要将绝缘电阻表的 L 端钮接于末屏，以测量末屏对地绝缘电阻。其测量结果应满足下列要求：

（1）主绝缘的绝缘电阻不应低于 10 000MΩ。

（2）末屏对地的绝缘电阻不应低于 1000MΩ。

二、测量介质损耗因数和电容量

测量套管主绝缘及电容型套管末屏对地的介质损耗因数 $\tan\delta$ 和电容量，是判断高压套管绝缘是否受潮的一个重要试验项目。因为套管劣化、受潮都会导致其 $\tan\delta$ 增加，所以根据 $\tan\delta$ 的变化可以较灵敏地反映出绝缘受潮和其他某些局部缺陷。特别是测量末屏对地的 $\tan\delta$，更容易发现缺陷，例如，某支 220kV 套管，投运前发现储油柜漏油，添加 50kg 合格绝缘油后才见到油位。其测量结果如表 19-1 所示。

表 19-1　　　　　　　　　　　　　　　220kV 套管测试结果

测试部位	tanδ（%）	绝缘电阻（MΩ）
主绝缘	0.32	50 000
末屏对地	7.3	60

由表 19-1 可见，若只测量主绝缘 $\tan\delta$，则可判断绝缘无异常，但若测量末屏对地的 $\tan\delta$，说明外层绝缘已严重受潮。外层绝缘受潮也将导致主绝缘逐渐受潮，只是在测量时尚未达到严重程度而已。

1. 测量设备与接线

测量套管的介质损耗因数可采用 QS1 型西林电桥，也可采用 M 型介质试验器，这里仅介绍用西林电桥进行测量的方法。

用西林电桥测量单独套管的 $\tan\delta$ 值，可采用图 19－1 所示的正接线方式。此时套管垂直放置于稳固的支架上，在导杆上加试验电压，中部法兰盘借助高电阻的绝缘垫对地绝缘，并与电桥的另一引线连接。如被试套管的末屏经小套管引出时（见图 19－2），则电桥的另一引线与小套管的导电杆连接，此时法兰盘可直接接地。对带有抽压端子的套管，在测量套管整体的 $\tan\delta$ 值时，将抽压端子“悬空”；测量抽压端子对地的 $\tan\delta$ 值及其电容 C_2 时，施加于抽压端子上的电压一般不得超过 3000～5000V，此时被试套管的导杆“悬空”，不能接地。

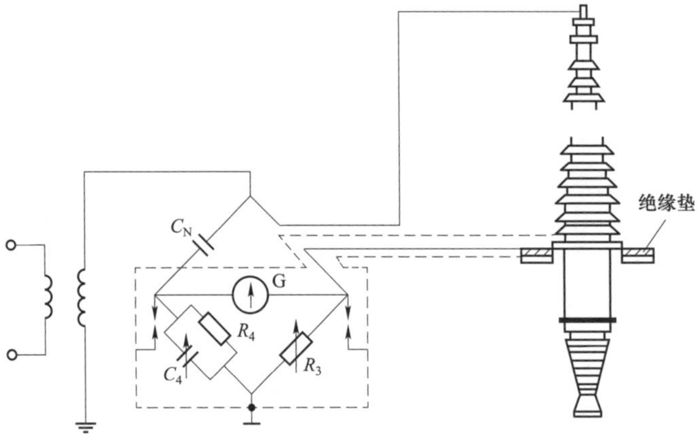

图 19–1　测量高压电容套管 $\tan\delta$ 的接线之一：正接线

应当指出，测量高压电容型套管的介质损耗因数时，由于其电容小，当放置不同时，因高压电极和测量电极对周围未完全接地的构架、物体、墙壁和地面的杂散阻抗的影响，会对套管的实测结果有很大影响。因为不同的放置位置，这些影响又各不相同，所以往往出现分散性很大的测量结果。因此，测量高压电容型套管的介质损耗因数要求垂直放置在妥善接地的套管架上进行，而不应该把套管水平放置或用绝缘索吊起来在任意角度进行测量。

已安装于电力设备上的高压套管，其法兰盘与设备金属外壳直接连接并接地。测量这些套管的 $\tan\delta$ 值时，首先应将与套管连接的引线或绕组断开。除末屏经小套管引出时，可用上述正接线法测量外，一般用反接线法测量，如图 19－3 所示。

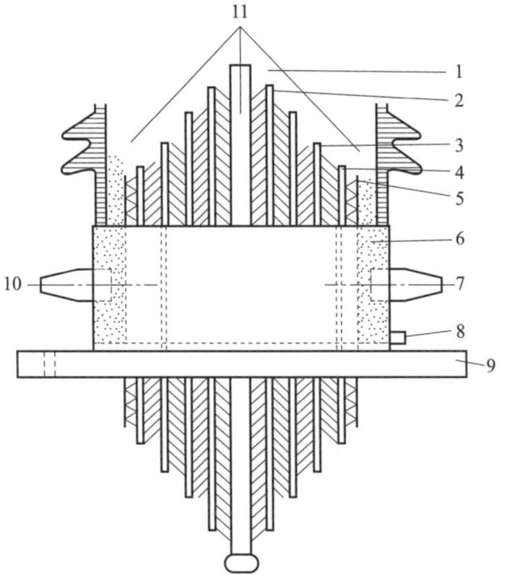

图 19–2　电容芯子构造图

1—导电杆；2—铝箔层；3—绝缘层；4—末屏；5—末屏外围绝缘层；6—绝缘油；7—测量端（接地）；8—放油阀；9—法兰；10—抽压端子（接末屏）；11—雨水潮气路径

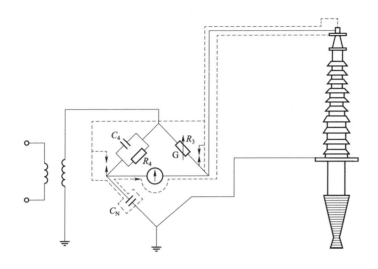

图 19-3　测量高压电容套管 tanδ 的接线之二：反接线

还应指出，只测量油纸套管导电芯对抽压或测量端子间的 tanδ，而忽视测量端子或抽压端子与法兰间的 tanδ 对发现初期进水、受潮缺陷是不灵敏的。如图 19-2 所示，高压电容套管电容芯子的结构特点是在管形导电杆外围，交替绕有同心绝缘层与铝箔层，而且都用绝缘材料固定在法兰根部。测量端子内部引线接至末屏，供测取套管介质损耗因数及局部放电用。抽压端子内部引线接至靠近末屏的铝箔层，供测量用。有些老式电容套管，没有测量端子和抽压端子，电容芯子的末屏由引出线接至法兰。

高压电容套管的等值电路如图 19-4 所示。一些部门和单位，在采用西林电桥测量套管的介质损耗因数时，往往只测电容芯子的介质损耗因数，而不测测量端子或抽压端子的介质损耗因数。由于初期进水受潮时，潮气和水分只进入末屏附近的绝缘层，故占总的体积的比例甚小，往往反映不出来，给电气设备安全运行留下隐患。

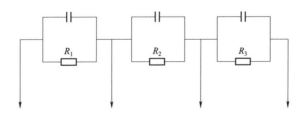

图 19-4　高压电容套管等值电路

图 19-5 示出了油纸套管绝缘的 tanδ 与受潮时间的关系曲线。由曲线可知，当受潮 120h 后，抽压端子和法兰间 $\tan\delta_0$（曲线 1）比开始受潮时已经增大许多倍，而导电芯和抽压端子与接地部分间绝缘的 $\tan\delta_1$（曲线 2）还没有明显变化。因此，要监视绝缘的开始受潮阶段，测量 $\tan\delta_0$ 比测量 $\tan\delta_1$ 要灵敏得多。国外的电容型套管在运行中也发现有类似的情况。如某电力系统曾统计过 1967—1968 年 1200 支 110kV 和 190 支 220～500kV 油纸套管的绝缘预防性试验结果。在被试套管中有 3 支 110kV 的套管不合格，其结果见表 19-2。

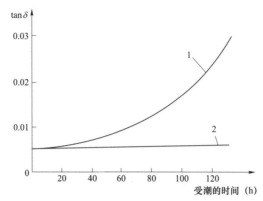

图 19-5　油纸套管绝缘的 $\tan\delta$ 在湿度为 100% 的空气中受潮的时间关系曲线

1—抽压端子和法兰间绝缘的 $\tan\delta_0$；2—导电芯和抽压端子与接地部分（法兰）间的 $\tan\delta_1$

表 19-2　　　　　　　　　　国外电容型套管 $\tan\delta$ 和绝缘电阻的实测值

序号	温度（℃）	$\tan\delta_1$（%）	R_1（MΩ）	$\tan\delta_0$（%）	R_0（MΩ）
1	22	10.8	900	22.0	100
2	20	2.2	800	5.2	550
3	20	1.7	800	1.2	2200

注　1. $\tan\delta_1$ 和 R_1 分别为套管导电芯对抽压端子（或测量端子）及接地部分的介质损耗角正切和绝缘电阻。

　　2. $\tan\delta_0$ 和 R_0 分别为套管抽压端子（或测量端子）对接地部分（法兰）的介质损耗角正切和绝缘电阻。

2. 判断

（1）根据国内外运行经验，《电力设备预防性试验规程》（DL/T 596）中规定 20℃ 时 $\tan\delta$ 值（%）不应大于表 19-3 中的数值。

表 19-3　　　　　　　　　　20℃ 时 $\tan\delta$ 值不应大于的数值　　　　　　　　　　%

套管型式		额定电压（kV）			套管型式		额定电压（kV）		
		20~35	66~110	220~500			20~35	66~110	220~500
大修后	充油型	3.0	1.5	—	运行中	充油型	3.5	1.5	—
	油浸纸电容型	1.0	1.0	0.8		油浸纸电容型	1.0	1.0	0.8
	胶纸型	2.5	2.0	—		胶纸型	3.5	2.0	—
	充胶型	3.0	2.0	—		充胶型	3.5	2.0	—
	胶纸电容型	2.0	1.5	1.0		胶纸电容型	3.0	1.5	1.0

（2）当电容型套管末屏对地绝缘电阻小于 1000MΩ 时，应测量末屏对地 $\tan\delta$，其值不大于 2%。

（3）在测量套管的介质损耗因数时，可同时测得其电容值，电容型套管的电容值与出厂值或上一次测量值的差别超出 ±5% 时应查明原因。通常有以下两种情况：

1）测得电容型少油设备，如套管的电容量比历史数据增大。此时一般存在两种缺陷：

a. 设备密封不良，进水受潮，因水分是强极性介质，相对介电常数很大（$\varepsilon_r = 81$），而电容与 ε_r 成正比，水分侵入使电容量增大。

b. 电容型少油设备如套管内部游离放电，烧坏部分绝缘层的绝缘导致电极间的短路。由于电容型少油设备的电容量是多层电极串联电容的总电容量，如一层或多层被短路，相当于串联电容的个数减少，则电容量就比原来增大。

2）测得电容型少油设备的电容量比历史数据减小。主要原因是漏油，即设备内部进入了部分空气，因空气的介电常数 ε 约为 1，故使设备电容量减小。表 19-4 列出了 66kV 油浸电容型套管电容量的变化情况和判断结果。

表 19-4 油浸电容型套管电容量的测量结果

设备名称		绝缘电阻（MΩ）	tan δ（%）		C_x（pF）			综合结论分析
			上次（年）	本次（年）	上次（年）	本次（年）	增长率（%）	
66kV 油浸电容型套管	A		0.8	0.81	179.3	162.4	-9.43	绝缘不合格，两支套管的下端部密封不良，运行中渗漏，严重缺油
	B		0.7	1.0	183.2	165.9	-9.44	

（4）由表 19-3 可知，对于套管 tan δ 要求较严格，其主要原因如下：

1）易于检出受潮缺陷。目前套管在运行中出现的事故和预防性试验检出的故障，受潮缺陷占很大比例，而测量 tan δ 又是监督套管绝缘是否受潮的重要手段。因此，对套管 tan δ 要求较严有利于检出受潮缺陷。

2）符合实际。我国预防性试验的实践表明，正常油纸电容型套管的 tan δ 值一般在 0.4% 左右，有的单位对 66～500kV 的 234 支套管统计，tan δ 没有超过 0.6% 的。制造厂的出厂标准定为 0.7%，因此，运行与大修标准不能严于出厂标准，所以长期以来，tan δ 的要求值偏松。运行经验表明，tan δ 大于 0.8% 者，已属异常。如某电业局一支 500kV 套管，严重缺油（油标刻度内见不到油面），发生了绝缘受潮，tan δ 只为 0.9%。因此，只有要求较严才符合实际情况，也才有利于及时发现受潮缺陷。

鉴于近年来电力部门频繁发生套管试验合格而在运行中爆炸的事故以及电容型套管 tan δ 的要求值提高到 0.8%～1.0%，现场认为再用准确度较低的 QS1 型电桥（绝对误差为 $|\Delta\tan\delta|\leqslant 0.3\%$）进行测量值得商榷，建议采用准确度高的测量仪器，其测量误差应达到 $|\Delta\tan\delta_i|\leqslant 0.1\%$，以准确测量介质损耗因数 tan δ。

值得指出的是，判断时，油纸电容型套管的 tan δ 一般不进行温度换算。这是因为油纸电容型套管的主绝缘为油纸绝缘，其 tan δ 与温度的关系取决于油与纸的综合性能。良好绝缘套管在现场测量温度范围内，其 tan δ 基本不变或略有变化，且略呈下降趋势。因此，一般不进行温度换算。

对受潮的套管，其 tan δ 随温度的变化而有明显的变化，表 19-5 列出了现场对油纸电容型套管在不同温度下的实测结果。可见绝缘受潮的套管的 tan δ 随温度升高而显著增大。

表 19-5 油纸电容型套管在不同温度下的实测结果

序号	下列温度（℃）下的 tan δ（%）				备 注
	20	40	60	80	
1	0.37	0.34	0.23	0.21	（1）套管温度系套管下部插入油箱的温度。
2	0.50	0.45	0.33	0.30	（2）被试套管为 220kV 电压等级，测量电压为 176kV。

续表

序号	下列温度（℃）下的 tanδ（%）				备　注
	20	40	60	80	
3	0.28	0.20	0.18	0.18	（3）序号1～4为良好绝缘套管。
4	0.25	0.22	0.20	0.18	（4）序号5为绝缘受潮套管
5	0.80	0.89	0.99	1.10	

基于上述，《电力设备预防性试验规程》（DL/T 596）规定，当 tanδ 的测量值与出厂值或上一次测试值比较有明显增长或接近于要求值时，应综合分析 tanδ 与温度、电压的关系，当 tanδ 随温度增加明显增大或试验电压从 10kV 升到 $U_m/\sqrt{3}$，tanδ 增量超过 ±3% 时，不应继续运行。

3. 不拆引线测量变压器套管的介质损耗因数

（1）正接线测量法。在套管端部感应电压不很高（<2000V）的情况下，可采用 QS$_1$ 型西林电桥正接线的方法测量。此时，由于感应电压能量很小，当接上试验变压器后，感应电压将大幅度降低。又由于试验变压器入口阻抗 Z_{Br} 远小于套管阻抗 Z_X，故大部分干扰电流将通过 Z_{Br} 旁路而不经过电桥，因此，测量精度仍能保证。值得注意的是，当干扰电源很强时，需要进行试验电源移相，倒相操作，通过计算校正测量误差，给试验工作带来不便。因此，在套管端部感应电压很高时，宜利用感应电压进行测量。

（2）感应电压测量法。当感应电压超过 2000V 时，可利用感应电压测量变压器套管的介质损耗因数，其原理接线图如图 19－6 所示。

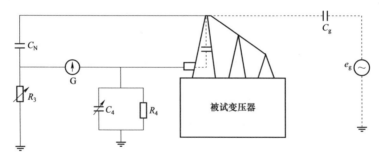

图 19－6　利用感应电压法测量变压器套管介质损耗因数接线图

采用此种接线无需使用试验变压器外施电压，而是利用感应电压作为试验电源。因并联标准电容器 C_N 仅为 50pF，阻抗很大，虽干扰源的能量很小，但由于去掉了阻抗较低的试验变压器，故套管端部的感应电压无明显降低。由图 19－6 可见，整个测试回路中仅有 e_g 一个电源，因此，不存在电源叠加，即电源干扰的问题，这样，不但使电桥操作简便、易行，同时也提高了测量的准确性。

三、交流耐压试验

试验电压一般为出厂试验值的 80%。穿墙套管、变压器套管、断路器套管、电抗器及消弧线圈套管均可随母线或设备一起进行交流耐压试验。

第二十章 电容器试验

电力系统所用的电容器的种类很多,有并联电容器、耦合电容器、断路器均压电容器等。由于结构与用途的不同,各类电容器的交接和预试的项目及标准也有所不同。

第一节 电容器的试验项目及方法

一、测量绝缘电阻

一般用 2500V 绝缘电阻表测量电容器的绝缘电阻。对耦合电容器,测量两极间的绝缘电阻;对并联电容器,测量两极对外壳的绝缘电阻(测量时两极应短接),这主要是检查器身套管等的对地绝缘。一般要求并联电容器的绝缘电阻不低于2000MΩ,耦合电容器的绝缘电阻不低于5000MΩ。

测量时应注意的是:在测量前后均应对电容器充分放电;测量过程中,应先断开绝缘电阻表与电容器的连接再停止摇动绝缘电阻表的手柄,以免电容器反充放电损坏绝缘电阻表。

二、测量极间电容量

(一)电流电压表法

用电流、电压表法测电容量的接线,如图 20−1 所示,测量电压取(0.05～0.5)U_n,额定电压 U_n 较低的电容器应取较大的系数。测量时要求电源频率稳定,并为正弦波。所用电流、电压表均不低于0.5级。加上试验电源,待电压、电流表指针稳定以后,同时读取电流和电压。当被试品的容抗较大时,电流表的内阻可以忽略不计,其被测电容为

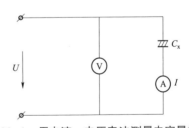

图 20-1 用电流、电压表法测量电容量接线

$$C_x = I \cdot 10^6 / 2\pi f U \qquad (20-1)$$

式中　C_x——被测电容量,μF;

　　　I——通过被试电容器的电流,A;

　　　f——试验电源的频率,Hz;

　　　U——加于被试电容器的试验电压,V。

(二)双电压表法

由图 20−2(b)知

$$\dot{U}_2 = \dot{U}_1 + \dot{U}_C \qquad (20-2)$$

$$U_2^2 = U_1^2 + U_C^2$$

$$= U_1^2 + \frac{I_c^2}{(\omega C_x)^2}$$

$$= U_1^2 + \frac{\left(\dfrac{U_1}{R_1}\right)^2}{(\omega C_x)^2}$$

$$= U_1^2\left[1 + \frac{1}{(R_1\omega C_x)^2}\right] \qquad (20-3)$$

$$C_x = \frac{10^6}{R_1\omega\sqrt{\left(\dfrac{U_2}{U_1}\right)^2 - 1}} \qquad (20-4)$$

式中　R_1 ——电压表 PV1 的内阻，Ω；

　　U_1、U_2 ——电压表 PV1、PV2 的读数，V；

　　C_x ——被测电容器的电容量，μF。

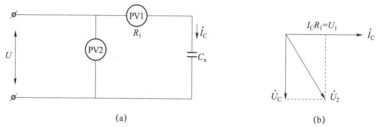

图 20-2　双电压表法测电容量的接线及原理

（a）接线原理图；（b）相量图

（三）用电桥法测量电容量

耦合电容器电容量的测量可在测量 $\tan\delta$ 时一并进行，《电力设备预防性试验规程》（DL/T 596）规定运行中耦合电容器的 $\tan\delta$ 不大于 0.5%（油纸绝缘）及 0.2%（膜纸复合绝缘）。

测得的电容值与额定值比较，其偏差应不超出 -5% 及 +10%。

（四）星形和三角形连接的三相电容器电容量的测量和计算

星形和三角形连接的三相电容器可采用电流、电压表法或电桥法测量电容量的试验接线和计算方法，如表 20-1 和表 20-2 所示。

表 20-1　　　　　　　　　　三角形接线电容量的测量接线及计算

测量序号	接线方式	短路线端	测量线端	测量电容	计算电容
1	C_1 C_2 2 3 1 C_3	2、3	1-2、3	$C_{1-23} = C_1 + C_3$	$C_1 = (C_{1-23} + C_{2-31} - C_{3-12})/2$
2	2 3 1	1、2	3-1、2	$C_{3-12} = C_2 + C_3$	$C_2 = (C_{3-12} + C_{2-31} - C_{1-23})/2$

续表

测量序号	接线方式	短路线端	测量线端	测量电容	计算电容
3		3、1	2-3、1	$C_{2-31}=C_1+C_2$	$C_3=(C_{1-23}+C_{3-12}-C_{2-31})/2$

表 20-2　　　　　　　　　　　星形接线电容量的测量及计算

测量序号	接线方式	测量线端	测量电容	计算电容
1		1-2	$\dfrac{1}{C_{12}}=\dfrac{1}{C_1}+\dfrac{1}{C_2}$	$C_1=\dfrac{2C_{12}C_{23}C_{31}}{C_{31}C_{23}+C_{12}C_{23}-C_{12}C_{31}}$
2		2-3	$\dfrac{1}{C_{23}}=\dfrac{1}{C_3}+\dfrac{1}{C_2}$	$C_2=\dfrac{2C_{12}C_{23}C_{31}}{C_{31}C_{31}+C_{12}C_{31}-C_{12}C_{23}}$
3		3-1	$\dfrac{1}{C_{31}}=\dfrac{1}{C_3}+\dfrac{1}{C_1}$	$C_3=\dfrac{2C_{12}C_{23}C_{31}}{C_{12}C_{23}+C_{12}C_{31}-C_{31}C_{23}}$

（五）并联电容器的交流耐压试验

并联电容器的极间一般不作交流耐压试验，只有出厂型式试验或返修后才进行。如果需要作极间交流耐压，而试验设备容量又不够时，可采用补偿的办法来解决。

当进行交流耐压有困难时，可用直流耐压代替，其试验标准如下：

（1）极间交流耐压 $2.15U_n$，持续时间 10s。

（2）极间直流耐压 $4.3U_n$，持续时间 10s。

其中 U_n 为电容器额定电压的有效值。

并联电容器两极对外壳的交流耐压试验与其他设备的交流耐压相同，试验标准如表 20-3 所示。

表 20-3　　　　　　　　　　两极对外壳的交流耐压试验标准

额定电压（kV）	<1	1	3	6	10	15	20	35
出厂试验电压（kV）	3	5	18	25	35	45	55	85
交接试验电压（kV）	2.2	3.8	14	19	26	34	41	63

当试验电压与表 20-3 不同时，交接时的耐压值可取出厂试验电压的 75%。

（六）并联电容器的冲击合闸试验

交接时应在电网额定电压下对并联电容器组进行 3 次冲击合闸试验。当开关每次合闸时，熔断器不应熔断，电容器组各相电流的差值不应超过 5%。

此外，对于并联电容器极间介质损耗和热稳定试验，只有在出厂试验或分析事故等特殊情况下才进行，它是保证电容器质量和安全运行的重要试验项目。

第二节 试 验 实 例

对一台 YYW10.5 – 400 – 1 型并联电容器的鉴定试验如下：

一、铭牌数据

（1）型号：YYW10.5 – 400 – 1 型。

（2）相数：单相。

（3）额定容量：400kvar。

（4）额定频率：50Hz。

（5）额定电压：10.5kV。

（6）标称电容：11.55μF。

（7）额定电流：38.1A。

（8）温度类别：– 40/ + 40℃。

二、测量两极对外壳的绝缘电阻

将电容器两极短接，用 2500V 绝缘电阻表测量，耐压前后测得两极对外壳的绝缘电阻数值均为 2000MΩ，测量温度为 40℃。

三、测量极间电容量

极间工频交流耐压试验前后，在被试电容器的额定频率、额定电压下，用 A – 500 型电桥和电流、电压表法同时测量极间电容，测量结果如表 20 – 4 所示。表中 C_{x1}、C_{x2} 的计算公式为

$$C_{x1} = C_N \frac{R_4(100 + R_N + R_3) \times 10^{-6}}{R_N(R_S + R_3)} \qquad (20-5)$$

$$C_{x2} = C_N \frac{I_C \times 10^6}{2\pi f U_T} \qquad (20-6)$$

式中　C_{x1}、C_{x2} ——电桥法、电流电压表法测量的电容，μF；

C_N ——电桥的标准电容，$C_N = 101.47$μF；

R_4 ——电阻，$R_4 = 1000/\pi = 318.3$，Ω；

R_N ——外接分流电阻，$R_N = 0.011\,14$Ω；

R_3、R_S ——桥臂电阻，Ω；

I_C ——电容电流，A；

f ——电源频率，Hz；

U_T ——试验电压，V。

极间电容测量值见表 20 – 4。由表 20 – 4 可见，交流电桥和电流电压表法的测量结果，最大互差为 0.47%，这说明测量是准确的；耐压前后电容值之差（电桥法）最大未超过 0.2%，

在电桥测量误差（±0.5%）范围以内；实测电容与标称电容之差未超过 10%，符合技术标准要求。

表 20-4   极 间 电 容 测 量 值

试验电压 U_T （kV）	电容电流 I_c （A）	电源频率 f （Hz）	实测电容计算值（μF）							实测电容与标称电容之差（%）
			交流电桥法				电流电压表法		
			耐压前		耐压后		耐压前	耐压后	
			R_3+S	C_{x1}	R_3+S	C_{x1}	C_{x2}	C_{x2}	
10.5	35.5	49.97	36.837	10.71	36.786	10.72	10.76	10.76	−7.2

四、极间介质损耗角正切值 tanδ（%）与试验电压 U_T 关系曲线的测绘

在极间工频交流耐压试验过程中，以额定电压 U_n 的 0.25 倍的阶梯上升到 1.5 U_n，然后以同样的阶梯下降，并分别测出每个阶梯的 tanδ（%）值，其试验电压 U_T 如下：

（1）升压：$0.25U_n \rightarrow 0.5U_n \rightarrow 0.75U_n \rightarrow 1.0U_n \rightarrow 1.25U_n \rightarrow 1.5U_n$。

（2）降压：$1.25U_n \rightarrow 1.0U_n \rightarrow 0.75U_n \rightarrow 0.5U_n \rightarrow 0.25U_n$。

由 U_T 升压时各阶梯的 tanδ 值，可给出 tanδ（%）与试验电压 U_T 的关系曲线，如图 20-3 所示。

图 20-4 的外接分流器的直流电阻 R=0.011 14Ω（13℃时），电感 $L \approx 6 \times 10^{-6}$H（估算值），载流截面 S=30mm²，材料为 ϕ2.0 的锰合金丝。用 A-500 型交流电桥（外接自制分流器）测量 tanδ（%）时，其试验接线如图 20-4 所示，试验数据见表 20-5。

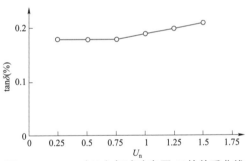

图 20-3   tanδ（%）与试验电压 U_T 的关系曲线

U_n—被试电容器额定电压；U_T—试验电压

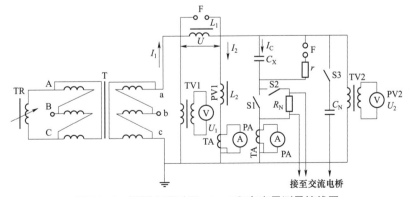

图 20-4   极间交流耐压、tanδ 和电容量测量接线图

表 20-5 极间 tanδ（%）与试验电压 U_T 的试验数据

U_T/U_n		0.25	0.5	0.75	1.0	1.25	1.5	1.25	1.0	0.75	0.5	0.25
试验电压（kV）		2.62	5.25	7.88	10.5	1.31	15.75	13.1	10.5	7.88	5.25	2.62
13℃时 tanδ（%）	指示值	0.14	0.14	0.14	0.15$^-$	0.15$^+$	0.16$^+$	0.15$^-$	0.14$^+$	0.14	0.14	0.14
	更正值	0.17	0.17	0.17	0.18$^-$	0.18$^+$	0.19$^+$	0.18$^-$	0.17$^+$	0.17	0.17	0.17
频率 f（Hz）		49.99	49.97	49.97	49.97	49.97	49.93	49.95	49.97	50.01	50.01	50.01
电容电流 I_c（A）		7.0	16.5	26.0	35.5	44.0	54.0	45.0	35.5	26.5	17.0	8.0

表 20-5 中，tanδ（%）指示值为电桥的读数，更正值为校正后被试电容器的实际值（考虑电桥读数、标准电容器、交流分流器及测量回路所引起的测量误差，经校核估算约 -0.03%）。tanδ（%）值右上角标的 +、- 号表示略大于或略小于该数值（因电桥测量精度不够），绘制曲线时取平均值。

由图 20-3 可见，在额定频率、额定电压下 tanδ（%）小于 0.3%，符合《电力设备预防性试验规程》（DL/T 596）要求；极间交流耐压前后 tanδ（%）无明显变化，且 tanδ（%）与试验电压 U_T 的关系曲线比较平坦，无明显上翘现象，也即在 $1.5U_n$ 以下未发现明显游离。

五、极间工频交流耐压试验

由于此项试验所需无功容量较大，不能用一般的试验方法来做，为此可利用串联谐振的试验方法，测量接线如图 20-4 所示。图 20-4 中，消弧线圈 L_2 与电容器并联，用以补偿电容电流，且使其并联后仍为容性，然后再与消弧线圈 L_1 串联，L_1 用于电压补偿，这样能用较低的电源电压和较小的电流来满足试验电压较高、电流较大的被试品的试验要求。

图 20-4 中 TR 为 200kVA、6.3/0~6.6kV、34.2/30.3A 移圈调压器；T 为 560kVA、10.5/6.6kV、30.8/51.4A 隔离变压器；L_1 为 1100kVA、22.2kV、25~50A 消弧线圈，调至第九分接；L_2 为 1100kVA，22.2kV，25~50A 消弧线圈，调至第六分接头，感抗为 556Ω（试验值）；C_X 为被试电容器（11.55μF，$X_C = 275Ω$）；C_N 为标准电容器（75kV，101.pF）；R_N 为交流分流器；TV1 为测量用 6000/100V、0.5 级电压互感器；TV2 为测量用 35 000/100V、0.5 级电压互感器；TA 为测量用 100/5A、0.5 级电流互感器；F 为保护球间隙，直径 $D = 6.25$cm；S1、S2 为开关。U_1 为电源电压；U_2 为加在被试电容器上的电压；U 为补偿电压；I_1 为试验变压器的电流；I_2 为补偿电流；I_C 为被试电容器的电容电流；TV1、TV2 为电压互感器；PA 为电流表；PV1，PV2 为电压表。

试验时在被试电容器两极间施加 2.15 倍额定电压，持续 10s，应无放电和击穿现象。

六、两极对外壳的工频交流耐压试验

将被试电容器的两极连接在一起，外壳接地，用一般的耐压试验方法，对电容器两极逐步加至试验电压，并持续 1min，试验结果见表 20-6。

表 20-6 两极对外壳交流耐压试验结果

试验电压 U（kV）	电容电流 I_C（A）	持续时间（min）	试品温度（℃）	结果
35	150	1	40	良好

七、热稳定试验

将被试电容器置于具有正常冷却条件的封闭装置中，保持被试电容器周围空气温度为（45±1）℃（即比被试电容器温度类别的上限高 5℃），当被试电容器各部分均达到此温度后，在电容器的极间施加额定频率的正弦波试验电压 U_T，其值为

$$U_T = 1.2 U_n \sqrt{1.1 C_N / C_X} \qquad (20-7)$$

式中 U_n——被试电容器的额定电压，kV；

$\quad\quad C_N$——被试电容器的标准电容值，μF；

$\quad\quad C_X$——实测电容值，μF。

在此电压下持续 48h，每隔 2h 测一次被试电容器的 tanδ（%）及被试电容器内部最热点的温度（电容器内部温度的测量，是由预埋设的两只热电偶测温组件测量的），根据测得的数据绘出 tanδ（%）与电容器内部最热点温度 θ 的关系曲线，如图 20-5 所示。绘出内部最热点温度与加压时间 t 的关系曲线和 tanδ（%）与加压时间的关系曲线，如图 20-6 所示。

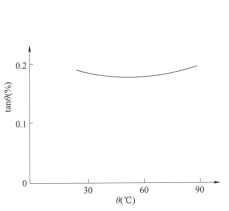

图 20-5　tanδ（%）与温度 θ 的关系曲线　　图 20-6　温度 θ 及 tanδ（%）与加压时间的关系曲线

从图 20-5 看出，电容器的 tanδ（%）基本上不随温度升高而增加。由图 20-6 中 tanδ（%）及内部温度与加压时间的关系曲线看出，在持续加压 48h 内的最后 10h，温度与 tanδ（%）均能保持稳定，说明该电容器热稳定性能良好，所用材质及制造工艺也是良好的。

由以上试例说明，采用串、并联电感补偿的方法做并联电容器的极间耐压试验，能满足试验要求。

第二十一章　避雷器试验

避雷器是保证电力系统安全运行的重要保护设备之一，主要用于限制由线路传来的雷电过电压或由操作引起的内部过电压。

目前，电力系统采用的避雷器主要为金属氧化物避雷器，其试验项目包括绝缘电阻测量试验、直流 1mA 时的临界动作电压 U_{1mA} 测量试验、$0.75U_{1mA}$ 直流电压下的泄漏电流测量试验、运行电压下的交流泄漏电流测量试验。

一、绝缘电阻测量试验

（一）试验目的

绝缘电阻测量试验的目的是检查避雷器由于密封破坏而使其内部受潮或瓷套裂纹等缺陷。当避雷器的密封良好时，其绝缘电阻很高；受潮以后，则绝缘电阻下降很多。因此，绝缘电阻测量试验对判断避雷器是否受潮是很有效的一种方法。

（二）试验方法及判断标准

避雷器本体绝缘电阻用 2500V 及以上绝缘电阻表进行测量，35kV 以上的避雷器不低于 2500MΩ，35kV 及以下的避雷器不低于 1000MΩ。

避雷器底座绝缘电阻用 2500V 及以上绝缘电阻表进行测量，绝缘电阻不小于 5MΩ。

二、直流 1mA 时的临界动作电压 U_{1mA} 测量试验

（一）试验目的

直流 1mA 时的临界动作电压 U_{1mA} 是无间隙金属氧化物避雷器通过 1mA 直流电流时，被试品两端的电压值。测量避雷器的 U_{1mA}，主要是检查其阀片是否受潮，确定其动作性能是否符合要求。

（二）试验方法

测量避雷器 U_{1mA} 的试验接线如图 21−1 所示。

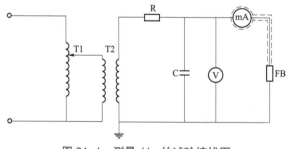

图 21−1　测量 U_{1mA} 的试验接线图

T1—单相调压器；T2—试验变压器；R—保护电阻；C—滤波电容；mA—直流毫安表；FB—被试避雷器

（1）当泄漏电流大于 200μA 后，随试验电压的升高，电流会急剧增大。此时应缓慢升

压，当电流达到 1mA 时即刻停止升压并迅速准确地读取相应的电压 U_{1mA}。

（2）为了减小表面泄漏电流的影响，测量前应将避雷器瓷套表面擦拭干净，测量电流的导线应使用屏蔽线。

（3）通常金属氧化物避雷器阀片 U_{1mA} 的温度系数为 0.05%～0.17%，即温度每升高 10℃，U_{1mA} 约降低 1%，必要时要进行换算。

（4）相对湿度也会对测量结果产生影响，为便于分析，测量时应记录相对湿度。

（三）判断标准

（1）发电厂、变电站避雷器每年雷雨季前都要进行测量。

（2）U_{1mA} 实测值与初始值或制造厂规定值比较，变化不应大于 ±5%。

三、0.75U_{1mA} 直流电压下的泄漏电流测量试验

（一）试验目的

0.75U_{1mA} 电压下的泄漏电流，为试品两端施加 75% 的 U_{1mA} 电压，测量流过避雷器的直流泄漏电流。0.75U_{1mA} 直流电压值一般比最大工作相电压（峰值）要高一些，在此电压下主要检测长期允许工作电流是否符合规定。因为这一电流与金属氧化物避雷器的寿命有直接关系，所以一般在同一温度下泄漏电流与寿命成反比。

（二）试验方法

试验接线如图 21-1 所示。

测量时，应先测 U_{1mA}，然后再在 0.75U_{1mA} 下读取相应的电流值。

（三）判断标准

0.75U_{1mA} 下的泄漏电流不应大于 50μA。

四、运行电压下的交流泄漏电流测量试验

（一）试验目的

避雷器的总泄漏电流包含阻性电流（有功分量）和容性电流（无功分量）。在正常运行情况下，流过避雷器的主要是容性电流，阻性电流只占很小一部分，为 10%～20%。但当阀片老化时，避雷器受潮、内部绝缘部件以及表面严重污秽时，容性电流变化不多，而阻性电流大大增加。因此，测量运行电压下的交流泄漏电流及其有功分量与无功分量是现场监测避雷器的主要方法。

（二）试验方法

试验时使用测量金属氧化物避雷器阻性电流分量的专用仪器，其原理如图 21-2 所示。

（三）判断标准

测量运行电压下的全电流、阻性电流或功率损耗，测量值与初始值比较，有明显变化时应加强监测；当阻性电流增加 1 倍时，应停电检查。

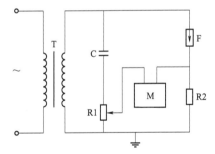

图 21-2　测量金属氧化物避雷器阻性电流
分量的试验接线图

T—试验变压器；C—标准电容器；R1—可变电阻器；
R2—电阻器；M—电流表或电子示波器；F—被试避雷器

第二十二章 电力电缆试验

电缆线路的薄弱环节是终端头和中间接头，往往由于设计不良或制作工艺、材料不当而带有缺陷。有的缺陷可在施工过程和验收试验中检出，更多的是在运行中逐渐发展，劣化直至暴露。除电缆头外，电缆本身也会发生一些故障，如机械损伤、铅包腐蚀、过热老化及偶尔有制造缺陷等。所以，尽管电缆线路的可靠性比架空线路高，但故障仍是很多的，而且情况还较为复杂，埋设在地下的电缆还有寻找和处理故障的困难。因此，要根据具体情况分析判断。新敷设电缆时，也要在敷设过程中配合试验，如有故障也便于判断故障究竟是在电缆头还是电缆本身。

一、绝缘电阻测量试验

从电缆绝缘的数值可初步判断电缆绝缘是否受潮、老化，并可检查有耐压试验检出的缺陷的性质，因此，耐压前后均应测量绝缘电阻。测量时，额定电压 1kV 及以上的电缆应使用 2500V 绝缘电阻表进行；运行中的电缆要充分放电，拆除一切对外连接线，并用清洁干燥的布擦净电缆头，逐项测量。测量完毕后，应先断开绝缘电阻表与电缆的连接，以免电容电流对绝缘电阻表反冲充电；每次测量后都要充分放电，操作应采用绝缘工具，以防电击。为了测量准确，应在缆芯端部绝缘上或套管端部都装屏蔽环，并接往绝缘电阻表的屏蔽端子。此外，当电缆较长、充电电流较大时，绝缘电阻表开始时指示数值很小，如使用手动绝缘电阻表，则应继续摇动。短电缆的读数很快就趋于稳定值，而长电缆一般均取 15s 和 60s 的读数 R_{15} 和 R_{60}。

运行中的电缆，其绝缘电阻应从各次试验数值的变化规律及相间的相互比较来综合判断，其相间不平衡系数一般不大于 2~2.5。

电缆绝缘电阻的数值随电缆的温度和长度而变化。为便于比较，应换算为 20℃时每 km 长的数值，即

$$R_{i20} = R_{it}KL \qquad (22-1)$$

式中　　R_{i20} ——电缆在 20℃时单位绝缘电阻，MΩ·km；

　　　　R_{it} ——在 t℃时绝缘电阻，MΩ；

　　　　K ——温度系数，见表 22-1；

　　　　L ——电缆长度，km。

表 22-1　　　　　　　　　　电缆绝缘的温度换算系数表

温度（℃）	0	5	10	15	20	25	30	35	40
K	0.48	0.57	0.70	0.85	1.0	1.13	1.41	1.66	1.92

停止运行时间较长的地下电缆可以土壤温度为准，运行不久的应测量导体直流电阻后计算缆芯温度。良好电缆的绝缘电阻值通常很高，其最低值按制造厂规定：新的交联聚乙烯电

缆，每一缆芯对外皮的绝缘电阻（20℃时每 km 长的数值），额定电压 6kV 的应不小于 1000MΩ；额定电压 10kV 的应不小于 1200MΩ；额定电压 35kV 的应不小于 3000MΩ。

对于橡塑绝缘电缆（主要指交联聚乙烯电缆），除测量芯线绝缘电阻外，还要测量铠装层对地的绝缘电阻及铜屏蔽对铠装层的绝缘电阻，以确定外、内护套有无损伤，判断绝缘有无受潮的可能。测量时通常用 500V 绝缘电阻表进行，当绝缘电阻低于 0.5MΩ/km 时，应用万用表正、反接线分别测屏蔽层对铠装层、铠装层对地的绝缘电阻，当两次测得的阻值相差较大时，表明外护套或内衬层已破损、受潮。

二、铜屏蔽层电阻和导体电阻比测量试验

铜屏蔽层电阻和导体电阻之间没有固定的数量关系，一般来说电缆导体的直流电阻是与电缆的规格即导体的直径成反比的，而屏蔽层没有这一关系。测试这个项目的目的是判断屏蔽是否有损坏，进而分析是否有电缆外护套损坏或者屏蔽层进水，造成屏蔽腐蚀。在电缆敷设完成，附件安装结束后，测量这两个数值，并做比值，为原始值。预试时测量值与原始值比较，如果发现屏蔽层电阻增加很大或者比值出现大的变化，可以考虑是否存在屏蔽层损坏。没有明确判断标准，主要靠经验积累。

三、电缆主绝缘耐压试验

电缆主绝缘耐压试验的目的是检验该电缆在运输和安装过程中绝缘是否受到破坏或存在绝缘缺陷，绝缘水平是否符合有关标准的规定和技术条件的要求。电缆主绝缘耐压试验分为直流耐压试验和交流耐压试验。纸绝缘和充油绝缘电缆一般采用直流耐压及泄漏电流测量试验，橡塑绝缘电缆一般采用交流耐压试验。

（一）直流耐压及泄漏电流测量试验

1. 直流耐压试验应符合的规定

（1）纸绝缘电缆直流耐压试验电压应符合表 22-2 的规定。

表 22-2　　　　　　　　　　纸绝缘电缆直流耐压试验电压　　　　　　　　　　　　kV

电缆额定电压 U_0/U	1.8/3	3/3	3.6/6	6/6	6/10	8.7/10	21/35	26/35
直流试验电压	12	14	24	30	40	47	105	130

注　U_0 为电缆导体对地或对金属屏蔽层间的额定电压。

U 为电缆额定线电压。

（2）充油绝缘电缆直流耐压试验电压应符合表 22-3 规定。

表 22-3　　　　　　　　　充油绝缘电缆直流耐压试验电压　　　　　　　　　　kV

U_0/U	标准规定的雷电冲击耐受电压[①]	直流试验电压
48/66	325	163
	350	175
64/110	450	225
	550	275

U_0/U	标准规定的雷电冲击耐受电压[①]	直流试验电压
127/220	850	425
	950	475
	1050	510
190/330	1050	525
	1175	590
	1300	650
290/500	1425	725
	1550	775
	1675	840

（3）现场条件只允许采用交流耐压方法，当额定电压 U_0/U 为 190/330kV 及以下时，应采用交流电压的有效值为上列直流试验电压值的 42%，当额定电压 U_0/U 为 290/500kV 时，应采用交流电压的有效值为上列直流试验电压值的 50%。

（4）交流单芯电缆的外护套绝缘直流耐压试验应符合下列规定：

1）交叉互联系统对地绝缘的直流耐压试验应符合下列规定：

试验时应将护层过电压保护器断开，应在互联箱中将另一侧的三段电缆金属套都接地，使绝缘接头的绝缘环也能结合在一起进行试验；应在每段电缆金属屏蔽或金属套与地之间施加直流电压 10kV，加压时间应为 1min，不应击穿。

2）非线性电阻型护层过电压保护器试验应符合下列规定：

a. 对氧化锌电阻片施加直流参考电流后测量其压降，即直流参考电压，其值应在产品标准规定的范围之内。

b. 测试非线性电阻片及其引线的对地绝缘电阻时，应将非线形电阻片的全部引线并联在一起与接地的外壳绝缘后，用 1000V 绝缘电阻表测量引线与外壳之间的绝缘电阻，其值不应小于 10MΩ。

2. 加压程序

试验时，试验电压可分 4～6 个阶段均匀升压，每阶段应停留 1min，并应读取泄漏电流值。试验电压升至规定值后应维持 5min，期间应读取 1min 和 5min 时泄漏电流，耐压 5min 时的泄漏电流值不应大于 1min 时的泄漏电流值。测量时应消除杂散电流的影响。

3. 不平衡系数

纸绝缘电缆各相泄漏电流的不平衡系数（最大值与最小值之比）不应大于 2；当 6/10kV 及以上电缆的泄漏电流小于 20μA 和 6kV 及以下电缆泄漏电流小于 10μA 时，其不平衡系数可不作规定。

4. 泄漏电流

电缆的泄漏电流具有下列情况之一者，电缆绝缘可能有缺陷，应找出缺陷部位，并予以处理：

（1）泄漏电流很不稳定。

（2）泄漏电流随试验电压升高急剧上升。

（3）泄漏电流随试验时间延长有上升现象。

（二）交流耐压试验

（1）橡塑电缆应优先采用 20～300Hz 交流耐压试验，试验电压和时间应符合表 22-4 的规定。

表 22-4　　　　　　　　橡塑电缆 20～300Hz 交流耐压试验电压和时间

U_0/U	试验电压	时间（min）
18/30kV 及以下	$1.6U_0$	5
21/35～64/110kV	$1.6U_0$	5
127/220kV	$1.36U_0$	5
190/330kV	$1.36U_0$	5
290/500kV	$1.36U_0$	5

（2）不具备上述试验条件或有特殊规定时，可采用施加正常系统对地电压 24h 方法代替交流耐压。

（三）案例

1. 电缆参数

（1）型号：YJLW03-Z。

（2）出厂日期：2009 年 9 月。

（3）额定频率：50Hz。

（4）截面：$1\times400\text{mm}^2$。

（5）电压等级：220kV。

2. 试验方法

（1）试验参数计算。

采用串联谐振的方式进行试验，并用分压器测量被试电缆两端的电压。设 110kV 电缆被试验部分电容量为 C_x，分压器电容量为 C_y（C_1、C_2 串联），总电容量 $C=C_x+C_y=0.139\mu\text{F}$，根据电容量选取相应的电感 $L=200\text{H}$，谐振频率 $f=1/(2\times3.14\times\sqrt{LC})=30.3\text{Hz}$，试验频率在试验设备输出的频率范围内，满足标准要求频率 20～300Hz。

试品最大电流 $I=U_f\sqrt{\dfrac{C}{L}}=3.37$（A），试品的最大电流应不超过励磁变压器高压侧额定电流和电抗器的额定电流。

最高运行电压 $U_m=220\text{kV}$，相电压 $U_0=127\text{kV}$，现场耐压最高值为 $1.36U_0=172.72\text{kV}$，时间为 5min。

（2）试验程序。

1）电缆主绝缘电阻、电缆外护套绝缘电阻。

2）主绝缘耐压试验。加压至 $1.36U_0=172.72\text{kV}$，持续耐压时间 5min，之后将电压迅速降为 0，见图 22-1。

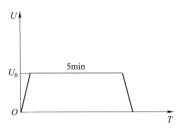

图 22-1 试验加压时间顺序图

（3）试验步骤。

1）清除电缆对外一切连线，用清洁、干燥的布擦拭电缆头。

2）对金属屏蔽或金属套一端接地，另一端有护层过电压保护器的单芯电缆主绝缘作交流耐压试验时，必须将护层过电压保护器短接，使这一端的金属屏蔽或金属套临时接地。

3）非试相导体与屏蔽层和铠装层一同接地，逐相进行耐压试验。

4）按测试接线图接好试验装置各部分以及和电缆的连线。

5）设置试验电压值和电流保护值。

6）接通试验电源。

7）以自动或手动方式寻找出谐振点，开始手动升压到试验电压值。

8）满足耐压时间后降压到零位，断开试验电源。

第二十三章　变压器油中气体分析及故障诊断

第一节　变压器油的作用

绝缘油广泛地应用于变压器、电抗器、油断路器、互感器、套管等高压电力设备中，其作用如下：

（1）绝缘作用。对变压器、互感器、套管等固体绝缘进行浸渍和保护；充满油的空间将不同电压的带电部分分隔开来，填充绝缘中的气泡，防止空气或湿气侵入，保证其可靠绝缘。

（2）冷却作用。变压器带电运行过程中，由于电流通过绕组时，其铁损和铜损均转为热量，使变压器的绕组、铁芯、绝缘油的温度升高，如果在变压器中不设法将热量散发出去，必将使绕组和铁芯内积蓄的热量越来越多，当温度升高到一定的数值时，绝缘材料就会脆化以致被击穿，导致绕组烧毁，使变压器损坏。为了能够及时散热，在变压器本体的设计中，增加了在其四周布置的散热管装置。这样当绝缘油吸收绕组和铁芯放出的热量而升温时，由于其密度降低，使这部分油向上浮动，下部的油就跟着向上流动，结果上部温度高的油进入散热管，通过管壁的热传导使油温下降，这种对流作用形成了自然循环，就可以把热量不断地散掉，保证了变压器的正常运行。变压器油的冷却方式有自然循环冷却、自然风冷、强油循环风冷和强油循环水冷等多种方式。一般大容量的变压器大部分采用强油循环的冷却方式。

（3）灭弧作用。在开关设备中（油断路器、有载分接开关），变压器油起熄灭电弧作用。当油断路器开断时，固定触头和滑动触头之间会产生电弧，所发生的电弧并不马上消失，而是要经过一定的时间，直到断路器触头具有一定距离时，才能切断电流。而在断路器开断的瞬间，电弧是连续发生的，电弧的温度高达 3500℃，若不能很快地将弧柱的热量带走，让其冷却，则在初始电弧发生后，还会有连续的电弧产生，这样就会烧毁设备或引起过电压。

变压器油之所以能有灭弧作用，是由于电弧的温度很高，油受热发生剧烈分解，产生许多气体，其中有大量的氢气（约 70%），由于氢气导热系数大，是一种具有高绝缘性能、优良冷却散热特性的介质，此时氢气吸收大量的热量，并将热量传至油中，及时冷却弧道，降低温度，有利于灭弧。另外，这些气体能在高温作用下产生很大的压力，将电弧吹向一方，使电弧通过的途径冷却下来，促使电弧不能继续发生。

（4）对绝缘材料的保护功能。由于变压器油的黏度相对较低，流动性较好，它可以很容易地填入绝缘材料的空隙之中，起到保护铁芯和绕组组件的作用。油充填在绝缘材料的空隙之中后，可将这些空隙中的气体置换出来，从而使易于氧化的纤维素和其他材料所吸附的氧的含量减少到最低程度。也就是说，油会与混入设备中的氧首先起氧化反应，从而延缓了氧对绝缘材料的侵蚀。

（5）传递信息。绝缘油充入变压器内，有如电气设备的血液，在设备内部存在潜伏性故障时，变压器油会产生特征气体，特征气体的组成和含量与故障的类型和严重程度有密切关系。因此，分析溶解于油中的气体，能尽早发现设备内部存在的潜伏性故障并可随时掌握故障的发展情况。

第二节 变压器油的特性

变压器油要能发挥它在绝缘、散热冷却、灭弧及保护固体绝缘材料等多方面的功能作用，必须具备良好的化学、物理和电气等方面的基本特性。

一、化学特性

（一）成分组成特性

变压器油是由石油精炼而成的精加工产品，我国炼制电力用油所选用的原料有环烷基原油、石蜡基原油和中间基原油。国产油的炼制工艺，大部分在常压下切取馏分，切取温度在260～380℃范围内，其化学成分为烷烃、环烷烃和芳香烃。对于变压器油而言，采用环烷基原油比较好。

油中芳香烃含量应有一定控制。芳香烃含量太高会降低油的绝缘或冲击强度，并增大对浸于油中的许多固体绝缘材料的溶解能力。此外，变压器油中还含有少量的非烃类化合物（即杂环化合物），它们也有类似烃类的骨架，只是其中的部分碳原子被氧、硫或氮原子所取代，它们在油中的含量经过精炼加工处理后仅有0.02%左右，一般对油品的特性影响不大。新油中含有极少量铁和铜。

（二）酸值

酸值是评定新油和判断运行中油质氧化程度的重要化学指标之一。从试油中所测得的酸值为有机酸和无机酸的总和。

新油中含酸性物质的量，随原料与油的精制程度而变化，在通常情况下，新油中不应存在无机酸，除非因操作不当或精制、清洗不完善而使油中有残留的无机酸。一般所测定的酸值几乎都代表有机酸（即含有—COOH基团的化合物）。油中所含的有机酸主要是环烷酸，此外，还有在贮存、运输时因氧化生成的酸性物质，某些油品中还有酚、脂肪酸和一些硫化物、沥青质等酸性化合物。

油的酸值高，不但腐蚀设备，同时还会提高油的导电性，降低油的绝缘性能。如遇高温时，还会促使固体纤维绝缘材料产生老化现象，进一步降低电气设备的绝缘水平，缩短设备的使用寿命，因此，经过精加工处理的变压器油中，要求总的酸值含量必须低，以减少电导和金属的腐蚀并使绝缘系统的寿命达到最长。

（三）氧化安定性

油品的氧化安定性是其最重要的化学性能之一。因油在使用和贮存过程中，不可避免地会与空气中的氧接触，在一定的条件下，油与氧接触就会发生化学反应，产生一些新的氧化产物，这些氧化产物在油中会促使油质劣化。油与氧的化学反应为氧化（或老化、劣化）。油品抵抗氧化作用的能力称为油的氧化安定性。

一般来讲，石油中原本含有一定的"天然抗氧化剂"，但在进行精制的过程中，会将这一部分"天然抗氧化剂"除掉。因此，国内一般在变压器油中加入一定量的人工合成的"抗氧化剂"，以提高油品的抗氧化能力。在进行新油的质量验收或评价时，氧化安定性是一项重要的指标。

（四）腐蚀性硫（活性硫）

活性硫是指能够与金属发生反应从而能腐蚀金属的硫化物或游离硫。绝缘油中不允许有活性硫。

活性硫包括硫化氢、低级硫醇、二氧化硫、三氧化硫、磺酸、酸性硫酸酯和单质硫等，这些物质通常是由石油带来的，在用硫酸精制油品时会产生二氧化硫。

二、物理特性

只有纯净的物质才具有恒定的物理性质。变压器油不是纯净的物质，而是由很多不同分子的液态烃组成的混合物，因而其物理性质并不是恒定的，而是随其所含各种不同的物质成分和量的变化而变化。

（一）外观颜色和透明度

石油及石油产品的颜色，取决于其中含沥青、树脂物质及其他染色化合物的含量。如原馏分油中沥青、树脂等物质越少，轻馏分越多，颜色就越浅、越透明。通过颜色可判断油品中除去沥青、树脂物质及其他染色物质的程度，即判断油品的精制深度。

新油一般为淡黄色，而我国生产的绝缘油，特别是 45 号变压器油，由于切取馏分的温度较低，并采用过度精制加抗氧化剂的工艺，故其外观颜色较浅，几乎是无色的。油品在运行中，受环境的影响和自身氧化生成的树脂质等因素，其颜色会逐渐变深。油在运行中颜色的迅速变化，是油质劣化或设备存在内部故障的表现。

透明度是对绝缘油外观的直观鉴定，品质优良的油外观是清澈透明的。影响油质的透明度，有其内在和外在两种因素：

（1）内在因素。绝缘油在低温下如呈混浊现象，主要是因为绝缘油中可能存在固态烃。故油质标准中规定新油在常温下目测透明度时应透明。

（2）外在因素。如绝缘油中混入杂质、水分等污染物，也可使油外观浑浊不清。一般新油在运输和贮存过程中，经常发生这种情况。因此，新油在注入设备之前，必须进行过滤等净化处理，直至油的外观清澈透明。

（二）黏度

变压器油是电气设备中的散热冷却介质，并填充于绝缘材料的缝隙之间。因此，变压器油的黏度应该较低，才能充分发挥出这种功能作用。

（三）密度

绝缘油的密度与温度有关,在实际应用中必须标明温度。变压器油的密度一般不宜太大,以免在含水量较多而又处于寒冷的气候条件下可能出现浮冰现象;另外,密度小有利于变压器自然循环散热。通常情况下,变压器油的密度为 $0.8\sim0.9g/cm^3$。

（四）凝点、低温流动性

绝缘油的低温流动性对其使用、贮存和运输都有重要的意义，特别是用于寒冷地区的绝缘油，对其凝点有严格的要求。因为低凝点的变压器油能保证在这种气候条件下仍可进行循环流动，从而可以起到绝缘和散热、冷却作用，特别是对于断路器那样执行机构动作的设备，低凝点是非常必要的。

一种凝固机理认为：绝缘油的凝点决定于其中石蜡的含量，含蜡越多，凝点就越高。含蜡的绝缘油在降温时，蜡将逐渐结晶，开始产生少量的极微细的结晶，分散在油中，使绝缘油出现云雾状的浑浊现象，失去了透明度。如继续降低温度，蜡的结晶就逐渐扩大，并进一步连接成网，形成石蜡结晶网络。该石蜡结晶网络将液态油包围其中，使绝缘油失去了流动性，这种现象称为"构造凝固"，其相应的温度即为凝点。事实上这种"凝固"绝缘油非全部变为固体，因在石蜡结晶网络中，包有液态油品。

另一种凝固机理的说法是：油的黏度随温度的逐渐降低，逐渐增大，当达到一定程度时，绝缘油将变成凝胶体，失去流动性，这种现象通常称为"黏温凝固"。

（五）闪点

绝缘油的闪点是指在规定的条件下加热，油蒸气与空气的混合气体在与外界火焰（标准测试火源）相接触，发生短暂火焰的最低油温。闪点相当于加热油品使油蒸气浓度达到爆炸下限时的温度，是与变压器油在使用环境条件下的安全性有一定内在联系的。

绝缘油在变压器、电容器、断路器等密闭容器内使用，在使用过程中常由于设备内部发生电流短路、电弧等情况，或其他原因引起设备局部过热，产生高温，使油品形成低分子分解物。这些低分子成分在密闭容器内蒸发，一旦遇空气混合后，有着火或爆炸的危险。如果发现运行中绝缘油闪点降低，往往是由于电气设备内部有故障，造成过热高温，而使绝缘油热裂解，产生易挥发可燃的低分子碳氢化合物。闪点过低容易引起设备火灾或爆炸事故。一般情况下，环烷基油的挥发性要比石蜡基油高。

（六）界面张力

绝缘油的界面张力是指油与水之间的界面产生的张力。在油－水两相交界面上，由于两相液体分子都受到各自内部分子的吸引，力图缩小其表面积，这种使液体表面积缩小的力称为表面张力。习惯上将被试液体表面与空气接触时（气相－液相）所测得的力称为表面张力，而将被试液体与其他液相相接触时（液相－液相）所测得的力称为界面张力。

绝缘油是多种烃类的混合物，其在精制过程中，一些非理想组分，包括含氧化合物等极性分子应全部除掉，故新的、纯净的绝缘油具有较高的界面张力，一般可以高达 $40 \sim 50 \text{mN/m}$，甚至 55mN/m 以上。目前，一些国家将界面张力列为鉴定新变压器油质量的指标之一。

界面张力可以反映新油在精制时的纯净程度。但对运行油，由于受到油中氧化产物和其他杂质的影响，使这些亲水性的杂质既对水分子有吸引力，又对油分子有吸引力，从而在油和水的交界面之间形成了纵向的联系，削弱了油和水界面之间的横向联系，于是界面变得不很明显，其界面张力也就减小了。所以油的界面张力值是与新油的洁净程度和运行油的氧化程度密切相关的。因此，测定运行油的界面张力可以判断油质的老化程度。

三、电气性能

变压器油作为充填于电气设备内部的绝缘介质，它必须具备良好的电气性能，才能发挥出其应有的功能作用。

（一）绝缘强度

变压器油的绝缘（或介电）强度，是评定其适应电场电压强度的重要绝缘性能之一，也是检验变压器油性能好坏的主要手段之一。干燥、清洁的油品具有相当高的击穿电压值。但当油中含有游离水、溶解水分或固体杂质时，由于这些杂质都具有比油本身大的电导率和介电常数，它们在电场（电压）作用下会构成导电桥路，从而降低油的击穿电压值。

通过油的击穿电压试验可以判断油中是否存在水分、杂质和导电微粒，但不能判断油中是否存在酸性物质或油泥。对于新油而言，这一性能指标的好坏反映了油中是否存在有污染的颗粒杂质和水分。

（二）介质损耗因数

绝缘材料在电场的作用下会产生泄漏电流和极化现象，因而也就会引起绝缘材料的发热及能量的损失。变压器油是一种电介质，即能够耐受电应力的绝缘体。当对绝缘油施加交流电压时，所通过的电流与其两端的电压相位差并不是 90°角，而是比 90°要小一个 δ 角，此 δ 角称为油的介质损耗角，通常以油的介质损耗角 δ 的正切值（即 $\tan\delta$）来表示，称为介质损耗因数。

介质损耗因数主要是反映油中因泄漏电流而引起的功率损耗，它的大小是判断变压器油的劣化与污染程度重要依据。对于新油而言，介质损耗因数只能反映出油中是否含有污染物质和极性杂质，而不能确定存在于油中的是何种极性杂质。因为新油中的极性杂质含量甚少，所以其介质损耗因数也很小，仅为 0.000 1～0.001。但当油氧化或过热而引起劣化或混入其他杂质时，随着油中极性杂质或充电的胶体物质含量的增加，介质损耗因数也会随之增大，可高达 0.1 以上。因此，在许多情况下，虽然新油的介质损耗因数是合格的，但注入设备后，即使没有带负荷运行，即不存在过热引起油质劣化的问题，也会造成油的介质损耗因数大大增高。这是因为油注入设备后，对设备内的某些绝缘材料产生溶解作用，形成某些胶体杂质影响的结果，也就是油与材料的相容性问题。对于新的变压器油而言，如果介质损耗因数超过 0.005（90℃），则需要查明原因，采取适当的处理方式，以保证在规定的合格范围之内。

油的介质损耗因数值随温度的不同，有很大的变化。因为介质的电导率随温度的升高而增大，相应的泄漏电流和介质损耗因数也会增大。为了排除油中水分对介质损耗因数的影响，现在一般规定测高温情况下的介质损耗因数，如各国普遍采用测 90℃时的介质损耗因数，在西方有些国家还有采用测 100℃时介质损耗因数的，这样也许能更直接地反映出油中污染物质的存在。

运行中油的介质损耗因数，可表明油在运行中的老化程度。因为油的介质损耗因数是随油老化产物的增加而增大，故将油的介质损耗因数作为运行监控指标之一。

绝缘油的介质损耗因数值对判断设备绝缘特性的好坏有着重要的意义。如绝缘油的介质损耗因数增大，会引起变压器本体绝缘特性的恶化。介质损耗会使绝缘内部产生热量，介质损耗越大，则在绝缘内部产生的热量越多，从而又促使介质损耗更为增加。如此继续下去，就会在绝缘缺陷处形成击穿，影响设备安全运行。

（三）体积电阻率

绝缘油的体积电阻率是表示两电极间，绝缘油单位体积内体积电阻的大小。

测定绝缘油的体积电阻率，能很好地检测油品的绝缘性能，电阻的测定比电压精确，比介质损耗因数简单。因此，近几年越来越多的国家，开始应用测电阻率来评定绝缘油的质量。油品的体积电阻率在某种程度上能反映出油的老化情况和受污染程度。当油品受潮或混有其他杂质，将降低油品的体积电阻率。油老化后，由于油中产生一系列氧化产物，其体积电阻率也会受到不同程度的影响，油老化越深影响越大。因体积电阻率对油的离子传导损耗反映最为灵敏，不论是酸性或中性氧化产物，都能引起电阻率的显著改变，故对油体积电阻率的测定，能可靠而有效地监督油氧化程度。一般来说，绝缘油的体积电阻率高，其介质损耗因数就小，击穿电压也高。

（四）在电场作用下的析气性

绝缘油的析气性是指油品在高电场作用下烃分子发生物理、化学变化时，吸收气体或放出气体的特性。通常吸收气体以（－）表示，放出气体以（＋）表示。经分析，这种气体主要是氢气。

绝缘油在高压电场作用下是吸收气体还是放出气体，与它的化学组成成分有关。如一般芳香烃吸收气体，而烷烃和环烷烃放出气体。烷烃在电场作用下发生脱氢反应，释放出氢气，表现出明显的放气特性；而芳香烃与氢气会发生加成反应，因此表现为吸收气体的特性。

绝缘油的析气性不但与芳香烃的含量有关，而且与芳香烃的结构有更为密切的关系，一般芳香烃的环数增加，则其吸气能力减弱。芳香烃环上的侧链增长和环烷烃的存在，都会降低吸气能力。

变压器油在受到电应力场的作用下所产生的气体往往以微小的气泡从油中释放出来。如果小气泡量增多，它们会互相连接而形成大气泡。由于气体与油之间的电导率有很大的差异，所以在高电场的作用下，油中会产生气隙放电现象，有可能导致绝缘的破坏。这种现象在500kV 及以上电压等级的输变电设备中显得尤为突出，因此，要求这类设备的用油应具有吸气性能。但需要注意的是，芳香烃既有吸气性能，又具有吸潮性，且表现为较差的抗氧化能力。对油品的性能指标应进行综合分析考虑，不能单纯强调某一方面。目前世界上许多国家实际用于超高压设备的绝缘油，均表现为吸气性倾向。

高压电气设备在运行中，绝缘油由于受到氧气、水分、高温、阳光、强电场和杂质的作用，性能会逐渐劣化，致使它不能充分发挥绝缘作用。因此，必须定期地绝缘油进行有关试验，以鉴定其性能是否劣化。从电气角度而言，绝缘预防性试验应进行的试验项目是击穿电压试验和介质损耗因数试验。

第三节　绝缘油的电气性能试验

一、绝缘油击穿电压试验

（一）测量绝缘油击穿电压的意义

变压器油虽然经过精制处理，但在运输和贮存过程中，不可避免地要吸收水分，混入灰尘、纤维或氧化产物等杂质，在强电场的作用下，这些杂质（特别是极性杂质）会发生极化，并沿着电场方向排列起来，在电场间形成导电的"小桥"，从而导致油被击穿。这就是"小桥"击穿理论。

油被击穿的主要原因是外界杂质对油的污染引起的，这与油本身的化学组成关系不大。故在实际中如油的击穿电压不合格（特别是新油）时，只需进行过滤等机械净化处理，去掉油内杂质及水分，油的击穿电压是可以达到要求的。

目前，变压器油是电气设备较普遍采用的液体绝缘介质，要求它必须具有优良的电气性能。绝缘油的击穿电压是评定其能否适应电场电压强度的程度，而不会导致电气设备损坏的重要电气性能之一。如油中含有杂质和吸收空气中的水分而受潮或油品老化变质，均会使油的击穿电压下降，影响设备的绝缘，甚至击穿设备，造成事故。因此，在运行油质量标准中，按不同设备的电压等级，对油的击穿电压都分别有具体的指标要求，并定期或不定期取样进行击穿电压测定，以便于发现问题，及时处理。这对防止事故，保证安全，具有重要的意义。

（二）绝缘油击穿电压试验方法

绝缘油击穿电压试验方法是基于测量在油杯中绝缘油的瞬时击穿电压值。试验接线与交流耐压试验基本相同，即在绝缘油中放上一定形状的标准试验电极，在两极间加上工频电压，并以一定的速率逐渐升压，直至电极间的油隙击穿为止。该电压即为绝缘油的击穿电压。此时的电场强度称为油的绝缘强度（击穿电压除以施加电压的两个电极之间距离）。

绝缘油击穿电压测定依据《绝缘油 击穿电压测定法》（GB/T 507）进行。

（三）影响油品击穿电压的主要因素

（1）水分。水分是影响击穿电压最灵敏的杂质。水是一种极性分子，在电场的作用下，很容易被拉长，并沿着电场方向排列，从而在两极间形成导电"小桥"，即使是含有微量水分，这种导电小桥也会立即产生，连接两极，使击穿电压剧降。

（2）油中含有微量的气泡。也会使击穿电压明显下降。因为油中存在的气泡，在较低的电压下气泡便可游离，并在电场力作用下，在电极间形成导电的"小桥"，使油被击穿，降低了油的击穿电压。

（3）温度对击穿电压的影响。经干燥无水分的油，一般温度下对击穿电压影响不大。这是因为在一定场强和温度下，油分子本身不易裂解，即不易发生电离。但当温度升高至一定程度时，油分子本身因裂解而发生电离，且随着温度的升高，油品的黏度显著减小，电离产生的电子和离子，由于阻力变小而运动速度加快，导致油品被击穿，击穿电压显著下降。

（4）当油中含有游离碳，又有水分时，油的击穿电压随碳微粒量的增加而下降。

（5）油老化后所生成的酸性产物，是使水保持乳化状态的不利因素，因而会使油的击穿电压下降；而干燥不含水分的油，酸值等老化产物对击穿电压影响不明显。

（6）电极形状的影响。目前，国际上对击穿电压试验所采用的电极有 3 种形式，即球形、球盖形和平板形，各种不同形状电极对试验结果的影响见表 23-1。从 3 种形状电极比较试验来看，以球形的击穿电压值最高，其次是球盖形、平板。

表 23-1　　　　　　　　　不同电极形状及操作方法试验结果

油样编号	电极形状	按升压速度统计平均（kV/s）				按间隔时间统计平均（min）			
		3		2		5		3	
		击穿电压（kV）	偏差平均值（kV）	击穿电压（kV）	偏差平均值（kV）	击穿电压（kV）	偏差平均值（kV）	击穿电压（kV）	偏差平均值（kV）
1 号	平板	54.8	3.2	50.9	3.5	52.2	3.7	53.5	3.0
	球形	59.7	1.1	58.7	3.2	58.9	2.3	59.5	1.9
	球盖形	56.4	4.2	55.5	5.8	55.4	5.1	56.5	5.0
	平均值	57.0	2.8	55.0	4.2	55.5	3.7	56.5	3.3
2 号	平板	46.8	6.5	43.5	4.7	44.6	5.2	45.7	5.9
	球形	52.4	4.9	50.8	6.5	51.9	5.0	51.3	6.4
	球盖形	46.7	7.9	44.4	10.1	44.1	10.9	47.0	7.0
	平均值	48.6	6.4	46.2	7.1	46.9	7.0	48.0	6.4

油样编号	电极形状	按升压速度统计平均（kV/s）				按间隔时间统计平均（min）			
		3		2		5		3	
		击穿电压（kV）	偏差平均值（kV）	击穿电压（kV）	偏差平均值（kV）	击穿电压（kV）	偏差平均值（kV）	击穿电压（kV）	偏差平均值（kV）
3 号	平板	31.6	4.5	35.4	4.5	33.8	4.4	33.2	4.7
	球形	38.2	5.4	40.4	6.5	37.8	5.9	40.8	5.4
	球盖形	36.7	7.6	37.9	7.1	36.1	7.2	38.6	7.5
	平均值	35.5	5.8	37.9	6.0	35.9	5.8	37.5	6.0
4 号	平板	28.1	3.6	31.7	3.8	29.3	3.9	30.5	3.4
	球形	29.8	2.4	34.7	6.0	31.5	3.6	33.0	4.8
	球盖形	27.8	1.8	27.7	2.6	27.0	2.2	28.5	2.2
	平均值	28.6	2.6	31.4	4.1	29.3	3.2	30.7	3.6

注　1. 1 号样品油击穿电压值为 50～60kV。

　　2. 2 号样品油击穿电压值为 40～50kV。

　　3. 3 号样品油击穿电压值为 30～40kV。

　　4. 4 号样品油击穿电压值为 20～30kV。

（四）测定绝缘油击穿电压的注意事项

（1）电极距离要按照规定调整准确。如电极距离越小，油中水分、杂质越易形成导电小桥，即容易击穿，则测定结果偏低；反之，则测定结果偏高。电极间距离为 2.5mm。

（2）不同间隔时间的影响。试验说明当测试比较干燥、纯净的油时，间隔时间短，则击穿电压值高，原因是间隔时间过长，油会因吸收湿气而影响测定值。但当测试被水分、杂质污染比较严重的油时，间隔时间长比间隔时间短耐压值高，这是由于时间过长，油中杂质沉淀、水分部分蒸发。一般以 2～5min 为宜，间隔时间过长会影响试验结果。

（3）升压速度影响，2kV/s 升压速度的测定值比 3kV/s 升压速度的测定值略为偏高，但大都在允许差范围内。

（4）油杯的容积大小会有一定的影响，应统一规定为 200～600mL。

（5）击穿电压的试验数据分散性大，其主要原因是引起击穿过程的影响因素比较多。因此，试验方法中规定应取 6 次试验的平均值作为试验结果。

（五）变压器油击穿电压合格标准

《运行中变压器油质量》（GB/T 7595—2017）中规定试验油的平均火花放电电压不得小于表 23-2 中所列数值。

表 23-2　　　　　　　　　　　变压器油击穿电压标准

项目名称	设备电压等级（kV）	质量指标		检验方法
		投入运行前的油	运行油	
击穿电压（kV）	750～1000	≥70	≥65	《绝缘油　击穿电压测量法》（GB/T 507—2002）
	500	≥65	≥55	
	330	≥55	≥50	

续表

项目名称	设备电压等级（kV）	质量指标		检验方法
		投入运行前的油	运行油	
击穿电压（kV）	66～220	≥45	≥40	《绝缘油 击穿电压测量法》（GB/T 507—2002）
	35kV 及以下	≥40	≥35	

二、绝缘油的介质损耗因数试验

（一）测定绝缘油介质损耗因数的意义

（1）绝缘油的介质损耗因数能明显地表明油的精制程度和净化程度，一般正常精制、净化的油，其介质损耗因数很小，且当温度升高时，介质损耗因数值升高不大，升温与降温曲线基本重合。但当油精制的程度不够或净化的不彻底时，油的介损值较大，且温度升高时增大的很快。因此，介质损耗因数是新变压器油一项重要的电气性能质量指标。

（2）绝缘油在运行中的老化程度，可从其介质损耗因数值的变化中反映出来。当油已经老化，油中溶解的老化产物较多时，其介质损耗因数将会明显增大。

（3）绝缘油的介质损耗因数值，对判断变压器绝缘特性的好坏，有着重要的意义。如变压器油的介质损耗因数增大会引起变压器本体绝缘特性的恶化。介质损耗使绝缘内部产生热量，介质损耗越大，则在绝缘内部产生的热量越多。反过来又促使介质损耗更为增加。如此继续下去，就会在绝缘缺陷处形成击穿，影响设备安全运行。

（4）判断变压器油是否受到微生物的污染。当变压器油中细菌（如动性球菌、黄单胞菌、假单胞菌等）含量超过 105 个/mL 时，就会对油的介损产生明显影响。由于微生物呈现出胶体性质，表面上会存在电荷，因此形成导电"小桥"，使油的介损升高。当变压器油的介损不规则增长，而油的微水、击穿电压、酸值等指标又无变化时，可能是由于微生物污染造成的。

（二）绝缘油介质损耗因数（$\tan\delta$ 值）的测量方法

变压器油在电场作用下引起的能量损耗称为油的介质损耗，通常在规定的条件下测量变压器油的损耗，并以介质损耗因数 $\tan\delta$ 表示。

测量绝缘油的介质损耗因数 $\tan\delta$，能灵敏地反映绝缘油在电场、氧化、日照、高温等因素作用下的老化程度，也能灵敏地发现绝缘油中含有水分、杂质的程度，因此，绝缘油的介质损耗因数 $\tan\delta$ 试验是一项重要的必须进行测量的电气特性试验。

测量油的介质损耗因数是将油装在试验油杯中，用精确度较高的交流电桥进行试验，测量时要将油加热到约 90℃，这是因为变压器油的 $\tan\delta$ 随温度的增高而增大；越是老化的油，其 $\tan\delta$ 随温度的变化也越快，所以绝缘油介质损耗因数试验温度一般在（90±1）℃的条件下进行。

绝缘油介质损耗因数测量依据《液体绝缘材料 相对电容率、介质损耗因数和直流电阻率的测量》（GB/T 5654）中相关规定进行。

（三）影响绝缘油介质损耗因数的主要因素

（1）与施加的电压与频率有关。一般在电压较低的情况下，进行介质损耗因数测量时，电压对介质损耗因数没有明显的影响。但当试验电压提高时，因介质在高电压作用下产生了偶极转移，而引起电能的损耗，则介质损耗因数值会有明显的增加。故介质损耗因数随电压的升高而增加，在测定时，应按规定加到额定电压。介质损耗因数与施加电压的频率也有关，因为介质损耗角正切值（tanδ）的变化是频率的函数，即介质损耗角随频率的改变而变化，故一般规定测量介质损耗因数时，采用 50Hz 的交流电压，这样规定也符合电气设备的实际使用情况。

（2）温度对介质损耗因数的测量结果影响较大。因为介质的电导是随温度变化而改变的。所以当温度升高时，介质的电导随之增大，泄漏电流也会增大，故介质损耗因数也增大。

（3）水分对介质损耗因数的影响。水分的极性较强，受电场作用很容易发生极化，增大油的电导电流，促使油的介质损耗因数明显增大。同时，与测量时的湿度也有关，通常湿度增大，会使油样溶解水增加（油吸潮引起的），增大介质损耗因数。

（4）与油的净化程度和老化深度有关。油的介质损耗因数的大小，与油品的化学组成无关，但与油的净化程度有关。如油在精制或再生后，由于净化得不完全，而使油中留有残存的有机酸类、金属皂类等极性物质，在电场的作用下容易极化，增大油的电导电流，而使油的介质损耗因数增大。油的介质损耗因数还与油的老化深度有关，因油的老化程度越深，油中所含的有机酸和其他老化产物就越多，这些老化产物在电场的作用下，会增大油的电导电流，从而增大了油的介质损耗因数值。

（四）测定油品介质损耗因数的注意事项

油品的介质损耗因数与外界的干扰及测量仪器的状况等均有关系，因素较多。如在放置仪器的地点有强大的电磁干扰及受机械振动的影响；电极工作表面呈暗色，光洁度达不到要求，各电极间隙距离不均匀；油杯未经干燥或不清洁，所装入的试油存有气泡及杂质；各芯线与屏蔽间的绝缘不良等。因此，在测定时必须注意以下几点：

（1）在试验地点周围，应无电磁场和机械振动的干扰。

（2）各电极应保持同心，各间隙的距离要均匀。

（3）测量仪器应接地良好。

（4）注入油杯内的试油，应无气泡及其他杂质。

（5）线路各连接处接触应良好，无断路或漏电现象。

（6）对试油施加电压至一定值时，在升压过程中不应有放电现象。

（五）变压器油介质损耗因数合格标准

变压器油介质损耗因数合格标准见表 23-3。

表 23-3　　　　　　　　　　对变压器油 tanδ（%）值的规定

规定	状态	投入运行前的油 （90℃）	运行中 （90℃）
《电力设备预防性试验规程》 （DL/T 596—1996）	500kV	≤0.7	≤2
	≤300kV	≤1	≤4
《电气装置安装工程　电气设备交接试验标准》 （GB 50150—2016）		≤0.5	≤0.7（注入设备后）
《运行中变压器油质量》 （GB 7595—2017）	500～1000kV	≤0.5	≤2
	≤300kV	≤1	≤4

三、绝缘油的体积电阻率试验

（一）测定绝缘油体积电阻率的意义

体积电阻率是指绝缘油在单位体积内的电阻大小，用 ρ 表示。

作为液体绝缘介质的绝缘油，如何鉴定其绝缘性能的优劣，通常是测定其击穿电压和介质损耗因数。但油的击穿电压和介质损耗因数，在很大程度上取决于外界水分和其他杂质的污染，是可以通过净化手段除去的。近年来国际上某些先进的国家，把测定绝缘油的体积电阻率，也作为鉴定油质绝缘性能的重要指标之一，以便综合评定绝缘油的电气性能，原因如下：

（1）变压器油的体积电阻率对判断变压器绝缘特性的好坏有着重要的意义。纯净的新油绝缘电阻率是很高的，装入变压器后，变压器绝缘特性不受影响；反之，如果变压器油的体积电阻率较低，则变压器的绝缘特性也将受到影响。油的电阻越低，影响越大。

（2）油品的体积电阻率在某种程度上能反映出油的老化和受污染的程度。当油品受潮或混有其他杂质时，将降低油品的绝缘电阻。老化油由于油中产生一系列氧化物，其绝缘电阻也会受到不同程度的影响，油老化越深，则影响程度越大。

（3）一般来说，电力用油的体积电阻率高，其油品的介质损耗因数就小，击穿电压就高；否则，反之。

（4）因为绝缘油的体积电阻率对油的离子传导损耗反映最为灵敏，不论是酸性或中性氧化物，都能引起电阻率的显著变化，所以通过对油体积电阻率的检测，能可靠而有效地监督变压器油质量。

（5）绝缘油体积电阻率的测定方法比击穿电压精确，比介质损耗因数简单。越来越多的国家将体积电阻率定为评定绝缘油质量的指标。

（二）绝缘油体积电阻率的测量方法

绝缘油体积电阻率测定依据《电力用油体积电阻率测定方法》（DL/T 421）或《液体绝缘材料 相对电容率、介质损耗因数和直流电阻率的测量》（GB/T 5654）进行。

（三）影响绝缘油体积电阻率的因素

体积电阻率测定值不仅与液体介质性质及内部导电粒子有关，还与测试电场强度、充电时间、液体温度等测试条件因素有关。

（1）温度的影响。一般绝缘油的体积电阻率是随温度的改变而变化的，即温度升高，体积电阻率下降；反之，则增大。因此，在测定时必须将温度恒定在规定值，以免影响测定结果。

（2）电场强度的影响。如同一试油，因电场强度不同，则所测得的体积电阻率也不同。因此，为了使测得的结果具有可比性，应在规定的电场强度下进行检测。

（四）测定体积电阻率的注意事项

在试验中应注意以下因素的影响。

（1）必须使用专用的油杯，使用前一定要清洗干净并干燥好。

（2）注油前油样应预先混合均匀，注入油杯的油不可有气泡，也不可有游离水和颗粒杂质落入电极。否则将影响测试结果。

（3）试验环境湿度不大于 70%RH。

四、运行变压器油质量指标超极限值的原因及对策

变压器油在运行中其劣化程度和污染状况，只能根据试验室中所测得的所有的试验结果同油的劣化原因及已确认的污染来源一起考虑后，方能评价油是否可以继续运行，以保证设备的安全、可靠。对运行的变压器油应通过油的颜色和外观、击穿电压、介质损耗因数或电阻率、酸值、水分含量和油中溶解气体组分含量的色谱分析确定油质和设备的情况。

对于运行中变压器油的所有检验项目超出质量控制限值的原因分析及应采取的措施见表 23－4（摘自《变压器油维护管理导则》GB/T 14542—2017），同时遇有下述情况应该引起注意。

（1）当试验结果超出了所推荐的极限值范围时，应与以前的试验结果进行比较，如情况许可时，在进行任何措施之前，应重新取样分析以确认试验结果无误。

（2）如果油质快速劣化，则应进行跟踪试验，必要时可通知设备制造商。

（3）某些特殊试验项目，如击穿电压低于极限值要求或是色谱检测发现有故障存在，则可以不考虑其他特性项目，应果断采取措施，以保证设备安全。

表 23-4　　　　　　　　　　运行中变压器油超限值原因及对策

序号	项目	超限值		可能原因	采取对策
1	外观	不透明，有可见杂质或油泥沉淀物		油中含有水分或纤维、碳黑及其他固形物	脱气脱水过滤或再生处理
2	色度（号）	＞2.0		可能过度劣化或污染	再生处理或换油
3	水分（mg/L）	330～1000kV	＞15	（1）密封不严、潮气侵入。 （2）运行温度过高，导致固体绝缘老化或油质劣化	（1）检查密封胶囊有无破损、呼吸器吸附剂是否失效、潜油泵管路系统是否漏气。 （2）降低运行温度。 （3）采用真空过滤处理
3	水分（mg/L）	220kV	＞25		
3	水分（mg/L）	≤110kV	＞35		
4	酸值（以 KOH 计）（mg/g）	＞0.1		（1）超负荷运行。 （2）抗氧剂消耗。 （3）补错油。 （4）油被污染	再生处理，补加抗氧剂
5	击穿电压（kV）	750～1000kV	＜65	（1）油中水分含量过大。 （2）杂质颗粒污染。 （3）有油泥产生	（1）真空脱气处理。 （2）精密过滤。 （3）再生处理
5	击穿电压（kV）	500kV	＜55		
5	击穿电压（kV）	330kV	＜50		
5	击穿电压（kV）	66～220kV	＜40		
5	击穿电压（kV）	≤35kV	＜35		
6	介质损耗因数（90℃）	500～1000kV	＞0.020	（1）油质老化程度较深。 （2）杂质颗粒污染。 （3）油中含有极性胶体物质	再生处理或换油
6	介质损耗因数（90℃）	≤330kV	＞0.040		
7	界面张力（25℃，mN/m）	＜25		（1）油质老化，油中有可溶性或沉析性油泥。 （2）油质污染	再生处理或换油
8	体积电阻率（90℃，Ω·m）	500～1000kV	＜1×10^{10}	（1）油质老化程度较深。 （2）杂质颗粒污染。 （3）油中含有极性胶体物质	再生处理或换油
8	体积电阻率（90℃，Ω·m）	330kV 及以下	＜5×10^9		

续表

序号	项目	超限值		可能原因	采取对策
9	闪点（闭口，℃）	< 135 并低于新油原始值10℃以上		（1）设备存在严重过热或电性故障。 （2）补错油	查明原因，消除故障，进行真空脱气处理或换油
10	油泥与沉淀物（质量分数，%）	> 0.02		（1）油质深度老化。 （2）杂质污染	再生或换油
11	油中溶解气体组分含量（μL/L）	见 DL/T 722—2014		设备存在局部过热或放电性故障	进行跟踪分析，彻底检查设备，找出故障点并消除隐患，进行真空脱气处理
12	油中含气量（体积分数，%）	750～1000kV	> 2	设备密封不严	与制造厂联系，进行设备的严密性处理
		330～500kV	> 3		
		电抗器	> 5		
13	水溶性酸（pH 值）	< 4.2		（1）油质老化。 （2）油被污染	（1）与酸值比较，查明原因。 （2）再生处理或换油

第四节　变压器油中溶解气体的来源与故障气体产生机理

一、变压器油的分解

变压器油是由许多不同分子量的碳氢化合物分子组成的混合物，电或热故障可以使某些 C–H 和 C–C 键断裂，伴随生成少量活泼的氢原子和不稳定的碳氢化合物的自由基，这些氢原子或自由基通过复杂的化学反应迅速重新化合，形成 H_2 和低分子烃类气体，如 CH_4、C_2H_6、C_2H_4、C_2H_2 等，也可能生成碳的固体颗粒及碳氢聚合物（X–蜡），油的氧化还会生成少量的 CO 和 CO_2，长时间的累积可达显著的数量。

《变压器油中溶解气体分析和判断导则》（DL/T 722—2014）附录 A，是英国的哈斯特（Halstead）根据热动力学平衡理论，计算出不同气体组分的平衡分压与温度的关系，即哈斯特气体分压–温度关系，如图 23–1 所示。

从图 23–1 可见，气体组分中氢气占的比例较大，但与温度的相关性不明显；烃类气体的产气速率随温度而变化，最为明显的是 C_2H_2，在接近 1000℃时才可能产生；CH_4、C_2H_6 和 C_2H_4 有各自唯一的依赖温度。

哈斯特的研究结果是基于假定平衡状态下得到的，在实际故障状态不可能存在等温的平衡情况。但是，这一研究说明了设备发生故障产生的能量与特征气体组分的相关性。

哈斯特的研究结果为人们利用气体

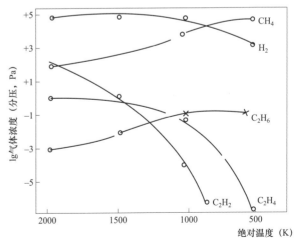

图 23–1　哈斯特气体分压–温度关系图

组分相对含量或比值法诊断设备故障的性质，以及估计故障源的温度奠定了理论基础。

二、固体绝缘材料的分解

固体绝缘材料指的是纸、层压纸板和木块等，属于纤维素绝缘材料。纤维素是由很多葡萄糖单体组成的长链状高聚合碳氢化合物 $(C_6H_{10}O_5)_n$，其中的 C–O 键及葡萄糖键的热稳定性比油中的 C–H 键还要弱，高于 105℃时聚合物就会裂解，高于 300℃时就会完全裂解和碳化，聚合物裂解在生成水的同时，生成大量的 CO 和 CO_2、少量低分子烃类气体，以及糠醛及其系列化合物。

运行变压器中的绝缘纸在温度、水分、氧和金属等多种外界因素的作用下发生热降解、氧化降解和水降解反应。在变压器发生故障时，主要是在热能的作用下发生热降解，同时伴随着氧化降解和水降解。

绝缘纸的热降解是纤维素和半纤维素及木质同时发生分解。绝缘纸的热降解是由纤维素分子中的 1–4 配糖键断裂所引发的。分解反应初期，纸中 α–纤维素进行零次反应，其活化能为 164~165kJ/mol；分解终止时，半纤维素和木质素进行一次反应，活化能减小为 92~96kJ/mol。

在没有氧化剂和水分的条件下，若对纤维素加热，当温度达到 200℃时，纤维素的配糖键可以被破坏，葡萄糖键断开，产生单个葡萄糖、水分、CO、CO_2 等。

$$\text{（结构式）} \xrightarrow{\text{热能}} \text{（结构式）} +H_2O+CO+CO_2 \qquad (23-1)$$

当温度大于 200℃时，还伴有其他反应发生，反应产物有醛类、酮类和有机酸。

在油浸式电气设备中，由于只有绝缘纸和木质垫块的分解才产生 CO、CO_2，所以可以用 CO、CO_2 的含量及其变化情况判断故障是否涉及固体绝缘。

三、其他可能产生故障气体的非故障原因

应当指出，在进行变压器油中溶解气体色谱分析中，常会遇到由于某些外部原因引起的变压器油中气体含量的增长，干扰色谱分析，造成误判断。

1. 变压器油箱补焊

在变压器油箱或辅助设备上进行电氧焊时，即使不带油，箱壁残油受热也会分解产生特征气体。例如，某些变压器带油补焊前后氢气、烃类气体的变化如表 23-5 所示，对序号 1，补焊一周进行色谱分析未发现油中气体含量增高，其原因如下：

（1）所焊之处皆为死区。虽运行一周，油借助本身上下层温差进行循环，温差不大，循环不剧烈，时间短，特征气体难以均匀分布于油中。

（2）取样前，放油冲洗量不够。

表 23-5 变压器带油补焊前后色谱分析结果

序号	取样时间	气体组分（μL/L）						比值范围编码			可能误判为
		H_2	CH_4	C_2H_6	C_2H_4	C_2H_2	C_1+C_2	$\dfrac{C_2H_2}{C_2H_4}$	$\dfrac{CH_4}{H_2}$	$\dfrac{C_2H_4}{C_2H_6}$	
1	某年 8 月 3 日	14.67	3.68	10.54	2.71	0.20	17.13				

续表

序号	取样时间	气体组分（μL/L）						比值范围编码			可能误判为
		H_2	CH_4	C_2H_6	C_2H_4	C_2H_2	C_1+C_2	$\dfrac{C_2H_2}{C_2H_4}$	$\dfrac{CH_4}{H_2}$	$\dfrac{C_2H_4}{C_2H_6}$	
1	补焊投运后1周（某年9月21日）	14.2	4.40	13.96	2.48	0.37	21.21				
	第二年10月2日	97.9	103.3	31.6	131.3	19.7	285.8	1	2	2	放电兼过热
2	带油补焊前	10	3	痕	1.5	无	4.5				
	补焊14d后	45	85	32	188	1.7	307	0	2	2	高于700℃高温范围的热故障
3	补焊前	6.21	12.34	1.23	9.10	2.23	24.9				
	补焊后10d	20.24	19.21	2.83	25.11	6.29	53.44	1	0	2	高能量放电
4	带油补焊后	450	1740	470	1850	3.8	4420	0	2	2	高于700℃高温范围的热故障

运行一年后，补焊时产生的气体仍在油中也是可能的，原因为未脱气；该主变压器储油柜为气囊式充氮保护，油中气体是无法自行散出去的。

对表23-5序号2、3、4，补焊后氢、烃类特征气体也明显增加。

由表23-5可见，若仅采用三比值法进行分析，可能导致误判断。对于油箱补焊引起的气体含量增高，可以通过气体试验和查阅设备历史状况作深入综合分析。若电气试验结果正常，而有补焊痕迹且补焊后又未进行脱气处理，可以认为气体增长是由于补焊引起的，为证实这个观点，可以再进行脱气处理，并跟踪监视。为消除补焊后引起的气体增长，对色谱分析的干扰可采用脱气法进行处理。

2. 新投运的变压器

新投运的变压器，特别是国产变压器，由于制造工艺或所用材料材质等原因，运行初期往往有 H_2、CO 或 CO_2 增加较快的现象，但达到一定增长的极限含量后会逐渐降低。这是由于制造过程中的残气在运行中逐渐释放于油中，其浓度达到最大值之后，因气体逸散损失而逐渐降低的缘故。

3. 制造残留

油在精炼过程中可能形成少量气体，在脱气时未完全除去。通常，新变压器油中会含有痕量乙炔。

4. 吸附作用

在制造厂干燥、浸渍及电气试验过程中，绝缘材料受热和电应力的作用产生的气体被多孔性纤维材料吸附，残留于绕组和纸板内，其后在运行时逐渐溶解于油中。此外，金属材料如奥氏体不锈钢、碳素钢等还可能吸藏一定量的氢气，而且，不锈钢吸藏的氢气在真空处理时也不一定能除去。

5. 热油循环

安装时，热油循环处理过程中也会产生一定量的 CO_2 气体，有时甚至产生少量 CH_4。

6. 故障残留

绕组及绝缘中残留吸收的气体。由于变压器以前发生过故障，所以产生的气体即使油已经进行脱气处理，但仍有少量气体被纤维材料吸附并渐渐释放于油中，使油中的气体含量增加。例如，某电厂 5 号主变压器曾发生低压侧三相无励磁分接开关烧坏事故，经处理（包括油）后，投入运行，表 23-6 为处理前、后的色谱分析结果。

表 23-6　　　　　　　　　　5 号主变压器处理前、后的色谱分析

状况	气体组分（μL/L）						比值范围编码	可能误判断为
	H_2	CH_4	C_2H_6	C_2H_4	C_2H_2	C_1+C_2		
吊心前	0.62	4.84	1.87	12.27	0.074	19.054	022	高于 700℃高温范围的热故障
吊心处理后	0.018	0.17	0.085	0.64	0.0078	0.897		

由表 23-6 数据可见，处理前 H_2、C_2H_2 和总烃都超过正常值很多，后来将变压器油再进行真空脱气处理，色谱分析结果明显好转，因此，对残留气体主要采用脱气法进行消除，脱气后再用色谱分析法进行校验。

值得注意的是，有的变压器内部发生故障后，其油虽经过脱气处理，但绕组及绝缘材料中仍可能残留有吸收的气体缓慢释放于油中，使油中的气体含量增加。某台 110kV 电力变压器检修及脱气后色谱分析结果如表 23-7 所示。

表 23-7　　　　　　　　　　色 谱 分 析 结 果

取样原因	气体组分（μL/L）						比值范围编码			可能误判断
	H_2	CH_4	C_2H_6	C_2H_4	C_2H_2	C_1+C_2	$\dfrac{C_2H_2}{C_2H_4}$	$\dfrac{CH_4}{H_2}$	$\dfrac{C_2H_4}{C_2H_6}$	
检修后未脱气 某年 5 月 14 日	没测	10.3	3.8	11.4	41.9	67.4				
第一次脱气 第二年 5 月 14 日	没测	1.8	1.2	3.5	8.9	15.4				
第二次脱气 第三年 5 月 14 日	没测	0.9	0.1	1.0	1.0	3.0				
跟踪 第三年 12 月 31 日	9.2	2.7	1.1	4.0	3.7	11.5	1	0	2	高能量放电
跟踪 第四年 5 月 4 日	9.9	2.8	1.0	3.2	3.4	10.4	1	0	2	高能量放电

由表 23-7 可见，虽然在故障检修后二次脱气，但运行几个月后仍有残留的气体释放出来。若不掌握设备的历史状态，容易导致误判断。

7. 绝缘漆分解

电气设备内部某些绝缘材料如绝缘漆在运行初期进一步固化分解产生 H_2、CO 或 CO_2。

例如，国产变压器中使用 1030 号醇酸树脂漆，在运行温度 80℃ 以上时，会自然分解出较多的 CO。

8. 注油工艺不良

变压器在安装时，由于真空注油工艺不良，甚至没有采用真空注油，使油中存在悬浮状气泡或者固体绝缘表面吸附着气泡；在投运时，由于高电场的作用，可能发生气泡局部放电，产生 H_2 溶于油中。

9. 油流静电放电

大型强迫油循环冷却方式的电力变压器内部，由于变压器油的流动而产生的静电带电现象称为油流带电。油流带电会产生静电放电，放电产生的气体主要是 C_2H_2。如某台主变压器在运行期间，由于磁屏蔽接地不良产生了油流放电，引起油中 C_2H_2 和总烃含量不断增加。再如，某水电厂 1～3 号主变压器由于油流静电放电导致总烃含量高至 164μL/L。根据对油流速度和静电电压的测定结果进行综合分析，确认是由于油流放电引起的。

目前，已初步搞清影响变压器油流带电的主要因素是油流速度，变压器油的种类、油温、固体绝缘体的表面状态和运行状态。其中，油流速度大小是影响油流带电的关键因素。在上例中，将潜油泵由 4 台减少为 3 台，经过半年的监测结果表明，C_2H_2 含量显著降低并趋于稳定。这样就消除了油流带电发生放电对色谱分析结果判断的干扰。

10. 水分侵入油中

在变压器运行过程中，由于温度的变化或冷油器的渗漏，安全防爆管、套管、潜油泵、管路等不严都可能使水分侵入变压器油中，以溶解状态或结合状态存在于油中的水分，随着油的流动参与强迫循环或自然循环的过程，其中有少量水分在强电场作用下发生分解而析出氢气，这些游离氢又部分地被变压器油所溶解造成油中含氢量增加。有时水分甚至沉入变压器底部，水分的存在加速了金属的腐蚀。由于钢材本身含有杂质，铁与杂质间存在电位差，当水溶解了空气中的二氧化碳或油中的少量低分子酸后，便成了能够导电的溶液，这种溶液与其杂质构成了一个微小的原电池。

铁失去电子生成 Fe^{2+} 后，与溶液中的 OH^- 结合成 $Fe(OH)_2$；吸附在铁表面的 H^+，在阳极获得电子，生成 H_2，放出氢气。例如，某电厂 3 号主变压器某年 7 月油中氢气含量骤增至 485μL/L，微水含量为 50μL/L，用真空滤油机对变压器脱气，脱气处理两个月后含氢量又增至 321μL/L，微水含量为 44～68μL/L，10 月换新油时，吊罩检查未见异常及明显水迹。但 8 个月后油中氢气含量又增高至 538μL/L，后对该主变压器绕组进行真空加热，干燥处理后运行正常。

运行经验表明，当运行着的变压器内部不存在电热性故障，而油中含氢量单项偏高时，油中含氢量的高低与微水含量呈正比关系，而且含氢量的变化滞后于微水含量的变化。

当色谱分析出现 H_2 含量单项超标时，可取油样进行耐压试验和微水分析，根据测试结果再进行综合分析判断。

11. 真空滤油机故障

滤油机发生故障会引起油中含气量增长。例如，某变压器小修后采用 ZLY-100 型真空滤油机滤本体油 15h 后，未进行色谱分析就将变压器投入运行。15d 后取油样进行色谱分析，油中总烃含量达 656.09μL/L，继此之后又运行 1 个月，总烃高达 1313μL/L，据了解其他单位采用该台滤油机也有过类似现象。

为分析油中总烃含量增高的原因,采用该台(ZLY-100型)滤油机对密闭筒装有约800kg的变压器油进行循环滤油,过滤前油中总烃为7.10μL/L,经2h滤油后总烃上升到167μL/L;继续滤油14h时,总烃含量猛增到4067.48μL/L。显然,油中总烃含量的增加是滤油机造成的。事故后将滤油机解体,发现:①部分滤过的油碳化;②滤油机的SRY-4-3加热器有一支烧得严重弯曲,加热器金属管有脱层现象,由于加热器严重过热,导致变压器油分解出大量烃类气体。

12. 切换开关室的油渗漏

若有载变压器中切换开关室的油向变压器本体渗漏,则可引起变压器本体油的气体含量增高,这是因为切换开关室的油受开关切换动作时的电弧放电作用,分解产生大量的C_2H_2(可达总烃的60%以上)和氢气(可达总烃含量的50%以上),通过渗油有可能使本体油被污染而含有较高的C_2H_2和H_2。例如,某电厂主变压器于某年11月24日测得的变压器本体油和切换开关室油中C_2H_2含量分别为5.8μL/L和19.4μL/L;第二年4月3日,测得变压器本体油C_2H_2含量增长为10.4μL/L,就是因为切换开关室与变压器本体隔离的不严密而发生的渗漏引起的。为鉴别本体油中的气体是否来自切换开关室的渗漏,可先向该切换开关室注入特定气体(如氦),每隔一定时间对本体油进行分析。如果本体油中也出现这种特定气体并随时间增长,则证明存在渗漏现象。

经验表明,若C_2H_2含量超过注意值,但其他成分含量较低,而且增长速度较缓慢,就可能是上述渗漏引起的,如果C_2H_2含量超标是变压器内部存在放电性故障,这时应根据三比值法进行故障判断。总之,对C_2H_2单项超标,应结合电气试验及历史数据进行分析判断,特别注意附件特性的影响。

13. 标准气样不合格

标准气样不纯也是导致变压器油中气体含量增高的原因之一。江苏某电厂主变压器于2014年11月发现总烃含量超标,色谱跟踪了6次,色谱数据如表23-8所示。

表23-8　　　　　　　　6号主变压器修后变压器油色谱分析数据

化验时间	H_2	CH_4	C_2H_6	C_2H_4	C_2H_2	总烃	CO	CO_2
2014.11.05	16	201.1	66.5	158.9	0	426.4	315	2381
2014.11.19	14	193.5	56.2	157.9	0	407.6	295	2444
2014.12.5	15	210.1	65	176.3	0	451.4	323	2559
2014.12.19	13	199	65.7	177.4	0	442.1	312	2599
2014.12.30	13	165.9	47.7	129.5	0	343.1	295	2004
2015.01.07	12	176.1	59.6	155.5	0.1	391.2	282	2219
2015.04.25 (A修后)	34	2.6	1.6	2.7	0	7	0	198

三比值编码为021,判断变压器内部存在300~700℃中温过热故障,2015年4月22日变压器吊罩A修后,对过热部位进行了处理,复装后对变压器油进行循环滤油脱气,变压器常规试验及局部放电试验合格;由表23-8可见,变压器检修前,即2015年1月7日氢气含量是12μL/L;检修滤油后,即2015年4月22日取油样分析氢气含量为34μL/L,其他特征气体恢复到正常值。氢气含量滤油后反而明显增加;2015年6月对该厂的其他主变压

器、高压厂用变压器取油样进行色谱分析，发现氢气含量普遍都高，送检结果表明氢气含量都正常。为弄清差异的原因，对厂里使用的分析器和标准气样等进行复查，检查结果是仪器正常而标准气样不纯，因此这种氢气升高的现象是由于标准气样不纯造成的。

判断设备内部有无故障时，应特别注意防止上述非故障因素产生的气体干扰判断结果。

综上可见：

（1）电力变压器油中气体增长的原因是多种多样的，为正确判断故障，应采取多种测试方法进行测试，由测试结果并结合历史数据进行综合分析判断，避免盲目的吊罩检查。

（2）若氢气单项增高，其主要原因可能是变压器油进水受潮，可以根据局部放电、耐压试验及微水分析结果等进行综合分析判断。

（3）若乙炔含量单项增高，其主要原因可能是切换开关室渗漏、油流放电、压紧装置故障等。通过分析与论证来确定乙炔增高的原因，并采取相应的对策处理。

（4）对三比值法，只有在确定变压器内部发生故障后才能使用，否则可能导致误判，造成人力、物力的浪费和不必要的经济损失。

（5）综合分析判断是一门科学，只有采用综合分析判断才能确定变压器是否有故障、故障是内因还是外因造成的、故障的性质、故障的严重程度和发展速度、故障的部位等。

四、气体在变压器油中的溶解和损失

1. 气体在变压器油中的溶解

气体在变压器油中的溶解是通过扩散过程完成的。扩散现象是指物质分子从高浓度区域向低浓度区域转移，直到均匀分布的现象，扩散速率与物质的浓度梯度成正比；扩散是由于分子热运动而产生的质量迁移现象，主要是由于密度差引起的。在扩散过程中，迁移的分子不是单一方向的，只是密度大的区域向密度小的区域迁移的分子数，多于密度小的区域向密度大的区域迁移的分子数。

在变压器中，当某一部位有气体产生时，该区域内的气体浓度很大，气体分子由于热运动而向其他区域迁移，在迁移过程中，气体分子逐渐分散在较广的区域中，而且气体浓度越来越小，扩散速率也越来越小，最后达到均匀分布，即均匀溶解于油中。

扩散速率与气体浓度和油的温度、黏度有关，温度越高，扩散速率越大；而油的黏度增大，扩散速率则减小。

由于变压器中各部分油温不同，所以存在油的自然循环（对流），这种循环加速了气体在油中的扩散过程。对于强迫油循环的变压器，这种对流的速度更快。

当故障点产生的气泡因浮力作上升运动时，在其运动过程中会与附近油中已溶解的气体发生交换，即气体在气相和液相存在分配平衡。故障气体溶解在油中的多少决定于气泡的大小、运动的快慢，以及油中溶解气体的饱和程度等因素。气泡的运动与交换过程还使进入气体继电器气室的气体成分和实际故障源产生的气体在组成上发生变化。根据这一道理，可以帮助了解故障的性质与发展趋势，例如配合气体继电器瓦斯分析诊断故障的性质。

2. 故障气体在变压器中的损失

（1）气体逸散损失。当故障气体在油中的浓度达到饱和时，如果不向外逸散，在压力、温度变化条件下，饱和油中便会析出已溶解的气体而形成气泡。变压器在运行中由于受到油的运动、机械振动以及电场的作用，使气体在油中的溶解度减小而析出气泡。

由于储油柜的温度低于变压器本体油箱的温度，所以在两者之间存在油的对流，这种对流的速率与变压器油箱和储油柜之间的连接管道的尺寸以及环境温度有关，它将气体从变压器油箱向储油柜及油面气相连续转移，从而造成气体逸散损失；其逸散速度与变压器运行温度变化幅度和频率有关，也与不同气体组分的性质有关，其中 H_2 与 CH_4 的逸散速度最快。

（2）气体吸附损失。由于变压器内固体材料表面的原子和分子能够吸附故障气体分子，所以会使油中溶解气体减少；其吸附容量取决于被吸附物质的化学组成和表面结构。例如，由于 CO、CO_2 的分子结构类似于纤维素，因而极易被绝缘纸吸附；某些金属材料，如碳素钢和奥氏体不锈钢易于吸藏氢。

研究发现：当油温在 80℃ 以下时，随着温度的降低，绝缘纸对 CO、CO_2 及烃类气体的吸附量会随之增加，使油中这些气体组分含量不断减少；当油温高于 80℃ 后，吸附现象消失，绝缘纸中吸附的气体又会重新释放出来。

3. 故障气体损失对电气设备故障诊断的影响

由于故障气体在变压器中存在吸附和逸散损失现象，所以在对变压器进行故障判断和故障的发展进行跟踪时，应注意这种现象的影响，具体如下：

（1）密切注意变压器的油温、负荷等运行状况变化，如遇油中气体含量变化异常，应考虑到热解气体的隐藏行为。

（2）对于新投入运行的变压器，如果 CO、CO_2 或 H_2 的含量较高，则应考虑制造过程中干燥工艺、电气和温升试验时所产生的气体被固体绝缘材料吸附，在设备投入运行后重新释放于油中的可能。

（3）故障气体含量在运行过程中的变化还可能受到油流循环、固体绝缘存留的残油（换油时）以及取样代表性等原因的影响。

（4）运行变压器在故障初期，油中某些气体浓度绝对值很低，甚至计算得到的产气速率也不太高，这时应考虑可能是固体绝缘材料的吸附作用而导致油中故障气体含量减少。

第五节　油浸式变压器故障类型及油中溶解气体的特征

变压器内部故障通常分为过热和放电两种故障类型。机械性故障，一般是由于运输震动，使某些紧固件松动、绕组位移或引线损伤引起的；也可能由于电应力的作用，如过励磁振动而造成；但机械性故障最终仍将以过热或放电故障的形式表现出来。另外，设备内部进水受潮也是一种内部潜伏性故障。过热故障按温度高低，可分为低温过热、中温过热和高温过热 3 种情况；放电故障又可分为 3 种类型，即局部放电、火花放电和高能量放电。

一、过热故障

所谓过热是指局部过热，又称为热点，它和变压器正常运行下的发热是有区别的。正常运行时，温度的热源来自于绕组的铁芯，即所谓铜损和铁损产生的热量使变压器油和绝缘纸等温度升高。一般变压器上层油温不大于 85℃。变压器的运行温度直接影响到绝缘的运行寿命，一般来说，每当温度升高 8℃ 时，绝缘材料的使用寿命就会减少一半（8℃ 规则）。而过热性故障是由于有效热应力所造成的绝缘加速劣化，具有中等水平能量密度。根据热点温度的高低，过热故障分为低温过热（150～300℃）、中温过热（300～700℃）、高温过热（700～

800℃）和严重过热（大于800℃）。

（一）过热故障产生原因及发生部位

过热性故障在变压器内发生的原因和部位主要可归纳为以下4种：

（1）接点与接触不良。分接开关接触不良、导线接头不良、紧固件松动、导体接头焊接不良等。

（2）磁路故障。铁芯多点接地、铁芯片间短路、铁芯被异物短路、铁芯与穿芯螺钉短路，漏磁引起的油箱、夹件、压环等局部过热等。

（3）导体故障。部分线圈短路或不同电压比并列运行引起的循环电流发热，导体超负荷过流发热。

（4）散热不良。绝缘膨胀、局部油道堵塞（如吸附剂进入油中）而引起的散热不良。

（二）过热故障产气特征

如果热应力只引起热源处绝缘油分解而不涉及固体绝缘时，所产生的特征气体主要是甲烷和乙烯，两者之和一般占总烃的80%以上。当故障点温度较低时，甲烷占的比例大，随着热点温度的升高（500℃以上），乙烯组分急剧增加，比例增大；氢气和乙烷的含量低于甲烷和乙烯。当严重过热（800℃以上）时，也会产生少量乙炔，但其最大含量不会超过乙烯量的10%和烃类总量的6%。

当过热故障涉及固体绝缘材料时，除产生上述的低分子烃类气体外，还产生较多的CO、CO_2。随着温度的升高，CO/CO_2比值逐渐增大。对于只限于局部油道堵塞或散热不良的过热性故障，由于过热温度较低，过热面积较大，而且主要是造成绝缘纸过热，此时对绝缘油的热解作用不大，所以低分子烃类气体不一定多，而CO、CO_2含量则较高。

二、放电性故障

放电性故障是在高电应力作用下所造成的绝缘劣化，其对绝缘有两种破坏作用，一种是放电能量直接轰击绝缘，使局部绝缘受到破坏并逐渐扩大，使绝缘击穿；另一种是放电产生的热能和活性气体（臭氧、氮氧化物）与绝缘发生化学反应，使绝缘受到腐蚀，最后导致绝缘的热击穿。

根据其能量密度的不同分为高能量放电（即电弧放电）、低能量放电（即火花放电）和局部放电。

（一）高能量电弧放电

高能量电弧放电在变压器、套管、互感器内都会发生。引起电弧放电故障的原因通常是绕组匝间、层间绝缘击穿、过电压引起内部闪络、引线断裂引起的闪络、分接开关飞弧和电容屏击穿等。电弧放电故障由于放电能量密度大，所以气体产生急剧、产气量大，尤其是匝间、层间绝缘故障，气体往往来不及溶解于油而聚集到气体继电器引起瓦斯动作，因此，实际检测到的油中气体含量往往与故障点位置、油流速度和故障持续时间有很大关系。电弧放电故障往往预兆不明显，难以预测，最终以突发的形式暴露出来。

在发生电弧放电故障后，立即对油中气体和瓦斯成分进行分析以判断故障的性质和严重程度。

电弧放电故障气体的特征乙炔和氢是主要组分，其次是乙烯和甲烷，如果涉及固体绝缘，则瓦斯气和油中一氧化碳含量都比较高。例如，乙炔一般占烃总量的20%～70%，氢占氢烃总量的 30%～90%。并且在绝大多数情况下，乙烯含量高于甲烷。

（二）低能量放电

一般是火花放电，是一种间歇性的放电故障，在变压器、互感器、套管中均有发生。如铁芯片间、铁芯接地片接触不良造成的悬浮电压放电；引线或套管储油柜对电压未固定的套管导电管放电；分接开关操作杆悬浮电压放电；引线局部接触不良或铁芯接地片接触不良而引起的放电；电流互感器内部引线对外壳放电和一次绕组支持螺帽松动造成线圈屏蔽铝箔悬浮电压放电等。

火花放电产生的主要气体成分也是乙炔和氢，其次是甲烷和乙烯，但由于故障能量较小，总烃一般不会高。油中溶解气体中乙炔在烃总量中所占的比例可达 25%～90%，乙烯含量占烃总量的 20% 以下，氢气占氢烃总量的 30% 以上。

通常，火花放电不会引起绝缘很快击穿，但对其发展程度应引起足够重视。

（三）局部放电

局部放电是指液体和固体绝缘材料内部形成桥路的一种放电现象，放电能量较低。局部放电一般分为气隙形成的局部放电和油中气泡形成的局部放电（简称气泡放电）。局部放电常常发生在油浸纸绝缘中的气体空穴内或悬浮带电体的空间内。由于设备受潮，制造工艺差或维护不当，都会造成局部放电。电流互感器和电容套管中发生局部放电故障的比例较大。

局部放电产气特征主要依放电能量密度不同而不同，一般烃总量不高，而氢是主要组分（占氢烃总量的 85% 以上），其次是甲烷（约占烃总量的 90%）。当放电能量密度增高时也会产生少量乙炔，但乙炔在烃总量中所占的比例一般不超过 2%，这是区别于上述两种放电现象的主要标志。另外，在绝缘纸层中间，有明显可见的蜡状物（X－蜡）或放电痕迹。局部放电的后果是加速绝缘老化，如任其发展，会引起绝缘破坏，甚至造成事故。

无论是哪一种放电现象，只要涉及固体绝缘，就会产生 CO、CO_2。

三、受潮

当变压器内部进水受潮时，油中水分子和含湿杂质易形成"小桥"，而且固体绝缘中含有的水分增加，再加上固体绝缘内部气隙的存在，共同加速了油纸绝缘的电老化过程，并在强烈局部放电作用下产生氢气。

另外，水分在电场作用下发生电解，水与铁又会发生电化学反应，都可产生大量的氢气。

因此，在进水受潮的设备里，氢气在氢烃总量中所占的比例更高。由于变压器油正常劣化时也产生少量的甲烷，所以在受潮的变压器油中也有甲烷，但其比例有所下降。

由于局部放电和受潮有时同时存在，且特征气体基本相同，所以从油中气体分析结果很难加以区分，必要时应根据外部检查和其他试验结果加以综合判断，如局部放电测量和油中微量水分检测。

变压器等设备内部进水受潮，如不及早发现和及时处理，后果也往往会发展成放电性故障，甚至造成设备损坏。

综上所述，对变压器潜伏性故障判别最有价值的气体就是甲烷、乙烷、乙烯、乙炔、氢气、一氧化碳和二氧化碳。

第六节 变压器油中溶解气体含量的气相色谱分析方法简介

用气相色谱法分析油中溶解气体含量，是基于气体在油、气两相间的分配平衡原理，通过测定平衡条件下气相中的气体浓度，并根据气体中各组分在气液两相间的分配规律计算出油中溶解的气体组分浓度。通过色谱分析得到的特征气体，可以获取非常多的丰富信息，可以诊断变压器的故障种类和程度、故障的大概部位、故障的发展趋势等。

变压器油中溶解气体的气相色谱分析主要依据《绝缘油中溶解气体组分含量的气相色谱分析法》（GB/T 17623）和《变压器油中溶解气体分析和判断导则》（DL/T 722）进行。

一、色谱分离基本原理

在互不相溶的两相——流动相和固定相的体系中，当两相作相对运动时，第三组分（即溶质或吸附质）连续不断地在两相之间进行分配，这种分配过程即为色谱分离过程。由于流动相、固定相以及溶质混合物性质的不同，在色谱分离过程中溶质混合物中的各组分表现出不同的色谱行为，从而使各组分彼此相互分离，这就是色谱分析法的实质。也就是说，当一种不与被分析物质发生化学反应的被称为载气的永久性气体（例如 H_2、N_2、He、Ar、CO_2 等）携带样品中各组分通过装有固定相的色谱柱时，由于试样分子与固定相分子间发生吸附、溶解、结合或离子交换，使试样分子随载气在两相之间反复多次分配，使那些分配系数（指物质在两相间分配达到平衡时，它在固定相和流动相中的浓度的比值）只有微小差别的组分发生很大的分离效果，从而使不同组分得到完全分离，例如一个试样中含 A、B 两个组分，已知 B 组分在固定相中的分配系数大于 A，即 $K_B > K_A$，如图 23-2 所示。

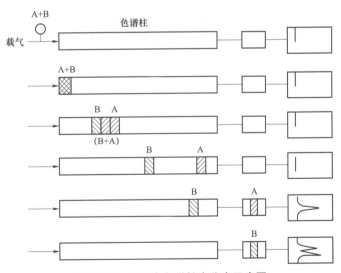

图 23-2 样品在色谱柱内分离示意图

当样品进入色谱柱时，组分 A、B 以一条混合谱带出现，由于组分 B 在固定相中的溶解能力比 A 大，所以组分 A 的移动速度大于 B，经过多次反复分配后，分配系数较小的组分 A 首先被带出色谱柱，而分配系数较大的组分 B 则较慢被带出色谱柱，从而使样品中各组分达到分离。将流出色谱柱某组分的浓度变化用电压、电流信号记录下来，便可逐一进行定性和定量分析。

色谱分析法有很多种类，从不同的角度出发可以有不同的分类方法。按两相的状态分类，色谱法中的流动相可以是气体，也可以是液体，因此可分为气相色谱法（GC）和液相色谱法（LC）。固定相既可以是固体，也可以是涂在固体上的液体，因此又可将气相色谱法和液相色谱法分为气-液色谱、气-固色谱、液-固色谱、液-液色谱。

二、脱气方法

利用气相色谱法分析油中溶解气体，必须将溶解的气体从油中脱出来，再注入色谱仪进行分析。目前常用的脱气方法有溶解平衡法和真空法两种。根据取得真空的方法不同，真空法又分为水银托里拆利真空法和机械真空法两种，常用的是机械真空法。

机械真空法属于不完全的脱气方法，在油中溶解度越大的气体脱出率越低，而在恢复常压的过程中，气体都有不同程度的回溶；溶解度越大的组分，回溶的气体量越多。不同的脱气装置或同一装置采用不同的真空度，将造成分析结果的差异。因此，使用机械真空法脱气，必须对脱气装置的脱气率进行校核，并用脱气率将分析结果换算到油中溶解的各种气体的实际含量。因受油的黏度、温度、大气压力等因素的影响，脱气率一般不容易测准。即使是同一台脱气装置，其脱气率也不会是一个常数，因此，一般采用多次校核的平均值。

三、色谱柱

色谱柱是色谱分析中把混合气体彼此分离并使同种气体汇集浓缩的关键性部件。色谱柱有空心色谱柱和填充色谱柱两类。目前，油中溶解气体分析用的色谱柱都是填充色谱柱。它实际上就是在一根细长不锈钢管中填了一定颗粒的某种吸附剂（固定相）的管柱。油中脱出的混合气体注入进样口后，在不断流动的载气带动下，从管子的一端进入色谱柱并沿着管道通过其中的吸附剂（固定相）逐渐向前移动。在随载气流动的过程中，由于吸附剂对混合气体中每种气体的吸附作用大小不同，吸附作用小的气体组分移动速度快，吸附作用大的气体组分移动速度缓慢，这样就使混合气体中几种不同气体的流动速率逐渐产生了差异。经过无数次的如此反复作用（吸附和脱附的分配过程），不同的气体最终被完全地分离开。从另一个角度看，相同的气体则汇集在一起被浓缩了，并按相对固定的顺序先后流出色谱柱，因此，色谱柱也被称为层析柱。每种气体在色谱柱产生的吸附作用的大小，与填充的吸附剂的种类、粒度有关，也与色谱柱的温度和载气的流速有关。用于油中气体色谱分析的吸附剂称为固定相，常用的固定相有活性炭、硅胶、分子筛以及一些色谱专用的高分子多孔小球等。根据分析对象选用适当的吸附剂和柱长度，即可得到高效快速分离的效果。

四、鉴定器

色谱仪中的鉴定器是把从色谱柱依次流出的气体所产生的非电量信号定量地转变成电信号的重要计量元件。色谱仪的灵敏度和最小检测浓度主要取决于所用的鉴定器。非电量信号经鉴定器转变成电信号后，由记录仪记录下来，形成平时所见的色谱图。

目前的油中溶解气体色谱分析仪至少是双柱双鉴定器的多气路系统。其中一个鉴定器是"热导检测器"，用于测定组分中的 H_2、O_2；另一个鉴定器是"氢火焰离子化检测器"，用于

测定 CH_4、C_2H_6、C_2H_4、C_2H_2 和转化成 CH_4 形式的 CO、CO_2 的含量。

热导检测器（TCD）利用各种气体导热系数不同的原理制成。它是在一个金属池腔中悬挂一根温度系数和电阻值都很大的电阻丝（一般为钨丝或铼钨丝），作为平衡电桥的一个臂。事先通以一定的电流使其发热，并达到稳定的热平衡状态，当流过金属池腔的气体种类和浓度发生变化时，由于其导热系数不同而破坏了原来的热平衡，引起电阻丝的温度变化，所以也改变了电阻丝的阻值并反映到电桥的输出端，这样就转变成一个相应的电信号。热导池鉴定器的结构简单、稳定性好，但其灵敏度低于氢火焰离子化检测器。

氢火焰离子化检测器（FID）有一个离子室，室内有一个氢气燃烧器和一个收集电极。当被测的烃类气体进入离子室后，就被其中燃烧的氢焰高温离解成离子，并在电场的作用下，使离子奔向收集电极而形成电流，这一电流的大小反映了被测气体的浓度，经放大后送入记录仪。在记录仪上便可得到被分析组分的浓度信号，即相应的色谱峰。这种鉴定器的灵敏度很高，反应分析结果快，但它只能直接分析在氢焰中可以电离的有机气体。因此，CO 和 CO_2 必须先转化成 CH_4 后才能进行检测。

五、油中气体组分最小检测浓度

油中气体组分最小检测浓度见表 23-9。

表 23-9　　　　　　　　　油中气体组分最小检测浓度

气体	最小检测浓度（μL/L）
氢	2
烃类	0.1
一氧化碳	5
二氧化碳	10
空气	50

六、油中溶解气体分析工作注意事项

（一）取样注意事项

试验结果的准确性和判断结论的正确性都取决于所取样品的代表性。没有代表性的油样不仅造成人力、物力和时间上的浪费，还会导致错误的结论，造成更大的损失。对于取样有特殊要求的油样，如油中气体色谱分析、油中微水、油中糠醛、油中金属分析和油的颗粒污染度等油样的取样工作，从取样方法到取样容器以及保存方式和时间都有其不同的要求。

（1）油样应能代表变压器油箱本体的油，一般应在设备下部取样阀取。当需要取气体继电器中的气样时，必须在尽可能短的时间内取出气样，并尽快分析，以减少不同组分的不同回溶率的影响。油样保存期不得超过 4 天。油样和气样都必须避光保存。

（2）油中气体色谱分析取样，必须用气密性好、清洁干燥的 100mL 医用注射器，按密封方式取样，取样后油中不得有气泡。

（3）取样前必须排尽管道死角内积存的油，通常应排放 2～3L 后取样，当管道粗而长时，则至少应按其体积的两倍排放。

（4）取样用的连接管必须专用，不准使用乙炔火焊的橡皮管作为取样用的连接管。

（5）取样后应保持注射器芯子的清洁，以防卡涩。

（二）试验中的注意事项

（1）测试了气体浓度很高的油样后，应仔细清洗脱气容器，以防止交叉污染。

（2）更换标气时，应在指定的管理人员处备案，对使用计算机编程计算的，应及时重新输入标气浓度，防止计算错误。

（3）对超标的油样均应复查。

（4）提出的结论应该是说明性的和建议性的，不能使用指令性的结论。

七、变压器油中溶解气体分析的检测周期

依据《变压器油中溶解气体分析和判断导则》（DL/T 722）的规定，在以下情况时应对变压器油进行溶解气体含量分析。

（一）投运前的检测

新的或大修后的 66kV 及以上设备，投运前应至少作一次检测。对于制造厂规定不取样的全密封互感器和套管不作检测。如果在现场进行感应耐压和局部放电试验，则应在试验前后各作一次检测，试验后取油样时间至少应在试验完毕 24h 后。

（二）新投运时的检测

新的或大修后的 66kV 及以上的变压器和电抗器至少应在投运后 1 天、4 天、10 天、30 天各做一次检测。

新的或大修后的 66kV 及以上的互感器，宜在投运后 3 个月内做一次检测。制造厂规定不取样的全密封互感器可不做检测。

（三）运行中的定期检测

运行中设备的定期检测周期按表 23－10 的规定进行。

表 23－10　　　　　　　　　　运行中设备的定期检测周期

设备名称	设备电压等级或容量	检测周期
变压器和电抗器	电压 330kV 及以上、容量 240MVA 及以上发电厂升压变压器	3 个月
	电压 220kV、容量 120MVA 及以上	6 个月
	电压 66kV 及以上、容量 8MVA 及以上	1 年
互感器	电压 66kV 及以上	1～3 年
套管	—	必要时

注　其他电压等级制变压器、电抗器和互感器的检测周期自行规定。制造厂规定不取样的全密封互感器和套管，一般在保证期内可不做检测。在超过保证期后，可视情况而定，但不宜在负压情况下取样。

（四）特殊情况下的检测

特殊情况下应按以下要求进行检测：

（1）当设备出现异常情况时（如变压器气体继电器动作、差动保护动作、压力释放阀动作以及受大电流冲击、过励磁或过负荷，互感器膨胀器动作等）应取油样进行检测。

（2）当怀疑设备内部有下列异常时，应根据情况缩短检测周期进行监测或退出运行。在

监测过程中，若增长趋势明显，须采取其他相应措施；若在相近运行工况下，检测 3 次后含量稳定，可适当延长检测周期，直至恢复正常检测周期。

1）过热性故障。怀疑主磁回路或漏磁回路存在故障时，可缩短到每周一次；当怀疑导电回路存在故障时，宜缩短到每天一次。

2）放电性故障。怀疑存在低能量放电时，宜缩短到每天一次；当怀疑存在高能量放电时，应进一步检查或退出运行。

第七节　运行中变压器故障诊断

一、变压器内部故障类型与油中气体含量的关系

（一）油的分解速率与故障能量的关系

随着变压器热裂解温度的变化，烃类气体各组分的相互比例是不同的，每一种气体在某一特定温度下有一最大产气速率，随着温度的上升，各气体组分最大产气速率出现的顺序是甲烷、乙烷、乙烯、乙炔，如图 23−3 所示。

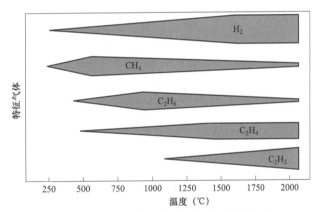

图 23−3　油的分解速率与故障能量的关系

（二）气相色谱分析的气体对象

利用气相色谱法预测变压器的潜伏性故障是通过定性、定量分析溶于变压器油中的气体来实现的。为了简化工作量，在能够解决问题的情况下，分析的气体种类越少越好。目前，按照《变压器油中溶解气体分析和判断导则》（DL/T 722）要求，我国一般分析 7 种特征气体。

1. 氢气

（1）油或固体绝缘所有的裂解（过热或放电）都会产生氢气，所有变压器故障都会产生。

（2）局部放电。由于气体与变压器油之间的电导率差异较大。在高电场的作用下，变压器油中会产生气隙放电现象，油中氢气含量增高是油中悬浮微粒及微小气泡所引发局部悬浮电压放电所致。在油分子链的分解过程中，开始阶段为离子轰击使油分子键能从最弱处首先裂解，属于冷态下的低能量放电，故氢气首先被释放出来。当油纸绝缘承受低能量放电时，

气体的发生过程很缓慢，这时油中溶气的主要成分是氢气。

（3）水电解。变压器油中含有的水分，与铁作用产生氢气。

$$3H_2O + 2Fe \longrightarrow Fe_2O_3 + 3H_2 \tag{23-2}$$

变压器器身干燥后，其绝缘含水量较低，但在吊检时器身暴露在大气中，表层绝缘开始吸收空气中的水分，湿度越大，时间越长，水分渗透的深度就越深。变压器油中的含水量也与处理工艺有关，但任何工艺都不能将油中溶解水除尽。通常，处理后的变压器油中含水量为 $5\sim20\mu L/L$。值得注意的是，油中含水量越小，受外界湿度的影响越大。此外，不可忽视的是油中水分含量随着季节、运行温度的变化而变化。变压器运行时，油中含水量与绝缘纸中含水量形成平衡关系，这一平衡关系是随运行温度变化的。当运行温度升高时，纸中含水量降低，而油中含水量增高。纸绝缘干燥不彻底或空气中水分侵入等原因也会引起氢气的产生。

（4）环烷烃脱氢产生氢气。在温度较高、油中有溶解 O_2 时，设备中某些油漆（醇酸树脂）在某些不锈钢的催化下，可能生成大量的 H_2，不锈钢与油的催化反应也可生成大量的 H_2；新的不锈钢中也可能在加工过程中吸附 H_2 或焊接时产生 H_2；由于变压器中使用了一部分不锈钢材料，在变压器油逐渐氧化过程中，不锈钢材料中的镍分子会促进变压器油发生脱氢反应。这种情况，不属于变压器内部故障。

（5）绝缘材料等吸附的氢气释放。在变压器干燥、浸渍、高电压试验等热和电的作用下，绝缘材料分解产生氢气、烃类气体，这些气体吸附于多孔性且较厚的固体绝缘纤维材料中，短期内难以释放到油中，由于变压器绝缘材料使用得较多，绝缘层内部吸附的气体完全释放于油中所需时间较长，所以出厂试验时油和纸中气体尚未达到溶解平衡，氢气含量偏低。经过一段时间后，变压器现场验收时，纸中所吸附的气体较多地释放出来，油中溶解气体，尤其是氢气含量明显增高。

绝缘材料等吸附的氢气释放也是变压器在投运前含有一些特征气体的原因。一些新的变压器在投运前油中氢气含量较高，并在投运后逐步增长，一般经过 1 年以后达到最大值，然后逐渐降低。这是变压器制造过程中的残气在运行中逐渐释放于油中，其浓度达到最大值之后，由于气体逸散损失而逐渐降低的缘故。

2. 甲烷气体

150℃以下低温过热主要产生甲烷。因为油分子断裂产生甲烷的能量很低，所以 150℃以下的低温过热或是局部放电即可产生甲烷。

3. 乙烷气体

根据模拟实验，在 150～300℃产生的气体主要是乙烷。能维持该温度需要较大发热面积，因此，通常是铁芯和绕组过热，而不是接电接触不良发热。铁芯过热危险性高，要引起高度重视。例如，沈阳某变压器，乙烷数值偏高但未超标，其他检查正常，未采取措施，运行 8 天后发生爆炸。

4. 乙烯气体

乙烯的出现，表明变压器存在 300～800℃以上的中、高温过热的点。

5. 乙炔气体

乙炔的出现，表明变压器中存在以电弧放电为主的放电现象或大于 1000℃的高温过热，此时乙烯含量也很多。

6. CO、CO_2气体

在变压器等充油设备中，主要的绝缘材料是绝缘油和绝缘纸、纸板等，它们在运行中受多种因素的作用将逐渐老化。绝缘油分解产生的主要气体是氢气、烃类气体，绝缘纸等固体绝缘材料分解产生的主要气体是CO、CO_2，因此，可将CO、CO_2作为油纸绝缘系统中固体绝缘材料分解的特征气体。大型变压器发生低温过热性故障时，因为温度不高，往往油的分解不剧烈，所以烃类气体含量并不高，而CO和CO_2含量变化较大。因此，可用CO和CO_2的产气速率和绝对值来判断变压器固体绝缘老化状况，若再辅之以对油进行糠醛分析，就可能发现一些绝缘老化、低温过热故障。

表23-11列出了各种故障下油和绝缘材料放出的主要气体成分。

表23-11　　　　　　　各种故障下油和绝缘材料放出的主要气体成分

气体成分	强烈过热		电弧放电		局部放电	
	油	油和绝缘材料	油	油和绝缘材料	油	油和绝缘材料
氢 H_2	●	●	●	●	●	●
甲烷 CH_4	●	●	○	○	●	●
乙烷 C_2H_6	○	○				
乙烯 C_2H_4	●	●	○	○		
乙炔 C_2H_2			●	●		
丙烷 C_3H_8	○	○				
丙烯 C_3H_6	●	●				
一氧化碳 CO		●		●		○
二氧化碳 CO_2		●		○		○

注　●表示主要成分，○表示次要成分。

二、运行中变压器的故障识别

变压器油中溶解气体含量分析的最终目的是进行充油电气设备运行状态的评价，确定设备有无潜伏性故障以及故障的原因，以制定合理的维护措施，保证电力设备和发电厂的安全、稳定运行。

由于正常运行时，设备内部的绝缘油和有机绝缘材料在热和电的作用下，会逐渐老化和分解，产生少量的H_2、低分子烃类气体及CO、CO_2等气体。在热和电故障的情况下，也会产生这些气体。这两种来源的气体在技术上无法区分，在数值上也没有严格的界限，而且气体浓度与设备负荷、温度、油中的O_2含量和含水量、油的保护系统和循环系统，以及取样和检测等许多因素有关。所以在判断设备是否存在故障及其故障的严重程度时，应根据气体含量的绝对值、增长速率以及设备运行的历史状况、结构特点和外部环境等因素进行综合判断，避免出现误判断的情况。

为了识别故障，提出了气体含量和产气速率的注意值。注意值是指特征气体的含量或增量需引起关注的值，不是划分设备状态等级的标准。

故障的判断应依据《变压器油中溶解气体分析和判断导则》（DL/T 722）进行，判断程序为检查色谱分析数据的有效性→收集历史色谱数据→判定有无故障→分析故障的严重程度和可能的部位→提出处理意见和相应的反事故措施。

1. 新设备投运前油中溶解气体含量要求

依据《变压器油中溶解气体分析和判断导则》（DL/T 722）的规定，新设备投运前油中溶解气体含量应符合表 23-12 的要求，而且投运前、后的两次检测结果不应有明显的区别。

表 23-12　　　　　　　　　新设备投运前油中溶解气体含量的要求

设备	气体组分	气体组分含量（μL/L）	
		330kV 及以上	2200kV 及以下
变压器和电抗器	氢气	<10	<30
	乙炔	<0.1	<0.1
	总烃	<10	<20
互感器	氢气	<50	<100
	乙炔	<0.1	<0.1
	总烃	<10	<150
套管	氢气	<50	<50
	乙炔	<0.1	<0.1
	总烃	<10	<10

2. 运行中设备油中溶解气体含量注意值

依据《变压器油中溶解气体分析和判断导则》（DL/T 722）的规定，当运行电气设备中油中溶解气体含量超过表 23-13 所列数值时，应引起注意。

表 23-13　　　　　　　　　运行中设备油中溶解气体含量注意值

设备	气体组分	气体组分含量（μL/L）	
		330kV 及以上	220kV 及以下
变压器和电抗器	氢气	150	150
	乙炔	1	5
	总烃	150	150
	一氧化碳	见本节"三、（二）3. 对一氧化碳和二氧化碳的判断"相关内容	
	二氧化碳		
电流互感器	氢气	150	300
	乙炔	1	2
	总烃	100	100

续表

设备	气体组分	气体组分含量（μL/L）	
		330kV 及以上	220kV 及以下
电压互感器	氢气	150	150
	乙炔	2	3
	总烃	100	100
套管	氢气	500	500
	乙炔	1	2
	总烃	150	150

注 该表所列数值不适用于从气体继电器放气嘴取出的气样。

需要注意的是，《变压器油中溶解气体分析和判断导则》（DL/T 722）推荐的注意值是指导性的，不是划分设备有无故障的唯一标准。最终判定设备有无故障还应根据追踪分析，考察特征气体的增长速率。有时即使特征气体低于注意值，但突然增长时，仍应追踪分析，查明原因。有的设备因某种原因使气体含量基值较高，超过注意值，也不能立即判定为有故障，而必须与历史数据比较。如果没有历史数据，则需确定一个适当的周期进行追踪分析。如果产气速率正常，仍可认为是正常设备。

影响电流互感器和电容式套管油氢气含量的因素较多，有的氢气含量虽低于表 23-12 和表 23-13 中的数值，但有增长趋势，也应引起注意；有的只是氢气含量超过表 23-12 和表 23-13 中数值，若无明显增长趋势，也可判断为正常。但当单一氢气含量很大时（如大于 500μL/L），应联系设备厂家分析原因，并对互感器进行脱气处理和跟踪检测。

对于故障检修后的设备，特别是变压器和电抗器，即使检修后已对油进行了真空脱气处理，但是由于油浸绝缘纸中吸附气体和残油，残油中溶解的故障特征气体会释放至本体油中，所以在跟踪分析初期，故障特征气体含量的增长有可能较快，这时不能武断地认为设备出现了新的故障。

3. 运行设备油中溶解气体含量增长率的注意值

因为故障常以低能量的潜伏性故障开始，若不及时采取措施，可能会发展成较高能量的严重故障。所以仅仅根据分析结果的绝对值是很难对故障的严重性做出正确判断的，必须根据产气速率来诊断故障的发展趋势。产气速率与故障消耗能量大小、故障部位、故障点的温度等情况有直接关系，因此，计算产气速率，既可以进一步明确设备内部有无故障，又可以对故障的严重性做出初步判断。

《变压器油中溶解气体分析和判断导则》（DL/T 722）中推荐了两种表示产气速率的方式。

（1）绝对产气速率。绝对产气速率是指每运行日产生某种气体的平均值，计算公式为

$$\gamma_a = \frac{C_{i,2} - C_{i,1}}{\Delta t} \cdot \frac{m}{\rho} \qquad (23-3)$$

式中　γ_a ——绝对产气速率，mL/d；

　　　$C_{i,1}$ ——第一次取样测得油中 i 组分气体的含量，μL/L；

$C_{i,2}$——第二次取样测得油中 i 组分气体的含量，μL/L；

Δt——两次取样时间间隔内的实际运行时间，d；

m——设备中总油量，t；

ρ——油的密度，t/m³。

《变压器油中溶解气体分析和判断导则》（DL/T 722）中推荐的变压器和电抗器油中气体绝对产气速率注意值见表 23-14。当产气速率达到注意值时，应缩短检测周期，进行追踪分析。

表 23-14　　　　　　　变压器和电抗器油中气体绝对产气速率注意值　　　　　　　mL/d

气体组分	产气速率	
	密封式	开放式
氢气	10	5
乙炔	0.2	0.1
总烃	12	6
一氧化碳	100	50
二氧化碳	200	100

（2）相对产气速率。相对产气速率是指每运行月（或折算到月）某种气体组分含量增加原有值的百分数的平均值，单位为%/月。计算公式为

$$\gamma_r = \frac{C_{i,2} - C_{i,1}}{C_{i,1}} \cdot \frac{1}{\Delta t} \times 100\% \qquad (23-4)$$

式中　γ_r——相对产气速率，%/月；

$C_{i,1}$——第一次取样测得油中 i 组分气体的含量，μL/L；

$C_{i,2}$——第二次取样测得油中 i 组分气体的含量，μL/L；

Δt——两次取样时间间隔内的实际运行时间，月。

相对产气速率也可以用来判断充油电气设备内部的状况。总烃的相对产气速率大于 10% 时，应引起注意。对总烃起始含量很低的设备，不宜采用此判据。考察产气速率时的跟踪分析时间间隔应以 1～3 个月为宜，且必须采用相同的试验条件进行气体含量分析。

绝对产气速率能直接反映出故障的发展程度，包括故障源的能量、温度和面积等。不同设备的绝对产气速率具有可比性，不同性质故障的绝对产气速率也有其独特性，因此，绝对产气速率已在国内得到了广泛应用。相对产气速率对同一设备能看出故障的发展趋势；但对于不同设备，由于容量与油量的不同，缺乏可比性。

三、故障性质和故障类型的判断

（一）特征气体法

易于形成感性认识的判断方法是故障气体的组合特征，这是过渡到三比值法的基础，不同故障类型所形成的气体组合特征见表 23-15。表 23-16 中所列的改进特征气体法可作为参考。

表 23-15 不同故障类型产生的特征气体

序号	故障类型	主要特征气体	次要特征气体
1	油过热[①]	CH_4、C_2H_4	H_2、C_2H_6
2	油和纸过热[②]	CH_4、C_2H_4、CO	H_2、C_2H_6、CO_2
3	油纸绝缘中局部放电[③]	H_2、CH_4、CO	C_2H_4、C_2H_6、C_2H_2
4	油中火花放电[④]	H_2、C_2H_2	
5	油中电弧放电[⑤]	H_2、C_2H_6、C_2H_4	CH_4、C_2H_6
6	油和纸中电弧	H_2、C_2H_2、C_2H_4、CO	CH_4、C_2H_6、CO_2

① 油过热:至少分为两种情况,即中低温过热(低于700℃)和高温(高于700℃)以上过热。如温度较低(低于300℃),烃类气体组分中 CH_4、C_2H_6 含量较多,C_2H_4 较 C_2H_6 少甚至没有;随着温度升高,C_2H_4 含量增加明显。

② 油和绝缘纸过热:固体绝缘材料过热会生成大量的 CO、CO_2,过热部位达到一定温度,纤维素逐渐碳化并使过热部位油温升高,才使 CH_4、C_2H_6 和 C_2H_4 等气体增加。因此,涉及固体绝缘材料的低温过热在初期烃类气体组分的增加并不明显。

③ 油纸绝缘中局部放电:主要产生 H_2、CH_4。当涉及固体绝缘材料时产生 CO,并与油中原有 CO、CO_2 含量有关,以没有或极少产生 C_2H_4 为主要特征。

④ 油中火花放电:一般是间歇性的,以 C_2H_2 含量的增长相对其他组分较快,而总烃不高为明显特征。

⑤ 油中电弧放电:高能量放电,产生大量的 H_2 和 C_2H_2,以及相当数量的 CH_4 和 C_2H_4。涉及固体绝缘材料时,CO 显著增加,纸和油可能被碳化。

表 23-16 改进的特征气体法

序号	故障性质	特征气体的特点
1	过热(低于500℃)	总烃较高,$CH_4 > C_2H_4$,C_2H_2 占总烃的 2% 以下
2	严重过热(高于500℃)	总烃高,$C_2H_4 > CH_4$,C_2H_2 占总烃的 6% 以下,H_2 一般占氢烃总量的 27% 以下
3	局部放电	总烃不高,$H_2 > 100\mu L/L$,并占氢烃总量的 90% 以上,CH_4 占总烃的 75% 以上
4	火花放电	总烃不高,$C_2H_2 > 10\mu L/L$,并且一般占总烃的 25% 以上,H_2 一般占氢烃总量的 27% 以上,C_2H_4 占总烃的 18% 以下
5	电弧放电	总烃较高,C_2H_2 占总烃的 18%~65%,H_2 占氢烃总量的 27% 以上
6	过热兼电弧放电	总烃较高,C_2H_2 占总烃的 6%~18%,H_2 占氢烃总量的 27% 以下

从表 23-15、表 23-16 中不难看出,通过故障气体的组合特征虽然能对产生的故障性质和类型作出判断,但对于两种类型之间的故障则不易掌握。因此,还需要考察它们在数量上的比例关系。这种判断方法就是在罗杰斯三比值法的基础上改良的三比值法。

(二)三比值法

早在 20 世纪 40 年代就有人发现了石油分馏塔的气体中总是含有相对固定的甲烷和乙烯。在气体色谱分析方法用于油中气体的分析之后,为了研究油中气体与变压器内部故障的关系,在热动力学和实践的基础上,人们已认识到故障气体的形成与故障的能量有关,一定种类的气体只能在一定能级下产生,达不到所需的能量是不会产生那种气体的。但是在高能级时却能够同时产生那些在低能量下就可以生成的气体,并具有一定的比例。《变压器油中溶解气体分析和判断导则》(DL/T 722)中推荐使用改良的三比值法(五种气体的三对比值),

作为判断充油电气设备故障类型的主要方法，其准确率高于其他三比值法。

1. 编码规则和判断方法

改良三比值法是用不同的编码表示三对比值，编码规则和故障类型判断方法见表23-17和表23-18。

表 23-17　　　　　　　　　　　　三 比 值 法 编 码 规 则

气体比值范围	比值范围的编码		
	C_2H_2/C_2H_4	CH_4/H_2	C_2H_4/C_2H_6
<0.1	0	1	0
0.1~1	1	0	0
1~3	1	2	1
≥3	2	2	2

表 23-18　　　　　　　　　　　　故 障 类 型 判 断 方 法

编码组合			故障类型判断	典型故障（参考）
C_2H_2/C_2H_4	CH_4/H_2	C_2H_4/C_2H_6		
0	0	0	低温过热（低于150℃）	纸包绝缘导线过热，注意 CO 和 CO_2 增量和 CO_2/CO 比值
	2	0	低温过热（150~300℃）	分接开关接触不良、引线连接不良、导线接头焊接不良、股间短路引起过热、铁芯多点接地、矽钢片间局部短路等
	2	1	中温过热（300~700℃）	
	0，1，2	2	高温过热（高于700℃）	
	1	0	局部放电	高湿、气隙、毛刺、漆瘤、杂质所引起的低能量密度的放电
2	0，1	0，1，2	低能量放电	不同电压之间的油中火花放电、引线对电压未固定的部件之间连续火花放电、分接抽头引线和油隙闪络或悬浮电压之间的火花放电
	2	0，1，2	低能量放电兼过热	
1	0，1	0，1，2	电弧放电	线圈匝间、层间放电，相间闪络；分接头引线间油隙闪络、分接开关拉弧；引线对箱壳或其他接地体放电
	2	0，1，2	电弧放电兼过热	

同时，《变压器油中溶解气体分析和判断导则》（DL/T 722-2014）还列出了利用三对比值的另一种判断故障类型的方法，即溶解气体分析解释表和解释简表，如表23-19和表23-20。

表 23-19　　　　　　　　　　　　溶 解 气 体 分 析 解 释 表

情况	故障类型	C_2H_2/C_2H_4	CH_4/H_2	C_2H_4/C_2H_6
PD	局部放电[①②]	NS[③]	<0.1	<0.2
D1	低能量放电	>1	0.1-0.5	>1
D2	高能量放电	0.6~2.5	0.1~1	>2
T1	热故障 $t<300℃$	NS	>1，但 NS	<1
T2	热故障 $300℃<t<700℃$	<0.1	>1	1~4

情况	故障类型	C_2H_2/C_2H_4	CH_4/H_2	C_2H_4/C_2H_6
T3	热故障 $t>700℃$	$<0.2^{④}$	>1	>4

注 1. 在某些国家,使用比值 C_2H_2/C_2H_6 而不是 CH_4/H_2。而其他一些国家,使用的比值极限值会有所不同。

　　2. 以上比值在至少有一种特征气体超过正常值并超过正常增长率时计算才有意义。

① 在互感器中,$CH_4/H_2<0.2$ 为局部放电;在套管中,$CH_4/H_2<0.7$ 为局部放电。

② 有报告称,过热的铁芯叠片中的薄油膜在 140℃ 及以上发生分解产生气体的组分类似于局部放电所产生的气体。

③ NS 表示数值无意义。

④ C_2H_2 的总量增加,表明热点温度增加,高于 1000℃。

表 23-20 对局部放电、低能量或高能量放电以及热故障给出了粗略的解释。

表 23-20　　　　　　　　　　　溶解气体分析解释简表

情况	特征故障	C_2H_2/C_2H_4	CH_4/H_2	C_2H_4/C_2H_6
PD	局部放电		<0.2	
D	低能量或高能量放电	>0.2		
T	热故障	<0.2		

表 23-19 将所有故障类型分为 6 种情况,这 6 种情况适合于所有类型的充油电气设备,气体比值的极限根据设备的具体类型,可能稍有不同。D1 和 D2 两种故障类型之间既有重叠,又有区别,这说明 D1 和 D2 放电的能量有所不同,因此必须对设备采取不同的措施。

2. 三比值法应用原则

为了避免改良三比值法应用中出现误判断,《变压器油中溶解气体分析和判断导则》(DL/T 722)中提出了应用三比值法判断设备故障类型时应遵循的以下原则:

(1)只有根据气体各组分含量的注意值或气体增长率的注意值有理由判断设备可能存在故障时,气体比值才是有效的,并应予计算。对气体含量正常,且无增长趋势的设备,比值没有意义。

(2)假如气体的比值与以前的不同,可能有新的故障重叠在老故障或正常老化上。为了得到仅仅相应于新故障的气体比值,要从最后一次的分析结果中减去上一次的分析数据,并重新计算比值(尤其是在 CO 和 CO_2 含量较大的情况下)。在进行比较时,要注意在相同的负荷和温度等情况下和在相同的位置取样。

(3)由于溶解气体分析本身存在的试验误差,导致气体比值也存在某些不确定性。对气体浓度大于 $10\mu L/L$ 的气体,两次的测试误差不应大于平均值的 10%,而在计算气体比值时,误差提高到 20%。当气体浓度低于 $10\mu L/L$ 时,误差会更大,使比值的精确度迅速降低。因此,在使用比值法判断设备故障性质时,应注意各种可能降低精确度的因素。尤其是对正常值普遍较低的电压互感器、电流互感器和套管,更要注意这种情况。

此外,三比值法不适于对气体继电器放气嘴取出的气样的分析判断,应将气样实测的组分浓度值换算成该组分溶解于油中的理论值,再按此理论值应用三比值判断。

(4)操敦奎等人提出,当三比值编码组合为 000 时,一般判断为正常。但是,如果特征气体组分浓度很高,而三比值编码组合却为 000 时,则不应轻易认为正常。这时,应用其他诊断方法进行综合判断，并应注意 CO 和 CO_2 的含量。在诊断实践中，三比值编码组合为 000 时，确有低温过热的实例，例如引线外包绝缘老化、变脆，绕组油道堵塞，铁芯局部短路等。

（5）有人认为，在改良三比值法中，C_2H_2/C_2H_4 比值编码为 1 时，表征高能量放电故障；而编码为 2 时，反而表征低能量放电故障，这是不合理的。其理由是编码 2 对应的 C_2H_2/C_2H_4 比值比编码 1 对应的 C_2H_2/C_2H_4 高，放电能量越高，所产生的特征气体 C_2H_2 的浓度则越高，因此，高能量放电故障对应的编码应该是 2，而低能量放电故障对应的编码才应该是 1。这种看法也是错误的，因为三比值法的特点就在于是按气体组分浓度相对值来诊断的，所以不应以气体组分浓度绝对值的概念来理解三比值。同样，应该把编码规则、编码组合和故障类型诊断三者统一起来，而不是分割开来理解。事实上，高能量放电故障时，虽然产生的特征气体 C_2H_2 的浓度值比低能量放电故障时高得多，但是高能量放电故障时，产生的总烃较高，其中 C_2H_4 尤其突出，因此，C_2H_2/C_2H_4 的值自然就降低了；反之，低能量放电主要特征气体是 C_2H_2，但因为总烃不高，其中 C_2H_4 也低，所以这时 C_2H_2/C_2H_4 比值反而较高。

3. 对一氧化碳和二氧化碳的判断

用 CO 和 CO_2 含量进行电气设备故障判断时，应注意结合具体变压器的结构特点（如油保护方式）、运行温度、负荷情况、运行检修等情况加以分析。在实际工作中，可以参考《变压器油中溶解气体分析和判断导则》（DL/T 722）中对 CO 和 CO_2 的判断。

（1）当 $CO_2/CO<3$ 时，CO 的生成量比 CO_2 更多，一般认为是故障状态下固体绝缘材料热裂解导致。

（2）当 $CO_2/CO>7$ 时，CO_2 的生成量比 CO 更为突出，可以认为是固体绝缘整体正常老化产生的。

（3）当 CO_2/CO 比值在 3~7 时，也可能存在固体绝缘正常老化现象，但不严重。

固体绝缘的正常老化过程与故障情况下的劣化分解均表现在油中 CO 和 CO_2 的含量上，一般没有严格的界限，规律也不明显。这主要是因从空气中吸收的 CO_2、固体绝缘老化及油的长期氧化形成 CO 和 CO_2 的基值过高而造成的。开放式变压器溶解空气的饱和量为 10%，设备里可以含有来自空气中的 300μL/L 的 CO_2。在密封设备里，空气也可能经泄漏进入设备油中，油中的 CO_2 浓度将以空气中的比率存在。因此，在进行判断时应从最后一次的测试结果中减去上一次的测试数据，重新计算比值，以确定故障是否涉及固体绝缘。

当怀疑纸或纸板过度老化时，应适当地测试油中糠醛含量或在可能的情况下测试纸样的聚合度。

4. 对气体继电器中气体的判断（平衡判据法）

使用平衡判据法对气体继电器中积聚的气体进行分析判断，其原理如下。

故障的产气速率均与故障释放的能量大小和能量密度密切相关。对于能量较低、气体释放缓慢的故障（如低温热点或局部放电），所生成的气体大部分溶解于油中。对于能量较大（如铁芯过热）的故障，造成故障气体释放较快，当产气速率大于溶解速率时，会形成气泡；在气泡上升的过程中，一部分气体溶解于油中（并与已溶解于油中的气体进行交换），改变了所生成气体的组分和含量；未溶解的气体和油中被置换出来的气体，最终进入继电器而积累下来。对于有高能量的电弧性放电故障，大量气体迅速生成，所形成的大量气泡迅速上升并聚集在继电器里，引起继电器报警；这些气体与油的接触时间很短，因而远没有达到平衡。

如果气体长时间留在继电器中，某些组分，特别是电弧性故障产生的乙炔，很容易溶于油中，而改变继电器里的游离气体组成，甚至导致错误的判断结果。因此，当气体继电器发出信号时，除应立即取气体继电器中的游离气体进行色谱分析外，还应同时取油样进行溶解气体分析，并比较油中溶解气体与继电器中的游离气体的浓度，以判断游离气体与溶解气体是否处于平衡状态，进而可以判断故障的持续时间。

比较方法为检测游离气体和油中溶解气体中各组分的浓度值，利用各组分的奥斯特瓦尔德系数计算出平衡状态下油中溶解气体含量的理论值，再与从油样检测中得到的溶解气体组分的含量值进行比较。油中溶解气体含量的理论值计算公式为

$$C_{o,i} = k_i C_{g,i} \tag{23-5}$$

式中　$C_{o,i}$——在平衡条件下，溶解在油中组分 i 的浓度，$\mu L/L$；

$\quad\quad k_i$——组分 i 的奥斯特瓦尔德系数；

$\quad\quad C_{g,i}$——在平衡条件下，气相中组分 i 的浓度，$\mu L/L$。

游离气体的平衡判断方法如下：

（1）如果理论值与油中溶解气体的实测值近似相等，可以认为气体是在平衡条件下释放出来的。这时如果故障气体各组分浓度都很低，说明设备内部是正常的，应当查明这些非故障气体的来源和气体继电器动作的原因；如果油中溶解气体实测浓度略高于依据游离气体测定浓度换算至油中溶解气体的理论值，说明设备内部确实存在故障。

（2）当根据气体继电器中的游离气体浓度换算至油中的溶解气体浓度的理论值明显超过油中溶解气体的实测浓度时，说明释放气体较多，速度较快，设备内部存在发展较迅速的故障。这时应计算气体各组分的产气速率，并诊断其故障类型和状况。

5. 其他故障类型判断方法

除改良三比值法，《变压器油中溶解气体分析和判断导则》（DL/T 722）还推荐用比值 O_2/N_2、比值 C_2H_2/H_2 和气体比值图示法辅助进行故障判断。

（1）对比值 O_2/N_2 的判断。一般在油中都溶解有 O_2 和 N_2，这主要是空气溶于油中的结果。电气设备油中 O_2/N_2 的比值反映空气的组成，接近 0.50。对于运行电气设备，由于油的氧化或纸的老化过程要消耗 O_2，而且 O_2 的消耗比扩散更迅速，所以 O_2/N_2 比值会降低。设备负荷和油保护方式也可影响这个比值。

当 $O_2/N_2 < 0.3$ 时，一般认为是出现氧被极度消耗的迹象。

（2）对比值 C_2H_2/H_2 的判断。在电力变压器中，有载调压开关操作产生的气体与低能量放电的情况相符。假如某些油或气体在有载调压油箱与主油箱之间或各自的储油罐之间相通，这些气体可能污染主油箱的油，并导致误判断。

当变压器本体油中 $C_2H_2/H_2 > 2$ 时，认为有可能存在有载调压器中油污染变压器本体油的可能，应鉴别本体油中气体是否来自调压开关室的渗漏。其方法是比较变压器本体油和调压开关室的油中溶解气体浓度来确定，因为两者的气体浓度和 C_2H_2/H_2 的比值依赖于有载调压器的操作次数和产生污染的方式（通过油或气）。若还无法明确判断，则可先向该调压开关室封入某一示踪气体（例如氮气），每隔一定时间分析本体油，如果本体油中也出现了这种气体，而且其含量随时间而增长，则证明有载调压器与变压器本体之间存在渗漏现象。

（3）气体比值图示法。利用气体的三对比值，在立体坐标图上建立的立体图示法可方便

地直观不同类型故障的发展趋势，如图 23-4 所示。

（4）大卫三角形法。用 CH_4、C_2H_2 和 C_2H_4 的相对含量，在三角形坐标图上判断故障类型，如图 23-5 所示。

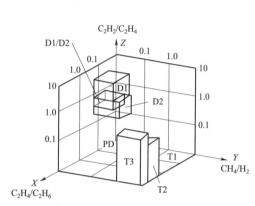

图 23-4　立体图示法

PD—局部放电；D1—低能量放电；D2—高能量放电；

T1—热故障，$t<300℃$；T2—热故障，$300℃<t<700℃$；

T3—热故障，$t>700℃$

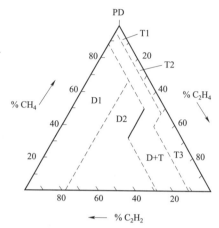

图 23-5　大卫三角形图示法

PD—局部放电；D1—低能量放电；D2—高能量放电；

T1—热故障，$t<300℃$；T2—热故障，$300℃<t<700℃$；

T3—热故障，$t>700℃$

图 23-5 中，C_2H_2、C_2H_4、CH_4 所占比例如下式：

$$\%C_2H_2 = 100X/(X+Y+Z) \tag{23-6}$$

$$\%C_2H_4 = 100Y/(X+Y+Z) \tag{23-7}$$

$$\%CH_4 = 100Z/(X+Y+Z) \tag{23-8}$$

式中　X——C_2H_2 含量，$\mu L/L$；

Y——C_2H_4 含量，$\mu L/L$；

Z——CH_4 含量，$\mu L/L$。

图 23-5 中区域范围见表 23-21。

表 23-21　　　　　　　　　　　　区域范围与故障类型

故障类型	区域范围			
PD	98%CH_4			
D1	>23%C_2H_4	13%C_2H_2>		
D2	23%C_2H_4>	13%C_2H_2>	>38%C_2H_4	>29%C_2H_2
T1	>4%C_2H_2	>10%C_2H_4		
T2	4%C_2H_2>	>10%C_2H_4	>50%C_2H_4	
T3	>15%C_2H_2	50%C_2H_4>		

6. 热点温度估算

根据日本的月岗、大江等人的研究结果，根据 C_2H_4/C_2H_6 和 CO_2/CO 的比值，利用经验公式估算出过热故障的热点温度。在色谱分析和故障判断工作中可以参考，大致判断故障的严重程度。

当怀疑是裸金属过热时，用下式计算热点温度（℃），即

$$T = 322 \times \lg(C_2H_4/C_2H_6) + 525 \tag{23-9}$$

当故障涉及固体绝缘时，用下列公式计算热点温度（℃），即

$$T = -241 \times \lg(CO_2/CO) + 373 （300℃以下时） \tag{23-10}$$

$$T = -1196 \times \lg(CO_2/CO) + 660 （300℃以上时） \tag{23-11}$$

7. 故障回路的总烃伏安判断法

由于变压器在磁路发生故障时，总烃的变化量与电压的平方成正比；而当电路发生故障时，总烃的变化量与电流平方成正比，所以可以根据总烃含量与变压器在一段时间内的平均电压和电流的变化关系，判断故障是发生在磁路还是电路。

按运行记录的电压、电流数据，计算出每天的变压器电源电压和电流的平均值，再以时间为横坐标绘制伏安曲线，然后将总烃绘于曲线中，对各曲线进行比较。当总烃随电压增高而剧增为磁路故障，随电流剧增时则为导电回路故障。

判断时应特别注意电压与电流变化趋势不同之后的总烃变化，这是判断的关键点。

第八节　变压器故障综合分析及处理措施

变压器油中溶解气体分析对运行设备内部早期故障的诊断是很灵敏的，在绝缘监督和设备维修工作中发挥了巨大作用。但这种方法对故障的准确部位无法确定，对涉及具有相同气体特征的不同故障类型（如局部放电与进水受潮）的故障容易误判。因此，在判断故障时，须结合电气试验，油质分析以及设备运行、检修等情况进行综合分析，这样才能对故障的部位、原因，绝缘或部件的损坏程度等做出较准确的判断，从而制定出适当的处理措施。

一、基本电气试验项目

（一）绕组直流电阻检测

绕组直流电阻是考查变压器绕组纵绝缘和电流回路连接状况的试验，能够反映绕组匝间短路、绕组断股、分接开关接触状态以及导线电阻的差异和接头接触不良等缺陷故障，能够判断各项绕组直流电阻是否平衡、调压开关挡位是否正确等。

（二）绝缘电阻检测

绝缘电阻是表征变压器高压对低压和地、低压对高压和地、高压和低压对地等绝缘在直流电压作用下的特性。试验时，测量 60s 的绝缘电阻 R_{60}，同时测量 15s 的绝缘电阻 R_{15} 和 600s 的绝缘电阻 R_{600}，并计算吸收比值 R_{60}/R_{15} 和极化指数 PI（R_{600}/R_{60}），这些都有助于判断变压器绝缘是否受潮。

（三）绝缘介质损耗检测

绝缘介质在交流作用下会在绝缘介质内部产生损耗，其中包括介质极化损耗、介质沿面放电损耗和介质内部局部放电损耗等，可以用来判断绝缘是否良好、绝缘介质工艺和绝缘是否受潮等。

（四）局部放电检测

局部放电检测方法包括电气法和超声波法，用于检测变压器内部存在的放电缺陷，超声波法有助于确定放电部位。

二、变压器故障的综合分析及处理措施

（1）电气试验。对过热性故障，为了查明故障部位在导电回路还是在磁路上，需要作线圈直流电阻、铁芯接地电流、铁芯对地绝缘电阻试验，甚至空载试验（有时还需作单相空载试验）、负载试验等；对于放电性故障，为了查明放电部位和放电强度，需作局部放电试验、超声波探测局部放电、检查潜油泵以及有载调压油箱等；当认为变压器可能存在匝、层间短路故障时，还应进行变压比和低压励磁电流测量等试验。

（2）绝缘油试验。当怀疑故障可能涉及固体绝缘或绝缘过热发生热老化时，可进行油中糠醛含量测定；当发现油中氢组分单一增高，怀疑到设备进水受潮时，应测定油中的水分；当油总烃含量很高时，应检测油的闪点，看其是否有下降的迹象。

（3）设备运行情况检查。在故障分析和跟踪过程中，应仔细观察设备负荷、油温的变化，油面与油温的关系；检查本体及辅助设备的响声及其振动等的变化；检测变压器外壳有无局部发热等。当气体继电器或其他保护装置发生动作时，应查看设备的防爆膜是否破裂，是否有喷油、漏油、油箱变形、异常振动和放电迹象，辅助设备有无异常等；必要时应进行气体继电器和保护装置动作试验，确认动作特性。

（4）处理措施。当已经准确地判明故障的存在及其性质、部位、发展趋势等情况时，应研究制定对设备采取的处理措施，如立即退出运行、近期安排停电检查、带电脱气、限制负荷、缩短试验周期等；在确保设备安全运行的前提下，合理安排检修计划，避免无计划停电。

表 23-22 中列出了变压器油溶解气体分析与其他试验项目的关系，通过其他试验，可以对油中气体分析判断结果中的过热故障或放电性故障进行验证。表 23-23 中给出了变压器基本检测项目及其可能发现的故障类型，在故障分析时根据实际情况选择相应的试验项目。

表 23-22　　　　　　变压器油溶解气体分析与其他试验项目的关系

序号	变压器的试验项目	油中气体分析判断结果	
		过热故障	放电性故障
1	绕组直流电阻	√	√
2	铁芯绝缘电阻和接地电流	√	√
3	空载损耗和空载电流测量或长时间空载	√	√
4	改变负载（或用短路法）试验	√	
5	油泵及水冷却器检查试验	√	√
6	有载分接开关油箱渗漏检查		√
7	绝缘特性（绝缘电阻、吸收比、极化指数、$\tan\delta$ 和泄漏电流）		√
8	绝缘油的击穿电压、$\tan\delta$、含水量		√
9	局部放电（可在变压器停运或运行中测量）		√
10	绝缘油中糠醛含量	√	
11	工频耐压		√
12	油箱表面温度分布和套管端部接头温度	√	

表 23-23　　　　　　　　　　变压器基本检测项目及其可能发现的故障类型

序号	检测项目	可能发现的故障类型				
		整体故障	由电极间桥路构成的贯穿性故障	局部故障	磨损与污闪故障	电气强度降低
1	油色谱分析	受潮、过热、老化故障	高温、火花放电	较严重局部放电	沿面放电	放电故障
2	直流电阻	线径、材质不一	分接开关不良	接头焊接不良	分接开关触头不良	不能发现
3	绝缘电阻及泄漏电流	受潮等贯穿性缺陷	随试验电压升高而电流的变化能发现	不能发现	能发现	配合其他试验判断
	吸收比	发现受潮程度灵敏	灵敏度不高	灵敏度不高	灵敏度不高	不能发现
4	极化指数	发现受潮程度灵敏	能发现	灵敏度不高	灵敏度不高	不能发现
5	$\tan\delta$	能发现受潮及离子性缺陷	大体积试品不灵敏	大体积试品不灵敏	能发现	配合其他试验判断
6	局部放电	能发现游离变化	不能发现	能发现电晕或火花放电	能发现沿面放电	能发现
7	油耐压	能发现	不能发现	不能发现	能发现	能发现
8	耐压试验	能发现	有一定有效性	有效性不高	有效性不高	能发现

三、油浸式电气设备典型故障

《变压器油中溶解气体分析和判断导则》（DL/T 722—2014）附录中给出了油浸式电气设备的典型故障示例，在应用时可以作为故障判断的参考，见表 23-24～表 23-27。

表 23-24　　　　　　　　　　　　　　电力变压器的典型故障

故障类型	故障原因
局部放电	（1）油浸渍不完全、纸湿度高。 （2）油中溶解气体过饱和或气泡。 （3）油流静电导致的放电
低能量放电	（1）不同电压间连接不良或电压悬浮造成的火花放电。如磁屏蔽（静电屏蔽）连接不良、绕组中相邻的线饼间或匝间以及连线开焊处或铁芯的闭合回路中放电。 （2）木质绝缘块、绝缘构件胶合处以及绕组垫块的沿面放电，绝缘纸（板）表面爬电。 （3）环绕主磁通或漏磁通的两个临近导体之间的放电。 （4）穿缆套管中穿缆和导管之间的放电。 （5）选择开关极性开关的切断容性电流
高能量放电	局部高能量的或有电流通过的闪络、沿面放电或电弧，如绕组对地、绕组之间、引线对箱体、分接头之间的放电。
过热 $t<300℃$	（1）变压器在短期急救负载状态下运行。 （2）绕组中油流被阻塞。 （3）铁轭夹件中的漏磁通量

续表

故障类型	故障原因
过热 300℃＜t＜700℃	（1）连接不良导致的过热，如螺栓连接处（特别是低压铜排）、选择开关内动静触头接触面以及引线与套管的连接不良导致的过热。 （2）环流导致的过热。如铁轭夹件和螺栓之间、夹件和硅钢片之间、铁芯多点接地、穿缆套管中穿缆和导管之间形成的环流导致的过热以及磁屏蔽的不良焊接或不良接地导致的过热。 （3）绕组中多股并绕的相邻导线之间的绝缘磨损导致的过热
过热 t＞700℃	（1）油箱和铁芯上的大的环流。 （2）硅钢片之间短路

表 23-25　　　　　　　　　　　电力变压器内部故障统计

故障部位	故障现象	故障原因
铁芯和夹件	铁芯局部短路过热 （有的兼有多点接地）	（1）紧固螺栓使铁芯局部短路。 （2）穿芯螺栓绝缘破裂或炭化引起铁芯局部短路。 （3）焊渣或其他金属异物使铁芯局部短路。 （4）夹件碰铁芯使铁芯局部短路。 （5）穿芯螺母座套过长，造成铁芯局部短路。 （6）接地片过长，紧贴铁芯引起局部短路。 （7）上、下铁轭拉杆端头锁定螺母松动，在强磁场下造成过热
铁芯	多点接地引起铁芯环流而过热	（1）穿芯螺栓绝缘破坏引起多点接地。 （2）硅钢片边角翘起碰夹件。 （3）夹件碰铁芯。 （4）测温屏蔽线碰轭铁。 （5）上铁轭太长碰油箱壁或加强筋。 （6）压板位移碰铁芯。 （7）安装时定位销未翻转或切割掉（或拆除）。 （8）方铁与铁芯之间因绝缘破坏而相碰。 （9）金属异物、大量焊渣或硅胶粒引起多点接地。 （10）下夹件铁芯托板与铁芯之间的槽形绝缘板破裂或位移。 （11）下部绕组托板太长碰铁芯
	铁芯局部过热	（1）磁饱和使铁芯过热。 （2）铁芯接缝不良而过热。 （3）铁芯冷却油道堵塞
夹件	短路环流过热	压钉与压板之间绝缘破裂或位移使金属开口压环闭合而形成短路环
引线	引线局部接触不良引起过热	（1）低压引线焊接不良。 （2）低压引线与出线套管之间的接头螺母松动。 （3）分接抽头铜铝过渡接头焊接不良。 （4）高压套管螺母松动。 （5）将军帽紧固螺钉不到位，造成接触不良
	引线接头烧熔发生电弧	接头焊接不良，引线夹板相碰
高压引线	引线对油箱或夹件放电	（1）引线太长，弯曲部分离油箱或夹件太近。 （2）引线应力锥处绝缘进水受潮。 （3）操作过电压作用
	火花放电	（1）引线搭在套管均压球上。 （2）套管均压球脱落。 （3）套管穿缆导管电压悬浮
低压引线	引线间或引线对其他电压体电弧放电	（1）两相引线距离太近或相碰。 （2）引线接头松动，以致烧断

续表

故障部位	故障现象	故障原因
高压匝、层间	匝、层间电弧放电，饼间连线烧断	(1) 接地不良，雷击过电压作用。 (2) 绝缘严重受潮。 (3) 绝缘裕度不够（如薄绝缘）。 (4) 接头焊接不良，熔断。 (5) 变压器出口短路事故
低压匝、层间	匝、层间短路放电，低压相间短路放电	(1) 匝间绝缘裕度不够或绝缘老化。 (2) 雷击过电压的作用。 (3) 接头焊接不良。 (4) 出口短路冲击
分接开关	接触不良引起局部过热	分接开关弹簧压力不够或触头之间表面接触不良。
	飞弧或火花放电	(1) 动触头未落位。 (2) 分接开关操作杆电压未固定
高压绕组垫块与围屏	树枝状放电	高场强集中和长垫块有尖角引起电场畸变
绝缘结构件	固体绝缘过热	(1) 双饼式绕组带附加绝缘的变压器附加绝缘膨胀，油道堵塞。 (2) 相间围屏破裂、烧伤。 (3) 绕组局部过热。 (4) 引线绝缘劣化

表 23-26 　　　　　　　　 互 感 器 的 典 型 故 障

故障类型	故障原因
局部放电	(1) 纸受潮、不完全浸渍，油的过饱和或污染，纸有皱褶造成的充气空腔中的放电。 (2) 附近变电站开关操作导致局部放电（电流互感器）。 (3) 电容器元件边缘上的过电压引起的局部放电（电容型电压互感器）
低能量放电	(1) 电容末屏连接不良引起的火花放电。 (2) 连接松动或悬浮电压引起的火花放电。 (3) 纸沿面放电。 (4) 静电屏蔽连接不良导致的电弧
高能量放电	(1) 电容屏局部击穿短路。局部高电流密度可使铝箔局部熔化。 (2) 电容屏贯穿性击穿具有很大的破坏性，会造成设备损坏或爆炸，而在事故之后进行油中溶解气体分析一般是不可能的
过热	(1) X-蜡的污染、受潮或错误地选择绝缘材料，都可引起纸的介损过高，从而导致纸绝缘中产生环流，并造成绝缘过热和热崩溃。 (2) 连接点接触不良或焊接不良。 (3) 铁磁谐振造成电磁互感器过热。 (4) 在硅钢片边缘上的环流

表 23-27 　　　　　　　　 套 管 的 典 型 故 障

故障类型	举 例
局部放电	(1) 纸受潮、不完全浸滞。 (2) 油的过饱和或纸污染。 (3) 纸有皱褶造成的充气空腔中的放电
低能量放电	(1) 电容末屏连接不良引起的火花放电。 (2) 静电屏蔽连接不良引起的电弧。 (3) 纸沿面放电

续表

故障类型	举 例
高能量放电	（1）电容屏局部击穿短路。局部高电流密度可使铝箔局部熔化，但不会导致套管爆炸。 （2）电容屏贯穿性击穿具有很大的破坏性，会造成设备损坏或爆炸，而在事故之后进行油中溶解气体分析一般是不可能的
过热 300℃＜t＜700℃	（1）由于污染或不合理地选择绝缘材料引起的高介损，从而造成纸绝缘中的环流，并造成热崩溃。 （2）引线接触不良引起的过热

四、油浸式电气设备变压器油中溶解气体含量故障诊断实例

表 23-28 中列出了在技术监督工作中遇到的实际色谱分析案例，在工作中可以作为参考。

表 23-28 实 际 色 谱 分 析 案 例

设备	油中溶解气体含量，μL/L							三比值编码组合	判断结论	故障情况及处理措施
	H_2	CO	CO_2	CH_4	C_2H_6	C_2H_4	C_2H_2			
500kV 变压器（隔膜式）	61	554	1259	257	58	247	0.7	022	高于700℃热故障	铁芯接地，铜片过热变色，铁轭通过夹件形成短路换流
110kV 变压器（隔膜式）	215	1569	4250	895	156	698	95	022	高温过热，温度超过1000℃，涉及固体绝缘	铁芯接地，形成涡流，局部温度很高
220kV 变压器（隔膜式）	121	256	670	19	8	23	49	101	高能量放电	油流带电产生局部放电。换油，降低油循环流速
220kV 变压器（隔膜式）	71	550	1465	51	10	8	0.6	2个月前数据		引线铜棒布置较密，电动力增加，引起振动和相互摩擦，致使纸绝缘变薄，导致绕组引线短路
	85	685	4510	121	13	65	79	122	高能量放电兼过热	
220kV 变压器（隔膜式）	45	260	1750	16	9	17	53	201	局部放电（低能量放电）	A 相套管均压球严重松动，变压器振动时，在均压球与套管导杆之间发生悬浮电压放电
550kV 变压器（隔膜式）	121	496	1651	59	16	109	17	5天前数据	涉及固体绝缘的高能量放电	高、低压绕组间的围屏爬电绝缘烧伤故障。围屏上有烧伤、穿孔和明显树枝状放电痕迹
	220	965	1875	165	33	205	29	102		
220kV 变压器（隔膜式）	25	489	356	23	1.2	29	86	100	高能量放电	变压器220kV 侧合闸时造成低压绕组匝间绝缘击穿，低压绕组1-b相油道内侧匝间部分线饼绝缘烧损漏铜
220kV 变压器（隔膜式）	56	332	561	28	6.4	18	30	15日前数据	高能量放电	有载分接开关选择开关触头松动，造成动、静触头间放电
	90	418	883	35	9.5	31.6	32	100		
220kV 变压器（隔膜式）	61	360	1060	12.5	6.2	8.6	12.7	101	高能量放电	测量局部放电，A 相为4500pC。检查发现变压器绝缘、绕组中有大量铁锈，其来源是油风冷却器中腐蚀产物
220kV 变压器（隔膜式）	65	855	4670	85	32	198	0	20天前数据	高温过热，裸金属过热	高压侧 B 相引线与均压环接触不良，发热并烧断多股，断股处有烧伤痕迹
	70	789	4598	159	60	315	0.2	022		

续表

设备	油中溶解气体含量，μL/L							三比值编码组合	判断结论	故障情况及处理措施
	H_2	CO	CO_2	CH_4	C_2H_6	C_2H_4	C_2H_2			
110kV 变压器（隔膜式）	25	78	265	10	3.9	40	0	30 天前数据	高温过热，涉及固体绝缘	35kV 侧 C 相套管接线片与套管桩头之间连接不紧，发热；调压开关桩头松动，周围绝缘材料局部过热
	27	275	698	62	13.5	105	0	022		
220kV 变压器（隔膜式）	32	900	3808	137.51	89.69	63.18	0.5	30 天前数据 022	高温绝缘局部过热	C 相低压绕组下部线饼变形，油道严重堵塞，油循环不畅，固体绝缘散热不良，造成绝缘局部高温过热
	47	1245	5085	221	99	140	0.2	022		
220kV 变压器（隔膜式）	128	317	406	233	75	206	0	021	中温过热，裸金属过热	潜油泵烧损
220kV 变压器（隔膜式）	41	190	728	58	14	62	16.7	122	高能量放电兼过热	潜油泵故障
220kV 变压器（隔膜式）	23	23	156	4.5	9.6	2.1	1.8	30 天前数据	氢超标，增长速率大	油进水受潮，击穿电压降低。套管法兰底部锈蚀严重，有进水痕迹。
	195	35	165	4.6	9.1	1.9	1.9	111		
220kV 变压器（隔膜式）	35	165	1263	10	13	101	1.7	分接开关箱	高温过热，温度超过 1000℃	35kV 分接开关中相运行档接触不良，严重过热，动、静触头间几乎烧断。
	295	986	4450	255	95	785	46	变压器本体 022		
66kV 变压器（隔膜式）	25	105	395	6	1.5	9.5	0	5 天前数据	高温过热，不涉及固体绝缘	变压器带油补焊，补焊点温度过高，使附近的油高温分解
	75	110	415	89	39	201	9	022		
220kV 变压器（隔膜式）	115	1350	11070	25	10	23	1.3	本体油 000	每升热裂解气所需能量的理论值均小于 2.0kW/L，瓦斯气与油中气体处于平衡状态	潜油泵入口滤网堵塞，入口形成负压吸入空气，使气体继电器进气量大而不断动作
	65	12586	13765	66	4.5	11	0.2	瓦斯气		
220kV 变压器（隔膜式）	170	1350	2675	290	75	450	160	本体油 122	每升热裂解气所需能量的理论值均小于 2.0kW/L，故障突然发生。高能量放电兼过热	分接开关飞弧，损伤严重
220kV 变压器（隔膜式）	650	459	1265	56	4.5	10.6	0.2	011	油微水含量正常。轻微局部放电	高压套管下部引线绝缘松动脱落，使电场发生严重畸变，促使油分解产生氢
220kV 变压器（隔膜式）	350	750	3650	106	12.5	5.6	0	000	油微水 35mg/L，介损增大。油受潮	换油处理
66kV 变压器（隔膜式）	1635	39	365	86	27	0.3	0	000	油微水 37mg/L，介损增大。油受潮	换油处理
500kV 电抗器	25	19	305	4.5	1.5	3.0	10.6	201	低能量放电	芯型屏蔽上存在放电点。认为是导电性涂料滴在绝缘纸板边缘的非导电性涂层上，在高电场作用下形成悬浮性放电
500kV 变压器套管	35	216	433	7.5	3.5	9.0	21.5	101	高能量放电	套管末屏和末屏保护帽内有大量积碳。末屏接地不良，对地击穿放电
110kV 电流互感器	355	175	359	45	2.5	1.6	0	000	油微水含量正常。非故障产气	全密封式不锈钢金属膨胀器产生的氢气。真空脱气处理

第九节　电力变压器故障诊断案例分析

一、案例一

某 240MVA、220kV 主变压器在周期性色谱分析中发现色谱分析结果异常，且较前次分析结果增长幅度很大，判断变压器存在故障。色谱分析结果见表 23-29。

表 23-29　　　　　　　　　　色 谱 分 析 结 果

序号	分析日期	分析结果							
		H_2	CO	CO_2	CH_4	C_2H_6	C_2H_4	C_2H_2	总烃
1	2005 年 8 月 15 日	2	25.5	85.6	2.2	0	0.2	0	2.4
2	2006 年 2 月 20 日	2	45.6	120.5	3.2	0.3	0.3	0	3.8
3	2006 年 8 月 25 日	6.5	216.5	365.6	4.5	0.6	0.7	0	5.8
4	2007 年 3 月 31 日	8.6	213.5	456.9	4.6	0.7	0.7	0	6.0
5	2007 年 8 月 30 日	126.5	287.6	965.7	205	64.5	225.5	2.0	497
6	2007 年 9 月 1 日	129.6	295.8	1032.5	245	63.5	227.8	2.1	538.4
7	2007 年 9 月 2 日	130.1	300.5	1045.6	265	65.8	231.5	2.3	564.6

（一）变压器油运行情况调查

该变压器于 2004 年 5 月出厂，2005 年 7 月安装调试后，于 7 月 10 日投入运行。设备投入运行后 1 个月内的色谱分析由送变电公司负责，8 月 15 日对变压器进行了首次色谱分析，未发现异常。

变压器油保护方式为隔膜密封。气体继电器未出现报警信号，变压器油温度在 55~65℃之间，未出现油温过高情况。

（二）电气和油质试验

1. 电气试验

解开铁芯接地点，测量铁芯对地绝缘为 1000MΩ；变压器空载时，铁芯接地点流过的电流为 0.1A，可排除铁芯故障。作直流电阻试验，高压侧直流电阻不平衡系数为 5.7%，超过标准要求，认为高压绕组可能存在异常。

2. 油质化验

油质化验合格，油介质损耗因数、体积电阻率、水分和闪点与 2006 年 2 月份的试验结果相比较没有明显变化。

（三）油中气体含量分析结果判断

1. 有无故障判定

根据色谱分析结果，烃类气体含量很大，而且是设备运行 2 年后开始出现的，因此判断设备存在故障。

2. 故障类型和状况诊断

（1）按改良三比值法，其编码组合为 022，属于高温过热，热点温度高于 700℃。

（2）CO、CO_2 含量增长不大，过热点有可能不涉及固体绝缘。根据裸金属过热时的热点温度估算经验公式，则

$$T = 322 \times \lg(C_2H_4/C_2H_6) + 525℃ \tag{23-12}$$

计算热点温度为 701℃，与三比值法相符。

（3）油中开始出现 C_2H_2，故障点温度高于 800℃。

3. 诊断结论

该变压器内部存在高于 800℃ 的严重局部过热故障，而且故障发展趋势较快，因此建议立即停运检修。

4. 检查和修理

进入变压器内部进行检查，发现在变压器低压侧 B 相引线在高压套管尾端的均压环处已经烧伤，并有多股断裂。

将引线包扎好后，三相直流电阻的不平衡系数为 0.2%，合格。修复后注入新油，经热油循环后，色谱分析结果正常。投入运行后的第一天、第四天和一个月，色谱分析结果正常，并将其作为今后变压器色谱分析判断的基础数据。目前，设备运行状况良好，色谱分析结果正常。

二、案例二

某电厂主变压器总烃含量超标的分析及处理。

某电厂 6 号主变压器型号为 SFP10-370000/220，三相一体，强迫油循环风冷，于 2004 年 12 月投运。2013 年 7 月 1 日，6 号主变压器在正常取油样进行油色谱分析时发现总烃含量高达 296.3μL/L，已经超过 150μL/L 的注意值。之后改为每天一次油样进行跟踪分析，直至 7 月 29 日，总烃含量稳定在 400μL/L 左右，7 月 29 日最高达 464μL/L，发现总烃超标前后的变压器油中溶解气体含量测试记录及三比值计算见表 23-30。

表 23-30　　　　　　6 号主变压器油中溶解气体含量测试结果及三比值计算　　　　　　μL/L

试验日期	H_2	CH_4	C_2H_6	C_2H_4	C_2H_2	总烃	CO	CO_2	"三比值"故障判断
2013 年 6 月 4 日	20	49.58	14.06	41.25	0	104.89	69	604	
2013 年 7 月 1 日	74	145.99	35.71	114	0.56	296.3	186	1489	022 高温过热
2013 年 7 月 3 日	60	131.8	46.5	136.8	0	315.1	179	1805	021 中温过热
2013 年 7 月 5 日	57	130.2	45.4	124.7	1.1	301.4	156	1668	021 中温过热
2013 年 7 月 7 日	68	153	39.2	125.6	0.4	318.2	174	1542	022 高温过热
2013 年 7 月 9 日	68	176.3	52.1	161.1	0	389.6	211	1994	022 高温过热
2013 年 7 月 11 日	69	183.8	61.4	183.9	0.9	430	211	2282	021 中温过热
2013 年 7 月 12 日	79	154.6	54	143.8	1.6	354.8	199	1868	021 中温过热
2013 年 7 月 17 日	72	188.8	59.7	185.5	0.5	434.5	207	2103	022 高温过热
2013 年 7 月 18 日	53	166.45	60.5	168.3	1.3	396.5	172	1860	021 中温过热
2013 年 7 月 19 日	73	167.2	51	159.6	0.7	378.6	185	1825	022 高温过热
2013 年 7 月 20 日	95	178	51	163.8	0.1	393.1	198	1908	022 高温过热

续表

试验日期	H_2	CH_4	C_2H_6	C_2H_4	C_2H_2	总烃	CO	CO_2	"三比值"故障判断
2013年7月21日	85	186	49.6	162.9	0	398.5	208	1861	022 高温过热
2013年7月22日	77	169.4	40	133.5	0	342.9	194	1576	022 高温过热
2013年7月23日	65	166.8	43	147	0	358.1	180	1678	022 高温过热
2013年7月24日	65	173.6	49.7	161.4	0.8	385.6	180	1889	022 高温过热
2013年7月25日	63	182.3	53.6	172.7	0	408.5	174	1821	022 高温过热
2013年7月26日	65	190.2	55.8	178.3	0.2	424.5	188	1881	022 高温过热
2013年7月27日	87	190.7	55.6	176.1	0.1	422.5	215	1847	022 高温过热
2013年7月29日	58	199.2	66.7	197.8	0.6	464	185	1845	021 中温过热

特征气体变化趋势如图 23-6 所示。

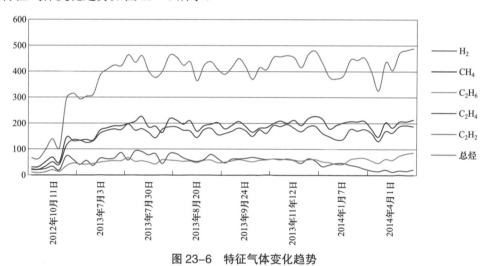

图 23-6 特征气体变化趋势

（一）故障种类判断

按表 23-30 数据计算不同时间段的总烃产气速率，2013 年 7 月 1 日—2013 年 6 月 4 日，总烃的绝对产气速率为 338.5mL/d；2013 年 7 月 17 日—2013 年 6 月 4 日，总烃的绝对产气速率为 358mL/d；2013 年 7 月 29 日—2013 年 6 月 4 日，总烃的绝对产气速率为 306mL/d，均远大于《变压器油中溶解气体分析和判断导则》（DL/T 722—2014）规定的 12mL/d 的注意值。

2013 年 7 月 1 日—2013 年 6 月 4 日，总烃的相对产气速率为 202%，已超出《变压器油中溶解气体分析和判断导则》（DL/T 722—2014）规定的注意值 10%。

结合总烃的绝对数大于 150μL/L 的注意值，可以初步判定变压器内有故障。同时特征气体甲烷和乙烯均大幅度增长，甲烷含量占总烃的比例最大，为 41.8%～49.4%；乙烯气体含量占比次之，占总烃的比为 38.4%～43.4%；乙炔含量时有时无且在允许值范围内；一氧化碳和二氧化碳含量有所增长但基本稳定，可以排除放电性故障，初步判断为过热性故障。

用三比值法对故障性质进行判断，2013 年 7 月 1 日—2013 年 7 月 29 日三比值编码在"021"和"022"间变化，具体数值见表 23-30，可判断变压器内部存在过热故障。

（二）故障点温度估算

采用日本月岗淑郎等人推荐的经验公式，则

$$T = 322 \times \lg(C_2H_4/C_2H_6) + 525℃ \qquad (23-13)$$

经计算故障点温度约为680℃。

（三）故障部位的初步判断

1. 总烃含量随负荷的变化的分析

总烃且随负荷的变化情况如图23-7所示，负荷上升时总烃含量上升，负荷下降时总烃含量下降。机组带大负荷期间保持3组散热器运行，绕组温度最高81.2℃；投入4组散热器运行后，绕组温度最高71.7℃；当绕组温度超70℃后总烃含量明显增加，初步判断总烃含量的增加随油温的上升而增大。

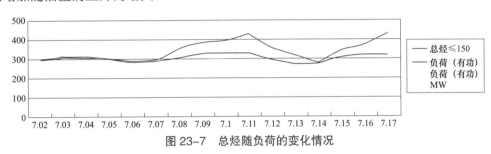

图23-7 总烃随负荷的变化情况

2. 总烃含量随散热器数量投入及潜油泵情况的分析

在4组散热器、潜油泵切换运行的情况下，连续跟踪，油中总烃含量没有明显变化；对运行中的4台潜油泵电动机进行检查，测量三相电流平衡且声音正常，可排除因散热器、潜油泵电动机定子绕组缺陷造成的烃类气体增长。

3. 铁芯多点接地分析

用钳形电流表测量主变压器铁芯接地电流为21mA，属于正常范围；停电检修期间测量铁芯绝缘为10 000MΩ，说明变压器铁芯没有多点接地。同时，C_2H_4含量低于CH_4，说明不存在铁芯多点接地。

4. 导电回路接触不良的排查

对近几年变压器高、低压绕组直流电阻试验数据进行分析，直流电阻在规程规定的范围内，可排除分接开关和引线接触不良。在红外成像检测时未发现变压器箱体和套管接头等的过热现象，可排除过热故障发生在电回路。

5. 二比值法和四比值法分析

（1）二比值分析法。

1）比值一：$R_1 = C_2H_2/C_2H_4$，判断故障种类，可区分放电故障和过热故障，$R_1 < 0.1$，过热；$0.1 \leq R_1 < 3$电弧放电；$R_1 \geq 3$火花放电。

2）比值二：$R_2 = C_2H_4/C_2H_6$，判断故障点的过热程度，$R_2 < 1$，低温过热；$1 \leq R_2 < 3$，中温过热；$R_2 \geq 3$，高温过热。

（2）四比值分析法。即利用5种特征气体的四对比值来判断故障，通常$CH_4/H_2 = 1 \sim 3$时为磁回路过热性故障，$CH_4/H_2 \geq 3$时为电回路过热性故障，如全部满足判据条件，可判定为铁芯多点接地，二比值法和四比值法的计算结果如表23-31所示。

表 23-31　　　　　6 号主变压器油色谱"二比值"和"四比值"计算结果

时间	CH_4/H_2	C_2H_6/CH_4	C_2H_4/C_2H_6	C_2H_2/C_2H_4
	（1~3）	<1	≥3	<0.5
2013 年 7 月 2 日	1.97	0.24	3.20	0.005
2013 年 7 月 4 日	2.44	0.30	3.01	0
2013 年 7 月 5 日	2.28	0.35	2.75	0.009
2013 年 7 月 7 日	2.73	0.31	3.01	0.002
2013 年 7 月 6 日	2.17	0.29	3.08	0.004
2013 年 7 月 8 日	2.54	0.29	3.06	0
2013 年 7 月 9 日	2.59	0.29	3.09	0
2013 年 7 月 10 日	2.58	0.30	3.03	0.003
2013 年 7 月 11 日	2.66	0.33	2.99	0.004
故障种类和程度	磁路故障	—	中高温过热	过热故障

从表 23-31 数据综合分析，$R_1 < 0.1$，$R_2 \geq 3$，CH_4/H_2 在 1~3，可判断变压器磁回路存在中高温过热性故障，并可以排除铁芯多点接地。

（四）综合分析结论及处理结果

综合分析结论：结合"二比值法""三比值法"、绝对产气速率和相对产气速率、"四比值法"等分析方法，并通过测量变压器绕组直流电阻、铁芯接地电流和铁芯的绝缘电阻，排除了潜油泵和冷却器风扇外部因素的影响、也排除了导电回路接触不良及铁芯多点接地引起的发热故障，可以初步判定 6 号主变压器磁回路存在过热故障，应重点对铁轭夹件和螺栓之间，磁屏蔽上的不良焊点和夹件等部位进行检查。

2015 年 4 月 18 日，对 6 号主变压器进行了吊罩大修，检查发现主变压器低压侧上夹件磁屏蔽及托板螺栓有 6 处发热痕迹，如图 23-8 所示。过热原因分析为主变压器低压侧夹件磁屏蔽托板螺栓松动引起接触不良，磁场分布不均，造成夹件磁屏蔽及托板螺栓发热，引起变压器油总烃增长直至超标。

对夹件支板处漆膜用砂纸进行打磨处理，去除表面焦糊变色漆膜后，用环氧树脂板加工夹件磁屏蔽托板，代替原磁屏蔽不锈钢托板，共计更换主变压器高、低压侧上部夹件磁屏蔽托板 12 块。变压器按照厂家工艺要求进行滤油及热油循环，变压器经静置 48h 后，油色谱数据如表 23-32 所示。

表 23-32　　　　　6 号变压器大修后油中溶解气体含量测试结果　　　　　μL/L

试验日期	H_2	CH_4	C_2H_6	C_2H_4	C_2H_2	总烃	CO	CO_2
2015 年 5 月 8 日	7	2.6	1.6	2.7	0	7	0	198

在所有的预防性试验数据合格后，现场进行了 1.3 倍额定电压下的局部放电试验，投运 24h 后油色谱数据正常，变压器运行正常。

6 号主变压器低压侧上夹件磁屏蔽及托板螺栓如图 23-8 所示。

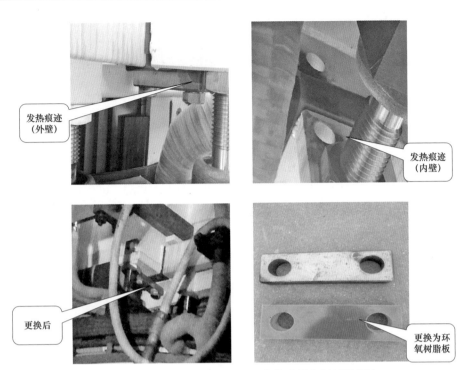

图 23-8　6 号主变压器低压侧上夹件磁屏蔽及托板螺栓

第二十四章　绝　缘　子　试　验

按照《电力设备预防性试验规程》（DL/T 596）要求，对绝缘子应进行下列试验：

（1）零值绝缘子检测（66kV 及以上）。

（2）绝缘电阻的测量。

（3）交流耐压试验。

（4）绝缘子表面污秽物的等值盐密测试。

另外，随着复合绝缘子的广泛使用，对复合绝缘子（喷涂了 RTV 的绝缘子）要求进行憎水性试验。

绝缘子按用途可以分为线路绝缘子和电站绝缘子或户内型绝缘子和外形绝缘子；按其形状又分为悬式绝缘子、针式绝缘子、支柱式绝缘子、棒型绝缘子、套管型绝缘子和拉线绝缘子等。除此之外，还有防尘绝缘子和绝缘横担。

一、零值绝缘子检测试验

绝缘子在搬运和施工过程中，可能会因碰撞而留下伤痕；在运行过程中，可能由于雷击事故，而使其破碎或损伤；由于机械负荷和高电压的长期联合作用而导致劣化，这都将使绝缘子的击穿电压不断下降，当下降至小于沿面干闪络电压时，就被称为低值绝缘子。低值绝缘子的极限，即内部击穿电压为零，就称为零值绝缘子。

每一个绝缘子相当于一个电容器，一个绝缘子串就相当于由许多电容器组成的链形回路。因为绝缘子的体积电阻和表面电阻较正常情况下的容抗大得多，所以一般将它看成串联的电容回路。虽然每个绝缘子的电容量相等，但组成绝缘子串后，每一片绝缘子分担的电压并不相同，这主要是由于每个绝缘子的金属部分与杆塔间与导线间均存在大杂散电容所造成的。图 24-1 所示为绝缘子电压分布图，其中越接近导线部分原件电压越高，越接近地间电压越低。

零值绝缘子的测量方法有多种，过去一直使用的是火花间隙检测装置。随着技术的发展，更多的新方法得到了应用，如光电式检测杆、自爬式检测仪、超声波检测仪、红外成像技术检测和紫外成像技术检测等。在这介绍一下火花间隙检测和红外成像技术检测两种测量方法。

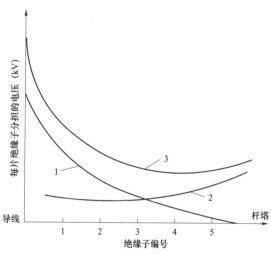

图 24-1　悬式绝缘子串的电压分布曲线

1—仅考虑对杆塔电容的作用；2—仅考虑对导线电容的作用；
3—考虑对杆塔和对导线电容的作用

（一）火花间隙检测

短路叉是检验零值绝缘子最简便的工具，其检测方法如图 24-2 所示。

检测杆端部安装一个金属丝做成的叉子，把短路叉的一端 2 和下面绝缘子的钢帽接触，当另一端 1 靠近被测绝缘子的钢帽时，1 和钢帽间的空气间隙会产生火花。被测绝缘子承受的分布电压越高，出现火花越早，且火花声音越大。根据叉子的端部与绝缘子的钢帽接触放电情况，可判断绝缘子承受电压的情况，零值绝缘子不承受电压则不存在火花。使用短路叉时应注意，当某一绝缘子串中的零值绝缘子片数达到表 24-1 中的数值时，应立即停止检测。对针式绝缘子及少于 3 片的悬式绝缘子串，不允许使用此方法。

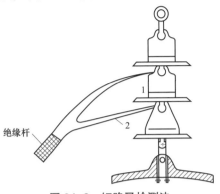

图 24-2　短路叉检测法

表 24-1　　　　　　　　　使用短路叉检测零值绝缘子的允许片数

电压等级（kV）	35	110	220
串中绝缘子片数（片）	3	7	13
串中零值片数（片）	1	3	5

（二）红外成像技术检测

不良绝缘子与良好绝缘子的表面温度存在差异，尽管这种差异很小，但应用红外热像仪可以将绝缘子表面的温度分布直观、形象的热像图显示出来。

将两片零值绝缘子与 11 片良好绝缘子组成一串盘形悬式绝缘子串，零值绝缘子分别为第 3 片和第 10 片（自下向上）。图 24-3 中无电压时第 3 片和第 10 片零值绝缘子与其他绝缘子温度一样。

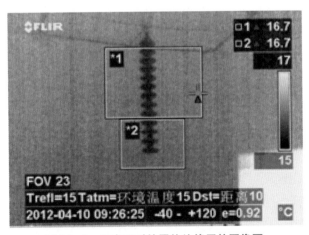

图 24-3　无电压时的零值绝缘子热图像图

如图 24-4 所示，在 220kV 额定电压下，第 3 片和第 10 片零值绝缘子均呈暗色调，表面温度与环境温度接近。其中最下部靠近导线的两片绝缘子温度升高是由于该处绝缘子承受的电压较高。

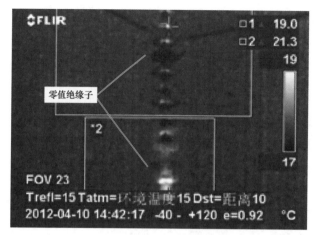

图 24-4　在 220 kV 额定电压下的零值绝缘子热图像

　　将一片低值绝缘子与 12 片良好绝缘子组成一串盘式绝缘子串，低值绝缘子位于第 3 片（自下向上）。如图 24-5 所示，在额定电压下，与正常绝缘子整体发热以及零值绝缘子伞裙发热现象不同，低值绝缘子伞裙边缘局部地区出现温度偏高，可能是由于伞裙表面局部绝缘电阻降低所致。

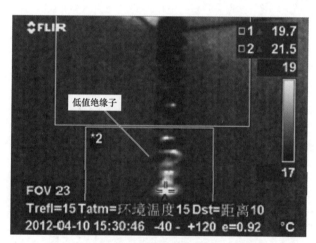

图 24-5　额定电压下的低值绝缘子热图像

二、绝缘电阻的测量试验

　　如果绝缘子的瓷质发生龟裂，且在该处有湿气和灰尘、脏污侵入后，其绝缘电阻将明显下降，此时用绝缘电阻表就可以明显检测出来。测量绝缘电阻采用 2500V 及以上的绝缘电阻表。对棒式支柱绝缘子不进行此项试验。

　　试验要求如下：

　　（1）针式支柱绝缘子的每一个元件和每片悬式绝缘子的绝缘电阻不应低于 300MΩ，500kV 悬式绝缘子不低于 500MΩ。

　　（2）半导体釉绝缘子的绝缘电阻自行规定。

　　（3）测量多元件支柱绝缘子每个元件的绝缘电阻时，应在分层胶合处绕铜线，然后接到绝缘电阻表上，以免因在不同位置测得的绝缘电阻数值相差太大而造成误判。

三、交流耐压试验

交流耐压试验是判断绝缘子缺陷最有效的方法。在预防性试验时，还可用交流耐压试验代替零值绝缘子检测和绝缘电阻测量或用于判断上述方法检出的绝缘子。而对于单元件支柱绝缘子，该试验是最有效而简便的方法。表 24-2 列出支柱绝缘子的交流耐压试验电压值。对于 35kV 针式支柱绝缘子，交流耐压试验电压值：两个胶合元件，每元件 50kV；三个胶合元件，每个元件 34kV。对盘式绝缘子，机械破坏负荷为 60～300kN，交流耐压试验电压值均为 60kV。

表 24-2   支柱绝缘子的交流耐压试验电压值

额定电压（kV）	最高工作电压（kV）	交流耐压试验电压值（kV）			
		纯瓷绝缘		固体有机绝缘	
		出厂	交接及大修	出厂	交接及大修
3	3.5	25	25	25	22
6	6.9	32	32	32	26
10	11.5	42	42	42	38
15	17.5	57	57	57	50
20	23.0	68	68	68	59
35	40.5	100	100	100	90
44	50.6		125		110
60	69.0	165	165	165	150
110	126	265	265（305）	265	240（280）
154	177.0		330		360
220	252.0	490	490	490	440
330	363.0	630	630		

注 括号中数值适用于小接地短路电流系统。

棒式绝缘子不进行此相试验；35kV 及以下的支柱绝缘子，可在母线安装完毕后一起进行，试验电压按上述规定。

四、绝缘子表面污秽物的等值盐密测量试验

等值盐密（ESDD）简称盐密，是指外绝缘单位表面积上的等值盐量，用以表征电气设备外绝缘污秽程度，单位为 mg/cm^2。它不是用于判断某一绝缘子是否需要更换，而是对将测量值作为调整耐污绝缘水平和监督绝缘安全运行的依据。当盐密值超过规定时，应根据情况采取调爬、清扫、涂刷 RTV 等措施。

（一）测试方法及试验步骤

1. 伞裙或绝缘子片数的选取

（1）支柱绝缘子。110～500kV 支柱绝缘子，带电绝缘子均应取上数第 2 片、中间 1 片、

下数第 2 片 3 个单元裙段；非带电绝缘子应取任意位置的 3 片单元裙段。分别擦洗每个单元裙段的表面污秽，然后分别测量每个单元裙段的污液电导率，并计算各单元裙段的盐密，最后取各单元裙段盐密值的均值作为整支绝缘子的盐密。

（2）盘形悬式绝缘子串。110～500kV 绝缘子串，带电绝缘子均应取上数第 2 片、中间 1 片、下数第 2 片 3 片绝缘子；非带电绝缘子应取任意位置的 3 片绝缘子。分别擦洗每片绝缘子的表面污秽，然后分别测量每片绝缘子的污液电导率，并计算各片绝缘子的盐密，最后取各片绝缘子盐密值的均值作为整串绝缘子的盐密。

2. 去离子水（蒸馏水）的用量

（1）方法一：对单片普通型悬式绝缘子，建议用水量按 300mL 取。当被测绝缘子（包括悬式绝缘子及支柱绝缘子的单元裙段）的表面积与普通型悬式绝缘子不同时，可根据面积大小按比例适当增减用水量，具体用水量见表 24-3。

表 24-3　　　　　　　　　绝缘子表面积与盐密测量用水量的关系

面积（cm²）	≤1500	>1500～2000	>2000～2500	>2500～3000
用水量（mL）	300	400	500	600

（2）方法二：按每平方厘米表面积用水 0.2mL 计算总用水量。

3. 刷洗绝缘子表面污秽

（1）打开密封袋，取出第 1 张专用盐密取样巾，擦拭绝缘子，直至绝缘子表面基本洁净。

（2）取出第 2 张专用盐密取样巾，擦拭绝缘子，直至绝缘子表面完全、洁净。

（3）将上述两张沾有绝缘子污秽的取样巾放入准备好的去离子水中，充分搅拌，使污秽充分溶解在去离子水中，得到污秽溶液。

注：如果因绝缘子积污过重或绝缘子表面积过大，两张一组的盐密取样巾难以擦净绝缘子时，可以适当增加取样巾的数量。例如，以 3 张取样巾为 1 组用于擦洗 1 片绝缘子。

（二）试验结果判断依据

（1）将上述得到的悬浮污秽溶液充分搅拌均匀后，测其电导率 σ_t 和溶液温度 t。

（2）将温度为 t 时的电导率 σ_t 换算至温度为 20℃的电导率值。温度换算系数 K_t 应根据表 24-4 插值得到，则

$$\sigma_{20} = K_t \cdot \sigma_t \qquad\qquad (24-1)$$

式中　σ_{20}——20℃时的电导率，μS/cm。

表 24-4　　　　　　　　　污秽绝缘子清洗液电导率温度换算系数表

T（℃）	K_t	T（℃）	K_t
1	1.651 1	7	1.392 6
2	1.604 6	8	1.354 4
3	1.559 6	9	1.317 4
4	1.515 8	10	1.281 7
5	1.473 4	11	1.248 7
6	1.432 3	12	1.216 7

T（℃）	K_t	T（℃）	K_t
13	1.185 9	22	0.955 9
14	1.156 1	23	0.935 0
15	1.127 4	24	0.914 9
16	1.099 7	25	0.895 4
17	1.073 2	26	0.876 8
18	1.047 7	27	0.858 8
19	1.023 3	28	0.841 6
20	1.000 0	29	0.825 2
21	0.977 6	30	0.809 5

注 本表换算系数根据《交流系统用高压绝缘子人工污秽试验》（IEC 507：1991）插值得出。

（3）由 20℃时的电导率 σ_{20} 根据表 24-5 插值得出盐量浓度 S_a。

表 24-5　　　　　　　　污秽绝缘子清洗液电导率与盐量浓度的关系

S_a（mg/100mL）	σ_{20}（μS/cm）	S_a（mg/100mL）	σ_{20}（μS/cm）
22 400	202 600	150	2601
16 000	167 300	100	1754
11 200	130 100	90	1584
8000	100 800	80	1413
5600	75 630	70	1241
4000	55 940	60	1068
2800	40 970	50	895
2000	29 860	40	721
1400	21 690	30	545
1000	15 910	20	368
700	11 520	10	188
500	8327	8	151
350	6000	6	114
250	4340	5	96
200	3439	4	77

（4）按下式计算盐密，则

$$S_{DD} = \frac{S_a \cdot V}{100 \cdot A} \qquad (24-2)$$

式中　S_{DD}——盐密，mg/cm^2；

　　　S_a——盐量浓度，mg/100mL；

　　　V——去离子水量，cm^3；

　　　A——清洗表面的面积，cm^2。

也可以按下式直接由 20℃时的电导率 σ_{20} 计算得到盐密，即

$$S_{DD} = \frac{(\sigma_{20}/24.56)^{1/K} \cdot V}{100 \cdot A} \qquad (24-3)$$

式中　　K——换算系数。

1）当 $\sigma_{20} \leqslant 800\mu S/cm$ 时，K 取 0.910。

2）当 $800\mu S/cm < \sigma_{20} \leqslant 3000\mu S/cm$ 时，K 取 0.925。

3）当 $3000\mu S/cm < \sigma_{20} \leqslant 20\,000\mu S/cm$ 时，K 取 0.938。

（5）污秽等级判断见表 24-6。

表 24-6　　　　　　　　　　污 秽 等 级 判 断

污秽等级	盐密 S_{DD}（mg/cm²）	
	线路	电厂、变电站
0	≤0.03	—
1	>0.03~0.06	≤0.06
2	>0.06~0.10	>0.06~0.10
3	>0.10~0.25	>0.10~0.25
4	>0.25~0.35	>0.25~0.35

五、复合绝缘子（喷涂 RTV 绝缘子）憎水性测试试验

对复合绝缘子的憎水性能的检测判断可以很好地掌握复合绝缘子的抗污闪能力，以便及时维护防止事故发生。

目前，适用于现场的憎水性测量方法主要是基于由瑞典输电研究所（STRI）提出的喷水分级法。该方法将复合绝缘子表面的憎水性分为 7 级并给出分级判据（见表 24-7）和标准图片（见图 24-6），HC-1 级和 HC-7 级分别对应憎水性最强和最差（即完全亲水）的状态。憎水性设备主要包括电动喷水装置、微型数码摄像装置和憎水性分析软件等，见图 24-7。电动喷水装置通过红外遥控控制，按照《标称电压高于 1000V 架空线路用绝缘子使用导则　第 3 部分：交流系统用棒形悬式复合绝缘子》（DL/T 1000.3）中对喷水分级法的规定，对绝缘子伞裙进行精确定量喷洒水雾，通过提取憎水性图片、种子率和频谱幅值等信息，计算水珠或水迹的形状，对复合绝缘子的憎水性能、状态进行客观判断，最终确定复合绝缘子憎水性的级别，见图 24-8。

表 24-7　　　　　　　　　　不同憎水性等级的图像特征描述

HC 值	绝缘子表面水滴的状态
1	仅形成分离的水珠，大部分水珠 $\theta_r \geqslant 80°$
2	仅形成分离的水珠，大部分水珠 $50° < \theta_r < 80°$
3	仅形成分离的水珠，水珠一般不再是圆的，大部分水珠 $20° < \theta_r \leqslant 50°$
4	同时存在分离的水珠和水膜（$\theta_r = 0°$），总的水膜覆盖面积 <被测面积的 90%，最大的水膜面积 <2cm²

续表

HC 值	绝缘子表面水滴的状态
5	总的水膜覆盖面积＜被测面积的 90%，最大的水膜面积>2cm²
6	总的水膜覆盖面积>被测面积的 90%，有少量的干燥区域（点或狭窄带）
7	全部试验面积上覆盖了连续的水膜

注 θ_r 为接触角。

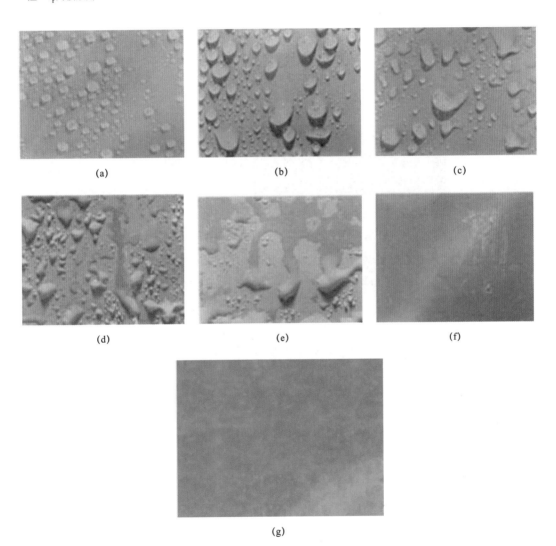

(a)　　　　　　　　　　(b)　　　　　　　　　　(c)

(d)　　　　　　　　　　(e)　　　　　　　　　　(f)

(g)

图 24-6　复合绝缘子憎水性分级标准

（a）HC-1；（b）HC-2；（c）HC-3；（d）HC-4；（e）HC-5；（f）HC-6；（g）HC-7

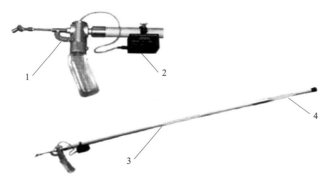

图 24-7　复合绝缘子憎水性试验主要设备

1—微型电动泵驱动喷水部分；2—无线控制信号接收和微型电泵控制部分；

3—空心绝缘操作杆；4—无线控制信号发射部分

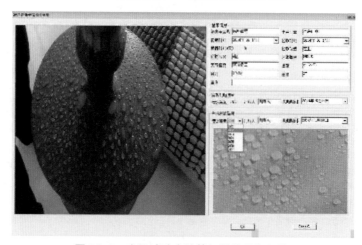

图 24-8　实际试验中计算机软件分析图片

第二十五章 接地装置试验

第一节 接地电阻测量试验

接地是指将地面上的金属物体或电气回路的某一节点通过导体与大地相连,从而使该物体或节点与大地经常保持等电位。由于大地并不是一个理想的导体,土壤具有一定的电阻率,当地面上的电流由接地点流入大地后,电流以电流场的形式向周围远处扩散,大地不再保持等电位,离接地点无穷远处的电位为零,所以接地点相对于远处的零电位而言将具有确定的电位升高。接地点的电位 U 与接地电流 I 的比值定义为接地电阻 R,即

$$R = U/I \tag{25-1}$$

从上式可知,在接地电流一定的条件下,接地电阻 R 越高,则接地点电位也越高,从而地面上的接地物体(如变压器等)也就具有了较高的电压,不利于电气设备的绝缘和人身安全。因此,必须力求降低接地电阻。

接地装置就是为了降低接地电阻而埋设于地下的一组人工或自然接地体,一般情况下要求接地装置有较小的接地电阻。敷设使用后应定期检查和测量接地电阻值的变化情况。

一、测试方法

(一)电压降法

流过被试接地装置 G 和电流极 C 的电流 I 使地面电压变化,电位极 P 从 G 的边缘开始向外移动,见图 25-1。电压线沿与电流线夹角通常在 45° 左右,可以更大,但一般不宜小于 30°,每间隔 d(50m、100m 或 200m)测试一次 P 与 G 之间的电位差 U,绘出 U 与 x 的变化曲线,典型电压降曲线见图 25-2。曲线平坦处即电压零点,与曲线起点间的电位差即为在试验电流下被试接地装置的电压 U_m,接地装置的接地阻抗 Z 为

$$Z = \frac{U_m}{I \times K} \tag{25-2}$$

式中 K——地网分流系数。

如果电压降曲线的平坦点难以确定,则可能是受被试接地装置或电流极 C 的影响,考虑延长电流回路;或者是地下情况复杂,考虑以其他方法来测试和校验。

(二)电流-电压表三极法

1. 直线法

电流线和电压线同方向(同路径)放设称为三极法中的直线法,见图 25-3。放线时,d_{PG} 通常为 0.5～0.6d_{CG}。电位极 P 应在被测接地装置 G 与电流极 C 连线方向移动 3 次,每次移动的距离为 d_{CG} 的 5% 左右,如 3 次测试的结果误差在 5% 以内即可。

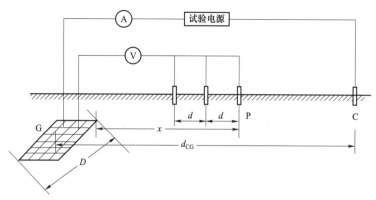

图 25-1　电压降法测试接地阻抗示意图

G—被试接地装置；C—电流极；P—电位极；D—被试接地装置最大对角线长度；
d_{cG}—电流极与被试接地装置中心的距离；x—电位极与被试接地装置边缘的距离；d—测试距离间隔

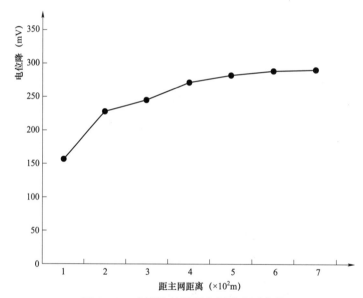

图 25-2　大型接地装置电压降实测曲线

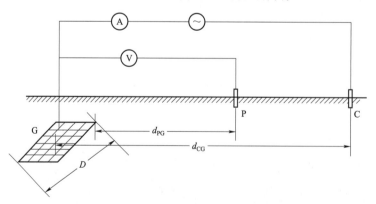

图 25-3　电流—电压表三极法测试接地阻抗示意图

G—被试接地装置；C—电流极；P—电位极；D—被试接地装置最大对角线长度；
d_{CG}—电流极与被试接地装置中心的距离；d_{PG}—电位极与被试接地装置边缘的距离

一般在放线路径狭窄和土壤电阻率均匀的情况下，接地阻抗测试才采用直线法，尤其注意使电流线和电压线保持尽量远的距离，以减小互感耦合对测试结果的影响。

2. 30°夹角法

如果土壤电阻率均匀，可采用 d_{CG} 和 d_{PG} 相等的等腰三角形布线，此时使电流线和电压线的夹角 θ 约为30°，$d_{CG}=d_{PG}=2D$。

3. 远离夹角法

通常情况下，接地装置接地阻抗的测试宜采用电流线和电压线夹角布置的方式。放线时，θ 通常为45°以上，一般不宜小于30°，d_{PG} 的长度与 d_{CG} 相近。接地阻抗需用如下公式修正。

$$Z = \frac{Z'}{1 - \frac{D}{2}\left[\frac{1}{d_{PG}} + \frac{1}{d_{CG}} - \frac{1}{\sqrt{d_{PG}^2 + d_{CG}^2 - 2d_{PG}d_{CG}\cos\theta}}\right]} \qquad (25-3)$$

式中　Z——接地阻抗的修正值，Ω；

　　　θ——电流线和电压线的夹角，（°）；

　　　Z'——接地阻抗的测试值，Ω。

4. 反向法

反向法是远离夹角法的特殊形式，即电压线和电流线之间的夹角约为180°，有利于尽可能地减小电压线、电流线之间的互感，布线要求和修正公式与远离夹角法相同。

（三）接地阻抗测试仪法

接地装置较小时，可采用接地阻抗测试仪测接地阻抗，见图25-4。

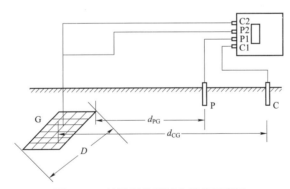

图25-4　接地阻抗测试仪接线示意图

G—被试接地装置；C—电流极；P—电位极；D—被试接地装置最大对角线长度；

d_{CG}—电流极与被试接地装置中心的距离；d_{PG}—电位极与被试接地装置边缘的距离

图25-4中的仪表是四端子式，有些仪表是三端子式，即C2和P2合并为一，测试原理和方法均相同，即电流-电压表三极法的简易组合式，仪器通常由电池供电，也可以是绝缘电阻表形式，布线的要求参照三极法。

（四）工频电流法

工频电流法也称工频大电流法，是测量接地网接地阻抗的一种传统方法。

将不小于50A的工频测试电流注入测试点，测量出电位极P与测试点G的电位差，通过计算达到测试接地阻抗值的目的，则

$$Z = \frac{U}{I} \tag{25-4}$$

式中 Z ——接地装置的接地阻抗模值，Ω；

$\quad\quad U$ ——电位极 P 与测试点 G 的电位差，V；

$\quad\quad I$ ——注入测试点 G 的工频测试电流，A。

此测试方法原理简单，适用于面积不太大，布线环境不复杂，安全问题不突出，地中工频、高频干扰水平相对较低的接地网。

只需测量值只有电压 U 和电流 I 两个值，计算值也只是接地装置的阻抗值的模，不能区分接地电阻值和接地电抗值。

为了能够达到 50A 电流值的目的，就要求电流极 C 的阻值尽可能小。但是，由于受现场条件所限，如土壤电阻率较高、沙漠岩石地带、干燥地质等，电流极的布放会非常困难，所以就要提高试验电源的电压值，有时可能要达到几十或上百伏电压，试验安全上存在很大的隐患。

大电流法使用的试验设备质量大、体积笨重，电流线截面积大，布线困难，测量过程中大电流、高电压可能会对周围人员和牲畜造成生命的危害，也会给运行设备的继电保护造成一定干扰和影响。对于地中零序工频干扰和高频干扰给测试结果带来的误差也难以克服。

（五）倒相法

倒相法是从工频电流法派生出的一种方法。测试方法与工频电流法相同，在不改变测试电流大小的情况下，只需将试验电源两极对调重复测试即可。

通常接地装置中有不平衡零序电流，其特点是幅值与方向在测试过程中基本保持，为了消除其对接地阻抗测试的影响，将试验电流方向改变 180°，通过运算抵消零序电流对测试结果的影响。

接地阻抗的计算公式为

$$Z = \sqrt{\frac{U_1^2 + U_2^2 - 2U_0^2}{2I^2}} \tag{25-5}$$

式中 U_1、U_2 ——倒相前、后接地装置上的试验电压，V；

$\quad\quad U_0$ ——不加试验电压时接地装置的对地电压（干扰电压），即零序电流在接地装置上产生的电压降，V；

$\quad\quad I$ ——注入接地装置中的试验电流，试验电流在倒相前后保持不变，A。

如果试验电源是三相的，也可将三相电源分别加在接地装置上，保持试验电流 I 不变，通过式（25-6）得到 Z，以消除地中零序电流对接地阻抗测试值的影响，则。

$$Z = \sqrt{\frac{U_A^2 + U_B^2 + U_C^2 - 3U_0^2}{3I^2}} \tag{25-6}$$

式中 U_A、U_B、U_C ——将 A、B、C 三相分别加到接地装置上时的试验电压，V；

$\quad\quad U_0$ ——不加试验电压时接地装置的对地电压，V；

$\quad\quad I$ ——注入接地装置中的试验电流，倒相前后保持不变，A。

当电压线较长，测试受到高频干扰电压的影响时，可在电压表两端并联一个电容器，其工频容抗应比电压表的输入阻抗大 100 倍，从而达到减小高频干扰的目的。

（六）异频法

异频法又称异频小电流法，是使用变频电源在偏离工频的频率下测试接地阻抗值的方法。

由于使用试验电源的频率不为工频，测量电压、电流的表计又有非常强的选频功能，所以，测量数据既可以有效地消除工频干扰，又可以消除接地网中其他高频干扰。

根据大量的测试数据分析，当电源频率较大时，会受到电流集肤效应的影响导致测量结果偏大，同时，接地阻抗中电感分量可能占较大比重，造成偏离实际值。因此，为了保证测量的真实性，将试验电源频率限制在 $f_0 \pm 5f_0 = 50Hz$ 范围内，即 $45 \sim 55Hz$。

在不同频率下测量的阻抗值还需要折算到工频下阻抗值，则

$$R_0 = \frac{R_1 + R_2}{2} \tag{25-7}$$

$$X_0 = \frac{X_1 + X_2}{2} \tag{25-8}$$

$$Z_0 = \sqrt{R_0^2 + X_0^2} = \sqrt{R_0^2 + \left(\frac{X_1 + X_2}{2}\right)^2} \tag{25-9}$$

式中　R_0、X_0、Z_0——折算到 f_0 频率下的电阻、电抗与阻抗值，Ω。

　　　　R_1、R_2——在 $f_0 - \Delta f$ 和 $f_0 + \Delta f$ 频率下测量的电阻值，Ω；

　　　　X_1、X_2——在 $f_0 - \Delta f$ 和 $f_0 + \Delta f$（$\Delta f \leqslant 5Hz$）频率下测量的电抗值，Ω。

根据相关测试经验，当工频干扰电压在 1V 以上时，可选择 49Hz 和 51Hz 的对称频率；工频干扰电压在 3V 以上时，可选择 48Hz 和 52Hz 的对称频率；工频干扰电压在 5V 以上时，可选择 47Hz 和 53Hz 的对称频率；工频干扰电压在 10V 以上时，可选择 46Hz 和 54Hz 或 45Hz 和 55Hz 的对称频率。

异频测量法优越的抗干扰性能，使得试验电流可以不用加得很大，减小测试电流又使得试验测量装置体积减小，质量减轻，电流线线径减小，布线劳动强度减轻，试验电压降低，测试安全系数相应提高。

（七）倒相增量法

对于有间歇性大工作电流注入的接地装置（例如电气化铁路牵引站），其接地阻抗的测试可以采用倒相增量法，即使试验电流与不平衡零序电流同相位，再施加一次增量试验电流，可以通过式（25-10）得到 Z，以消除地中零序电流对接地阻抗测试值的影响，试验电流不宜小于 1A。

$$Z = \sqrt{\frac{(U_1 - U_0)^2}{I^2}} = \frac{U_1 - U_0}{I} \tag{25-10}$$

式中　U_1——将增量试验电流叠加在不平衡零序电流上时，接地装置的试验电压，V；

　　　　U_0——不加试验电流时接地装置的对地电压，即零序电流在接地装置上产生的电压降，V；

　　　　I——注入接地装置中的增量试验电流，A。

倒相增量法的试验电流、电压的测试和阻抗的计算可以通过专用仪器来实现。

二、测试回路的布置

测试接地装置工频特性参数的电流极应布置得尽量远，见图 25-3，通常电流极与被试接地装置中心的距离 d_{CG} 应为被试接地装置最大对角线长度 D 的 4～5 倍；对超大型的接地装置的布线可利用架空线路做电流线和电压线；当远距离放线有困难时，在土壤电阻率均匀地区 d_{CG} 可取 $2D$，在土壤电阻率不均匀地区可取 $3D$。

测试回路应尽量避开河流、湖泊、道路口；尽量远离地下金属管路和运行中的输电线路，避免与之长段并行，当与之交叉时应垂直跨越。

任何一种测试方法，电流线和电压线之间都应保持尽量远距离，以减小电流线与电压线之间互感的影响。

三、电流极 C、电位极 P 和试验电流注入点 G 的要求

（1）尽量减小电流极 C 的接地电阻，尽量减小整个电流回路阻抗值，使设备能够输出足够大的试验电流。

（2）可采用人工接地极或利用不带避雷线的高压输电线路的铁塔作为电流接地极。

（3）如电流接地极电阻偏高，可采用多个电流极并联或向其周围泼水的方法降阻。

（4）电位极 P 应紧密而不松动地插入土壤中 20cm 以上。

（5）试验电流注入点 G 宜选择单相接地电流大的场区里，一般应选在变压器中性点附近或场区边缘的接地引下线，引下线应与主接地网联通良好。

四、分流系数的测量

对于有架空避雷线和金属屏蔽两端接地电缆出线的变电站，线路杆塔接地装置和远方地网对试验电流 I 进行了分流，对接地装置接地阻抗的测试造成很大影响，因此应进行架空避雷线和电缆金属屏蔽的分流测试。一般采用具有向量测试功能的柔性罗氏线圈对与避雷线相连的金属构架基脚以及出线电缆沟的电缆簇进行分流相量测试，见图 25-5。

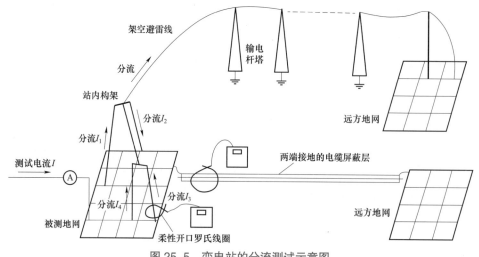

图 25-5　变电站的分流测试示意图

分流测试应是相量测试，即测试分流的幅值和其相对于试验电流 $\dot{I}\angle 0°$（试验电流相位设为 $0°$）的相角，并将所有的分流进行相量运算，得到地网分流系数 K，以修正接地阻抗。

分流的相量和为

$$\dot{I}_\Sigma\angle\theta_\Sigma=\dot{I}_1\angle\theta_1+\dot{I}_2\angle\theta_2+\cdots+\dot{I}_n\angle\theta_n \tag{25-11}$$

地网实际散流的相量为

$$\dot{I}_G\angle\theta_G=\dot{I}\angle 0°+\dot{I}_\Sigma\angle\theta_\Sigma \tag{25-12}$$

地网分流系数为

$$K=\frac{\dot{I}_G}{\dot{I}}\times 100\% \tag{25-13}$$

式中　$\dot{I}_\Sigma\angle\theta_\Sigma$——分流的向量和，A；

$\dot{I}\angle 0°$——试验电流向量，A；

$\dot{I}_G\angle\theta_G$——地网实际散流向量，A；

K——地网分流系数。

五、注意事项

（1）试验期间电流线严禁断开，电流线全程和接地极处应有专人看护。

（2）试验过程中电流线和电压线均应保持良好绝缘，接头连接可靠，避免裸露、浸水。

（3）在雷、雨、雪期间和雨、雪后 3 天内不应进行测试工作。

第二节　电气完整性测试试验

一、接地装置电气完整性测试的意义

对于一个发电厂、变电站或电气用户来说，所有电气设备、测（控）盘柜、金属架构等部件均应通过单独的接地引下线与主接地网良好地连接，从而形成一个完整的接地系统。

单独的接地引下线一般可分为外露部分和入地部分。外露部分比较直观，出现问题便于检查与处理，入地部分属于隐蔽工程，这一部分极易受到地面以下水分、酸、碱等成分的氧化和腐蚀，也容易受到地面振动、施工等影响而发生断裂。因此，定期检测电气设备与接地引下线、接地引下线与区域主接地网、不同区域主接地网之间的导通完好性，使电气设备与主接地网形成一个完整的接地整体，对保障电气设备可靠运行和在发生绝缘故障时的人身安全具有非常重要的意义。

二、测试区域划分与接地导通测试

（1）接地网区域的划分：根据电厂、变电站等电气设备分布情况可按机组编号、楼层、室、间不同区域划分成为 1 个或 n 个测试区域，见图 25-6。

（2）参考点的选取：在每一个测试区域内，选取一个与本区域接地网良好连接的接地引下线作为参考点。

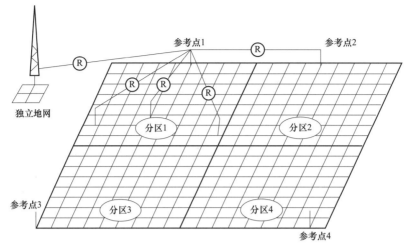

图 25-6　分区域测试接地装置电气完整性示意图

（3）分区域接地网的导通测试：在本区域接地网范围内以选好的参考点为基准点，分别测试周围电气设备接地线与参考点的导通电阻值。

（4）不同区域接地网之间的导通测试：分别测量相邻测试区域的参考点之间的导通电阻值，判断相邻区域地网的联通情况。

（5）独立接地网与周围接地网的导通测试：根据设计要求，当主接地网附近存在一个独立的接地网（如避雷针接入的独立地网不应与其他地网存在金属性联通时），应测量两个地网之间导通电阻值。

三、测试仪器选用

（1）专用测试仪器法（建议选用）：测试电流值应不小于 1A，分辨率小于或等于 $1m\Omega$，准确度大于或等于 1.0 级。

（2）直流电桥法：施加电流应是恒定直流电流，电压表应采用高内阻电压表。

（3）交流电阻法：测量仪器较重，接线繁琐，测试值容易受到接地网中交流成分的干扰，测量准确度比直流电阻稍差。

（4）万用表法：测试电流小、电压值低，容易受到接触电阻和接地网直流成份的干扰，不建议采用此法。

四、测试周期

宜每年进行一次。

五、测试结果的判断

（1）当测试值小于或等于 $50m\Omega$ 时，判定被测设备与主接地网联通良好。

（2）当测试值大于 $50m\Omega$、小于或等于 $200m\Omega$ 时，判断被测设备与主接地网联通情况一般，需在今后测试中重点关注变化情况，对于重要的设备宜在适当的时候检查处理。

（3）当测试值大于 $200m\Omega$、小于或等于 1Ω 时，判断被测设备与主接地网联通情况不佳，对于重要的设备应尽快检查处理，其他设备宜在适当的时候检查处理。

（4）当测试值大于 1Ω 时，判断被测设备未与主接地网联通，应尽快检查处理。

（5）当两个独立地网之间的测试值小于等于 500mΩ 时，可判断这两个地网没有独立，应查找造成联通的原因并处理。

六、测试中的注意事项

（1）测试中应注意减小接触电阻的影响，当某一点测试值大于 50mΩ 时，应将测试部位的油漆、氧化层仔细打磨干净，直至露出金属部分，反复测试确证。

（2）当某一参考点测试区域的测试值均偏大时，可能是这一参考点与主地网联通不良，应更换参考点重新测试。

（3）当采用直流压降法测试时，应排除引线电阻造成的误差。

（4）由于一些设备从机械部分与主接地网形成连接，所以为了更准确地测试设备接地引下线与主接地网的联通情况，建议在测量时将设备接地引下线与设备解开后再进行单独测试。如属于焊接等方式连接无法解开时，可以连同设备一起测试。

第三节　跨步电压和接触电压测量试验

一、测试的意义

当变电站发生接地短路故障时，短路电流通过接地点流入大地，并通过接地网向外扩散。由于接地网接地阻抗的存在，必然会在变电站内地面任意两点之间产生一个电位差。如果这个电位差足够大，施加到在变电站工作的人员两脚或手脚之间时，就会对工作人员造成伤害，因此，为了杜绝类似伤害的发生，掌握变电站内及周围跨步电压（电位差）和接触电压（电位差）具有非常重要的意义。

二、测试范围

在实际中，变电站发生短路接地故障是一个随机的事件，短路接地点也是一个随机位置，将变电站内所有位置的跨步电压和接触电压都进行模拟测试是一个非常繁琐而又巨大的工作。为了简化测试过程，只须选择几个具有代表的部位作为假想的短路点，注入模拟短路电流。重点测试部位一般选择在接地网场区边缘、人员活动频繁区域、变电站通道、大门等区域。

三、测试原理和方法

根据统计，我国一个成年人在正常情况下，两脚跨步平均距离为 1.0m，手能触及的平均高度为 2.0m。

向模拟短路点施加模拟短路电流的试验接线、方法与测量地网接地阻抗相同。

跨步电压测试是在测试场地的地面上选择一个参考点，以参考点为圆心、1.0m 为半径的圆弧上选择 3 或 4 个点进行测试，选出最大的电压值，见图 25 – 7（a）。

测量时用两个直径为 20cm 的金属圆盘，模拟人的两脚。为了使金属板与地面有良好的接触，在水泥、沥青等平整的地面上，可在地面和金属板之间敷设一块湿布，用 15kg 的重物压在金属极板上；在碎石、土壤等不平整的地面上，可用铁钎作为测试电极，插入土壤中，深度不小于 0.2m。

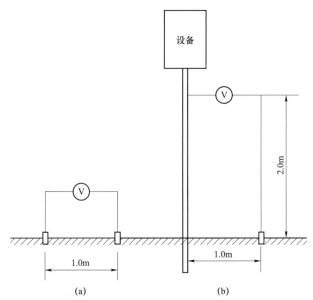

图 25-7 接触电压（电位差）、跨步电压（电位差）测试示意图

（a）跨步电位差；（b）接触电位差

接触电压测试是在测试场地范围内选择一个高度为 2m 的金属架构或设备外壳作为参考点，在以参考点垂直投影到地面的点为圆心、1.0m 为半径的圆弧上选择 3 或 4 个点进行测试，选出最大的电压值，见图 25-7（b）。

与金属架构接触的测量电极可用测试钳，接触面应将油漆、锈迹等打磨干净，保证接触良好；与地面接触的电极和测量跨步电压的电极相同。

四、测试表计的要求

电压表、电流表的准确度应不低于 1.0 级，分辨率不低于 1mV，采用异频电源时测试仪表的选频性能应良好。

五、测试结果的判断

（一）结果折算

由于向模拟短路点注入的电流远远小于实际短路电流，所以，需要进行换算才能得到实际的跨步电压和接触电压值。

根据整个系统提供的阻抗参数计算出本系统最大的单相短路电流值，利用公式进行折算，即

$$U_s = U_s' \frac{I_s}{I_m} \tag{25-14}$$

式中　U_s——实际的跨步电压或接触电压值，V；

　　　U_s'——测试电压值，V；

　　　I_s——被测接地装置内系统单相接地故障电流，A；

I_m——注入地网的测试电流，A。

将折算后的 U_s 值与安全界定值进行比较，判断跨步电压或接触电压是否满足要求。

（二）关于跨步电压和接触电压的安全界定值（或称安全限值）

1. 情况一

110kV 及以上有效接地系统和 6～35kV 低电阻接地系统发生单相接地或同点两相接地时，发电厂和变电站接地网的接触电压和跨步电压不应超过由式（25–15）、式（25–16）计算所得的数值，即

$$U_t = \frac{174 + 0.17\rho_f C_s}{\sqrt{t_s}} \qquad (25-15)$$

$$U_s = \frac{174 + 0.7\rho_f C_s}{\sqrt{t_s}} \qquad (25-16)$$

式中　U_t——接触电压安全限值，V；

ρ_f——人脚站立处地面的土壤电阻率，Ω/m；

C_s——衰减系数，工程上计算精度要求不高时可用式（25–19）计算；

t_s——接地短路电流持续时间，与接地装置热稳定校验的接地故障等效持续时间 t_e 取相同值，s；

U_s——跨步电压安全限值，V。

2. 情况二

6～66kV 不接地、谐振接地、谐振 – 低电阻接地和高电阻接地的系统发生单相接地故障时，当不迅速切除故障时，发电厂和变电站接地装置的接触电压和跨步电压不应超过式（25–17）、式（25–18）计算所得的数值，即

$$U_t = 50 + 0.05\rho_f C_s \qquad (25-17)$$

$$U_s = 50 + 0.2\rho_f C_s \qquad (25-18)$$

核算时，各参数应按照最严重的情形考虑。ρ_f 应取现场实测的 0.1～0.5m 深的视在土壤电阻率；t_s 在 500kV 设备区域一般取 0.35s，220kV 和 110kV 场区一般取 0.7s。

其中，土壤表层衰减系数工程简化计算为

$$C_s = 1 - \frac{0.09\left(1 - \dfrac{\rho}{\rho_s}\right)}{2h_s + 0.09} \qquad (25-19)$$

式中　ρ——下层土壤电阻率，Ω/m；

ρ_s——表层土壤电阻率，Ω/m；

h_s——表层土壤厚度，m。

六、测试注意事项

尽量排除现场工频干扰，主要方法是加大测试电流，提高信噪比，或者选用抗干扰性能更强的仪器。通过改变测试电流重复测试，正确的测试数据应与测试电流的大小成正比。

测试电流极设置应足够远，防止接地网与电流极产生互感抗引起电压梯度畸变，电流极

与接地网边缘直线距离最好选择接地网最大对角线长度的 4～5 倍。

跨步电压和接触电压的测量不需要对架空线和电缆外护套的分流进行测量和处理。

第四节　表面电压梯度测量试验

一、测试的意义

场区地表电压梯度是指当短路电流或试验电流流过接地网时，被试接地网所在场区地表形成的电压梯度。

从形式上讲，电压梯度就是跨步电压，但从测试意义上讲，两者各不相同。电压梯度是对场区整体上进行测试、分析，判断与评估场区接地网腐蚀的严重程度，是否存在导体缺失、断裂、焊接不良等缺陷。

二、测试范围

表面电压梯度测量是采用网格线法，将被测场区进行合理的区域划分，全方位测试地表电位差。

三、测试原理和方法

（一）划分测试区域

将被试场区按照网格线法合理划分区域，相邻平行的网格线间距一般为 30m，将网格线依次编号，在每根网格线的中间位置选一根与主接地网连接良好的设备接地引下线作为参考点，见图 25-8。

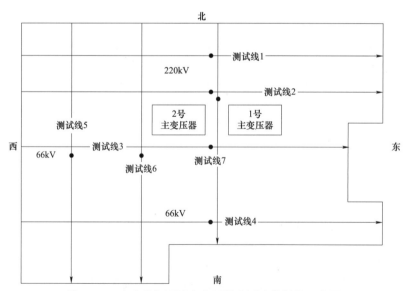

图 25-8　变电站场区地表电压梯度测试线划分示意图

注：·为曲线参考点。

（二）试验接线

电流回路试验仪器、接线与测量接地阻抗相同，向参考点施加试验电流。

电位极 P 的放置，在水泥、沥青等平整的地面上，可使用直径为 20cm 的金属圆盘，在地面和金属板之间敷设一块湿布，用 15kg 的重物压在金属极板上；在碎石、土壤等不平整地面上，可用铁钎作为测试电极，插入土壤中，深度不小于 0.2m。

将电压表两端分别与参考点和电位极 P 相连，读取电压值。

（三）表面电压测量

从测试线的起点，等间距（间距 d 通常为 1m 或 2m）测试地表与参考点之间的电压 U，直至终点，见图 25-9，将读取的电压值记录在表 25-1 中。

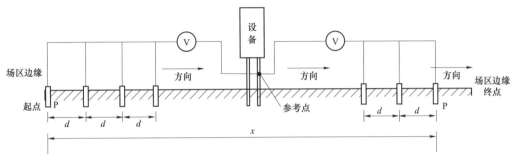

图 25-9 场区地表电压梯度分布测试示意图

P—电位极；d—测试间距

表 25-1　　　　　　　　　　　场区地表电压梯度测试记录表

电压（mV）		距离（m）								
		1	2	3	4	5	6	7	8	9
测试点	1									
	2									
	3									
	4									
	5									
	6									
	7									

当间距为 1m 时，场区地表电压梯度分布曲线上相邻两点之间的电位差 U_T' 需要折算到实际系统故障时的单位场区地表电压梯度 U_T，则

$$U_T = U_T' \frac{I_s}{I_m} \tag{25-20}$$

式中　U_T——系统故障时的单位场区地表电压梯度，V/m；

　　　　U_T'——试验时相邻两点之间的电位差，V/m；

　　　　I_s——被测接地装置内系统单相接地故障电流，A；

I_m——注入地网的测试电流，A。

四、测试仪器的要求

电压表的准确度应不低于 1.0 级，分辨率不低于 1mV，采用异频电源时测试仪表的选频性能应良好。

五、测试结果的判断

图 25－10 所示为一个大型接地装置场区地表电压梯度分布曲线图。曲线 1 电压梯度分布比较平坦，通常曲线两端有些抬高，表示接地装置状况良好；曲线 2～4 有剧烈起伏或突变，通常说明接地装置状况不良。

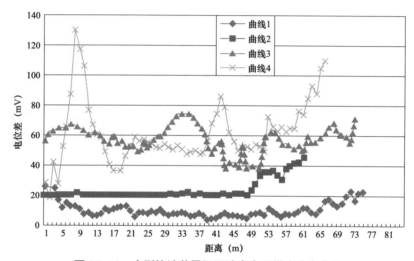

图 25-10　大型接地装置场区地表电压梯度分布曲线

当变电站有效接地系统的最大单相接地短路电流不超过 35kA 时，折算后得到的单位场区地表电压梯度通常在 20V/m 以下，一般不超过 60V/m，如果接近或超过 80V/m 则应尽快查明原因予以处理解决。

当变电站的有效接地系统的最大单相接地短路电流超过 35kA 时，折算后参照以上原则判断测试结果。

六、测试注意事项

当测试线较长时应注意电磁感应的干扰。主要方法同接地网接地阻抗测试相同，一是增大测试电流，二是测试电流极设置到足够远，三是使用异频电源。

第五节　土壤电阻率测量试验

一、测试的意义

土壤电阻率是指单位长度土壤电阻的平均值与截面积的乘积，单位为Ω/m，电阻率与土壤的长度、面积无关。在接地工程计算中是土壤电阻率一个常用的参数，直接决定了接地网的散流性能，即直接影响接地装置接地电阻的大小、表面电压分布、接触电压和跨步电压。

土壤结构一般分为均匀土壤层、水平分层和垂直分层 3 种。均匀土壤层比较少见，大多数情况以水平分层为主，垂直分层、水平垂直交错分层也比较常见。各层土壤电阻率不同，要想得到现场比较准确的土壤电阻率，只有通过现场实际测量的方法获得。

二、测试方法

（一）四极等距法或称温纳法

四极等距法的原理接线见图 25-11，两电极之间的距离 a 应不小于电极埋设深度 h 的 20 倍，即 $a \geq 20h$。试验电流流入外侧两个电极，接地阻抗测试仪通过测得试验电流和内侧两个电极间的电位差得到 R，通过式（25-21）得到被测场地的视在土壤电阻率 ρ，则

$$\rho = 2\pi a R \tag{25-21}$$

式中　a——电流极与电位极间距，m；

　　　R——电位极两端的土壤电阻值，即加在电流极上的电流值与两个电位极之间的电位差的比值，Ω。

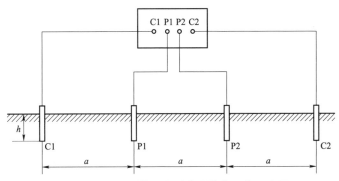

图 25-11　四极等距法测试土壤电阻率示意图

（二）四极非等距法或称施伦贝格-巴莫法

当电极间距相当大时，四极等距法内侧两个电极的电位差迅速下降，通常仪器测不出或测不准如此低的电位差，此时可用图 25-12 的电位极布置方式，电位极布置在相应的电流极附近，可升高所测的电位差值。如果电极的埋设深度 h 与其距离 a 和 b 相比较很小时，由式（25-22）得土壤电阻率 ρ，则

$$\rho = \pi a (a+b) R / b \tag{25-22}$$

式中　a——电流极与电位极间距，m；

　　　b——两个电位极的间距，m；

　　　R——电位极两端的土壤电阻值，即加在电流极上的电流值与两个电位极之间的电位差的比值，Ω。

三、测试仪器的选用

可选用输出电流为交流或直流电流的仪器测试土壤电阻率。

对于大间距的土壤电阻率测试，宜采用交变直流法进行测试，即仪器输出的波形为正、负交替变化的直流方波，方波宽度为 0.1～8s，可有效避免交流法引起的互感误差和避免直流法土壤极化引起的误差。

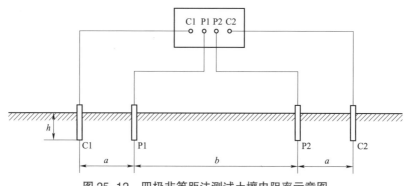

图 25-12　四极非等距法测试土壤电阻率示意图

四、测试电极及布线的要求

（1）测试电极宜用直径不小于 1.5cm 的圆钢或 L25mm × 25mm × 4mm 的角钢，其长度均不小于 40cm。

（2）被测场地土壤中的电流场深度，即被测土壤的深度，与极间距离 a 有密切关系。一般当 $a \geqslant 50m$ 时反映的是深层土壤电阻率，当极间距离在 $5m \leqslant a < 50m$ 之间时反映的是中层和浅层土壤电阻率，当 $a < 5m$ 时反映的是表层土壤电阻率。

变电站站址各层土壤均会对接地网的散流造成影响，中层和深层的影响尤其明显，因此，测量土壤电阻率时也应对中层和深层土壤进行测量。

（3）由于变电站内接地网埋设深度一般在 0.8～1.2m，当电极布设在站内时电位差会受到比较大的影响，建议在变电站内选择一个相对空旷的场地或围墙边沿进行测试。

（4）变电站表层土壤多为回填土，电阻率差别可能较大，测试时应多选择几个测点，在同一个测点多选择几个方向进行测量。

（5）在各种电极间距时，得出的一组数据即为各种视在土壤电阻率，以该数据与间距的关系绘成曲线，即可判断该地区是否存在多种土壤层或是否有岩石层，还可判断其各自的电阻率和深度。

（6）为了得到较合理的土壤电阻率的数据，宜改变极间距离 a，求得视在土壤电阻率 ρ 与极间距离 a 之间的关系曲线 $\rho = f(a)$，极间距离的取值可为 5m、10m、15m、20m、30m、40m、…，最大的极间距离 a_{max} 一般不宜小于拟建接地装置最大对角线；当布线空间路径有限时，可酌情减少，但至少应达到最大对角线的 2/3。

五、注意事项

（1）土壤电阻率测试应避免在雨或雪后立即测量，一般宜在连续天晴 3 天后或在干燥季节进行。在冻土区，测试电极须打入冰冻线以下。

（2）电压线和电流线对地应有良好的绝缘，放置位置应避免与潮湿物体或水接触。

（3）应尽量减小地下金属管道的影响。在靠近居民区或工矿区，地下可能有水管等具有一定金属部件的管道，应把电极布置在与管道垂直的方向上，并且要求最近的测试电极与地下管道之间的距离不小于极间距离。

（4）为尽量减小土壤结构不均匀性的影响，测试电极不应在有明显的岩石、裂缝和边坡等不均匀土壤上布置。

（5）在测试过程中，应派专人看护电流极与电流线，防止发生人身触电事故。

第六节　接地导体（线）热稳定校验

一、接地导体（线）的最小截面积

接地导体（线）的最小截面应符合下式的要求，即

$$S_g \geq \frac{I_g}{C}\sqrt{t_e} \qquad (25-23)$$

式中　S_g——接地导体（线）的最小截面，mm^2；

$\quad\quad I_g$——流过接地导体（线）的最大接地故障不对称电流有效值，按工程设计水平年系统最大运行方式确定，A；

$\quad\quad t_e$——接地故障的等效持续时间，与流过人体电流的时间 t_s 相同，s；

$\quad\quad C$——接地导体（线）材料的热稳定系数，根据材料的种类、性能及最大允许温度和接地故障前接地导体（线）的初始温度确定。

二、温度选取

在校验接地导体（线）的热稳定时，I_g 及 t_e 应采用表 25-2 所列数值。接地导体（线）的初始温度取 40℃。

表 25-2　　　　　　　校验接地导体（线）热稳定用的 I_g 和 t_e 值

系统接地方式	I_g	t_e
有效接地	（1）三相同体设备：单相接地故障电流； （2）三相分体设备：单相接地或三相接地流过接地线的最大接地故障电流	参见"三、热稳定校验用时间"
低电阻接地	单相接地故障电流	参见"三、热稳定校验用时间"

对钢和铝材的最大允许温度分别取 400℃ 和 300℃。钢和铝材的热稳定系数 C 值分别为 70 和 120。

铜和铜覆钢材采用放热焊接方式时的最大允许温度应根据土壤腐蚀的严重程度经验算分别取 900℃、800℃ 或 700℃。爆炸危险场所，应按专用规定选取。铜和铜覆钢材的热稳定系数 C 值可采用表 25-3 给出的数值。

表 25-3　　　　　　　　校验铜和铜覆钢材接地导体（线）热稳定用的 C 值

最大允许 温度（℃）	铜	导电率 40% 铜镀钢绞线	导电率 30% 铜镀钢绞线	导电率 20% 铜镀钢棒
700	249	167	144	119
800	259	173	150	124
900	268	179	155	128

三、热稳定校验用时间

（1）发电厂和变电站的继电保护装置配置有 2 套速动主保护、近接地后备保护、断路器失灵保护和自动重合闸时，t_e 应按下式取值，即

$$t_e \geqslant t_m + t_f + t_o \tag{25-24}$$

式中　t_m——主保护动作时间，s；

　　　t_f——断路器失灵保护动作时间，s；

　　　t_o——断路器开断时间，s。

（2）配有 1 套速动主保护、近或远（或远近结合的）后备保护和自动重合闸，有或无断路器失灵保护时，t_e 应按下式取值，即

$$t_e \geqslant t_o + t_r \tag{25-25}$$

式中　t_r——第一级后备保护的动作时间，s。

第七节　接地装置腐蚀（开挖）检查

一、开挖周期

一般情况不超过 5 年一次，对于运行超过 10 年的地网一般不超过 3 年一次。

二、开挖点选择

一般情况随机选取埋入地下的主地网导体和设备接地（引下）线作为开挖部位。重点选取部位如下：

（1）结合场（站）接地线导通、表面电压、接触电压、跨步电压测试情况，如发现存在不合格区域或数值偏大区域。

（2）对于土壤中含有重酸、碱、盐或金属矿盐等化学成分的土壤地带、接近水源部位。

（3）接地装置使用材料没有防腐处理的部位。

（4）经常会有人员触及的设备，如断路器、隔离开关等。

（5）相对比较重要的接地部位，如变压器中性点等。

三、建议开挖点数量

（1）110kV 场区：≥6 个。

（2）220kV 场区：≥8 个。

（3）500kV 场区：≥10 个。

四、检查内容

（1）各连接点是否存在开焊、断裂现象。

（2）接地导体表面腐蚀程度。

（3）必要时，应测量受到严重腐蚀接地导体有效截面积，核算是否满足热稳定要求。

五、记录存档

为了便于今后的比较，应将开挖时间、地点、检查情况、照片等资料详细记录并存档。

附录 常用电气绝缘技术标准名录

1. GB 1094.11《电力变压器 第 11 部分：干式变压器》
2. GB 1094.1《电力变压器 第 1 部分：总则》
3. GB 1094.2《电力变压器 第 2 部分：液浸式变压器的温升》
4. GB 1094.5《电力变压器 第 5 部分：承受短路的能力》
5. GB/T 1094.6《电力变压器 第 6 部分：电抗器》
6. GB 11032《交流无间隙金属氧化物避雷器》
7. GB 1984《高压交流断路器》
8. GB 20840.1《互感器 第 1 部分：通用技术要求》
9. GB 20840.2《互感器 第 2 部分：电流互感器的补充技术要求》
10. GB 20840.3《互感器 第 3 部分：电磁式电压互感器的补充技术要求》
11. GB 311.1《绝缘配合 第 1 部分：定义、原则和规则》
12. GB 50061《66kV 及以下架空电力线路设计规范》
13. GB/T 50065《交流电气装置的接地设计规范》
14. GB 50147《电气装置安装工程 高压电器施工及验收规范》
15. GB 50148《电气装置安装工程 电力变压器、油浸电抗器、互感器施工及验收规范》
16. GB 50149《电气装置安装工程 母线装置施工及验收规范》
17. GB 50150《电气装置安装工程 电气设备交接试验标准》
18. GB 50168《电气装置安装工程 电缆线路施工及验收规范》
19. GB 50169《电气装置安装工程 接地装置施工及验收规范》
20. GB 50170《电气装置安装工程 旋转电机施工及验收规范》
21. GB 50217《电力工程电缆设计规范》
22. GB 50229《火力发电厂与变电站设计防火规范》
23. GB 755《旋转电机 定额和性能》
24. GB 7674《额定电压 72.5kV 及以上气体绝缘金属封闭开关设备》
25. GB/T 10228《干式电力变压器技术参数和要求》
26. GB/T 1094.3《电力变压器 第 3 部分：绝缘水平、绝缘试验和外绝缘空气间隙》
27. GB/T 11017.1《额定电压 110kV（$U_m = 126kV$）交联聚乙烯绝缘电力电缆及其附件 第 1 部分：试验方法和要求》
28. GB/T 11017.2《额定电压 110kV（$U_m = 126kV$）交联聚乙烯绝缘电力电缆及其附件 第 2 部分：电缆》
29. GB/T 11017.3《额定电压 110kV（$U_m = 126kV$）交联聚乙烯绝缘电力电缆及其附件 第 3 部分：电缆附件》
30. GB/T 12022《工业六氟化硫》
31. GB/T 12706.1《额定电压 1kV（$U_m = 1.2kV$）到 35kV（$U_m = 40.5kV$）挤包绝缘电力电缆及附件 第 1 部分：额定电压 1kV（$U_m = 1.2kV$）和 3kV（$U_m = 3.6kV$）电缆》

32. GB/T 12706.2《额定电压 1kV（U_m=1.2kV）到 35kV（U_m=40.5kV）挤包绝缘电力电缆及附件 第 2 部分：额定电压 6kV（U_m=7.2kV）到 30kV（U_m=36kV）电缆》

33. GB/T 12706.3《额定电压 1kV（U_m=1.2kV）到 35kV（U_m=40.5kV）挤包绝缘电力电缆及附件 第 3 部分：额定电压 35kV（U_m=40.5kV）电缆》

34. GB/T 12706.4《额定电压 1kV（U_m=1.2kV）到 35kV（U_m=40.5kV）挤包绝缘电力电缆及附件 第 4 部分：额定电压 6kV（U_m=7.2kV）到 35kV（U_m=40.5kV）电力电缆附件试验要求》

35. GB/T 12976.1《额定电压 35kV（U_m=40.5kV）及以下纸绝缘电力电缆及其附件 第 1 部分：额定电压 30kV 及以下电缆一般规定和结构要求》

36. GB/T 12976.2《额定电压 35kV（U_m=40.5kV）及以下纸绝缘电力电缆及其附件 第 2 部分：额定电压 35kV 电缆一般规定和结构要求》

37. GB/T 12976.3《额定电压 35kV（U_m=40.5kV）及以下纸绝缘电力电缆及其附件 第 3 部分：电缆和附件试验》

38. GB/T 13499《电力变压器应用导则》

39. GB/T 14049《额定电压 10kV 架空绝缘电缆》

40. GB/T 14285《继电保护和安全自动装置技术规程》

41. GB/T 14542《变压器油维护管理导则》

42. GB/T 17468《电力变压器选用导则》

43. GB/T 18890.1《额定电压 220kV（U_m=252kV）交联聚乙烯绝缘电力电缆及其附件 第 1 部分：试验方法和要求》

44. GB/T 18890.2《额定电压 220kV（U_m=252kV）交联聚乙烯绝缘电力电缆及其附件 第 2 部分：电缆》

45. GB/T 18890.3《额定电压 220kV（U_m=252kV）交联聚乙烯绝缘电力电缆及其附件 第 3 部分：电缆附件》

46. GB/T 20140《隐极同步发电机定子绕组端部动态特性和振动测量方法及评定》

47. GB/T 20840.5《互感器 第 5 部分：电容式电压互感器的补充技术要求》

48. GB/T 26218.1《污秽条件下使用的高压绝缘子的选择和尺寸确定 第 1 部分：定义、信息和一般原则》

49. GB/T 26218.2《污秽条件下使用的高压绝缘子的选择和尺寸确定 第 2 部分：交流系统用瓷和玻璃绝缘子》

50. GB/T 26218.3《污秽条件下使用的高压绝缘子的选择和尺寸确定 第 3 部分：交流系统用复合绝缘子》

51. GB/T 4109《交流电压高于 1000V 的绝缘套管》

52. GB/T 507《绝缘油 击穿电压测定法》

53. GB/T 6451《油浸式电力变压器技术参数和要求》

54. GB/T 7064《隐极同步发电机技术要求》

55. GB/T 7595《运行中变压器油质量》

56. GB/T 7894《水轮发电机基本技术条件》

57. GB/T 8905《六氟化硫电气设备中气体管理和检测导则》

58. GB/T 9326.1《交流 500kV 及以下纸或聚丙烯复合纸绝缘金属套充油电缆及附件 第 1 部分：试验》

59. GB/T 9326.2《交流 500kV 及以下纸或聚丙烯复合纸绝缘金属套充油电缆及附件 第 2 部分：交流 500kV 及以下纸绝缘铅套充油电缆》

60. GB/T 9326.3《交流 500kV 及以下纸或聚丙烯复合纸绝缘金属套充油电缆及附件 第 3 部分：终端》

61. GB/T 9326.4《交流 500kV 及以下纸或聚丙烯复合纸绝缘金属套充油电缆及附件 第 4 部分：接头》

62. GB/T 9326.5《交流 500kV 及以下纸或聚丙烯复合纸绝缘金属套充油电缆及附件 第 5 部分：压力供油箱》

63. DL/T 1000.3《标称电压高于 1000V 架空线路用绝缘子使用导则 第 3 部分：交流系统用棒形悬式复合绝缘子》

64. DL/T 1051《电力技术监督导则》

65. DL/T 1054《高压电气设备绝缘技术监督规程》

66. DL/T 1164《汽轮发电机运行导则》

67. DL/T 1522《发电机定子绕组内冷水系统水流量超声波测量方法及评定导则》

68. DL/T 1525《隐极同步发电机转子匝间短路故障诊断导则》

69. DL/T 1612《发电机定子绕组手包绝缘施加直流电压测量方法及评定导则》

70. DL/T 1805《电力变压器用有载分接开关选用导则》

71. DL/T 1806《油浸式电流变压器用绝缘纸板及绝缘件选用导则》

72. DL/T 1807《油浸式电力变压器、电抗器局部放电超声波检测与定位导则》

73. DL/T 1809《水电厂设备状态检修决策支持系统技术导则》

74. DL/T 1848《220kV 和 110kV 变压器中性点过电压保护技术规范》

75. DL/T 402《高压交流断路器》

76. DL/T 448《电能计量装置技术管理规程》

77. DL/T 474.1《现场绝缘试验实施导则 绝缘电阻、吸收比和极化指数试验》

78. DL/T 474.2《现场绝缘试验实施导则 直流高电压试验》

79. DL/T 474.3《现场绝缘试验实施导则 介质损耗因数 tanδ 试验》

80. DL/T 474.4《现场绝缘试验实施导则 交流耐压试验》

81. DL/T 474.5《现场绝缘试验实施导则 避雷器试验》

82. DL/T 475《接地装置特性参数测量导则》

83. DL/T 486《高压交流隔离开关和接地开关》

84. DL/T 5092《（110～500）kV 架空送电线路设计技术规程》

85. DL/T 572《电力变压器运行规程》

86. DL/T 573《电力变压器检修导则》

87. DL/T 574《变压器分接开关运行维修导则》

88. DL/T 586《电力设备监造技术导则》

89. DL/T 595《六氟化硫电气设备气体监督导则》

90. DL/T 596《电力设备预防性试验规程》

91. DL/T 603《气体绝缘金属封闭开关设备运行维护规程》

92. DL/T 615《高压交流断路器参数选用导则》

93. DL/T 617《气体绝缘金属封闭开关设备技术条件》

94. DL/T 618《气体绝缘金属封闭开关设备现场交接试验规程》

95. DL/T 620《交流电气装置的过电压保护和绝缘配合》

96. DL/T 627《绝缘子用常温固化硅橡胶防污闪涂料》

97. DL/T 664《带电设备红外诊断应用规范》

98. DL/T 705《运行中氢冷发电机用密封油质量标准》

99. DL/T 722《变压器油中溶解气体分析和判断导则》

100. DL/T 725《电力用电流互感器使用技术规范》

101. DL/T 726《电力用电磁式电压互感器使用技术规范》

102. DL/T 727《互感器运行检修导则》

103. DL/T 728《气体绝缘金属封闭开关设备选用导则》

104. DL/T 729《户内绝缘子运行条件　电气部分》

105. DL/T 735《大型汽轮发电机定子绕组端部动态特性的测量及评定》

106. DL/T 741《架空输电线路运行规程》

107. DL/T 801《大型发电机内冷却水质及系统技术要求》

108. DL/T 804《交流电力系统金属氧化物避雷器使用导则》

109. DL/T 866《电流互感器和电压互感器选择及计算规程》

110. DL/T 970《大型汽轮发电机非正常和特殊运行及维护导则》

111. JB/T 6228《汽轮发电机绕组内部水系统检验方法及评定》

参 考 文 献

[1] 李建明,朱康. 高压电器设备试验方法. 2 版. [M]. 北京:中国电力出版社,2001.

[2] 张浩,等. 发电设备智能故障诊断技术 [M]. 北京:中国电力出版社,2014.

[3] 操敦奎. 变压器油色谱分析与故障诊断 [M]. 北京:中国电力出版社,2010.

[4] 李建明,朱康. 高压电器设备试验方法. 2 版. [M]. 北京:中国电力出版社,2001.

[5] 陈化钢. 电力设备预防性试验方法及诊断技术 [M]. 北京:中国水利水电出版社,2009.

[6] 操敦奎,等. 变压器运行维护与故障分析处理 [M]. 北京:中国电力出版社,2008.

[7] 李启鹏. 发电机定子绕组交流耐压试验击穿原因查找及分析[J]. 广西电机工程学会第九届青年学术论坛,南宁,2006.

[8] 林镇钰. 大型汽轮发电机转子直流电阻偏大的分析与处理 [J]. 华电技术,2015,37(9):35-37,78.

[9] 陈业涛,等. 600MW 发电机定子绕组直流电阻超差处理方法 [J]. 吉林电力,2016,44(3):52-54.

[10] 单银忠,杨璐,金红. 某 350MW 汽轮发电机转子不稳定高阻接地故障查找方法及原因分析 [J]. 电力科技与环保,2013,29(5):52-54.

[11] 向成,刘志强. 大型发电机转子绕组 RSO 试验分析和探讨 [J]. 大电机技术,2008(1):16-20,73.

[12] 钱文强,等. 汽轮发电机组轴电压产生原因分析与处理 [J]. 内蒙古电力技术,2013,31(2):56-60.

[13] 江建明,等. 国电都匀发电有限公司 1 号发电机定子绕组接地事故分析技术报告. GDKJ-FW-CD-JY-2016-014.2016(3).

[14] 王声学,等. 超声波流量法在水内冷发电机定子绕组水管水流量检测中的应用 [J]. 电工技术,2013(6):46-47,73.

[15] 钱和平,等. 600MW 发电机转子动态匝间短路分析处理 [J]. 浙江电力,2011(3):43-45,53.

[16] 何勇. 发电机定子端部紫外电晕检测技术的研究与应用 [J]. 中国电业技术,2012(11):293-295.

[17] 刘长江. 主变压器油质污染及处理. 东北电力技术. 2002(3):36-39.

[18] 丁峰,刘炯明,许红军. 电流互感器油中氢气含量超标分析和处理. 中国设备工程. 2009(6):49-51.

[19] 单银忠,时明亮,池海江. 某电厂主变压器总烃含量超标的综合分析及处理. 电力科技与环保. 2016(4):52-54.

[20] 黄军凯,曾华荣,杨佳鹏,等. 外热像技术在低零值绝缘子检测中的应用 [J].电瓷避雷器,2013(2):40-44.